深圳自然博物百科

南兆旭　著

深圳出版社

作者

南兆旭

1989 年定居深圳。长期研究深圳本土自然与历史，主张"在地关怀"，关注、记录、保护深圳的自然生态，发起和组织了一系列自然保护活动。2022 年被深圳市人民政府聘为深圳市城市规划委员会委员。

图书作品：

《深圳记忆》（2008 年）

《解密深圳档案》（2010 年）

《深圳自然笔记》（2013 年）

《南寻深圳》（2014 年）

《山水相望》（2016 年）

纪录片作品：

《深圳民间记忆》（2008 年）

《梦开始的地方》（2014 年）

《野性都市》（2022 年）

献给我挚爱的家园

致谢

即使是一株低矮的绥草，从种子发芽的那一刻起，就和这个世界有了关联：阳光，水，大地的养分，传递花粉的昆虫，还有南来北往的风……

这本写了近12年的《深圳自然博物百科》，从落下第一个字起，就得到了老师、朋友和亲人的帮助，得到了来自远方和身边的滋养：

感谢北京大学科学传播中心的刘华杰教授，谢谢您多年在自然博物学方向的引领，"浮生常博物，记得去看花"，您的嘱咐落在了作者和读者的心里，已经发芽、开花、结出了果实。

感谢中山大学生命科学学院廖文波教授、中山大学生物博物馆王英永馆长的悉心指导，老师们在稿件上密密麻麻的批注让我感动——借此机会，也谢谢两位老师多年里为深圳自然生态保护所做的一切。

感谢远在地球另一边的戴维·乔治·哈斯凯尔（David George Haskell）教授，您指点的"在无限小的事物中寻找整个宇宙""观望自身，与观望世界并不冲突"，对我有着星星点灯般的启迪。

感谢《深圳古代简史》的作者张一兵老师给予了深圳历史知识的指导；感谢朱荣远兄，你的"雨林城市活力"的理念，已经在书中引用；感谢中国（深圳）综合开发研究院的曲建博上，给予了深圳经济发展史的指导；感谢吴宇平老师，给予了深圳环境保护立法的指导；感谢气象局的高级工程师张丽老师，给予了深圳气候与气象知识的指导；感谢七娘山国家地质公园博物馆张崧馆长，给予地质知识的指导——向比自己渊博的老师请教，总是有着丰盛的幸福。

感谢野生动植物保护管理处的郭强老师对"万物共生"部分的审读和指导；感谢内伶仃岛—福田国家级自然保护区管理局的徐华林老师审读了"生态系"和"自然保护地、基本生态控制线与微型自然保护点"章节的内容，并提供了启发巨大的指导；感谢黄宝平、严莹夫妇，感谢两位对昆虫部分的指导；严莹老师身为"三蝶纪"的科普偶像，专业而生动的文笔与秀丽的容貌，都是这个城市里美好的存在。

谢谢深圳市观鸟协会的田穗兴老师、张高峰老师，感谢两位老师给予"鸟类"章节的指导，特别感谢田穗兴老师，多年里一次次同行在山海间，和一位听到鸟鸣就可以说出鸟种的同伴一起做自然记录，是多么有趣而奇妙的经历。

感谢刚刚过了 26 岁生日的陆千乐老师，你专注研究蜘蛛的成果，有一些已经写进了关于蜘蛛的章节。感谢你用一己之力，在深圳记录到了 305 种蜘蛛——并把一个新种取名为"深圳近管蛛"。特别要感谢你为《深圳自然博物百科》出版所做的大量统筹工作。

感谢中山大学生态学院刘阳教授在生态监测与生物多样性记录方面的指导；深圳市中国科学院仙湖植物园的张力博士，感谢《草木深圳》的作者吴健梅老师，感谢两位老师对植物部分的指导；感谢王晓云老师对兰花和蕨类植物部分的指导，你多年里跋山涉水对本土原生植物的记录，为深圳建立了一份自然档案。

感谢深圳大学生命与海洋科学学院客座教授王炳老师，感谢您在海洋知识方面的指导。您多年里潜入深圳近海，持续观察记录，为这个城市留下了珍贵的海洋生态文献。感谢海洋图书馆的创办人沈晓鸣老师对"沿海的生命"章节的审读，感谢晓鸣兄提供的海洋记录影像。

感谢李成兄弟，谢谢多年里一起在山野里的行走，谢谢你对哺乳动物相关章节的指导；

感谢中国昆虫学会的陈锡昌老师对蝴蝶知识的指导；感谢齐硕博士和张亮老师给予了两栖爬行动物内容的指导；感谢张韬老师给予了鸣虫知识的指导；感谢年轻的吴坤华、李琨渊老师，分别给予淡水鱼与昆虫内容的指导；感谢刘美娇老师对作品中物种图片的鉴定和整理做了许多工作。

感谢设计师李尚斌老师，一本 600 多页的图书，加上无数次的修改，让这本书的排版设计成为庞大而繁杂的劳作，谢谢你的认真，尤其谢谢你的好脾气——对待一位字斟句酌、反复修改、近乎变态的作者，这么多年里，没有发过一次火。

谢谢应宪兄多年里的支持与相伴；谢谢越众团队和方向团队，谢谢你们的蓬勃青春对我的感染，感谢你们为这部作品所做的一切。

谢谢所有参与制作纪录长片、纪录短片、短视频、音频、VR 全景影像的同伴，谢谢所有提供了图片的摄影师与绘图作者，你们的作品最大可能地拓展了这部书的生动和视野。

谢谢 20 多年里一起在山海间行走的同伴，从"滴水行动"到"时光隧道"，从"南寻深圳"到"在地记录"，一起徒步、观察、露营、野餐的日子艰辛而快乐，是特别写意的记忆。

感谢陶永欣先生一直的支持；感谢深圳市规划和自然资源局提供的地图；感谢坪山区人民政府提供的"全域自然博物"实施方案；感谢深圳博物馆、香港博物馆、深圳美术馆、瑞士巴色会（Basel Mission）、威斯康星大学密尔沃基分校图书馆（University of Wisconsin-Milwaukee Libraries）慷慨提供的史料与图片——来自各方真挚的帮助，让我庆幸生活在一个开放而热诚的城市。

感谢吴筠女士多年里的鼓励与支持；感谢胡洪侠兄、尹昌龙兄、唐汉隆兄、韩湛宁兄情谊深厚的帮扶；感谢深圳出版社对书稿的认可；感谢深圳出版社聂雄前社长、张绪华副总编辑、陈少扬主任对本书的垂爱；感谢深圳出版社各位老师严谨的审校，让作品的出版质量有了保证。

在此，特别感谢深圳市人民政府颁发的聘书，身为深圳市城市规划委员会委员，敦促我思考 "在地关怀" 应该有的责任——这是作品中两个提案的缘起：1. 推动在深圳设立一系列具有特殊科学与生态价值的微型自然保护点；2. 推动贯通穿越深圳全境的自然步道——"826步道"。这条以深圳生日命名，总长超过280公里，蜿蜒在山海间的远足径，可媲美世界上最美的都市步道。

……………

给予这本书帮助的人是如此多，无法在这里一一列出，就像一株小草无法细数阳光传递的能量、雨水带来的滋润、大地给予的营养。

感谢亲人的相伴，感谢命运，引导我来到挚爱的深圳安家；感谢亚热带的温暖，季风带来的雨水，滋润万物生长；最后，让我特别感谢这本书的主角——生活在深圳的2万多种生命，感谢你们一起在这个城市里同生共住，带给我们福祉、启迪和抚慰。

感谢所有的生命和机缘，所有的感谢都在这一刻说出来。

2021 年 8 月 26 日

特别致谢

支持

深圳市规划和自然资源局
深圳市城市管理和综合执法局
深圳市水务局
深圳市生态环境局
深圳市气象局
深圳市天文台
深圳市野生动物救护中心
深圳市坪山区城市管理和综合执法局

南方科技大学
中山大学生态学院
深圳大学生命与海洋科学学院
中国农科院深圳农业基因研究所

深圳市红树林湿地保护基金会
深圳市华基金生态环保基金会
深圳市铭基金公益基金会

深圳市观鸟协会
华侨城湿地自然学校
"时光隧道"山野小组
"南寻深圳"户外小组
"深圳自然影像记录"小组

装帧设计

深圳市越众文化传播有限公司

影像制作

深圳市方向生态发展有限公司

部分照片提供

陈久桐　陈默　陈锡昌　邓秉文　葛增明　郭鹃　胡伟　胡益
黄宝平　黄志华　霍健斌　江式高　李成　李国雄　林秀云　聆星
刘冀民　刘佳　刘立峰　刘美娇　陆千乐　罗瑞明　罗时荣　欧鹏
欧阳勇　潘宏卫　秦廷铁　丘俊杰　瑞安　沈汝铭　沈晓鸣　孙文浩
唐桂生　田穗兴　王炳　王瑞阳　王晓云　王子荣　韦洪兴　温仕良
吴建晖　吴健梅　吴坤华　吴伟　邢东耀　徐华林　严莹　杨洪祥
杨晖　杨延康　杨政　翟俊文　张韬　曾红梅　郑中健　周海超
周伟　周炜　周忠孝　朱明亮　朱兴超
Leroy W. Demery, Jr.　Kambui　Ashwin Viswanathan　Joseph Ferris III
Quartl　Rejoice Gassah　Rejaul karim.rk　Rushenb　Zhangshen

插画绘制

丁彦国　戈湘岚　黄韵菲　兰建军　刘丽华　吕琳　余婉霖
周小兜　Thomas Hardwicke　Marinus Adrianus Koekkoek II
John Gould　Johannes Cornelis De Bruyn　William Swainson
William Saville-Kent　Iconographia Zoologica　Geoff Spiby

纪录长片、纪录短片、音频及 VR 全景影像

陈歌　龚理　郭倩　黄秦　梁巍　吕牧华　南一方　钱喻
戎灿中　曲赟　吴嘉杰　张韬　张玉香　庄悦娴　方向自然影像工作室
Manoj Karingamadathil　Oona R·is·nen　Portioid　Shyamal L.

物种鉴定

岑鹏　陈辉鸿　陈哲宇　傅凡　蒋卓衡　林业杰　刘美娇　罗腾达
吕植桐　马泽豪　潘昭　齐硕　孙文浩　王露雨　王苇杭　翁建华
余锟　赵际杰　郑昱辰　周行

致谢

焦根林博士　黎双飞教授　刘俊国教授　梅林研究员　孟祥伟女士
单之蔷主编　田松教授　王定跃博士　徐仁修老师　尹科博士
甄凡老师　张劲硕博士　周威先生　周忠和院士

怎样阅读这本书：自然博物的多维呈现

主题与专题

围绕相关内容，用主题文字和围绕主题的专题文字介绍，结合摄影图片、绘图、解构图、纪录长片与短片、VR全景影像、音频，全方位呈现深圳多样的生境和生活在其中的万千生命。

绘图

一些主题与内容用文字与摄影图片无法表述，会用绘制图来呈现，配有注解文字。

纪录短片
《深圳的严峻…》

深圳版的"母系社会"

内伶仃岛上的猕猴族群是高智商的母系多夫多妻型社会。

作为群居动物，内伶仃岛上的1000多只猕猴组成了20多个部落，一般来说，猕猴群中"男少女多"，群中年幼的雄性会在性成熟前离开出生群，避免近亲繁殖。雌性始终留在群中，成长、生子、育儿、终老一生。以母女关系和姐妹关系为基础的群落构成了猕猴的母系社会。

虽然是母系社会，雄性猴王依然存在。那些离开出生猴群的青少年雄性经过一段时间的独立生活后，成长为身强力壮并且性情凶猛的成年雄猴，它们是各个猴群雄性猴王的竞争者。每年11月前后，猕猴进入发情期，成年雄猴们不再臣服于老猴王，围绕着各个猴群发生一段时间激烈的混战，胜者成为新一任猴王。

这种周期性的竞争使得雄性猴王被外来雄猴替代，不管如何"城头变幻大王旗"，固守的母猴始终是主心骨，是一个猴群母系社会稳定的标识。女儿和母亲永远在一起，世袭了母亲的地位和领地，高等级雌性才是无冕之王。

母系的风范，2021.05.01
猴群中地位最高的母猕猴和她的孩子。内伶仃岛上的母系社会有着严格的等级关系，子随母贵，与父亲无直接关系。高地位母猴的子女一般地位也高，对地位较低的成年公猴都敢可斥歇负。

雄性猕猴的选择

尽管都是灵长类动物，但猕猴和人类的择偶准不同。

内伶仃岛上的猕猴社会里，雄性猕猴偶时会首选年轻雌猴，一般雄猴对年轻雌猴并不兴趣，即使少女猴主动靠近邀配，也很少能起公猴们的"性"趣。公猴们的眼睛总是源中老年母猴转，尤其是带子女的母猴发情时会引起群内公猴们的追捧。

这是因为第一次发情的年轻雌猴往往仍处于青期不孕阶段，即使交配也无法受孕，对雄猴来说耗费体力而没有效果。另外，少女猴没有养育女的经验，孩子的死亡率非常高，而中年雌猴产子育子能力，可保证雄猕猴基因的延续。

4+2, 深圳的地理极点

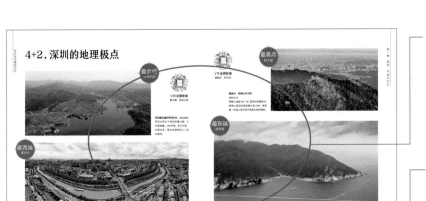

知识链接

作品涵盖了深圳本土自然、历史、地理主题，同时涵盖陆地与海洋、动物与植物的内容，从时间与空间的维度链接自然知识。

VR全景影像

作品收录了用航拍摄制的720°影像，全方位、全角度记录了深圳重要的自然地理景象。

VR全景影像
滨海台地平原地貌
福田中心区

内伶仃岛保护站里，走失的幼猴和鸽子。
2008.09.07
猕猴和一些动物有着相似的关系。猴子在树上移动时常用爪抓住它的羽毛，方便鸟儿发现食物，一些鸟儿会在猕猴背部活动。

伶仃岛上的等级

内伶仃岛，以雌性为主体的母系社会当中，猕猴之间有着严格的等级制度。

猕猴的等级十分稳定，通过继承母亲来获得。一般来说，女儿继承母亲的地位，母亲之下，通常终身不变。雄性的等级并不稳定，要通过社交、自身强壮身体素质和战斗能力来争取。

有意思的是，当一只雌猴和雄猴在一起时，往往是雄猴的等级更高。当在一起时，雄猴的地位就会下降，雄猴对雌猴唯唯诺诺，对雌猴宠爱叫幼猴也客客气气。即使是雄性猴王，一旦触怒了雌猴，两三只雌猴联手把猴王赶走。

不只是理毛那样简单，2018.04.29
理毛是猕猴最常见的社交行为，相互理毛的第一个功能是取出皮肤上的寄生虫和毛上的污物和皮屑等污垢。相互理毛还可以建立联盟、缓解矛盾、吸引异性。

早熟的青春，2016.03.01
雌猴2.5—3岁就性成熟，雄猴4—5岁性成熟，最早在6—7岁时开始参与交配。一般3年生2胎，每胎产一仔。在内伶仃岛这样衣食无忧、安全的环境里，猕猴的平均寿命在25—35岁。

猕猴的灵巧，2016.03.01
猕猴是群居动物，群居有助于它们捍卫领地，保护幼仔。作为深圳最聪明的野生动物，猕猴可以在种群中进行复杂的交流。

201

摄影配图

摄影配图展现自然景象、历史事件、物种记录、生命细节。每一张图片配标题、注解，并标注图片的拍摄时间。

解构图

一些知识点会应用解构图与图表，用可视化的分析讲解。

纪录短片

扫描二维码后，可观看与主题知识相关的纪录短片，在文字与图片的基础上，延伸了全景动态的阅读。

◄ 纪录短片 ►
《等级森严的母系社会》

纪录长片

作品辑录了多部本土自然纪录长片。从不同角度呈现深圳的自然景观与自然故事。

◄ 纪录长片 ►
《一片湿地的生存智慧》

短视频

将自然与生命的短暂动态记录与读者共享，让知识的传递更加立体直观，让阅读更加生动。

◄ 短视频 ►
《从太空俯瞰深圳的变迁》
（20世纪80年代—
21世纪最初十年）

音频

扫描相应的二维码，可聆听围绕主题的自然之声。

┤┤┤ 音频 ├┤┤
《南方油葫芦求偶鸣叫》

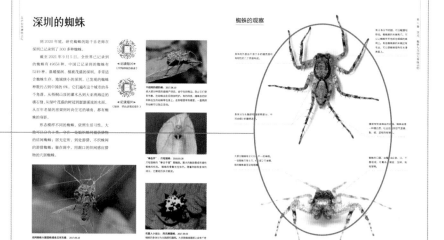

怎样阅读这本书：全域博物的全景呈现

　　全域自然博物的理念是：深圳 1997.47 平方公里的陆地、1145 平方公里的海域是一个没有围墙、没有穹顶，永久开放的"自然博物馆"，天地间的一山一水、一草一木、一虫一兽都是自然博物馆中珍藏的展品，读者可以参照《深圳自然博物百科》，实地行走，身临其境地研习自然知识。

02

生态系

- ·森林生态系
- ·淡水生态系
- ·海岸带生态系
- ·湿地生态系
- ·都市生态系

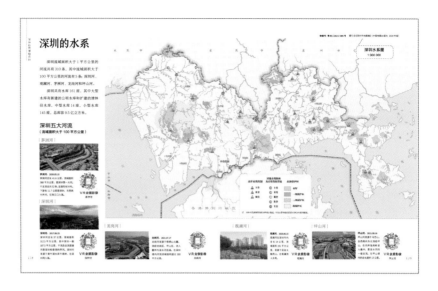

深圳的水系

森林生态系

天然林里的多样

深圳河，母亲河的三维互联

03

自然步道

- ·绿道
- ·碧道
- ·郊野径
- ·古驿道
- ·手作步道
- ·自然学校步道
- ·826 自然步道

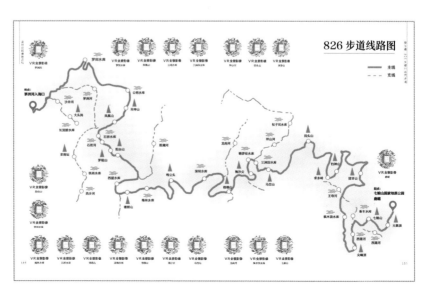

826 步道线路图

总 目
MAIN DIRECTORY

云上自然博物

纪录长片 · 纪录短片 · 短视频

音频 · VR 全景影像

Natural History on the Cloud

Long Documentaries · Short Documentaries · Short Videos

Audios · VR Panorama

目 录
CONTENTS

第一章 | 地理、气候与历史

第二章 | 生物多样性

第三章 | 生态系

第四章 | 自然保护地、基本生态控制线与微型自然保护点

第五章 | 826 步道与自然步道

第六章 | 哺乳动物、两栖爬行动物与淡水鱼

第十章 | 沿海的生命

附录一 物种图录

附录二 编目、索引与参考文献

上编
PART ONE

家园
HOME

深圳自然博物百科

SHENZHEN NATURAL HISTORY
ENCYCLOPEDIA

第一章
CHAPTER ONE

地理、气候与历史

GEOGRAPHY, CLIMATE AND HISTORY

深圳在地球上的位置

如果有一天，我们乘坐宇宙飞船，在太空回望地球，会发现我们的家园城市深圳位于蓝色星球的东半球，欧亚大陆浩瀚陆地的南端，蔚蓝色中国南海的北端，广袤太平洋的西岸。如果用卫星精准定位，深圳地处东经 113° 46′ 至 114° 38′，北纬 22° 27′ 至 22° 52′。

如果旋转一个足够大的地球仪，你会发现，深圳位于北回归线以南，与北回归线相距只有 71.1 公里。北回归线是太阳光能够直射在地球上的最北端，也是热带和北温带的分界线，这个地理位置，对深圳的气候、生态、物种有着巨大的影响。

深圳在地球上的位置：

生态命运的决定

————

深圳位于东半球欧亚大陆的南端，濒临海洋，广袤的陆地和海洋有着悬殊的温差，带来南来北往的季候风，形成了深圳的亚热带海洋性季风气候。

丰裕的降雨、充足的日照、北回归线以南的高温，为多样生命的繁衍提供了巨大的能量，使深圳成为四季常青、物种丰盛的生态福地。

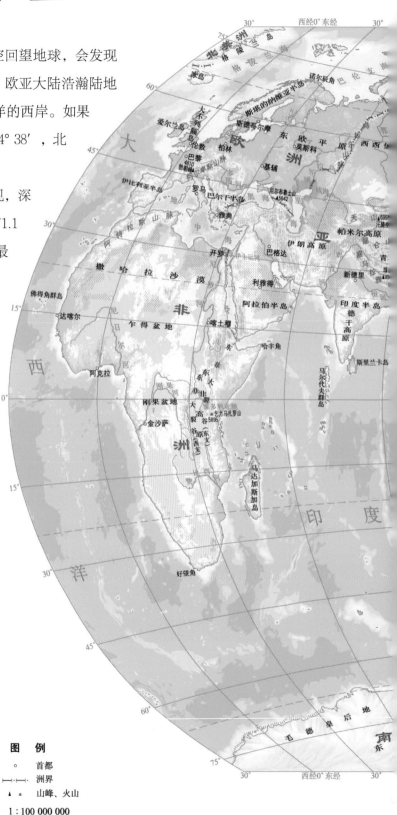

图 例

∘ 　　首都

⊢⋅⊣⋅⊢　洲界

▲　　山峰、火山

1 : 100 000 000

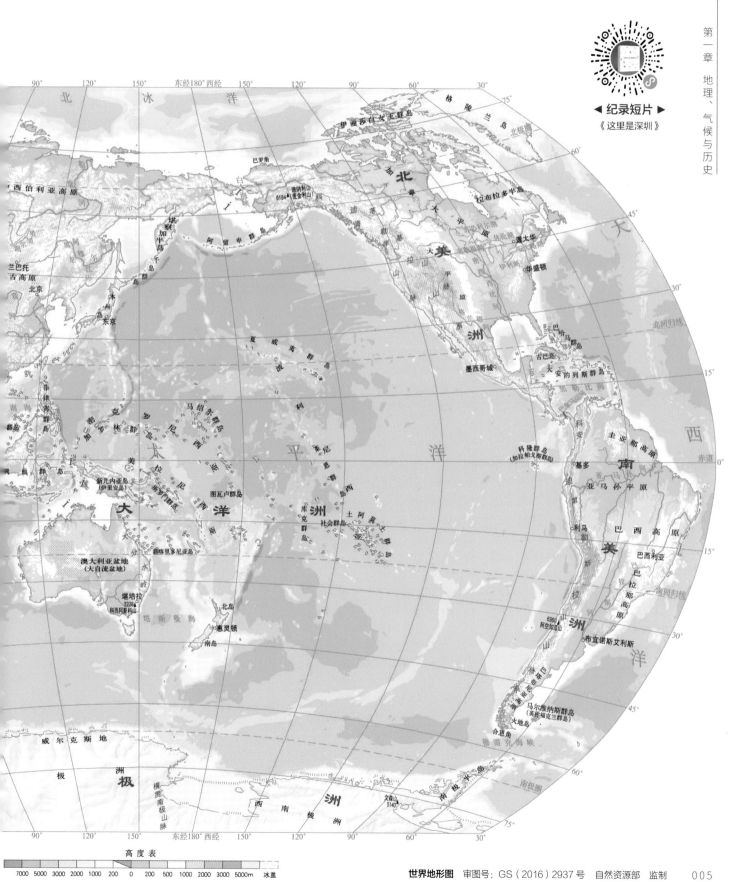

◀纪录短片▶

《这里是深圳》

高度表

世界地形图 审图号：GS（2016）2937号 自然资源部 监制 005

深圳在祖国的位置

深圳位于中国广袤大陆与浩瀚海洋的交接处，地处华南地区，广东省的南部，粤港澳大湾区的中心地带，与香港特别行政区相连。

深圳的地理位置，是深圳成为中国改革开放先行城市的缘起之一：深圳市原属广东省宝安县，是毗邻香港的边陲小镇。1979 年 3 月 5 日，国务院批复撤宝安县，设深圳市。1980 年 8 月 26 日，全国人大常委会批准在深圳设置经济特区，这一天成为深圳的生日。

2019 年 8 月 18 日，中共中央国务院发文：支持深圳建设中国特色社会主义先行示范区。

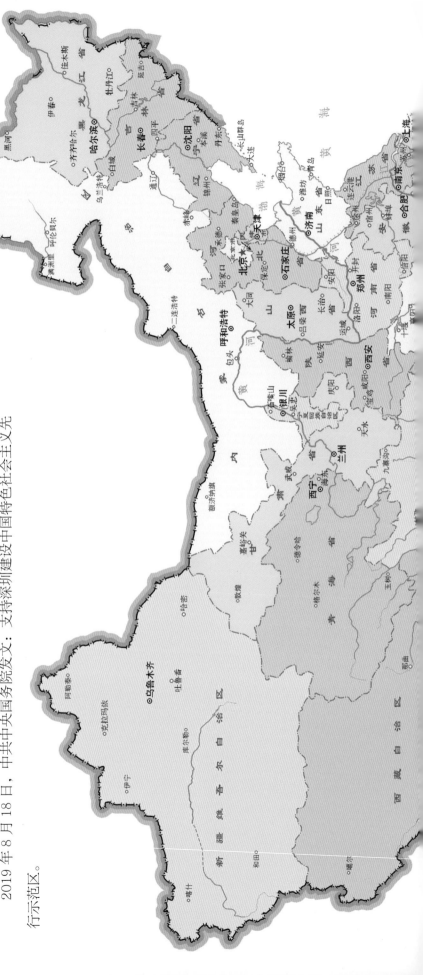

中国地图

小而好的深圳

深圳的面积非常非常小，大约只占地球总面积的十六万分之一、全国总面积的五千分之一。

深圳虽小，却创造了许多的奇迹，保留了许多的美好：从 30 万人的边陲小镇到 1700 多万人的大都市，只用了 40 年；上千万移民迁徙而来，在这座座包容的城市里有了自己的家；它是中国都市化速度最快的城市，却依然保留了 48% 的生态保护地——小小的深圳，有超过 2 万个物种和人类生活在一起。

多样，包容，活力。深圳，我们的家，小而美好。

这里是深圳

◀ 短视频 ▶
《从太空俯瞰深圳的变迁》
（20世纪80年代—21世纪最初十年）

这里是深圳，我们的家园城市。

深圳由一片绵延的陆地、4个蜿蜒的海湾和51个星罗棋布的岛屿与岛礁组成。

深圳的陆地以深圳河为界，与南岸的香港相连；西北部与东莞毗邻；东北部与惠州接壤。

深圳的西部沿海是恢弘的珠江口，与中山市、珠海市遥遥相望；东部碧蓝的大鹏湾和大亚湾海域，环抱着犹如巨鸟展翅的大鹏半岛，与香港、惠州相邻。湾区中的海域延伸至辽阔的天际，向南与中国南海相连，向东与太平洋汇合。

深圳市中心区与各区 VR 全景影像

（影像采集于 2020—2021 年）

VR 全景影像
深圳市中心区与各区影像

福田区

罗湖区

盐田区

南山区

宝安区

龙岗区

龙华区

坪山区

光明区

大鹏新区

深圳，是什么？

* 新中国设立的经济特区

* 中国改革开放的窗口

* 新兴移民城市

* 中国特色社会主义先行示范区

* 前海深港现代服务业合作区所在地

* 广东省副省级市，国家计划单列市，中国经济中心城市和国际化城市

* 国家物流枢纽、国际性综合交通枢纽，中国口岸数量最多、出入境人员最多、车流量最大的口岸城市

* 中国接纳新移民最多的城市（2010—2020 年）

* 中国人口密度最高的城市（2020 年）

* 中国每平方公里经济产出最高的城市（2020 年）

* 中国超大城市（2021 年）

深圳市及各辖区面积与人口

区域名称		面积（平方公里）	常住人口（人）
深圳市	不含深汕特别合作区	1997.47	17494398
	含深汕特别合作区	2465.77	17560061
福田区		78.66	1553225
罗湖区		78.75	1143801
盐田区		74.99	214225
南山区		187.53	1795826
宝安区		397	4476554
龙岗区		388.21	3979037
龙华区		175.6	2528872
坪山区		168	551333
光明区		156.1	1095289
大鹏新区		295	156236
深汕特别合作区		468.3	65663

注释：

1. 面积数据来源为深圳市及各辖区官方网站，数据更新时间为2020年4月至2021年7月。

2. 人口数据来源为 2021 年 5 月深圳市统计局发布的《深圳市第七次全国人口普查公报》。

3.《深圳自然博物百科》作品内所有地理、历史、自然的记录均未包括"深汕特别合作区"。

4. 由于各区面积在统计时取值范围有差异，因此各区面积总和与深圳市总面积有较小的误差。

深圳的陆域

高度不同的陆地生境。2019.03.11
从海平面的都市到海拔近千米的山岭，随着海拔高度的变化，
温度、光照、土壤也会变化，随之带来了生境与物种的变化。

梧桐山海拔 800 米处的电蛱蝶。2016.07.05

深圳的陆域由中国大陆南端的一片陆地和 51 个岛屿组成。

1985 年出版的《深圳市自然资源与经济开发图集》记录，深圳的陆地面积是 1865.57 平方公里。30 多年里，年轻的城市持续大规模填海，拓展了 100 多平方公里的陆地。依照深圳市政府公布的数据，到 2020 年底，深圳的陆地面积是 1997.47 平方公里。

深圳的陆域，是北京的约八分之一，不到上海的三分之一，是澳大利亚的约三千八百分之一，而在深圳实际居住的人口，已接近整个澳大利亚的人口总数。

深圳是包容之城，它用狭小的地理空间，给予了迁徙者多样的生存机遇，给予了逐梦者宽广的探寻之路，同时，孕育着丰富多样的生命物种。

◀纪录短片▶
《我，深圳的陆地》

VR 全景影像
陆地上的都市生境
市民中心

VR 全景影像
陆地上的森林生境
七娘山

VR 全景影像
陆地上的水生境
深圳水库

急速都市化下的陆地生态。
2020.03.03
40 多年里，深圳人口增长了 1000 多万，经济总量增长了 1 万多倍。在以经济效益为核心、以人类社会进步为目的的大都市里，深圳的陆地生态状态高度脆弱。

市中心天线塔上聚集的丝光椋鸟。 2012.11.05

森林，最重要的陆地生态系统。2019.04.21
山岭溪流两侧生长着南亚热带阔叶林。森林覆盖了深圳 40% 以上的土地，深圳的森林大多是次生林，是物种多样、层次丰富、食物链复杂的生态系统。

隐身在密林深处的国家一级保护野生动物倭蜂猴。
2019.10.20

深圳水库，陆地上的水生境。
2020.05.10
遍布深圳的河流、水库、池塘构成了淡水生态系统。淡水生态不仅仅是都市生活生产用水的来源，也是许多陆地生命的寄居地。

水塘边觅食的台北纤蛙。 2019.03.10

充满生命力的大地。2019.03.11
深圳 1997.47 平方公里的土地，超过 60% 为低山、丘陵和高台组成的山地，狭小的陆地空间里，平地大多被蓬勃发展而人口密集的城区占据。与高楼林立、摩肩接踵的都市共存的，是多样的山海河湖林草，复杂多变的陆地容纳了多样的生命寄居。

深圳的海域

深圳的海域面积 1145 平方公里，是陆地面积的约 57%，它是深圳家园的蓝色组成部分，是深圳的珍宝。

深圳的海域周边有大鹏半岛、香港九龙半岛、蛇口半岛，下辖大亚湾、大鹏湾、深圳湾、珠江口四个海湾。海湾里星罗棋布着大大小小 51 个岛屿，从深圳东部与惠州接壤的白沙湾到西部与东莞接壤的茅洲河，有 260.5 公里长的海岸线。

深圳的海，有世界上最繁忙的航道之一，是粤港澳大湾区的组成部分，是经济强力生长的推动器，还是成千上万种生命寄居的家园。

◀ 纪录短片 ▶
《我是海，深圳的海》

大鹏湾海面上的远洋货轮。 2019.10.03
大鹏湾是位于深圳与香港之间的海湾，水深 10—24 米，是中国南部优良的天然港湾。繁忙的航线之下，生长着缤纷多样的海洋生命。

VR 全景影像
大亚湾

VR 全景影像
大鹏湾

VR 全景影像
深圳湾

VR 全景影像
珠江口

大鹏湾海底与珊瑚共生的伞形螅。
2016.05.05
珊瑚礁被称为海底的热带雨林，寄居着多样的海洋生物。

深圳湾里聚集的普通鸬鹚。2018.12.03
深圳湾不仅是人类活动的城市中心区域，沿海岸线还有红树林、滩涂、内湖、鱼塘、入海口、生态公园等多种生境，每年有数万只候鸟在深圳湾歇脚或过冬。2014 年 5 月 1 日，深圳湾被设立为禁渔区。

珠江口。2020.06.03
珠江口是深圳最西部的海域，有大大小小 38 条河流汇入；咸淡水混合，滋养了多样的物种。

大亚湾。2020.05.02
大亚湾位于深圳的最东部，是深圳水质最好的海湾之一。作为广东最大的半封闭型海湾，湾中岛屿众多，地形多样，海水盐度稳定，有利于物种生长，是珊瑚与鱼类最丰富的海湾之一。

大亚湾海底的银汉鱼。2013.05.13
海鱼是海洋里的主要居民之一，也是与人们生活关系密切的海洋动物。

聚集在深圳湾滨海湿地的鹭鸟群。2019.10.15
深圳湾南北两侧有深港两地最重要的两个自然保护区，即福田红树林自然保护区和米埔自然保护区，是多样生命的寄居地。

深圳的地形

中国的南海边有一条龙，它的名字叫深圳。深圳地形狭长，地势东高西低，从形状上看，像一条舞动的巨龙。

深圳东部的大鹏半岛是山脉最密集的地区，蜿蜒的排牙山（海拔 707 米）和七娘山（海拔 869 米）隔海相望，犹如高高昂起的龙头，大张的龙口像将大亚湾含在了嘴里。

深圳的中部是深圳地形最复杂的地区，有深圳的最高峰梧桐山（海拔943.7 米），有莲花山、塘朗山、大南山这样的丘陵，也有深圳河沿岸的冲积平原，河流密集，水库星罗棋布，犹如气血旺盛的龙体。

深圳的西部像弧形的龙尾。数十条由北向南汇入大海的河流，在漫长的岁月里留下了冲积平原和海积平原，形成深圳地势最低也是最平缓的地区。

VR 全景影像
滨海台地平原地貌
福田中心区

VR 全景影像
河流冲积平原地貌
深圳河

南海边的一条龙

深圳地势东南高，西北低，犹如一条昂首挺胸的巨龙。深圳东南部都是海拔低于 1000 米的低山，中部和西南部是海拔在 500 米左右的丘陵，还有毗邻河流或海岸的平原。在深圳，平原只占陆地面积的 22.1%。

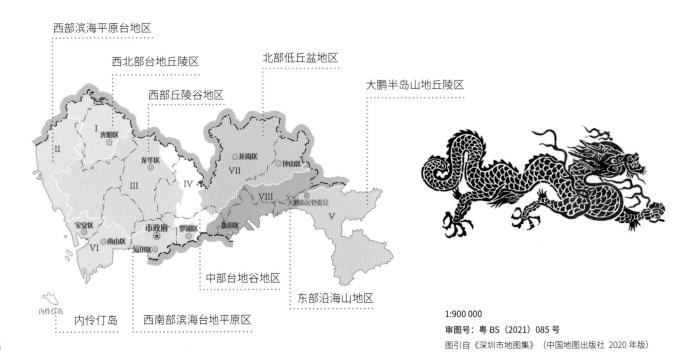

西部滨海平原台地区
西北部台地丘陵区
北部低丘盆地区
西部丘陵谷地区
大鹏半岛山地丘陵区
中部台地谷地区
东部沿海山地区
西南部滨海台地平原区
内伶仃岛

1:900 000
审图号：粤 BS（2021）085 号
图引自《深圳市地图集》（中国地图出版社 2020 年版）

位于滨海台地平原的莲花山公园。 2020.03.31
在山地丘陵遍布的深圳，这片东起梧桐山，西至珠江口的平原绵延 60 多公里，是深圳的黄金宝地，经过一代又一代人的拓荒建设，这里已是全国单位面积经济产出最高、建筑密度最大的区域之一。

深圳的地理格局

城，是自然的一部分；自然，也是城的一部分。南来北去的风向，生命繁衍的山水，流动变幻的都市，皆有元气和能量。2006 年《中国国家地理》的《风水专辑》，讲述了深圳的风水格局。

从空中俯瞰深圳，源自粤东的莲花山脉在深圳分为两条支脉：一脉由东向西——田头山、马峦山、梧桐山、塘朗山、大南山、阳台山，绵延伸入珠江口。另一脉由西北向东南——排牙山、七娘山在大鹏湾、大亚湾探身入海。两条山系是龙脉中的祖龙，巨龙探头取水，水为财，大亚湾、大鹏湾、深圳湾、珠江口四个海湾为水汽充沛的来源。加上港湾套叠，岛屿棋布，犹如金龙含珠，灵龟下海，银盆养鱼，注定是聚财和成就大事之地。

短短 40 年，被称为鹏城的深圳凤凰涅槃，振翅高飞，举世瞩目。拥有这样顺风顺水的家园，我们要好好珍惜呵护它的一山一水、一草一木，千万不可逆天道而行，毁掉这个城市旺盛的风水和运程。

《中国国家地理》2006 年第一期的《风水专辑》，讲述了深圳的风水格局。

深圳河入海口有典型的河流冲积平原。2020.03.23
深圳的滨海低地海拔并不低，即使是海积平原，也多在 3 米以上，和世界上许多以海积平原为主的滨海城市相比，深圳的地势比较高。

大地的模样

VR全景影像
西北部台地丘陵
塘朗山

VR全景影像
东部沿海山地
梧桐山

｜台地丘陵｜

位于西部台地丘陵的塘朗山。 2020.03.31
塘朗山、阳台山、银湖山、大南山、小南山……深圳中部星罗棋布的丘陵是经历了漫长的地壳运动，风吹雨打磨蚀后形成的坚硬结晶岩。在高度都市化的区域中心，这些植被茂密的丘陵是一艘艘"生态方舟"。

｜滨海低地与填海地｜

修建在滨海低地和填海地上的宝安国际机场。2020.05.15
山地和丘陵占了深圳的一半，留给城市开发的土地异常紧张。建市40多年里，深圳开山抛石、吹填造陆，将上百平方公里的滩涂与近海变成了陆地。随着对生态环境保护的重视，深圳大规模的填海造陆已基本结束。

｜滨海台地平原｜

内伶仃岛

VR全景影像
西南部滨海台地平原
南山区粤海街道办区域

Ⅰ 西北部台地丘陵区	Ⅵ 西南部滨海台地平原区
Ⅱ 西部滨海平原台地区	Ⅶ 北部低丘盆地区
Ⅲ 西部丘陵谷地区	Ⅷ 东部沿海山地区
Ⅳ 中部台地谷地区	无数据
Ⅴ 大鹏半岛山地丘陵区	

位于西南部滨海台地平原区的南山区粤海街道办区域。2020.05.02
平坦的地形为城区的拓展提供了良好的条件，这里已成为深圳科技、经济、人口汇聚之地，也成为全国单位面积经济产出最高的区域之一。

深圳的"龙脊"，东部海岸山地。2020.05.02
海岸山地源自粤东沿海的莲花山脉，东起大鹏新区的坝光，西至罗湖区的梧桐山，是深圳最长、景象最壮观、生物多样性最丰富的山脉。它绵延近 60 公里，为深圳构筑了壮美的天际线。

000

号：粤 BS（2021）085 号
目《深圳市地图集》
地图出版社 2020 年版）

VR 全景影像
大鹏半岛山地丘陵
大鹏新区

半岛山地丘陵

大鹏半岛山地丘陵区，大鹏新区。2020.04.13
这里的火山喷发曾经断断续续持续了数千万年，堆叠起许多的山岭，大鹏半岛就是其中之一。排牙山、七娘山的连绵山脉，大鹏湾、大亚湾两个海湾，构成了山海相交的自然景象与滨海生态系统，也是国家地质公园的所在地。

VR 全景影像
西南部滨海台地平原
东门老街

冲击小平原

西南部的冲积小平原，罗湖区。2020.05.02
这片小平原上有深圳最老的城区，这里也是深圳经济特区成立后最早开发的片区。

4+2，深圳的地理极点

最北端
罗田水库

VR全景影像
最北端·罗田水库

深圳最北端的罗田水库。 2016.08.06
罗田水库位于深圳的最北端，与
东莞接壤。山岭环抱，草木丰美，
水质洁净，是生机勃勃的人工淡
水湿地。

最西端
茅洲河

最西端，深圳的第一大河——茅洲河。
2020.05.20
深圳最西端的茅洲河是深圳与东莞的
界河。干流全长 41.61 公里，在深圳
境内的流域面积 310.85 平方公里，
超过深圳陆地面积的 10%。

最南端
内伶仃岛

最南端，内伶仃岛。 2015.07.12
孤悬于珠江口海域的内伶仃岛是深圳
陆地的最南端。内伶仃岛是国家级自
然保护区，由于多年的保护和隔离，
岛上生长着许多深圳市区已消失或少
见的物种。

VR全景影像
最西端·茅洲河

VR全景影像
最南端·内伶仃岛

最高点
好汉坡

VR全景影像
最高点·好汉坡

最高点，梧桐山好汉坡。
2006.01.29
梧桐山海拔943.7米，是深圳的最高点。
梧桐山是深圳面积最大的山岭，寄居
着一些低山和平地不容易见到的物种。

最东端
海柴角

VR全景影像
最东端·海柴角

最东端，海柴角。 2016.08.12
海柴角海岬是深圳陆地的最东端，位于大
鹏半岛七娘山脚，大鹏湾和大亚湾的交汇
处。每天清晨这里都会迎来照向深圳的第
一缕阳光。

最深处
大亚湾

VR全景影像
最深处·大亚湾

最深处，大亚湾。 2018.11.19
深圳近海最深处深度约为40米。在填海、
污染和过度捕捞的影响下，深圳的海底依
然生长着令人惊叹的珊瑚群落和其他海洋
生物。

飞翔在深圳湾上空的黑鸢。2018.01.27
鸟儿的飞翔能力给它们带来了广阔的生存空间、强大的逃生能力和宽广的觅食范围。

深圳水库的岸边，蚱蝉在夜色中完成羽化。2021.06.03
多样的生命有着多样的"生物钟"，有和昼夜相适应的日钟，有和潮汐相适应的潮汐钟，还有与地球公转、季节变化相适应的年钟。

在山岭密林里藏身的野生猕猴。2017.04.30
深圳的大型哺乳动物屈指可数，它们需要面积较大的丛林庇护，要有足够丰富的低层级动植物作为食物。

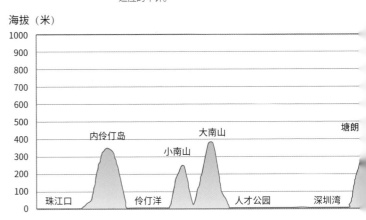

海拔（米）

内伶仃岛　大南山　塘朗
小南山
珠江口　伶仃洋　人才公园　深圳湾

莲花山公园，白花鬼针草上聚集的菜粉蝶。2020.04.20
外来植物白花鬼针草和昆虫菜粉蝶都是适应力特别强大的物种，在人类密集和高度开发的地域也可以生存。

珠江口，海岸滩涂上的清白招潮蟹。2018.06.16
深圳山岭的最高点和海湾的最深处之间，高度相差超过1000米。随着海拔高度、地理空间的变化，生命物种也在变化。

生命遍布每一个空间

　　如果有一把巨大而锋利的解剖刀，从深圳的最西端珠江口切下，横贯深圳，一直拉到深圳的最东端大亚湾，你会看到深圳的横切面，看到地表的起伏变化，看到生命随着海拔高度、地形生境的变化而发生的递变。

　　不同生命选择不同的地理空间、不同的觅食地点、不同的食物种类，以及一天24小时和一年四季里不同的生物节律——用不同的"生态栖位"避开空间和食物的竞争。在深圳，不同"阶层"里特有的"居民"都有着自己特有的"生活方式"。

　　登上梧桐山的顶峰，可以看见蛇雕乘着高空的气流

梧桐山里的斑头鸺鹠（xiū liú）。2021.03.23
与普通猫头鹰不同，这种小型的猫头鹰白天出来活动和觅食，在深圳这样的城市里，许多野生动物在逐渐学习适应城市环境。

大鹏湾海底的小头丝虾虎鱼。2012.09.26
深圳的近海是海平面下不到40米的浅海区，这个深度的海水里光照充足，河流从陆地带来有机物，适于各种海藻的生长和繁殖，也带动了各种动物的生长和繁殖。

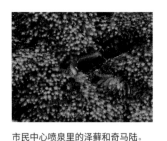

市民中心喷泉里的泽藓和奇马陆。2019.03.27
城区中寄居着适应性特别强的生命。不足5厘米高的泽藓是奇马陆的容身之处，植物是最基础的生产者，是动物种群食物和能源的提供者。

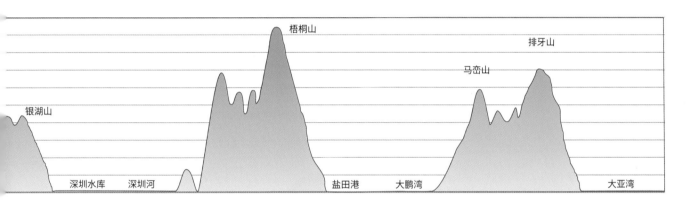

深圳地形地势剖面图

优雅地盘旋；站在科技园车水马龙的街边，会忽然听到绿化带里纺织娘高亢的鸣唱；潜入大鹏湾暗黑的海底，能看到珊瑚犹如燃放烟花般产卵；在邓小平塑像下俯瞰深圳中轴线，一对玉带凤蝶追逐着翩翩飞过……

不同的生命在不同的维度、空间与时间，构建了缤纷多彩、宏大、美妙的自然世界，深圳起伏多变的大地与海洋，不只是1700多万深圳人的家园，也是万千生命寄居的空间。

马峦山，百年老屋"岭南新居"前的古树人面子。2010.09.18
深圳的山岭里，海拔500—900米的山顶和山脊上，生长着南亚热带山地常绿阔叶林；高度下降，转变为低山常绿阔叶林。海拔越低，越接近人类密集居住的区域，原生森林越来越稀少，渐渐被人工种植的绿化林替代。

双城血脉，深圳与香港的地理连接

深圳的一片陆地和四个海湾都与香港接壤，两个大都市都位于粤东莲花山脉的南延地带、大湾区的中心。

香港包括香港岛、九龙和"新界"，以及260多个大小不一的岛屿。陆地面积约1106平方公里，其中有78平方公里是填海造地而成，香港的陆地面积大约只有深圳陆地面积的55%。海拔957米的大帽山是香港的最高点，与梧桐山遥遥相望。

香港的海洋面积1645平方公里，比深圳1145平方公里的海域要大一些，绵延的海岸线总长1178公里，是深圳的4.6倍。

相同的南亚热带季风气候，相近的年平均气温和降雨量，相似的地貌，为深圳与香港孕育了同样丰富的生境和物种。

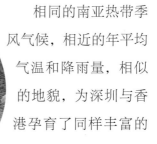

VR全景影像
大鹏湾深港交汇海域

VR全景影像
梧桐山深港交汇区域

VR全景影像
深圳河深港交汇区域

香港米埔自然保护区中栖息的冬候鸟黑脸琵鹭与白琵鹭。
2018.01.27
图中远处的高楼位于深圳福田保税区。米埔自然保护区位于深圳湾北岸，是香港最重要的自然保护区，1995年被列为拉姆萨尔国际重要湿地。与福田红树林国家级自然保护区相连，是东亚—澳大利西亚候鸟迁飞区最重要的中途站之一。到2020年底，香港已记录的鸟类超过560种，陆地面积比香港几乎大一倍的深圳已记录鸟类有395种。

夕阳下的维多利亚港与宝马山。2020.09.13
生机盎然的郊野山林与高楼林立的都市近在咫尺。郊野是香港宝贵的自然资产，1976年香港就制定了《郊野公园条例》对郊野加以保护。

谢谢好邻居

依照 2019 年的统计数字，香港人口约 750 万人，人口密度约为 6781 人／平方公里，"拥挤度"全球排名第四。值得深圳学习的是：香港是全球自然环境与生物多样性保护最好的城市之一。

从 20 世纪 70 年代起，香港就开始制定郊野公园规划，在寸土寸金的香港划出了 24 个郊野公园和 11 个"特别地区"，将 40% 的陆地面积设为法定保护地，并划定了 7 个总面积 40.5 平方公里的海洋保护区，自然保护地的面积比例在全球名列前茅。

香港不仅在深圳经济起飞和发展中起到了关键的推动作用，一系列与深圳山水相连的自然保护地也对深圳自然生境的多样、人居环境的健康、多样物种的共生与流动有着良好的影响。

在鹿角珊瑚中游弋的八带蝶。2011.09.18
香港东南部与深圳大鹏湾、大亚湾连接的海域面向辽阔的南海，生长着中国沿岸比较健康的珊瑚群落，珊瑚的多样性比加勒比海的还要高。

大鹏湾西岸的香港船湾郊野公园和八仙岭郊野公园。2014.05.14
图中的高楼位于深圳的沙头角片区。香港郊野公园里的动植物受到严格保护，驱动着区域性的物种基因交流，补充了深圳海域与陆地中生物的多样性。

香港大沙叶。2021.06.19
香港大沙叶又名满天星，是深圳与香港常见的乡土植物，盛开的白花会吸引大量蝴蝶、蜜蜂来采食花蜜。香港大沙叶在香港已被列为保护植物。

深圳河，高度都市化的北岸与自然保护区、郊野公园密布的南岸。2020.03.31

深圳的人口

　　1982 年第三次全国人口普查，深圳记录的人口是 35 万人。2021 年 5 月，第七次全国人口普查，深圳的人口为 1756 万人（含深汕特别合作区）。在不到 40 年的时间里，上千万移民迁徙而来，工作、生活、定居在 1997.47 平方公里的土地上。

　　抽象的数字中蕴含着大历史的波澜壮阔，也决定着个人命运的起伏跌宕。有着巨大的包容力的深圳，吸引着不同背景、阶层和故乡的人投奔而来，为迁徙者提供了生存和发展的机会，给予了求变者实现梦想的空间。

　　即使在全球的城市发展史上，这样短时间内大规模的人口迁徙，也是传奇。香港用了 87 年，人口从 1931 年的 80 多万人增长到 2018 年的 748.25 万人；新加坡用了 158 年，人口从 1860 年的 8 万人多增长到 2018 年的 563 万人；纽约用了 158 年，人口从 1860 年的 100 万人增长到 2018 年的 840 万人。而深圳只用了不到 40 年的时间，接纳了相当于 2 个香港的人口。

　　人口迅速增长让深圳成为全国人口密度最大的都市，给深圳带来了强大的生产力和消费力。与此同时，对土地空间、能源、水资源的需求，大都市日日夜夜排放的废气、污染物、垃圾，也让深圳成为全国承受生态压力最大的都市之一。

1980 年 7 月 7 日的东门，尽现人口稀少的小城景象。
1980 年 6 月，深圳市政府报告中记录的总人口 312610 人，其中农民 248887 人。

2021 年 7 月 7 日，东门同一地点的夜景。
至 2021 年，深圳的实际管理人口已超过 2000 万人。

从图中可看出，深圳人口由"常住户籍人口"和"常住非户籍人口"两部分构成，两部分人口在居住区域、职业分布上有明显的差别。

审图号：粤 BS（2021）085 号
图引自《深圳市地图集》（中国地图出版社 2020 年版）

内伶仃岛

深圳人口结构与人口密度分布图

人口普查数据里的生命活力

2021 年 5 月 17 日，深圳市统计局发布第七次全国人口普查公报：深圳常住人口（含深汕特别合作区）约 1756.01 万人，在全国千万级人口城市里排名第六。

713.61 万，有吸引力的城市： 2010 年至 2020 年，10 年里深圳人口增加了 713.61 万人，单是增长的人口就接近香港的总人口数，是全国人口增长量最高的城市。

79.53%，青春的城市： 15—59 岁的人口占比 79.53%，60 岁及以上人口仅为 5.36%，正处在旺盛的"人口红利"期。

55.04% 与 44.96%，男女比例均衡的城市： 深圳的常住人口中，男性 966.52 万人，占 55.04%；女性 789.48 万人，占 44.96%。

28849 人，受教育程度高的城市： 每 10 万人中拥有大学文化程度的人口为 28849 人，高于全国平均水平。

1989 年深圳工厂中的打工妹。
40 多年里，数千万忠厚勤劳的打工者来到深圳，他们是"深圳制造"走向世界的基础力量。但他们中的大部分人没能长久定居在深圳。

移动大数据里的深圳人口

依照 2018 年发布的《基于移动大数据的深圳市人口统计研究报告》：

2017 年 11 月，每天生活在深圳的"日总人口"日均有 2567.2 万人；在深圳停留时间每月不超过 23 天的"访客人口"超过 250 万人。

宝安区是深圳常住人口最多的区，生活着 591.1 万人，超过了新西兰全国的人口（469 万人），常住人口最少的是大鹏新区，只有 18.4 万人。

按照每天有 2500 万实际活动在深圳的人口数计算，深圳人口密度约为 1.25 万人 / 平方公里，是全国人口密度最大的城市，也是全球人口密度最大的超级大城市之一。

1:400 000
常住人口密度 （人 / 平方公里）

≥ 10000

5000 — 10000

1000 — 5000

<1000

常住户籍人口

人数
（万人）

常住非户籍人口

0   50 100 200 300

不同年代的迁徙者进入深圳，在深圳居住、工作时所持的证件。

深圳的经济

2020 年，深圳的经济总量近 2.77 万亿元。这个数字的内涵是：深圳是中国每平方公里地区生产总值最高的城市，也是粤港澳大湾区经济总量第一的城市。

1980 年，深圳设置经济特区。那一年，深圳的经济总量为 2.7 亿元，只占香港当年经济总量的 0.2%。1990 年这个数字增长到 4%。2009 年，深圳的经济总量增长至 8201 亿元，相当于同年香港经济总量的 50%。又过了 10 年，深圳创造的经济总量超过了香港。

如果按照经济总量排序，根据国际货币基金组织（International Monetary Fund）公布的数据，在 2020 年，深圳的经济总量在全世界排第 32 至 33 名，超过阿根廷、菲律宾等 160 多个国家和地区，居亚洲城市前五名。在过往的 40 年里，深圳生产总值的增长率是世界平均水平的 4.9 倍，全国平均水平的 1.8 倍。

短短 40 年，深圳实现了农业经济向工业经济的跃升，并领先进入数字经济，从一个边陲小镇急速成长为一个现代都市。

从图中可见，南山区是深圳市经济实力最强的市辖区，即使在全国也名列前茅。大鹏新区是深圳的重点自然生态保护特区，是唯一不考核生产总值的行政区。

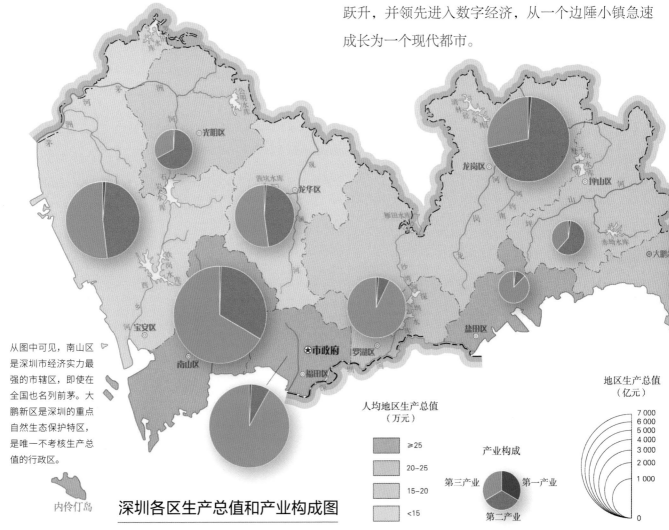

深圳各区生产总值和产业构成图

人均地区生产总值
（万元）

≥25
20~25
15~20
<15

产业构成

第三产业　第一产业

第二产业

地区生产总值
（亿元）

7 000
6 000
5 000
4 000
3 000
2 000
1 000
0

数十年里的沧海桑田

20 世纪 60 至 70 年代宝安县居民的存折。

据档案记载，1974 年，深圳农民的年收入为 146 元，平均月收入 12.1 元，创历史最高。

1978 年 12 月 18 日，深圳第一家"三来一补"企业上洞线圈厂在石岩上屋村大队部的二楼开工。

"三来一补"是建市初期创立的一种企业贸易形式，指的是"来料加工，来件装配，来样加工和补偿贸易"。这种形式为深圳早期资金、人才、技术的积累做出了贡献。

1978 年的深港边界。

当时的中国内地还未对外国游客开放，香港在毗邻深圳的落马洲山顶修建了观景台，吸引来自世界各地的游客极目远望。观景台对面的水田是今日的皇岗口岸，绵延的山岭是塘朗山。

2018 年的深港边界。

当年观景台的对面、深圳河北岸的乡村田野上如今已崛起一个现代都市。急速变迁的都市也对自然生态环境有不可避免的影响。

1:400 000

审图号：粤 BS（2021）085 号

图引自《深圳市地图集》

中国地图出版社 2020 年版）

1980—2021 年深圳部分年份生产总值数据图。

41 年间，深圳的生产总值从 2.7 亿元上升到超过 3 万亿元，增长 1.1 万倍。同样的 41 年里，全国的平均增长是 255 倍。在全国城市中，2021 年深圳的经济产出仅次于上海和北京，位居全国第三。出口收入连续 29 年位居全国第一。

生产总值（亿元）

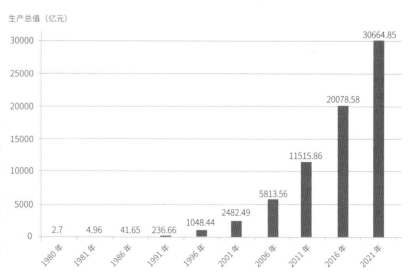

1980 年	2.7
1981 年	4.96
1986 年	41.65
1991 年	236.66
1996 年	1048.44
2001 年	2482.49
2006 年	5813.56
2011 年	11515.86
2016 年	20078.58
2021 年	30664.85

深圳的气候

热带鸟类的代表，赤红山椒鸟。 2018.02.24
赤红山椒鸟是典型的热带鸟，在深圳的鸟类中，
鹎类、卷尾类、啄花鸟类、伯劳类都属于热带鸟。

热带植物的代表，九节。 2016.06.08
九节是典型的热带植物，深圳生长的大部分植
物在南北纬 10—15 度之内都可以发现。

南亚热带的青斑蝶。 2018.04.29
深圳的大部分蝴蝶源于热带和亚热带。深圳的
季节差异不明显，生物群落演替速度比较快，
适宜多样物种生长繁衍。

找来一个地球仪，慢慢旋转，你会发现深圳位于北回归线以南，
在北纬22°27′—22°52′之间，距离北回归线的直线距离不到71.1公里。

沿着深圳同一纬度东移或西行，经过的陆地，在北美是植被稀薄
的高山峻岭，在非洲是炎热干旱的撒哈拉沙漠、内夫得沙漠和鲁卜哈
利沙漠。从理论上讲，受南亚热带高压脊下沉影响，深圳应该也同样
干燥，会是一片荒漠。幸运的是，深圳地处广袤的亚欧大陆与浩瀚的
中国南海、西太平洋之间，内陆和海洋温度的差异造就了季候风。

每年冬季，从西伯利亚出发的冷空气，穿过中国大陆，给深圳带
来干燥清凉的气候。每年夏季，由南向北的季候风走过漫长的海路，
携带着丰沛的水分，落下大量雨水——深圳的年平均降雨量1935.8毫
米，是同一纬度撒哈拉沙漠的200多倍。

日照充足，雨水滋润，南亚热带海洋季风气候让深圳成为适合人
类和动植物生存的生态福地。

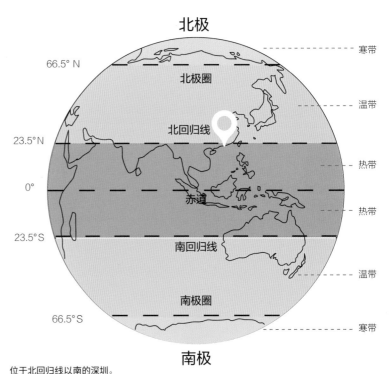

位于北回归线以南的深圳。
虽然深圳在地理上属于热带，但因为夏冬温差比热带大，所以气候学家把这里列为亚热带。

20 世纪 60 年代宝安县城区全景。

21 世纪初同一地点的深圳景象。现代都市的急速形成是气候变化的主要因素。

大历史下的气候变化

1952 年 7 月,深圳就建立了国家气象站。近 70 年时间里,气象站记录了深圳本土详尽的气候资料。将其中的一些数据加以比较,可以看出急速都市化给深圳气候带来的变化。

气温

由于都市热岛效应和全球气候变暖,20 世纪 80 年代后,深圳年平均气温陡然上升,90 年代升温更为明显,进入 21 世纪后趋于平缓。

表 1-1 深圳 20 世纪 50—90 年代年平均气温变化

单位:℃

气温	时间				
	50 年代	60 年代	70 年代	80 年代	90 年代
年平均气温	22.0	22.1	21.9	22.4	23.1
平均最高气温	26.2	26.5	26.5	26.4	26.9
平均最低气温	18.8	18.9	18.8	19.5	20.4

日照

深圳日照时数减少的原因很复杂,应该与大气污染、雾霾等环境变化有关。

表 1-2 深圳 1954—2001 年平均日照时数变化

单位:小时

日照	时间			
	1954—1969	1970—1980	1981—1990	1991—2001
平均日照时数	2267	2112	1884	1822
与上个十年的差值		-155	-228	-62

湿度

湿度,是衡量大气干燥程度的物理量。深圳年平均湿度逐年下降,是因为 20 世纪 80 年代之后城市高楼群剧增,地面多为水泥柏油路面,吸湿少,蒸发量大,造成空气中的平均相对湿度减少。

表 1-3 深圳 20 世纪 50—90 年代年平均相对湿度变化

湿度	时间				
	50 年代	60 年代	70 年代	80 年代	90 年代
年平均湿度	86.5%	78.6%	79.6%	76.6%	74.5%
最高湿度	81%	80.2%	82.3%	79.7%	76.2%
最低湿度	75.1%	75.1%	76.8%	74.2%	72.2%

深圳的降雨与日照

深圳年平均降雨量为 1935.8 毫米，是中国年平均值（628 毫米）的 3.1 倍，是全球陆地平均降雨量（834 毫米）的 2.3 倍，充足的降雨和日照是这个城市万物蓬勃的根本原因。

深圳的降雨并不均衡，由东向西逐渐减少，东南部大鹏半岛的年平均降雨量为 2200—2300 毫米，西北部光明区的年平均降雨量只有 1500 毫米左右。

深圳的一年里，4—9 月间会降下全年 86% 的雨量，平均降雨量最多的是 8 月份，有 354.4 毫米；降雨量最少的是 1 月，只有 36.4 毫米。

深圳每年的降雨量也不均衡，降雨量最少的是 1963 年，只有 913 毫米，是一个大旱之年。2001

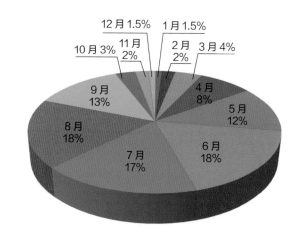

深圳各月平均降雨量比例图

年下了最多的雨——2747 毫米，却不是降雨日最多的年份；降雨日最多的是 1975 年，有 184 天，一年里平均每两天就有一天在下雨。

雷雨笼罩下的深圳。 2014.04.02
夏季是深圳降雨量最多的季节，台风和暴雨会带来大量降水。

梧桐山上空的日晕。 2016.07.11
阳光穿过卷层云时，经过冰晶折射，形成了圆形的七色光。

在树桩上享受阳光的变色树蜥。 2018.03.23
变色树蜥是我们通常说的冷血动物，必须依靠阳光或地表的散热来保持体表温度，所以特别喜欢晒太阳。

夏日里盛开的火焰树和前来吸食花蜜的八哥。 2020.01.29
日照对生命的生长至关重要，尤其是多年生植物，日照要到一定时间才能开花结果。

日照，生命能量的源头

照在地球上的阳光是所有生命能量的源头。毫无疑问，深圳是一个大部分时间都阳光明媚的城市，慷慨的太阳给予了深圳充足的日照率。

深圳位于南亚热带，大地上主要覆盖着赤红类土壤，充足的阳光为土地提供了巨大的能量，丰沛的降雨为物质的溶解和营养的流动提供了条件，给深圳带来了格外旺盛的生命力。

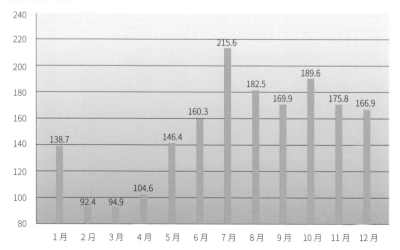

日照时数（小时）

月份	日照时数
1月	138.7
2月	92.4
3月	94.9
4月	104.6
5月	146.4
6月	160.3
7月	215.6
8月	182.5
9月	169.9
10月	189.6
11月	175.8
12月	166.9

深圳逐月平均日照时数变化

深圳的四季

　　深圳年平均气温 23℃，短暂的冬天不结冰，四季并没有分明的界限。

　　生物学家将深圳的一年分为两个季节：雨季和旱季。受南亚热带季风气候的影响，深圳在"雨季"的短短 6 个月里的降雨量超过全年降雨量的 86%，降雨量充沛的"雨季"和清凉干爽的"旱季"，是影响深圳万物的节点。

　　草木春日发芽，留鸟夏日育雏，候鸟秋天迁徙，昆虫冬日蛰伏，动植物生命周期的活动，多多少少都会顺应季节的变化，彼此又环环相扣。

春日里的"回南天"。 2017.03.08
每年 2 月至 4 月，暖湿气流南下，带来小雨或大雾。空气中温暖潮湿的水分遇到凉的墙壁和地板，会凝结成水滴，附在墙壁和地板上，这种现象被称为"回南天"。

夏日里的"深圳蓝"。 2018.05.21
在海拔 2000 米处俯瞰蓝天白云下的深圳。深圳的地理结构和夏日季候风对深圳腹地的空气污染物有水平搬运作用和稀释冲淡作用。

秋日的红叶。 2011.12.04
秋日的山岭，山乌桕(jiù)、枫香、岭南槭(qì) 的叶子陆陆续续地变黄，变红，形形色色的野果也成熟了。整个七娘山变得更加色彩斑斓。

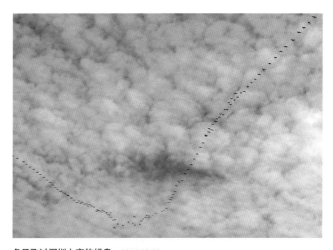

冬日飞过深圳上空的候鸟。 2006.02.23
每年冬季，上百种近 10 万只候鸟会飞临深圳，它们经过长途跋涉，在深圳歇息，补充营养，大部分候鸟会继续长途迁徙，有一些会留在深圳越冬。

都是人间好时节

深圳常年平均气温 23℃，这是适宜热带动物和南亚热带植物生长的温度。

深圳的年平均气温自 1968 年以来上升了 1.63℃，每 10 年约升温 0.35℃。

深圳的一年里，1 月平均气温最低，7 月平均气温最高。1980 年 7 月 10 日，在深圳设置经济特区前的一个多月，国家标准气象站记录到了深圳史上的最高温度：38.7℃；1957 年 2 月 11 日，记录到最低气温：0.2℃——依然没有达到冰点。

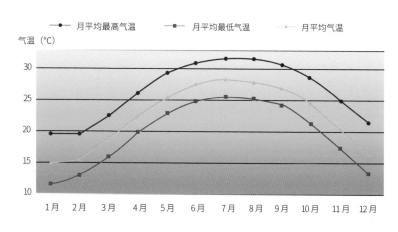

气温（℃）

- —●— 月平均最高气温
- —■— 月平均最低气温
- —▲— 月平均气温

深圳 1—12 月平均气温、平均最高气温和平均最低气温

梧桐山顶的冰挂。2021.01.08
2021 年 1 月 8 日凌晨，深圳气象局设置在梧桐山顶的气象站记录到了—3.2℃的最低气温。山上的树木结满了冰挂。

悬殊的温度，同一天梧桐山脚的景象。2021.01.08
地形是影响温度的因素，地势平坦的罗湖、南山、宝安城区，气温高过梧桐山、七娘山、马峦山。由于随着海拔增高温度会逐渐降低，在盛夏，梧桐山最高处的林荫下和深圳中心区的街头，温差会超过 10℃。

都市里的热岛效应

都市热岛效应是深圳年平均温度逐渐升高的因素之一。

我们的城市建筑，大多是用砖石、水泥、沥青和玻璃幕墙建成。这些材料对太阳光的反射率低、吸收率大。在阳光炙热的盛夏，水泥地面的温度可以达到 50℃，柏油马路的温度最高可达 60℃，这些高温物体和川流不息的车辆形成巨大的热源，烘烤着城市。为了降温，人们使用大大小小的空调，这些空调也在散发着热能。巨大的热能在市区中心汇聚，气温明显高于周边的山岭、海洋和郊区，形成一个热岛。

市区中心的热岛效应。2020.03.03
城市密集的水泥建筑、玻璃幕墙、柏油和水泥路面具有更大的吸热率，能快速升温，并向四周辐射，成为都市热岛。

深圳的春季

最早入季时间：12月21日　最晚入季时间：3月6日　平均入季时间：2月6日

平均季长：76天　平均温度：18.2℃　平均雨量：275.4毫米

春季，是深圳的过渡季节。来自欧亚大陆的冷空气已经不会像冬天那样强劲和持久，温度开始回升，降雨开始绵长。那些冬来春去的候鸟陆陆续续启程，开始返回北方。深圳湾的上空，常常会有成群结队的候鸟排成各种队形飞过。

有趣的是，因为冬日的深圳不像北方那样寒冷萧瑟，所以春天也没有万物复苏的景象。经过多年的观察发现，深圳的春季，许多树木生长新叶，替换旧叶，这反而是落叶最多的季节。

春日的色彩。 2019.04.14
深圳水库沿岸的绿道，丛林的嫩绿新叶中，黧蒴锥（lí shuò zhuī）开满一树的白花。

求偶的鸣叫。 2016.03.01
鹊鸲（qú）在渐渐变暖的季节求偶交配，在昆虫活跃的夏季产卵育雏。

润楠树长出的新叶。 2019.02.28
深圳大部分乔木和灌木在1—3月间长出新叶。这是植物的一种生长策略，每年的12月至次年3月，受低温和干旱的限制，深圳昆虫种群的数量降到最低，5—6月急升到顶点。在1—3月间生长的新叶，可以避免食草昆虫的侵食。

活跃起来的生命。 2019.04.21
盛开的广东蛇葡萄吸引着青凤蝶来采蜜，草木大多在春夏开花，是因为传粉的工蜂和其他昆虫要在气温15℃以上才会活跃飞行。

盛开在梧桐山里的毛棉杜鹃。 2020.03.22
每年春日，梧桐山里的5万多株毛棉杜鹃依次开放，成为深圳最壮丽的原生态森林花海景观。

深圳的夏季

最早入季时间：3月27日　最晚入季时间：5月23日　平均入季时间：4月21日
平均季长：196天　平均温度：27.6℃　平均雨量：1562.5毫米

深圳的夏季是最漫长的季节。在长达半年多的时间里，北方的冷空气消失，太平洋的南亚热带高压脊来临。艳阳高照，炎热多雨，这是深圳一年中天空最清澈、云彩最多样、气候最多变的季节。雷电、暴雨、龙舟水、酷暑、台风接踵而至。

深圳的降雨大多集中在夏季，占全年降雨量的80%—85%，春、秋两季的降雨量分别占6%—8%，冬季的降雨量最少，只占2%—4%。

充足的日照和降雨让植物铆足了劲生长、开花、结果，为大大小小的动物提供了充足的食物，让深圳的夏日成为自然生命最活跃、物种最繁盛的季节。

麻皮蝽的卵和刚刚孵出的幼虫。 2014.07.05
夏季是大部分昆虫繁殖的季节。一些昆虫的数量在温暖湿润的气候中急速增长。

假苹婆裂开后的蓇（gū）葖果。 2018.10.26
阳光与水量最充足的季节，有时能看到它们花果同期。假苹婆是典型的热带植物，会在夏季掉叶、开花、结果，集中在全年最热和水量最充足的季节办完"树生大事"。

嗷嗷待哺的新生代。 2019.05.10
夏候鸟家燕在夏季来到深圳繁衍下一代。深圳大部分留鸟的繁殖季节也都在4—7月，有一些甚至会延续整个夏季。这个季节是育雏的主要食物——昆虫最繁盛的季节。

夏日里正在交配的绿尾天蚕蛾。 2013.06.30
夏季温度高，食物充足，是大部分昆虫繁殖和幼体生长的季节。

食物丰盛的季节。 2018.05.03
在五爪金龙花朵中采蜜的东方蜜蜂。深圳的夏季，是最多植物开花的季节，大约有三分之一的灌木会在这个季节开花，这个季节种群和数量都达到顶峰的昆虫，会奔忙在花朵中，在觅食中充当传粉者。

深圳的秋季

最早入季时间：9月28日　最晚入季时间：11月27日　平均入季时间：11月3日

平均季长：69天　平均温度：18.2℃　平均雨量：66.0毫米

深圳的秋季，是一个性格不明显的过渡季节。

每年10月初，来自东北方的季候风渐渐加强，酷暑结束，人们终于可以关掉空调，打开窗户，在流畅的空气和自然的温度里入眠。到12月底，气温大幅下降，天气开始湿冷，秋天结束，冬日来临。

进入秋季的深圳永远不会遇到满目萧条、遍地黄叶或果实累累的景象，山野和都市里的植物，照常碧绿，照常开花，照常结果，甚至会长出新的叶芽。

深圳的秋季，最迷人的是数万只冬候鸟和过境鸟会飞临深圳。它们在深圳湾里觅食，在红树枝头鸣叫，在水泥森林的上空翱翔，为这个繁华忙碌的都市带来了诗意和温暖。

投奔的季节。 2018.12.01

每年入秋前后，开始有冬候鸟和过境鸟陆陆续续来到深圳，黑翅长脚鹬是最早来到深圳的候鸟之一。

秋日里的绽开。 2004.11.20

山岭里盛开的大头茶。在深圳，植物开花最多的是在5月，最少的是在12月。有一些植物只在秋冬季节开花，大头茶就是其中之一。

红叶带来的好处。 2018.12.02

天气变凉的秋日，山乌桕的叶子在掉落前变得鲜红。山乌桕黑色的种子并不鲜艳，叶子的变色，带来的好处是吸引食果动物的注意，帮助种子扩散。

享受苦楝树果实的灰椋(liáng)鸟。 2003.12.08

秋日里，一些植物成熟的果实是动物的季节性美食。对人来说，苦楝树的果实奇苦无比，许多鸟儿却甘之如饴。

凉冷季节的繁衍。 2011.11.22

香港瘰(luǒ)螈是少见的在秋冬季产卵繁衍的两栖动物，它们的卵在雨水稀少的季节里孵化。

深圳的冬季

最早入季时间：12月29日　最晚入季时间：2月28日　平均入季时间：1月13日
平均季长：24天　平均温度：14.8℃　平均雨量：27.7毫米

冬季是深圳最短的季节。随着全球气候变暖和都市热岛效应，冬季的天数在有的年头还会更少，甚至因为温度居高不下，有些年完全没有冬天。

每年，来自西伯利亚和华北的冷空气会给1月和2月的深圳带来全年最低的温度，所以，每年喜庆的春节，常常是深圳最寒冷的日子。

幸亏深圳不下雪、不结冰的冬天是如此短暂。日月更替，季节轮回，春天很快又会到来。

夏日的小眉眼蝶，眼斑大而明显。2016.06.15

冬日的小眉眼蝶。2017.12.15
冬日少雨，草木枯黄，小眉眼蝶也会应时而变，眼斑消失，接近环境的伪装色可减少被天敌猎食的可能。

包裹在冰中的锦绣杜鹃。2016.01.24
2016年1月24日，梧桐山顶的温度降到了0℃以下，盛开的锦绣杜鹃被凝结的冰包裹了。

冬日里的补给。2013.01.27
一些挂在枝头的野果是鸟类和哺乳动物的食物，内伶仃岛上的猕猴正在摘食小野果。

候鸟特别多的季节。2017.02.02
冬日的深圳湾，滩涂上聚集着成群结队的候鸟，每年冬天，有近百种数万只候鸟来到深圳度过冬天。

日月星辰，照耀深圳

四季轮回，日升月落，孕育了生机蓬勃的大自然。

一个城市的自然，是大地海洋，是山川河流；是开花结果的草木，是游走奔忙的动物；是时时刻刻呼吸的空气，是无声无息润物的流水；是瞬息万变的云朵，是亘古闪亮的星辰……

一个城市的自然，是人类聚集的生境，是万物共居的住所；是缤纷生命组合的互联网，是万千物种编织成的食物链，是千万年里原住民的寄居地，是数十年里新移民的落脚处。

一个城市的自然，就是我们的家园。

一个城市的自然，不只是获取资源的丰盛之地，也是理应被善待的脆弱之躯。

一个城市的自然，还是我们的学堂。在这个奥妙无穷的学堂里，我们学习建设都市，创造历史，知晓自然的美好，应对自然的灾害；探究自然万物之间环环相扣、唇亡齿寒的关联，寻找与自然和睦、平衡、长久、可持续的相处之道。

日月星辰，照耀着我们的家园城市。

恩泽万物的太阳嘱咐我们

每天，太阳从最东边的大亚湾海平面升起，在最西边的茅洲河地平线落下，照耀着深圳的土地和海洋，赐予所有生命最基础的能量。

"一代人来，一代人走，大地永存，太阳升起，太阳落下，太阳照常升起"，生命代代更迭，我们终将老去。恩泽万物的太阳在嘱咐我们：生命苦短，岁月漫长，请善待这片收容滋养了我们的土地和海洋，请善待和我们一起生活在这个城市里的生命万物。

大亚湾的日出。2018.01.01

深圳湾的日落。余晖里，归巢的候鸟飞过。2019.11.03

双彩虹拥抱幸运之城

一场大雨之后，天空中留下的水滴如果与阳光相遇，阳光又恰恰从 40—42 度的角度照进水滴，彩虹就会出现。如果阳光在水滴上折射两次，就会出现双彩虹，副彩虹延伸在主彩虹10 度的上方，赤、橙、黄、绿、青、蓝、紫的七彩顺序正好和主彩虹相反。双彩虹是极为难见的自然景象。

出现在深圳的双彩虹。2020.08.04

星空带我们找到回家的路

天气晴朗的日子，在深圳的东部，马峦山顶，梅沙尖顶，七娘山顶，尤其在大鹏半岛最南端的深圳天文台，可以看到繁星满天的夜空，看到银河、看到属于你的星座，如果幸运的话，还可以看到北半球的三大流星雨：英仙座流星雨、双子座流星雨和象限仪流星雨。

大自然赋予这个压力与竞争之城多样而繁茂、生动而宁静的生境，我们应该知恩领受，低头细嗅花朵，抬头仰望星空，发现心底深藏的敬畏和温情，保持初心，找到回家的路。

深圳人，笑一个！

下图中最亮的是弯弯的月亮；月亮右上方较亮的一颗星是金星，作为启明星的它熠熠夺目；图中最上方的是木星，与月亮、金星组成了一张空中的笑脸。

银河之下的深圳天文台。2019.04.16

2015 年 6 月 20 日凌晨，苍穹对深圳绽放微笑：双星伴月。

深圳的气候灾害

台风"山竹"带来的海浪冲垮了大亚湾的沿海公路。2018.12.31

2018年9月7日，台风"山竹"在太平洋洋面生成，9月16日在广东登陆，登陆时最大风力14级（45米/秒）。席卷深圳的台风"山竹"，让全城人领教了大自然的威力。

在气象学者的文献里，深圳是"灾害性天气多发区"。春季有寒潮、低温阴雨、春旱、大雾；夏季有高温酷暑、暴雨、台风；冬季有低温、寒流和秋冬连旱。其中台风是对深圳影响最大的灾害性天气。

袭击深圳的台风发源于西太平洋和南海热带海面，高温下大量的海水蒸发到空中，形成一个低气压中心。之后，气压的变化和地球自身的运动，形成一个逆时针旋转的空气旋涡——热带气旋，越来越强大的热带气旋最后形成了台风。

对深圳影响最大的热带气旋平均每年有4—5次，集中出现在7—9月。1979年后，给深圳带来巨大破坏的台风是1983年的"爱伦"和2018年的"山竹"，这两次台风发生的时间都在9月。

热带气旋造成的大风、暴雨和风暴潮，带来严重损害，也带来充沛的降雨，热带气旋与后汛期雨量是深圳重要的降水来源。

暴雨预警信号

暴雨黄色预警信号

含义： 6小时内本地将有暴雨发生，或者已经出现明显降雨，且降雨将持续。

防御措施：

1. 进入暴雨戒备状态，居民关注暴雨最新消息和防御通知；2. 托儿所、幼儿园和中小学采取适当措施，保证在校学生安全；3. 行人及骑行人员避免在桥底、涵洞等低洼易涝危险区域避雨，行驶车辆尽量绕开积水路段及下沉式立交桥，避免将车辆停放在低洼易涝等危险区域；4. 单位和个人（特殊行业除外）视情况暂停高空、户外作业和活动；5. 地铁、地下商城、地下车库、地下通道、地下实验室等地下设施管理单位或者业主以及低洼易涝等危险区域人员采取有效措施避免和减少损失；6. 注意防御暴雨可能引发的局部内涝、山洪、滑坡、泥石流等灾害；7. 政府及相关部门按照预案做好暴雨应对工作。

暴雨橙色预警信号

含义： 在过去的3小时，本地降雨量已达50毫米以上，且降雨将持续。

防御措施：

1. 进入暴雨防御状态，依规启动防洪排涝应急响应；2. 学生可以延迟上学、放学，上学、放学途中的学生就近到安全场所暂避；3. 暂停大型户外活动，单位和个人（特殊行业除外）停止高空、户外作业；4. 对低洼地段室外供用电设施采取安全防范措施，注意室外用电安全；5. 行驶车辆尽量绕开积水路段及下沉式立交桥，避免将车辆停放在低洼易涝等危险区域，如遇严重水浸等危险情况立即弃车逃生；6. 相关应急处置部门和抢险单位加强值班，密切监视灾情，对积水地区实行交通疏导和排水防涝，转移危险地带人员到安全场所暂避。

暴雨红色预警信号

含义： 在过去的3小时，本地降雨量已达100毫米以上，且降雨将持续。

防御措施：

1. 进入暴雨紧急防御状态，密切关注暴雨最新消息和防御通知，避险场所开放；2. 托儿所、幼儿园和中小学停课，未启程上学的学生不必到校上课，上学、放学途中的学生就近到安全场所暂避或者在安全情况下回家，学校妥善安置在校（含校车上、寄宿）学生，在确保安全的情况下安排学生离校回家，具体按照教育部门指引执行；3. 用人单位根据工作性质、工作地点、防灾避灾需要等情况安排工作人员推迟上班、提前下班或者停工，并为在岗以及滞留人员提供必要的避险措施；4. 立即停止大型户外活动，单位和个人（特殊行业除外）立即停止高空、户外作业；5. 相关应急处置部门和抢险单位严密监视灾情，依规实施防洪排涝应急抢险救灾，做好暴雨及其引发的内涝、山洪、滑坡、泥石流、地面塌陷等灾害应急抢险救灾工作。

台风预警信号

台风白色预警信号

含义： 48小时内可能受台风影响。

防御措施：
1. 进入台风注意状态，居民关注台风最新消息和防御通知；2. 港口和水上设施、船舶经营管理单位立即启动防台风预案，采取防台风措施或者做好防台风准备，海上作业人员主动做好避风准备；3. 政府及相关部门按照预案做好台风应对工作。

台风蓝色预警信号

含义： 24小时内将受台风影响，平均风力可达6级以上或者阵风8级以上；或者已受台风影响，平均风力为6—7级，或者阵风8—9级并将持续。

防御措施：
1. 进入台风戒备状态，居民及时了解台风最新消息和防御通知，避免前往室外人口密集场所和沿海区域；2. 有关单位、物业服务企业和个人加固门窗和临时搭建物，安置室外搁置物和悬挂物；3. 建设单位、施工单位采取加固措施，加强在建工地设施、机械设备的安全防护；4. 港口和水上设施、船舶经营管理单位立即全面启动防台风预案，采取防台风措施或者做好防台风准备，海上作业人员适时撤离；5. 政府及相关部门按照预案，及时组织高空、户外作业人员做好防御工作。

台风黄色预警信号

含义： 24小时内将受台风影响，平均风力可达8级以上，或者阵风10级以上；或者已经受台风影响，平均风力为8—9级，或者阵风10级以上并将持续。

防御措施：
1. 进入台风紧急防御状态，避险场所开放，居民留在室内或者到安全场所避风，密切关注台风最新消息和防御通知；2. 托儿所、幼儿园和中小学停课，未启程上学的学生不必到校上课，上学、放学途中的学生就近到安全场所暂避或者在安全情况下回家，学校妥善安置在校（含校车上、寄宿）学生，在确保安全的情况下安排学生离校回家，具体按照教育部门指引执行；3. 用人单位根据工作地点、工作性质、防灾避灾需要等情况安排工作人员推迟上班、提前下班或者停工，并为在岗以及滞留单位的工作人员提供必要的避险措施；4. 停止大型活动，立即疏散人员，处于海边、危房、简易工棚等可能发生危险区域的人员撤离；5. 港口和水上设施、船舶经营管理单位全面落实防台风预案，采取有效防台风措施，随时准备采取应急行动；6. 滨海浴场、景区、公园、游乐场立即停止营业，组织人员避险；7. 供水、供电、供气、通信等部门密切关注基础设施受损情况，做好保障工作；8. 机场、轨道交通、高速公路、港口码头等经营管理单位按照行业规定迅速采取措施，保障交通安全；9. 相关应急处置部门和抢险单位密切监视灾情，做好应急抢险救灾工作。

台风橙色预警信号

含义： 12小时内将受台风影响，平均风力可达10级以上，或者阵风12级以上；或者已经受台风影响，平均风力为10—11级，或者阵风12级以上并将持续。

防御措施：
1. 进入台风紧急防御状态，避险场所开放，居民留在室内或者到安全场所避风，密切关注台风最新消息和防御通知；2. 托儿所、幼儿园和中小学停课，未启程上学的学生不必到校上课，上学、放学途中的学生就近到安全场所暂避或者在安全情况下回家，学校妥善安置在校（含校车上、寄宿）学生，在确保安全的情况下安排学生离校回家，具体按照教育部门指引执行；3. 用人单位根据工作地点、工作性质、防灾避灾需要等情况安排工作人员推迟上班、提前下班或者停工，并为在岗以及滞留单位的工作人员提供必要的避险措施；4. 停止大型活动，立即疏散人员，处于海边、危房、简易工棚等可能发生危险区域的人员撤离；5. 港口和水上设施、船舶经营管理单位全面落实防台风预案，采取有效防台风措施，随时准备采取应急行动；6. 滨海浴场、景区、公园、游乐场立即停止营业，组织人员避险；7. 供水、供电、供气、通信等部门密切关注基础设施受损情况，做好保障工作；8. 机场、轨道交通、高速公路、港口码头等经营管理单位按照行业规定迅速采取措施，保障交通安全；9. 相关应急处置部门和抢险单位密切监视灾情，做好应急抢险救灾工作。

台风红色预警信号

含义： 6小时内将受或者已经受台风影响，平均风力可达12级以上，或者已达12级以上并将持续。

防御措施：
1. 进入台风特别紧急防御状态，避险场所开放，居民确保留在安全场所；2. 托儿所、幼儿园和中小学停课，未启程上学的学生不必到校上课，上学、放学途中的学生就近到安全场所暂避或者在安全情况下回家，学校妥善安置在校（含校车上、寄宿）学生，在确保安全的情况下安排学生离校回家，具体按照教育部门指引执行；3. 用人单位（特殊行业除外）适时停工，并为滞留人员提供安全的避险场所；4. 机场、轨道交通、高速公路、港口码头等经营管理单位按照行业规定采取交通安全管制措施；5. 港口和水上设施、船舶经营管理单位全面落实防台风预案，采取有效防台风措施，随时准备采取应急行动；6. 台风中心经过时风力会减小或者静止一段时间，保持戒备，以防强风突然再袭。

"一年"里的深圳

　　地球，是宇宙的奇迹，诞生于约 46 亿年前；深圳，是中国的奇迹，诞生于 42 年前。如果将地球诞生至今的时间浓缩成一年的话——

　　在 3 月份，约 40 亿年前，弥漫在大气中的水蒸气逐渐凝聚成地球上最原始的海洋。

　　在 4 月份，约 34 亿年前，地球上最早的单细胞生物开始出现，这是生命的发端。

　　在 12 月上旬，约 2 亿年前，恐龙和哺乳动物出现。在 12 月下旬，约 1 亿 4500 万年前，火山爆发，地壳运动，奔涌的岩浆凝结成了今日大鹏半岛的七娘山。

　　在一年里的最后 1 小时，约 300 万年前，人类登上了历史舞台。

　　在一年结束前的 10 秒里，也就是约 7000 年前，深圳咸头岭的海岸边，开始有人类居住。

　　最后的 1 秒钟里，1980 年，深圳经济特区诞生。

　　斗转星移间，沧海桑田，大自然用亿万年的时光，造就了我们赖以生存栖居的家园。

待打开的"书卷"。 2014.01.24
七娘山上立方体的火山石是火山熔岩冷却收缩而成的柱状节理，像等待翻开的书卷，记录着上亿年里地质变迁的故事。

4 亿年前的深圳地区景象。（香港博物馆绘）
地球的泥盆纪时期，大地上覆盖着河谷和荒原，荒原上长满原始植物。河流和海水里游弋着一些原始的生命。

1 亿 4500 万年前的深圳景象。
距今 1 亿 4500 万年前的侏罗纪晚期，古深圳地区火山爆发时的想象图。七娘山是在火山的喷发和漫长的地壳运动作用下形成的。

徜徉在深圳的恐龙

远古的深圳土地上，有没有过恐龙？确切的答案是：有！

2013 年 7 月 19 日，在坪山区的一次地质灾害调查中，巡查人员发现了两窝恐龙蛋化石。每颗圆形的化石像拳头般大小，紧挨着嵌在岩石中。

恐龙蛋化石属于国家重点保护古生物化石。这是深圳本土第一次发现恐龙蛋化石，也是到目前为止仅有的一次。坪山恐龙蛋的发现，也证实了恐龙在白垩纪晚期（距今 1 亿至 7000 万年）在现在华南沿海地区的迁移线路和时空分布。

广东是恐龙化石广泛分布的地带，距离深圳只有 100 多公里的河源，已发现 1.6 万多枚恐龙蛋化石、11 具恐龙骨骼化石和 8 组恐龙脚印化石。和深圳相邻的惠州小金口，一次就发现恐龙蛋化石 200 多枚。

坪山的这两窝恐龙蛋，引发了我们对 7000 多万年前恐龙在深圳土地上繁衍、觅食、徜徉的想象。

大鹏半岛国家地质公园博物馆收藏并展出的"深圳版"恐龙蛋。
2020.01.01

深圳地区恐龙的生活场景。（深圳大鹏半岛国家地质公园博物馆制）
深圳恐龙蛋的发现地没有发掘出恐龙的骨骼，也没有发现含有胚胎的恐龙蛋，因此无法判定是哪一种恐龙。不过，学者已确认在广东白垩纪晚期生活的恐龙有鸭嘴龙、窃蛋龙、暴龙和巨龙，"深圳版"恐龙蛋也许就是它们中的一种。

自然与人 7000 年

短短 40 多年里，深圳自然生境的改变，超过了以往上千年的总和。深圳目前发现最早有人类活动的痕迹距今只有 7000 年，地点是在大鹏湾咸头岭的海岸边。但这并不意味着人类 7000 年前才出现在这片土地上。1.8 万年前的冰河期，深圳的海平面比现在低 130 米，今日深圳的海岸线向陆地推进了 120 多公里——古老的海岸线早已淹没在海底，那些深圳先民留下的痕迹也许早已荡然无存。

从远古到今日，给这片土地带来巨大和急剧影响的是人类，从中国南海岸边刀耕火种的先人到从世界各地迁徙而来的移民，一代又一代的深圳人，把中国南海边这个曾经被雨林覆盖、虎豹象猿穿行的地方，改变成了高楼林立的现代都市。

7000 多年前咸头岭人类生活景象。（深圳博物馆制）
咸头岭遗址是深圳地区迄今发现的最早有人类活动的遗迹，属新石器时期中期。采集和狩猎是先民主要的谋生方式。

采集方式对自然的影响。2016.06.16
新石器时期先民们使用的工具，用石头加工磨制而成，原始的捕捞和采集方式对自然的影响与改变极为有限。

2000 多年前，最早的移民——深圳先民围海制盐场景想象图。
最早有史书记载的人类对环境大规模的改变是秦代和汉代。秦始皇下旨先后向岭南移民数十万人，与当地土著杂居，开垦疆土。汉代，深圳归番禺盐官管辖，人们大规模地围海制盐。

1000 多年前，环境伤害的古代案例。（图引自：《天工开物》）
历史上，深圳沿海曾经盛产珍珠。南汉时期，掠夺式的采集让贝类和珠母贝类软体动物大面积消亡，导致成规模的采珠业很早就在深圳地区消失了。

2019 年的坪山全景。

在深圳，人类对环境最大的改变开始于 1979 年，这一年深圳市建立。之后，上千万移民迁徙到这片土
地上定居，财富急速积累，短短 40 多年对自然生境的改变，超过以往上千年的总和。

1959 年的坪山全景。

深圳建市前的宝安县，只有 30 多万人居住，以农业渔业为主，工业与经济的水平低。对环境的影响大
多是在农渔业和轻工业层面。

100 多年前，西方传教士在深圳浪口修建的教堂。

在珍贵的影像里可以看到山岭的贫瘠与荒凉。深圳曾经生长着茂盛的亚热带丛林，
游荡着虎豹熊象，一代又一代人类的植被砍伐、农园开垦和动物捕杀，彻底改变了
这片土地的生境。

70 多年前，戒备森严的深港边界。

深圳建市前是控制人员进入、限制发展工业的边陲小镇。长久的
隔离封锁，客观上为深圳保留了较好的生态环境。

公元 1394 年

明洪武二十七年（1394 年），深圳地区增设东莞守御千户所（今深圳市南山区南头古城）和大鹏守御千户所（今深圳市大鹏新区大鹏古城）两个守御千户所，共同隶属南海卫。

南头后海宋墓出土的赭红彩绘梅瓶。
随着海上"陶瓷之路"的兴起，深圳地区的贸易、采珠、养蚝、种植香树、制作香料等产业都有长足的发展。

公元 1410 年

宦官张源出使暹罗（今泰国），经珠江口的赤湾时，祭祀天妃庙，得吉兆，顺利归国。为了感谢天妃的庇佑，他在原天妃旧庙的东南捐资再建殿宇。

公元 1521 年

广东海道副使汪铉奉命执行对葡萄牙人的驱逐。他率领水军在南头军民的配合下，经两次海战，击败了葡萄牙舰队。

《天后显圣事迹图》，现藏于荷兰国家博物馆。
天后又称妈祖，是流传于中国沿海地区的民间信仰。妈祖文化肇于宋，成于元，兴于明，盛于清，传至近现代。

公元 1949 年

日，五星红旗在北京天安门升起后的第 16 天，升起了五星红旗。一枪未发，滴血未流，国在宝安县的统治结束。

公元 1953 年

宝安县政府由南头迁往深圳镇。

公元 1979 年

3 月 5 日，国务院批复同意广东省宝安县改设为深圳市。

公元 1980 年

8 月 26 日，第五届全国人民代表大会批准国务院提出的《广东省经济特区条例》，宣布在深圳设置经济特区。这一天，成为深圳的生日。

镇的解放军女战士牌匾下合影。

20 世纪 50 年代，在罗湖验证过关的旅客。

1980 年 7 月 17 日，在课堂里上课的深圳小学生。

记载"深圳"地名最早的史籍为康熙《新安县志》（1688 年，靳文谟重修）。

本地方言称田野间的水沟为"圳"，深圳的含义为水泽密布，村落边有深深的水沟。

公元 971 年

宋朝在今香港九龙湾西北设立官富盐场，该盐场为广东十三大盐场之一。这一时期我国南方海上商贸和交通日益繁荣，深圳地区在军事上的地位越来越重要。宋朝设置了两个军营——屯门寨（今南头一带）和固戍角寨（今宝安固戍一带）。

深圳现存最早的地面古迹之一：龙津石塔。

公元 1277 年

宋端宗为元兵所逼，率众乘船南逃，沿大鹏湾海岸西南行至梅蔚山（今香港大屿山岛东部），并修建行宫居住。1279 年，崖山兵败，陆秀夫背负幼帝投海自尽。今赤湾建有宋少帝陵。

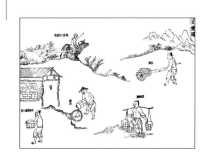

公元 1279 年

南宋抗元重臣文天祥在海丰被俘，押解途经今深圳市南部沿海的伶仃洋，写下千古绝唱《过零丁洋》："惶恐滩头说惶恐，零丁洋里叹零丁。人生自古谁无死，留取丹心照汗青。"

《两广盐法志》（1762 年刻本）所载晒盐图、煮盐图。
元代以前，深圳地区的海洋经济生产活动以制盐业和采珠业为主，但都是在政府的严格控制下进行。

公元 1911 年

武昌起义成功后，新安县革命党人响应，带领队伍攻打南头城，所有官员、衙役束手就擒。清朝在新安地区数百年的统治结束。

公元 1914 年

为了避免与河南省新安县县名重复，新安县改用旧名宝安县，县政府仍设在南头。

公元 1938 年

11 月 22 日，日军在大鹏湾登陆，26 日占领深圳镇，随后占领战略要地南头城。

公元 1945 年

10 月 3 日，举行日军受降仪式。中华民国政府接管宝安县。

10 月南头民党

1911 年 10 月 30 日，新安县军民响应武昌起义，攻入南头城，结束了清政府的统治。

1938 年 11 月 26 日，日军入侵深圳镇。

1949 年 10 月 19 日，进和香港慰问团的女士在新

数字里的环境警示

　　一个城市的历史，不仅仅体现在年代久远的建筑、博物馆的展品、档案馆的文件、史学家的著作中，同时还蕴含在河流、山川、海岸、田野、动物与植物当中。一种曾经遍布深圳如今成了珍稀植物的树，一群曾经年年到来如今再没有露面的候鸟，一条曾经清澈如今浑浊的河流，一片曾经雾霾密布如今逐渐晴朗的天空，给我们讲述的历史更生动，更接近真相。

　　真实的数据，是接近事实的记录。对深圳来说，一些枯燥的数据包含着对我们的警示：生态安全是一个城市基本生活质量的底线。

土地

到 2018 年底，深圳的建设用地总量已接近行政区域面积的 50%。

不合理的、过度的土地开发会造成生境破坏，动植物的繁衍流动被高速公路、城市小区和不断涌现的高楼大厦所阻断，物种高度同质，生物多样性的活力逐渐衰竭，人的生存质量下降。

上升为刑事案件的土地破坏。2018.04.30
2018 年 4 月，阳台山 16000 多平方米的原生林被毁，近千株树木被砍，有非法建筑 300 多平方米。该事件成为破坏生态环境刑事附带民事公益诉讼案件，主要当事人分别被判处有期徒刑 1 年、2 年，并赔偿生态环境损害费约 144 万元。

大地的变迁：1983 年的深南大道。

大地的变迁：2020 年的深南大道。

水

深圳人均水资源量不足 200 立方米，是全国平均水平的 1/13。

深圳境内无大江大河大湖，本地水资源匮乏，80%以上的原水需从市外的东江引入，库容超 1000 万立方米的大、中型水库只有 16 座，全市水储备量仅能满足 45 天左右的应急需要，是全国严重缺水城市之一。

重度污染的茅洲河支流。2015.03.01
茅洲河是深圳最长、流量最大的河流，也曾是深圳污染最严重的河流之一，水质常年为劣 V 类。经过大规模的治理，到 2020 年，茅洲河全流域黑臭水体已全部消除。

垃圾

2020 年的深圳，平均每人每天制造垃圾约 0.79 公斤，整个城市每天产生生活垃圾 22227 吨。如果一辆垃圾车一次可以运送 8 吨，要 2778 辆才能运完，如果这些车首尾相连，可贯穿整条深南大道。

过量和处理不当的垃圾不仅会释放恶臭有毒的气体，污染地表水和地下水，还会腐蚀土壤，侵害城市生活空间。

台风"山竹"过境后大亚湾海岸边的垃圾。2018.09.20

填海

深圳填海面积接近 100 平方公里，相当于再造 46 个华强北商业圈。今日停靠万吨巨轮的盐田港、第 26 届大运会主场馆"春茧"、对未来发展前景无限的前海、交通枢纽宝安机场……都是填海腾挪出来的土地。在一片片新生的土地上，生活着上百万人口，衍生出巨大的产值。

深圳原有 260.5 公里海岸线，未被填埋占用的天然海岸线仅剩下 100 多公里。

填海改变了深圳天然海岸的生态，围海造地使自然接纳潮汐的空间缩小，湿地消失，削弱了海水的自我净化能力，导致海水水质恶化。一些栖息地动物和植物也会逐渐消失。

2006 年 8 月 12 日，深圳西部正在被填埋的海岸。

2012 年 4 月 21 日，同一地点，填海完成后建起的高楼。

051

"深圳蓝"
讲明的道理

1980 年 7 月 17 日，深圳火车站。
1960—1969 年的 10 年里，深圳仅有 3 天灰霾天气。1980 年是个分界线，此后深圳灰霾天开始增多。

2004 年 12 月 19 日，灰霾笼罩下的梅林关。
2004 年，深圳的灰霾天高达 197 天，全年有近二分之一的日子被灰霾笼罩。这是深圳灰霾天的最高点，此后逐年下降。

2014 年 3 月 19 日，灰霾笼罩下的深圳。
1980 年的深圳，能见度是 19.4 公里，进入 90 年代，下降到了 15.1 公里，2000 年后，深圳的能见度下降到 12.9 公里。

灰霾被列入深圳的气象灾害之一，与台风、暴雨、干旱不同，引发灰霾的是人类自己。城市排放的细微尘粒浮游在空中，集聚到一定浓度后，会使空气浑浊，水平能见度降到 10 公里以下，这就是灰霾现象了。灰霾使大气中急剧增加的有害微粒被人吸入，沉积在呼吸道和肺泡中，引起鼻炎、支气管炎，持续的灰霾天更会诱发肺癌。

依据气象档案，20 世纪 60 年代以前深圳市没有灰霾记录；1960 年到 1969 年的 10 年里，仅有 3 天出现灰霾。

20 世纪 80 年代，深圳经济进入高速发展期，灰霾开始增多。20 世纪 90 年代灰霾剧增，整个 90 年代灰霾天数为 620 天。2000—2006 年，这一数字上升到 914 天。到 2004 年，灰霾日达 197 天，这是历史最高纪录，那一年的深圳，有二分之一的日子被灰霾笼罩。在各方的努力整改之下，深圳的灰霾天逐年下降，空气质量日趋见好，到 2020 年，全年的灰霾天下降到 3 天，创 1989 年以来最低纪录。

2020 年 3 月 3 日，高度都市化下的"深圳蓝"。

2020 年，深圳全年灰霾天下降到 3 天。国家生态环境部公布 2020 年空气质量状况，在 168 个重点城市中，深圳空气质量排名全国第 6，仅次于海口、拉萨、舟山、厦门、黄山。好的空气质量给深圳人带来巨大的幸福感。

灰霾天气的增减，"深圳蓝"的实现，讲明了一个简单的道理：人的任性，会造成伤害人类自身的环境破坏；人的改变，可以带来造福人类自身的环境向好。

PM2.5 在深圳

PM2.5 是指悬浮在空气中直径小于或等于 2.5 微米的颗粒物。粒径 10 微米以上的颗粒物，会被挡在人的鼻子外面；粒径在 2.5 微米至 10 微米之间的颗粒物，能够进入上呼吸道。2.5 微米的直径只相当于人类头发的十分之一，微尘被吸入人体后会直接进入支气管，进入肺泡并迅速被吸收、不经过肝脏解毒直接进入血液循环，其中的有害气体、重金属对人体伤害特别大。

2020 年，深圳 PM2.5 年均浓度 19 微克 / 立方米，是深圳开始有 PM2.5 即时监测以来的最低纪录与最好水平。

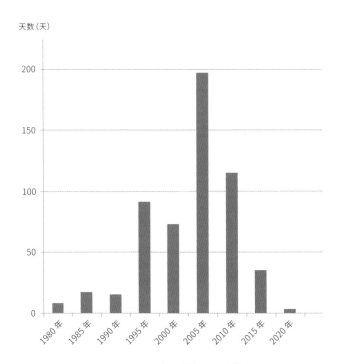

1980—2020 年深圳灰霾日变化

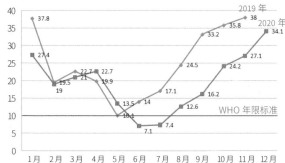

深圳 2020 年度 PM2.5 浓度

深圳在 6 月、7 月的 PM2.5 浓度低至 10 微克 / 立方米，是中国一线城市中唯一低于世界卫生组织（WHO）安全限制的城市。

深圳自然力

过往 40 多年里，创新力、科技力让深圳完成了从边陲小镇到大都市的飞跃，在未来，自然力将是推动这个城市和美宜居和可持续发展的力量。

亚热带雨林城市的包容：包容的深圳不以人为唯一的中心，良善的城市道法自然，敬重生命，设立基本生态控制线、自然保护地、生态廊道与禁渔禁猎区，呵护多样的生境与生命，与城中 2 万多个物种共生共存，共同繁盛。

先锋先行城市的严苛：拥有地方立法权的深圳，制定了最严格、完善的环境保护法规和最严厉的自然环境破坏惩处条例。先锋的深圳在自然生态保护上有着远见卓识的严苛。

全民共享的自然福祉：清洁的空气，良好的水质，随处可见的公园，绿色植被与水泥丛林融合的工作地与居住地，乡土动植物与荒野的留存……深圳不仅拥有多样的发展机遇，也提供着多样而有益身心的自然福祉。

1983 年的华强北和塘朗山。

2020 年的华强北和塘朗山。2020.03.31

急速发展的都市会面临城市承载力的极限，人口持续的增长，工程建筑的扩张，污染、排放和垃圾没有得到科学地处理等问题，累积到一定程度就会达到极限，威胁到城市的运行安全。多年里，深圳努力兼顾经济发展和自然保护，实现了相对的平衡。

中轴线上的多样生境。2020.03.31

高楼林立、道路纵横的都市，园林与绿化带，滨海与淡水湿地……多重而开放的生境为深圳人带来物质与精神的利益，也滋养着丰盛的生命物种。

爱惜我们的深圳

停止过度的索取

过度的商业与工业开发，是对生态环境最大的冲击。

2006 年 8 月 20 日，大鹏湾海岸边直接向海洋排污的工厂。2010 年后，大鹏半岛沿海对环境有严重污染的工厂已逐渐关闭。

纠正短视的行为

一些缺乏远见的管理者与企业家为了短期和局部的经济利益牺牲生态环境。

2005 年 1 月 15 日的马峦山，为修建高尔夫球场大规模破坏山体，后被查处停建。

转变偏差的理解

错误地认为只要"绿"就是"生态"，只要鲜艳就是美。耗费人力与资金毁坏多样的本土原生植物，种植单一园林植物，导致生物多样性的丧失。

2009 年 3 月 13 日，深圳西部绿道，为种植园林植物将原生植物清除。

改变错误的理念

城市建设中危害极大的行为是：大规模的地面硬化被认为是环境建设的必要工程。过度的工程与硬化给自然生态带来的伤害是摧毁性的。

2008 年 1 月 1 日，七娘山被水泥硬化了的溪流。

制止无节制的渔猎采伐

无节制摧毁式的渔猎导致海底生物多样的枯竭。猎食野生动物可能会带来疾病的传播。

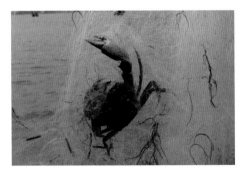

2005 年 4 月 28 日，深圳近海，渔民用细密的粘网捕捞，幼小的鱼虾蟹都无法逃脱。

深圳应该是最好的

环顾中国，纵观世界，在人口已过 1000 万的大都市中，有的城市经济体量比深圳大，有的城市生活水准比深圳高，有的城市发展速度比深圳快，有的城市自然生态和生物多样性比深圳好。但是，在千百万深圳人的心中，深圳应该是最好的。

这个城市，用它巨大的包容，在短短 40 多年里，接受了上千万移民，给予迁徙者安身立命的机遇，成为富有魅力的活力之都；这个城市，汇聚了特别有闯劲、有想法、能吃苦耐劳的群体，他们善良、热心，对家园深圳充满归属感、自豪感与责任感。

深圳依山傍海，四季常青，位于北半球生物多样性最丰富的地带，深圳是一个拥有良好生态资源的都市，山岭、海洋、河流、湖泊、岩岸、沙滩、岛屿、湿地，地理景象多样包容——寄居在其中的动植物有 2 万多种。

这个急速成长的都市，有着太多的美好，也犯过太多的错误，走了太长的弯路，留下太多的伤疤和创痛。好在这是一个始终充满期待并勇于改变的城市——深圳，用 15 年的时间，让重度污染的雾霾天，从 197 天下降到了 3 天。

勤劳而热诚的市民，多样而活力的生境，目标高远而勇于纠错的努力，深圳应该是最好的。

法律法规的制定

自 1992 年全国人大授予深圳市地方立法权，深圳已出台 20 多部生态环境类法规。2021 年，深圳市人大授权市生态环境主管部门，可制定严于国家标准的生态环境保护地方标准。在未来，深圳将建立全方位的生态安全法律保障体系。

国家一级保护野生动物黑脸琵鹭流连在水质见好的深圳河。
2019.12.25
2011 年，深圳颁布了《深圳市内伶仃岛—福田国家级自然保护区管理规定》，2018年深圳颁布了《深圳经济特区水资源管理条例》。

生态红线与自然保护地的划定

到 2020 年年底，深圳已设立了 27 个自然保护地。2005 年，深圳划定基本生态控制线，将 974.5 平方公里的土地列入保护范围，是国内第一个通过政府规章明确城市生态保护控制界线的城市。

2013 年 2 月设立的田头山市级自然保护区。2020.04.19
至 2020 年年底，深圳已设立了 27 个自然保护地。划入生态保护线的土地接近深圳土地面积的一半。

民间的合力

到 2020 年年底，深圳民间的环境保护组织已超过 10 家。在深圳本地多个生态环境保护行动中，民间组织用自身的优势和独特的方式协助和弥补了政府的工作。

民间公益组织"潜爱大鹏"在大鹏湾海底种植与养护珊瑚。
2021.02.14
深圳的民间组织动员公众参与环境保护，关注并协助解决一些紧迫的生态环境问题。

"微尘"上的唯一之城

1990 年 2 月 14 日，执行外太空探索的"旅行者一号"在 64 亿公里外为地球拍下了一张照片。在浩瀚苍茫的宇宙中，地球犹如一粒飘浮的微尘。科学家卡尔·爱德华·萨根（Carl Edward Sagan）博士写下了以下话语：

你所爱的每一个人，你认识的每一个人，你听说过的每一个人，曾经存在过的每一个人，都在它上面度过他们的一生。

我们的心情，我们的妄自尊大，我们在宇宙中拥有某种特权地位的错觉，都受到这个苍白光点的挑战……这更加说明我们有责任更友好地相处，并且要保护和珍惜这个苍白光点——这是我们迄今所知的唯一家园。

深圳，陆地面积只占这粒"苍白光点"的约十六万分之一。但对于 1700 万深圳人来说，它是家族繁衍的定居之所，是安身立命、成就事业的疆场，是"微尘"上的唯一之城，我们应该好好保护和珍惜。

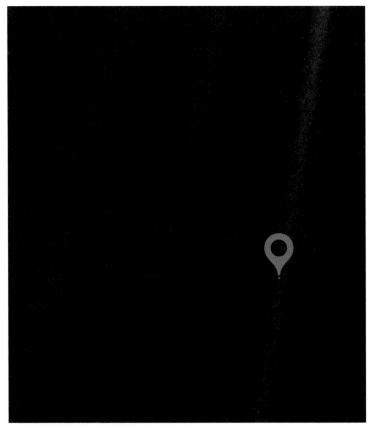

地球家园犹如宇宙中的一粒微尘。1990.02.14

在地关怀，
全球视角下的家园共识

对一个超过 90% 的人口都是在 40 多年里迁徙而来的城市来说，家园意识、本土关怀，是全新的认知：此处安身，是我们的新家园，此处安心，是我们的新故乡——"来了就是深圳人"。来自全国各地的新移民、老移民和原住民在这个古老而又年轻的都市里达到了奇迹般的和睦融合。

共同家园的共识中，深圳人一同探知这片土地的历史与自然，一同参与家园城市的进步与改变，一同憧憬并共同创造这个城市美好的未来。

深圳家园，蓝色星球上的唯一之城。

深圳自然博物百科

SHENZHEN NATURAL HISTORY
ENCYCLOPEDIA

第二章
CHAPTER TWO

生物多样性

BIODIVERSITY

深圳的生物多样性

尽管深圳闻名于世的是它的经济活力和短时间内创造的巨大财富，但瑰丽多彩的生物多样性也是这个城市最为珍贵的宝藏，生物多样性的消长，关系着深圳眼下和未来的福祉。

生物多样性包括物种多样性、基因多样性和生态系统多样性。著名的生物学家、哈佛大学的教授爱德华·威尔逊（Edward O.Wilson）对生物多样性（biodiversity）的解释是：特定环境中生命形式的多样性。

特定环境可以是某类生境，比如：一座山岭、一片森林、一个海湾、一个池塘所构成的生态系统；也可以是某一行政区域，比如：一个国家、一座城市、一个村庄里包含的生态系统。在《深圳自然博物百科》里，我们讲述的是一个大都市——深圳——这个被划为经济特区的城市的生物多样性。

生物多样性是自然界经历了数十亿年演化而成的，它为全人类的生存提供了物质与精神的基础。

物种多样性

物种多样性是生物多样性的核心，是动物、植物、微生物等生物类群的丰富程度，包括了物种组成、种群密度、特有种的比例，还有所有物种的生存状况。

高速发展的都市深圳，物种多样性令人吃惊。依据自然调查、政府发布的报告以及最近的观察记录，深圳陆地和海洋生物物种，总数超过2万种——这个数字尚未包括细菌、真菌和微藻类。

大鹏湾海底，游荡在珊瑚与海藻中的花鲈。2014.04.27

梧桐山上，在鹅掌柴花中觅食的拟旖斑蝶。2019.04.17

中心公园的河水边，猎食罗非鱼的池鹭。2018.09.10

基因多样性

基因多样性是生物多样性的重要组成部分。广义的基因多样性是指地球上生物所携带的基因信息的总和，基因多样性也就是生物的遗传基因的多样性。一个物种所包含的基因多样性越丰富，它对环境的适应性越强。

狭义的基因多样性主要是指生物种内基因的变化，包括同一种群内的遗传变异。

基因多样性是生命进化和物种分化的基础。

猎捕报喜斑粉蝶的斑络新妇。基因多样性的体现，同种斑络新妇的另一形态——黑色型。2017.07.29

捕食黄螳蝗的斑络新妇（人面蜘蛛）是深圳常见的蜘蛛，躯体色彩斑斓。2013.06.10

生态系统多样性

生态系统是各种生物与周围环境构成的自然综合体。整个深圳 1997.47 平方公里的土地，1145 平方公里的海洋，以及任何一座山岭、一个公园、一条溪流，都是由各类生态系统组成的。

多样地理空间里的多样生态系统。
2018.01.11
马峦山、叠翠谷水库、大鹏湾海湾……海拔 200—500 米的低地山丘布满浓密的次生林，人工建造的水库汇聚了多条淡水溪流，形成人工湖泊。都市里的游乐场，大鹏湾岩岸、沙滩和浅海……多样的生境，为多样的生命提供了容身之处。

粤海街道的城市生态系统。2019.11.02
高新科技园、大沙河、新建的沿河公园，组成了城市建筑与绿地、水体相融合的城市生态系统。

物种多样性

◀纪录短片▶
《深圳，多样生命的聚合地》

"朝生暮死"的物种——蜉蝣。2017.09.07
一只蜉蝣在一个月内就可以完成一个生命周期——它在溪水中出生，爬出水面后在叶片上蜕变为成虫，24小时左右就告别这个世界。其间连东西都不吃，完成交配产卵后就离开世界。

长命百岁的物种——榕树。2020.10.14
福田新洲村中的细叶榕，高20米，已有620多岁，是深圳最年长的生命体之一。

在深圳，生长在陆地和海洋里的物种，超过2万种，我们人类，只是其中一种。

从以下对比的数字中可以看出深圳物种的丰富性：

深圳已发现的395个鸟种是全国已发现鸟种的四分之一，尽管深圳的面积只占全国面积的约五千分之一。

在短短3年的野生动物调查后，深圳发现了26种两栖动物，再看面积是深圳122倍的英国，后者持续100多年的调查积累，只发现了7种两栖动物。

已发现的深圳本土原生维管植物，接近2080种，也超过整个英国。

物种多样性是地球或地球上某个区域里动物、植物、微生物等类群的丰富程度，是人类赖以生存的物质基础，是生物多样性的核心。

方寸之间的物种——啮（niè）虫。2017.06.01
聚集在树干上集群生活是一些昆虫的求生策略。

体形庞大的物种——抹香鲸。2017.03.12
大亚湾海域的抹香鲸，是近年来在深圳境内记录到的体形最大的动物，身长10.78米，体重14.18吨。

深圳的世界，世界的深圳

深圳，面积只占这个蓝色星球面积约十六万分之一，但单位面积里的物种多样性的占有率却非常高。

深圳已知物种在中国与世界已知物种中的比例

单位：种（数据截至 2021 年 9 月 5 日）

	类群	深圳已知种数	我国已知种数	深圳已知种数约占我国已知种数比例	世界已知种数	深圳已知种数约占世界已知种数比例
	哺乳动物	67	702	9.54%	6557	1.02%
	鸟类	395	1491	26.49%	10894	3.63%
	两栖动物	26	591	4.40%	8380	0.31%
	爬行动物	71	511	13.89%	11570	0.61%
	鱼类	约1000	5094	19.63%	34300	2.92%
	昆虫	>7000	>10万	7.00%	>100万	0.70%
	蜘蛛	302	5249	5.75%	49658	0.61%
	珊瑚	79	865	9.13%	7127	1.11%
	石松类和蕨类植物	186	2244	8.29%	11300	1.65%
	裸子植物	48	251	19.12%	1000	4.80%
	被子植物	约2800	30068	9.31%	约280000	1.00%
	大型真菌	>380	15041	2.53%	143109	0.27%

为什么深圳有如此丰富的物种？

位于热带边缘： 热带生境比温带生境拥有更多的物种，离赤道愈近，生物总数愈多。深圳地处北半球生物多样性最丰富的区域。

亚热带季风湿润气候： 深圳年平均气温 23℃；北回归线以南充足的阳光——年平均日照 1837.6 小时；海洋性季风带来了丰沛降雨——年平均降雨量 1935.8 毫米；整体气候环境得天独厚。

海岸山脉地形地貌特殊： 深圳有山有海，地形崎岖多变，为多样的物种提供了多样的栖息地，为各类种群的生存和分化提供了空间和机遇。

大鹏半岛，山地、田野、海洋与城区。2019.10.11
山地、海洋这些不同类型的生态系统以及交错区，会增加物种多样性分化的程度。

多样的陆地动物

深圳 1997.47 平方公里的土地上，寄居的陆生动物超过 1 万种。陆生动物形态与本领千变万化，形态、行为特征极富多样性：躯体有防止水分散失的结构——皮肤、角质的鳞或甲；有外骨骼；有多种运动方式以便觅食和躲避天敌——飞翔、攀爬、行走、跳跃、奔跑；有呼吸的器官——肺和气管；有发达的感觉器官和神经系统，能对多变的环境做出及时的反应。

鸟类

依据深圳市观鸟协会的记录，截至 2021 年 9 月 5 日，已记录的鸟类一共 395 种。超过全国鸟类总数的四分之一。

◀ 纪录短片 ▶
《我是黑脸琵鹭》

最受深圳人喜爱的明星鸟黑脸琵鹭是国家一级保护野生动物。2020.04.01

哺乳动物

依据 2020 年出版的《深圳市陆域脊椎动物多样性与保护研究》及深圳各地观察和目击记录，深圳有哺乳纲动物 9 目 21 科 44 属 67 种。

猕猴是深圳除人外数量最多的灵长类动物。 2016.03.01

两栖动物

已记录的两栖动物有 2 目 10 科 21 属 26 种。民间研究者发现的两栖动物另有 2 种。

虎纹蛙是我国国家二级保护野生动物。2016.09.24

栖息在树上的赤腹松鼠是深圳最常见的松鼠科哺乳动物。
2019.03.26

爬行动物

依据 2020 年出版的《深圳市陆域脊椎动物多样性与保护研究》及深圳各地观察和目击记录，深圳的爬行纲动物有 2 目 19 科 47 属 71 种。

白唇竹叶青是深圳分布最广、数量最多的毒蛇。2016.11.06

长尾南蜥是深圳较为常见的蜥蜴。2018.04.17

昆虫、蜘蛛与其他无脊椎动物

目前为止，尚没有权威机构全面统计深圳昆虫的物种总数。参考香港鳞翅目学会出版的《香港昆虫图鉴》，估测香港的昆虫超过 7000 种。香港的面积只有深圳的二分之一多，深圳的自然环境也极富多样性，因此判断，深圳的昆虫应该远超过 7000 种。依据余甜甜老师的论文《深圳市梧桐山风景区蛾类物种编目调查》，仅在梧桐山记录到的蛾类就有 1005 种。深圳昆虫的种类总数可能是一个令人吃惊的数字。

树叶间的荣艾普蛛。2018.06.18
依照陆千乐老师记录，截至 2021 年 9 月 5 日，深圳已发现的蜘蛛超过 300 种。

在花朵中觅食的尼科巴弓背蚁。2006.05.13
香港费乐思博士的研究报告记录到香港有蚂蚁 145 种，深圳蚂蚁的种数应该也接近这个数字。

生活在腐叶中的砖红厚甲马陆。2015.09.13
马陆是陆生无脊椎动物，深圳已记录到的马陆有 23 种。

多样的海洋生物

深圳的近海，是许多海洋生命的家园。海洋的生态环境多样性远超陆地，地球上的生物门类有 33 个门，包含海洋生物的就有 32 个门，其中 12 个门仅生存在海洋中。与陆地生命不同的是，缤纷的海洋生命掩藏在碧蓝的海面下，人们缺少直接观察的机会。

依照 2021 年发布的《深圳市生物多样性白皮书》，深圳海域共鉴定浮游植物 78 种，浮游动物 237 种，大型底栖生物 70 种，潮间带生物 115 种，鱼类 89 种。根据 2015 年出版的《深圳珊瑚图集》以及深圳东部近海的观察记录，深圳已发现的珊瑚有 79 种。

大亚湾里的马蹄螺。 2020.10.23
软体动物大多生活在海洋里，少数栖息在陆地淡水溪流或湖泊中。

◀ **纪录短片** ▶
《蓝色海面下的缤纷》

生长在海底的水螅。
2014.05.29
水螅是海洋中的腔肠动物，如细碎小花一样的触手是捕食的工具。

大亚湾岸边的斑砂海星。 2000.01.01
斑砂海星是棘皮动物，棘皮动物和我们人类一样，被归入高等动物，棘皮动物的出现，意味着地球上的物种已经进化到了一个崭新的阶段。

生长在海葵中间的海绵。 2013.05.23
很多人都以为海绵是植物，其实，海绵是一种原始低等的水生多细胞动物，低等到没有器官。

大鹏湾沙滩上的角眼沙蟹。 2020.10.29
甲壳动物中的蟹类大部分生活在海中，在深圳陆地的淡水环境中也有少量的蟹类分布。

珊瑚

"珊瑚"狭义上是指珊瑚虫及其组成的一簇簇的群体结构,广义上是指由众多珊瑚虫及其分泌物和骸骨构成的组合体。

深圳东部近海观察记录到的珊瑚有 79 种。

大亚湾海底的多孔同星珊瑚。2020.06.02
许多珊瑚色彩绚丽,多样的颜色不逊色于陆地上的鲜花,有的珊瑚还会发出荧光。

栖息在脉状蔷薇珊瑚上的龙介虫。 2012.07.04
如果一片海域的海水水质足够好,共生在珊瑚组织中的虫黄藻也就整齐饱满、色彩鲜艳靓丽。

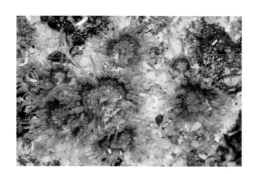

潮间带里的侧花海葵。2020.10.29
海葵是刺胞动物,看上去像植物的花朵,其实它是捕食性动物,只是身体的构造非常简单。桶形的躯干长满触手,可以抓取食物。

海洋鱼类

根据香港渔农自然护理署和香港自然探索学会公布的资料,近海有记录的海鱼有 980 多种。近 40 年来,由于污染、填海和过度的捕捞,深圳近海的鱼类物种数大幅下降。

细刺鱼和水母。 2012.05.01
细刺鱼喜欢在水母身上啄来啄去,水母身上有一些共生的生物是细刺鱼的小吃。

海洋植物

深圳有近百种海底植物,处在海洋生命食物链的最底层,为鱼、虾、蟹提供了基本的食物。

深圳的海底植物大都是藻类。我们餐桌上的紫菜、海带、石花菜、鹿角菜都是生长在海底的藻类植物。

近海的藻类植物仙菜。

2014.02.18
玫瑰红至紫红色的仙菜长在低潮带岩石上或附生在其他藻体上,枝干晶莹,呈胶质状。

多样的植物

迄今为止，全球已经被植物学家命名的植物超过 55 万种，依照 2020 年中国科学院公布的数据，在中国已发现的植物超过 37700 种。2018 年出版的《深圳植物志》共记录了蕨类植物、裸子植物和被子植物 237 科 1252 属 2732 种。加上民间研究者记录的植物，深圳已发现的植物接近 2800 种。

依据生物分类学奠基人林奈提出的二界系统，深圳的植物涵盖了植物界的七大类群，即藻类植物、菌类植物、地衣、苔藓植物、蕨类植物、裸子植物和被子植物。

◀纪录短片▶
《植物的智慧》

罗浮买麻藤结出的果实。2012.10.14
买麻藤属是木质藤本植物，也是深圳常见的裸子植物之一。

被子植物

被子植物又称开花植物，是种子外有果皮包裹的植物，是植物中演化最高级、种类最多、分布最广、适应性最强的类群。全世界已知被子植物有 28 万多种，占植物总数的一半以上。

《深圳植物志》中记录到的被子植物约 2600 种。

市民中心与深南大道间的绿化树。2020.03.31
都市里的植物不仅让城市郁郁葱葱，充满美感，也是城市生态系统的重要组成部分。

黑斑伞弄蝶采食两粤黄檀的花蜜。2021.02.17
开花植物为动物提供食物，达到传授花粉、传播种子的目的。

深圳最美的乡土植物之一，萱草。
2010.08.27
萱草又称忘忧草。古诗中"谁言寸草心，报得三春晖"的"寸草"就是指萱草。

裸子植物

裸子植物是最古老、最原始的种子植物，种子裸露，没有果皮包裹，是植物界中物种数最少的一类，全世界总共有 600 多种。

《深圳植物志》记录了 11 科 48 种裸子植物，本土原生种有 7 种，其余大部分是栽培种，有 41 种。深圳常见的裸子植物有苏铁类、买麻藤类、松柏类和人工种植的银杏类。

裸子植物马尾松的果实。2021.02.17
马尾松是深圳最常见的木本裸子植物，是多年生的乔木。

藻类植物

藻类植物是一类比较原始、古老的低等植物。藻类植物的构造简单，没有根、茎、叶的分化，一般生活在海水中，在湖泊、溪流淡水或山涧冷泉中也有分布。

深圳没有专业的藻类植物记录，香港有记录的藻类植物超过 1000 种。

马峦山溪谷中生长的亚气生藻类植物。2019.02.07

地衣

地衣是真菌与藻类的共生体。附着在石头和树皮上，由藻胞层和菌胞层构成，藻类摄取阳光制造养分，真菌从土壤中摄取水分和无机盐。两者互利互惠，共生共长。

深圳没有地衣的专业统计，香港记录到的地衣是 260 种。

梧桐山覆盖在岩石上的地衣为壳状地衣，像涂抹在岩石上的油彩。2019.02.28

苔藓植物

苔藓植物是简单、原始的陆生植物，没有真正的根和维管束，生于温暖阴湿的环境里，是森林植被中草本层和挂枝层的重要组成部分。

在《深圳植物志》中，张力博士记录到的苔藓植物超过 250 种。

马峦山上的柔叶真藓。2016.04.03
苔藓植物既是进化程度较高的孢子植物，也是进化程度较低的高等植物，无花，无种子，无维管束，以孢子繁殖。

蕨类植物

蕨类植物是最古老、最原始的维管植物，在植物进化史上，蕨类植物是最早登上陆地的植物种群。

2010 年出版的《深圳植物志》记载，深圳已发现的蕨类植物是 184 种，香港有记录的蕨类植物是 218 种。

华南毛蕨是深圳常见的蕨类植物，喜欢阴生的环境，最高能长到近 1 米。2019.03.31

深圳的生命家谱：物种的分类

深圳已发现的物种 2 万多种，依照生物分类学的原理和方法可分为：

界（Kingdom）

门（Phylum）

纲（Class）

目（Order）

科（Family）

属（Genus）

种（Species）

　　通过分类可以初步了解不同类群之间的亲缘关系和进化关系。

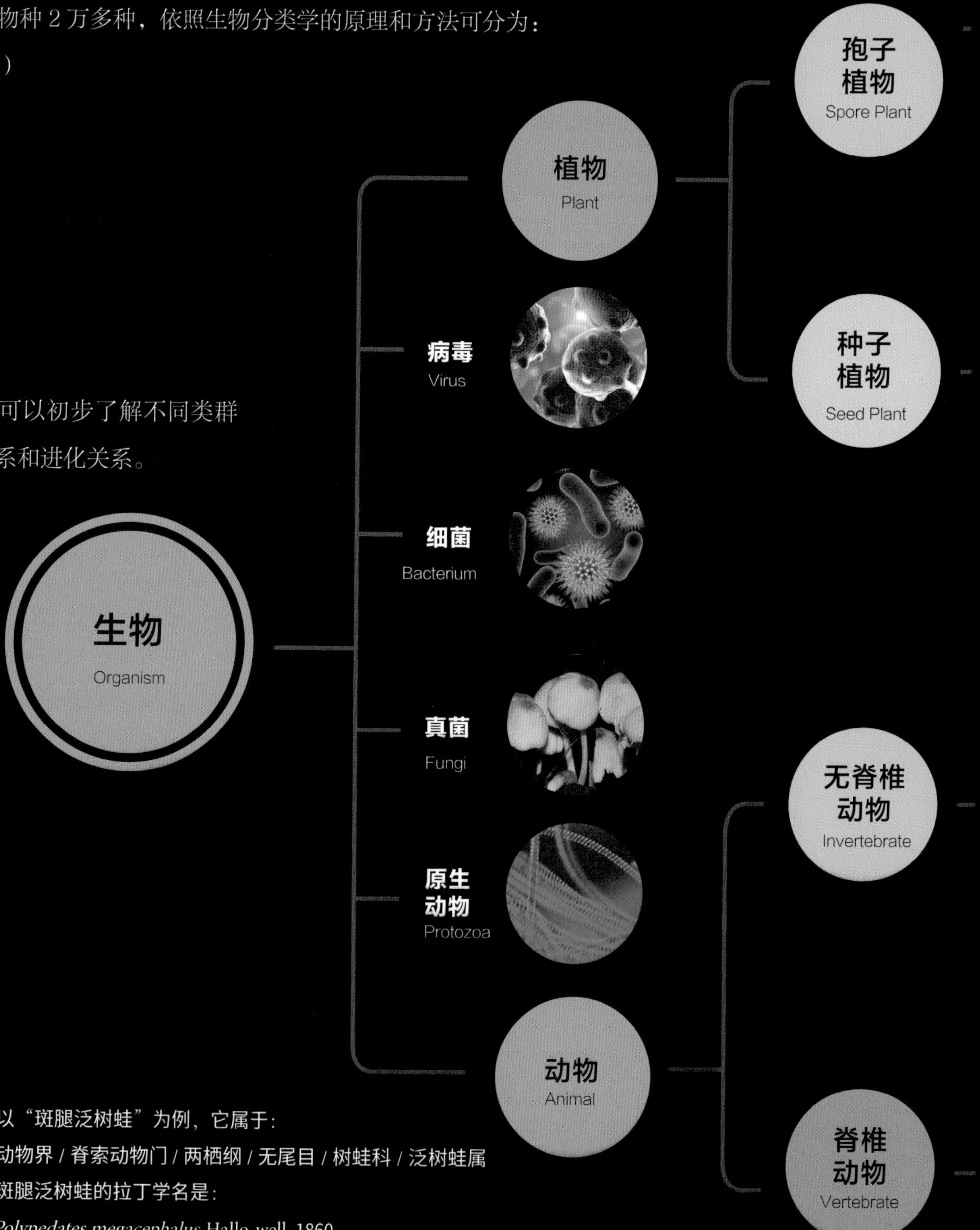

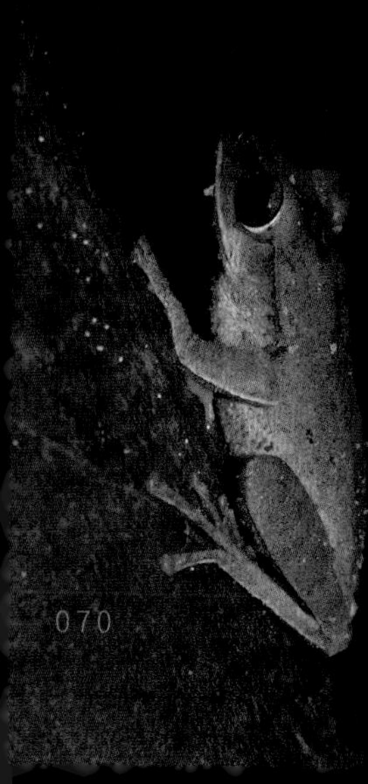

生物
Organism

病毒
Virus

细菌
Bacterium

真菌
Fungi

原生动物
Protozoa

植物
Plant

孢子植物
Spore Plant

种子植物
Seed Plant

动物
Animal

无脊椎动物
Invertebrate

脊椎动物
Vertebrate

以"斑腿泛树蛙"为例，它属于：

动物界 / 脊索动物门 / 两栖纲 / 无尾目 / 树蛙科 / 泛树蛙属

斑腿泛树蛙的拉丁学名是：

Polypedates megacephalus Hallo-well, 1860

这个学名的含义是：

Polypedates（属名） *megacephalus*（种名） Hallo-well（命名人），1860（命名时间）

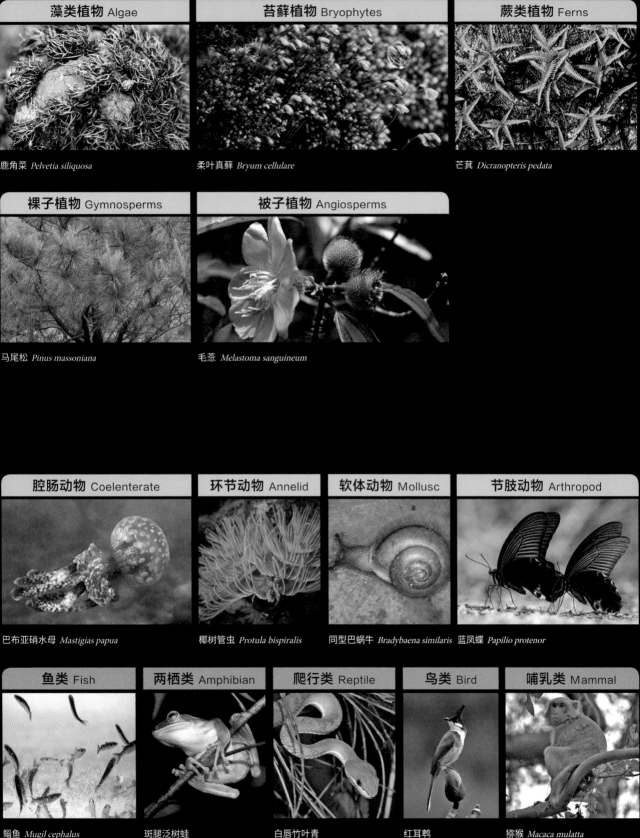

藻类植物 Algae

鹿角菜 *Pelvetia siliquosa*

苔藓植物 Bryophytes

柔叶真藓 *Bryum cellulare*

蕨类植物 Ferns

芒萁 *Dicranopteris pedata*

裸子植物 Gymnosperms

马尾松 *Pinus massoniana*

被子植物 Angiosperms

毛菍 *Melastoma sanguineum*

腔肠动物 Coelenterate

巴布亚硝水母 *Mastigias papua*

环节动物 Annelid

椰树管虫 *Protula bispiralis*

软体动物 Mollusc

同型巴蜗牛 *Bradybaena similaris*

节肢动物 Arthropod

蓝凤蝶 *Papilio protenor*

鱼类 Fish

鲻鱼 *Mugil cephalus*

两栖类 Amphibian

斑腿泛树蛙

爬行类 Reptile

白唇竹叶青

鸟类 Bird

红耳鹎

哺乳类 Mammal

猕猴 *Macaca mulatta*

被子植物
约**2800**

裸子植物
48

蝴蝶
192

蜘蛛
302

蜻蜓
100
以上

淡水鱼
64

海洋
哺乳动物
5

石珊瑚
63

软珊瑚与
柳珊瑚
11

深圳已发现的物种类群与数量

（数据截至 2021 年 9 月 5 日）

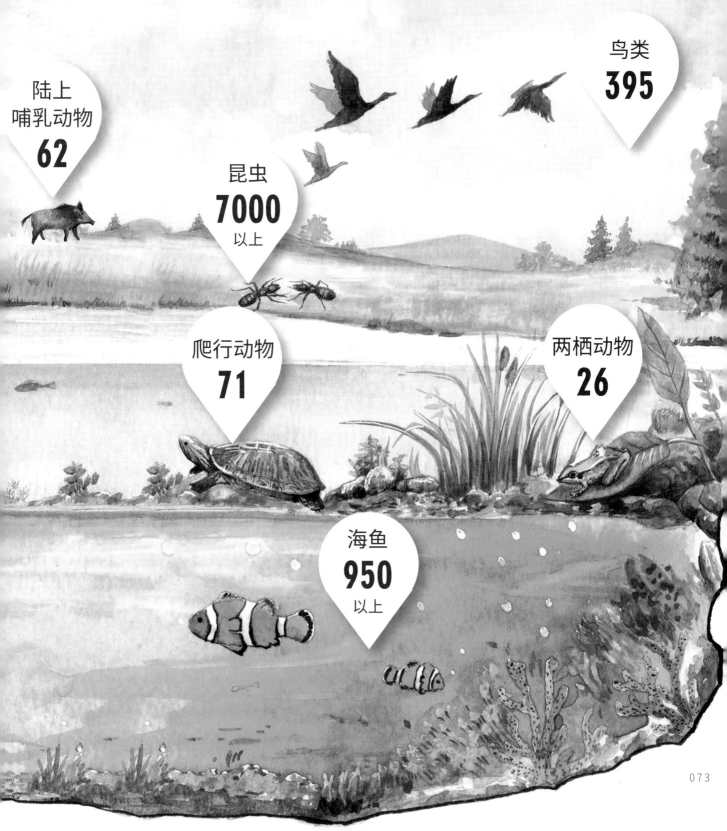

鸟类
395

陆上
哺乳动物
62

昆虫
7000
以上

爬行动物
71

两栖动物
26

海鱼
950
以上

食物链里的深圳

◀纪录短片▶
《生命编织的互联网》

◀纪录长片▶
《孤岛食堂》

1亿5000万公里之外的太阳，将养育生命的基本能量赐给了地球。这种能量的流动和转换，在生物之间的吃与被吃中、在死亡和新生中传递。植物和植物，植物和动物，动物和动物……层层叠叠，环环相扣，形成了食物链。

即使在深圳这片陆地面积不到2000平方公里的土地上，食物链也是如此交错繁复。如果把物种之间能量与营养的传递关系用线条勾连起来，呈现出来的景象几乎是一个迷宫——生命在这个城市里编织了复杂精妙的互联网。

在这张示意图里，吃与被吃的关系盘根错节：植物是最初的生产者；小型无脊椎动物——如昆虫，是初级消费者；蛙、蜘蛛是次级消费者；鸟类虽然飞得最高，却不是食物链里的最高消费者，猎食鸟儿的是蟒蛇。

大多数生命终结之后，都会被食物链中最后的执行者分解。蚯蚓、蛞蝓（kuò yú）、蚂蚁、真菌、细菌会把死去的生命体重新吞噬，分解后送回大地，解析的元素也许会再次融入新的生命，这就构成了物质循环和能量流动。

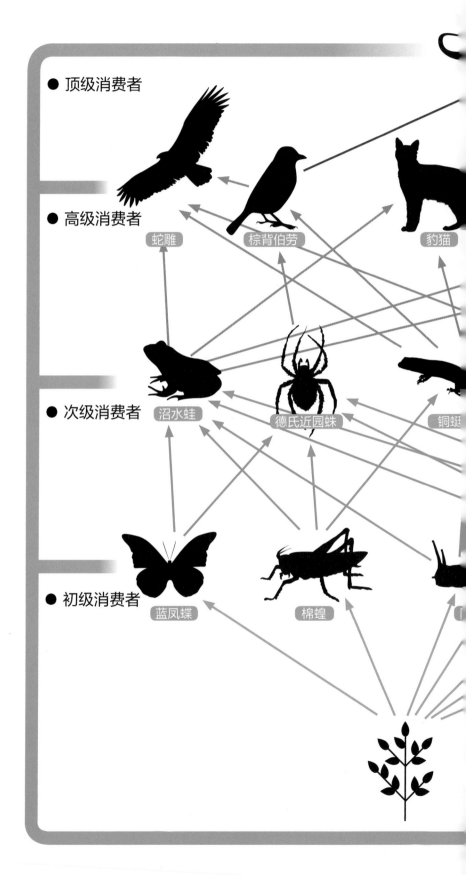

● 顶级消费者

● 高级消费者

蛇雕　棕背伯劳　豹猫

● 次级消费者

沼水蛙　德氏近园蛛　铜蜓

● 初级消费者

蓝凤蝶　棉蝗

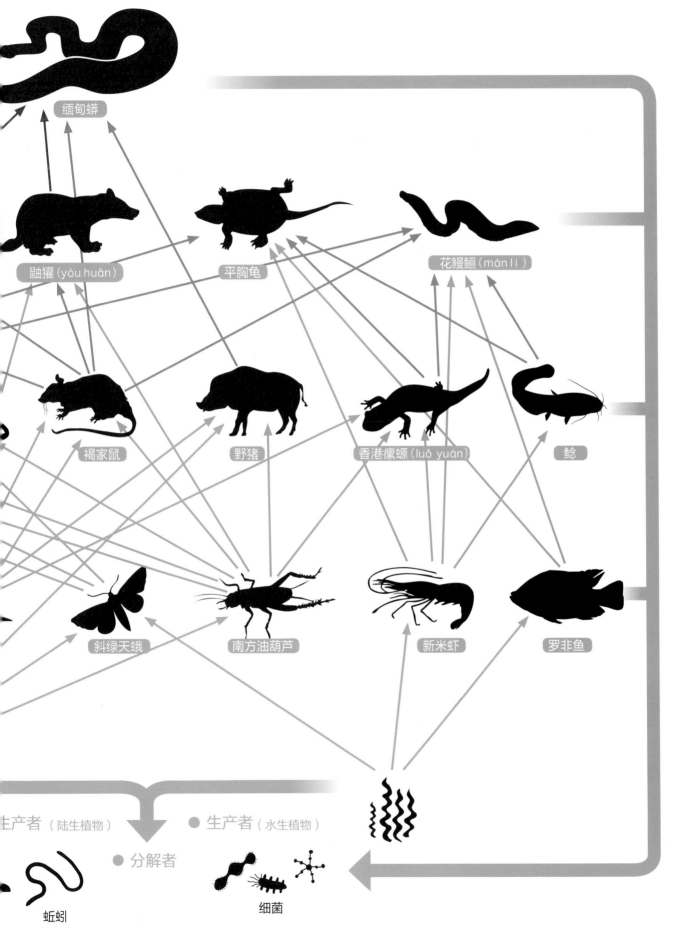

缅甸蟒

鼬獾（yòu huān）

平胸龟

花鳗鲡（mán lí）

褐家鼠

野猪

香港瘰螈（luǒ yuán）

鲶

斜绿天蛾

南方油葫芦

新米虾

罗非鱼

生产者（陆生植物）   ● 生产者（水生植物）

● 分解者

蚯蚓

细菌

吞下了一只小羊的缅甸蟒。 2013.08.14

赤腹松鼠享受木棉的果实。 2017.05.09

吸食虾子花花蜜的朱背啄花鸟。 2019.03.12

猎食白唇竹叶青的黄腹鼬。 2014.08.14

吃与被吃，理解生命的

① 生命互联网的丰盛、壮观和复杂远远超过了人类目前的智力所及。

② 各种生命体相互猎食的表象，掩盖了生命之间唇齿相依的真相。

③ 每一个物种都不是孤立的，链条中任何一个环节的脱落和缺失，
都有可能引发一连串的崩溃。

吞食黑斑侧褶蛙的红脖颈槽蛇。 2013.05.05

斑络新妇正在享用体格比它大数倍的叉尾太阳鸟。
2018.09.24

暗绿绣眼鸟捕食丰满新园蛛。 2019.04.13

蛇雕猎食黄斑渔游蛇。 2010.10.25

同类相食：褐斑异痣螅捕食黄尾小螅。 2016.08.26

同类相食：白鹭捕食斑文鸟。 2018.10.28

围食多棘蜈蚣的尼科巴弓背蚁。2019.10.16

多棘蜈蚣猎食具有剧毒的银环蛇。2020.07.25

毛胫豆芫菁嘴下的灌木叶已是千疮百孔。
2016.07.03

视角

◄ 纪录短片 ►
《扫荡式捕食法》

◄ 纪录短片 ►
《生命之盐的传递》

◄ 纪录短片 ►
《外星来的放牧者》

◄ 纪录短片 ►
《食虫植物的逆袭》

捕食动物的植物：匙叶茅膏菜用黏液猎取
昆虫。2020.12.01

窄小寄居蟹捕食深虾虎鱼。2020.10.23

大鹏湾海底，褐菖鲉捕食黄尾新雀鲷。2021.03.02

狭腹灰蜻捕食平顶眉眼蝶。2016.08.26

骨顶鸡在海岸边捡拾螺贝。2019.11.01

海中的陀螺珊瑚捕食沙蚕。2021.03.02

红嘴蓝鹊捕食黑眶蟾蜍。2020.04.03

繁衍，美丽深圳的驱动力

浪漫的心形。交配中的褐斑异痣蟌。2017.02.05
蜻蜓和豆娘交配时，雄性蜻蜓用腹部末端的抱握器握住雌性的头或前胸，连体之后，如果雌性已经准备好接受交配，就会默契地将腹部弯曲，与雄性连接，无意中构成了浪漫的心形。

拥挤的婚姻。2019.02.21
缅甸蓝叶蚤不是在演杂技，而是在争抢配偶。动物的交配中，常常会有第三者、第四者和更多竞争者出现，竞争通常发生在雄性之间。

在深圳，2万多种生命处在延续过程中。性与繁衍无处不在：盛开的花，鲜艳的羽毛，绚丽的体色，招摇的表演，求偶的鸣叫，追逐的飞翔与奔跑——本能的驱动无比强大，呈现着多样而绚丽的美好。

◀纪录短片▶
《浪漫背后的真相》

时至今日，科学家们已经确切地追溯到了生命的源头——地球上第一个有机体的诞生，却依然解释不了为什么生命被赋予了"性"——这样强烈而美好的行为。

在两性结合诞生之前，所有生命依靠营养繁殖或无性生殖来延续种群，这样克隆式的方法简洁而有效。科学家至今没有探明从什么时候开始，生命出现了两性。是什么促使种族的繁衍要有伴侣才能完成？是什么原因引发了地球上的第一次两性亲和与交媾？随着进化走向高级，传宗接代要经过寻觅、追逐、争斗、征服等繁杂而充满挑战的流程。

有一点确切无疑：应该感谢"性亲和"的出现。早期无性生殖，生命的进化终究是迟滞缓慢的。"性亲和"的来临和发展，让基因得到混合，植物和动物的演化开始提速，生命抵抗严酷环境的能力开始变得强大。

在蔓马缨丹花中采蜜的迁粉蝶。2021.06.06
被子植物的有性生殖分为四个生理过程：开花、传粉、受精和发育。

交配中的黑翅长脚鹬。2007.07.09
相比求偶时的花样百出，鸟类的交配单一而迅速。交配时雄鸟爬上雌鸟背部，双方一起拍打双翅，雄鸟要竭力保持平衡，稳住身体，尾巴向下，雌鸟尾巴翘起，相互抵近。这种耍杂技般的交配一般几秒钟就结束了。

子非鱼，焉知鱼之乐？

动物界千姿百态的交合能不能给它们带来愉悦？它们的结合纯粹是本能，还是也在享受着性愉悦？如果没有愉悦的驱动，仅仅为了繁衍，生命如何会演化出那么多繁复精妙的求偶方式？

子非鱼，焉知鱼之乐？在多年的观察和研究后，生物学家马克·贝科夫（Marc Bekoff）得出的结论是："动物享受性爱，体验性高潮，有着无可辩驳的演化上的原因。我们的看法是，动物可以享受到性愉悦，体验到性高潮。除非你能证明它们不能。"

橙斑白条天牛的交尾。2017.05.11
大部分昆虫受精产卵、生殖繁育都需要经过两性交配才能完成。昆虫是种类最多的动物，求偶与交配方式也最为多样。

交配中的尖肢南海溪蟹。2014.05.17
溪蟹是生活在淡水中的螃蟹。溪蟹交配时面对面，是动物里少见的姿势。

动物的繁衍

　　繁衍，是动物最重要的生命活动。每一种动物，都焕发出自己最大的能量和智慧繁衍下一代，并竭尽全力为下一代提供最好的生存条件，保证种群的延续。

　　在这个生机勃勃的城市里，人类之外的上万种生命，一生不爱钱财，也不贪图名利，生命的意义与其说是活下去，不如说是把自己的基因更好地传递下去，缤纷多样的动物，演化出了缤纷多样的繁殖方式。

1 刺胞动物的繁殖

刺胞动物是原始的动物，深圳的刺胞动物主要生长在近海中，有珊瑚、海葵和水母。生殖方式为无性生殖和有性生殖，有时两者出现在同一物种不同的生活阶段。比如：水螅用无性生殖方式分裂出水母，而水母长大后，又以有性生殖方式产生水螅，两者交替完成整个生活史。

◀纪录短片▶
《珊瑚产卵，
古老的繁殖仪式》

蕨形角海葵。2011.10.07
多数海葵的精子和卵子在海水中受精，发育成幼虫。

2 扁形动物的繁殖

深圳的扁形动物非常少见。扁形动物没有完整的体腔，也没有呼吸系统、循环系统，只有肌肉和消化系统。身体前端有两个可感光的眼点，大多是雌雄同体繁殖方式：卵子和精子都由同一个个体产生。

笄蛭(jī zhì)。
2016.11.12
也称"天蛇"。笄蛭雌雄同体，每只笄蛭都有雌雄两种性器官。

3 环节动物的繁殖

环节动物是高等无脊椎动物的开始，体外有角质膜，身体按节排列，体内有循环系统。深圳最常见的环节动物就是蚯蚓。蚯蚓虽为雌雄同体，但仍需交配受精。交配时双方相互送精子，受精卵发育成幼虫。

交配中的巨蚓。2017.06.07
蚯蚓交配时两个体头端反向，以腹面相对，借生殖带分泌的黏液紧贴在一起。

4 软体动物的繁殖

软体动物的身体分为头足和内脏、外套膜两部分，身体柔软而不分节。软体动物有的通过交配受精，有的将精子、卵子分别排到水中受精。深圳最常见的非洲大蜗牛是雌雄同体，异体交配——每个个体既有雄性生殖系统，也有雌性生殖系统，但必须进行异体交配才能成功受精，繁殖后代。

正在产卵的福寿螺。 2018.07.29
福寿螺雌雄异体，体内受精，体外发育。繁殖力非常强大。

5 甲壳动物的繁殖

甲壳动物有一个像盔甲一样的几丁质外骨骼覆盖在身体上。深圳的甲壳动物大多生活在近海，少数栖息在淡水中。最常见的是溪蟹，它们的繁殖方式是：雄性用钳子和腿环抱着雌性，然后进行交配、产卵，水中的受精卵孵化成幼虫。

溪谷中的香港南海溪蟹。 2018.05.06
溪蟹雌雄异体，体内受精。因为要适应半陆栖生活，溪蟹排出的受精卵的卵壳都比较厚。

6 昆虫的繁殖

昆虫是动物界中种类最多、数量最大、分布最广的类群，这与生殖方式多样、繁殖力强有着密切关系。昆虫的繁殖方式有两性生殖和孤雌生殖，单胚生殖和多胚生殖，卵生和胎生。

曲纹紫灰蝶交尾式的联姻。 2017.06.09
绝大多数昆虫是两性生殖，雌雄交配，雌虫产卵，卵孵化成新个体。

交配中的亚麻蝇。
2018.06.10
深圳有 20 多种麻蝇，多数为卵胎生。胚胎发育在母体内完成。卵在母体内孵化，孵化后不久，幼虫便离开母体。

7 蛛形动物的繁殖

蜘蛛是深圳常见的蛛形动物。蜘蛛雌雄异体，一般雌蜘蛛个体较大，雄蜘蛛个体较小。交配前，雄蜘蛛先吐丝织成一小块丝片，产生精子的器官释放出精子，放在上面，再用自己的触肢像滴管一样将精子汲取上来，交配时将这些精子输送到雌蜘蛛的体内。

交配中的斑络新妇。
2016.09.24
雌性大于雄性，雌性大小是雄性的十倍有余，体格悬殊，这使得雄性斑络新妇的交配看起来有点力不从心，甚至有些滑稽。

◀ 纪录短片 ▶
《延续种群的生命之环》

◀ 纪录短片 ▶
《蜘蛛中的悍妇》

8 多足动物的繁殖

多足动物身体扁平或呈圆筒形，分为头部和躯干部两部分，头部有触角一对，躯干的体节数和脚的个数因种而异。深圳常见的多足动物有蜈蚣和马陆。多足动物雌雄异体，雄性用生殖肢将精子送入雌性体内。

◀纪录短片▶
《马陆的缠绵》

缠绵中的霍氏绕马陆。 2017.06.10
雄性马陆密密麻麻的足中有生殖肢，它们用生殖肢将精子送入雌性马陆体内。

9 两栖动物的繁殖

两栖类是变温四足动物。幼体生活在水中，以鳃呼吸；发育为成体后生活在陆地，以肺呼吸。蛙是深圳最常见的两栖动物。它们的生殖方式是抱对受精，精子和卵子朝着相同的方向排出，体外受精，体外发育。

◀纪录短片▶
《斑腿泛树蛙的婚礼》

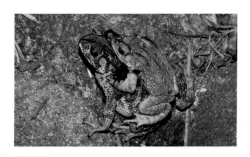

黑眶蟾蜍。 2018.04.29
雌性的身体比雄性大得多。雌蟾每次可产数百上千颗的卵。

10 棘皮动物的繁殖

棘皮类动物大多在海洋底部缓慢移动，海星、海胆、海参等深圳常见的棘皮动物生长在沿海。棘皮动物多为雌雄异体，精子和卵子释放到海水中受精。

大亚湾海底的刺冠海胆。 2014.10.07
海胆是群居性动物，在一小片海区内，一旦有一只海胆把精子或卵子排到水里，就会像电波一样把信息传给附近的每一个海胆，刺激这一带性成熟的海胆都排精或排卵。

11 鱼类的繁殖

鱼类是原始的脊椎动物，生活在深圳所有的水生环境里，包括淡水河湖和咸水海洋。软骨鱼类为体内受精、体外发育；硬骨鱼类为体外受精、体外发育。受精卵经一定时间孵化，仔(zǐ)鱼脱膜而出。

深圳湾里的鲻(zī)鱼群。 2017.10.11
一条成熟的鲻鱼一次可产卵上百万粒。2015年深圳湾全域禁渔后，繁殖力极强的鲻鱼数量剧增。

12 鸟类的繁殖

大部分的恒温动物，也是深圳最容易见到的野生动物。鸟类两性异型，体内受精，卵生，是具有择偶、营巢、交配、孵卵、育雏完整繁殖行为的动物。

用礼物换来交配的机会。 2020.04.25
与雌性翠鸟交配之前，雄性翠鸟衔来捕捉的鱼，献给雌性翠鸟。有些鸟类在繁殖期，常常用向异性喂食吸引异性。

13 爬行动物的繁殖

爬行类动物是真正适应了陆栖生活的变温脊椎动物。深圳常见的爬行动物是蜥蜴、蛇、龟。爬行动物雌雄异体，体内受精，大部分为卵生。

◀**纪录短片**▶
《冷血动物的热舞》

产卵中的变色树蜥。
雌性变色树蜥每次产卵 10—20 颗，埋在潮湿的土中，6—7 周后孵化。

14 哺乳动物的繁殖

哺乳动物是脊椎动物中躯体结构、功能行为最为复杂的高级动物，大多数具有全身有毛、运动快速、用肺进行呼吸、恒温、胎生，能够分泌乳汁来给幼体哺乳的特点。哺乳类动物的生殖方式是雌雄异体，通过择偶、交配、体内受精、体内孕育，生出下一代。

繁殖力强大的褐家鼠。 2020.07.18
褐家鼠在深圳一年四季都可繁殖。一年生 6—10 胎，每胎 4—10 个仔。雌鼠一般 3 个月性成熟后就会交配，可保持 1—2 年的生殖能力。

交配中的猕猴。 2011.12.21
哺乳动物中的灵长类是动物界最高等的类群，是动物进化的最高点。猕猴是深圳除人类外数量最多的灵长类动物，也是和深圳人血缘最接近的野生动物。内伶仃岛的雌猴 2.5—3 岁性成熟，雄猴 4—5 岁性成熟，最早在 6—7 岁参与交配。

吸引配偶的方式

　　每一种自由生长的动物，繁衍的过程都充满艰辛。在本能的驱动下，为了实现交配，各种动物使尽花样百出的手法召唤、吸引、追求交配的对象。

　　动物的交配前行为，是繁殖的重要环节，是动物种群的自我选育。求偶行为使雌雄双方有更多选择，在多样的竞争中，强者取胜，弱者被淘汰，让种群的后代获得良好的遗传基因。

◀纪录短片▶
《亮丽迷"鸟"的繁殖羽》

用声音召唤伴侣

动物通过声音可以获得求偶对象的种类、性别、方向和地点，甚至可以获得邻近的竞争对手有多少、有多强的信息。许多动物是在夜里出来交配，鸣叫声可以穿透黑暗，把求偶的信息传递出去。鸟类、蛙类和鸣虫是用鸣叫择偶的高手。

|||音频|||
《雄性噪鹃求偶的鸣叫》

用气味引诱伴侣

动物里数量最多的昆虫，大多用气味——化学通信的方式吸引异性。昆虫体形小巧，用气味可以把信息传递得更远。有些昆虫的探测器官是如此的敏锐，它们可以根据气息在成百上千种昆虫中，在较远的距离，准确探寻到恰恰和自己同一种的伴侣。

噪鹃，用鸣唱和干果打动芳心。 2021.04.12
当情欲不可抑制地到来的时候，通体漆黑的雄性噪鹃会发出一组组一声高过一声的鸣叫，声音可以传到一平方公里的范围内。这声音在人听来，似乎是蒙受了千古奇冤的哀号，但在一身花斑的雌性噪鹃听来，那是阳台下弹着吉他的情歌，何况雄性噪鹃还衔来了聘礼。

粉蝶灯蛾的"化学通信"。 2012.11.08
雌蛾的性外激素会把雄蛾从遥远的地方吸引来。雄蛾羽毛状或栉状的触角的嗅觉特别发达，可以感知微弱性气息。飞蛾这种用气味寻找配偶的方式，在生物学中被称为"化学通信"。

用色彩吸引伴侣

有一些动物在性兴奋期，依靠视觉来传递春心荡漾的信息，羽毛变得绚丽，皮肤变得鲜艳，身体的一些部位变得肥大。

红色脸庞的魅力。 2016.03.01
雌性猕猴在发情期，脸庞会变红，面色愈红，对雄性猕猴愈有吸引力。

长出了繁殖羽的池鹭。 2019.05.04
求偶的季节，一些鸟会生出绚丽耀眼的羽毛，吸引异性。

用光波和馈赠打动伴侣

动物性爱信息的传递方式花样百出。其中，最特立独行的应该是萤火虫，在黑漆漆的夜里，它们"打着灯笼"四处徘徊，发光的频率和闪光的模式是同类之间的密码，它们利用光波相互发现、判断，寻找心仪的目标。

◀纪录短片▶
《螽蟖的实惠彩礼》

用光波传递召唤。 2012.04.12
雌光萤雌虫吸引雄虫的招牌动作，尾部翘起，以便让雄虫更好地发现自己。

用"缠绵"打动伴侣。 2016.05.19
雄性毛胫豆芫菁在交配前，会用长长的触角撩拨和抚摸雌性，交配中会用触角紧紧缠住雌性。

用馈赠打动异性。 2019.08.03
异舰掩耳螽(zhōng)交配时，雄虫除将含有精子的精囊插入雌虫体内外，还附加一个乳白色胶质状的精包。这是雄虫惠赠雌虫的营养滋补品。

植物的繁殖

◀纪录短片▶
《智慧与美貌的合体》

藻类植物的繁殖

藻类植物是原始的低等植物，构造简单，没有根、茎、叶分化。繁殖方式分为 3 种：①**营养繁殖**，细胞分裂或繁殖枝断裂之后，生长为下一代；②**无性生殖**，依靠孢子自由游动，发育成下一代；③**有性生殖**，能够游动的雄性细胞和不能游动的雌性细胞结合，发育成下一代。

粉绿狐尾藻依靠繁殖枝繁衍，1 枝粉绿狐尾藻 1 年内可繁殖数百上千株粉绿狐尾藻。2019.12.28

地衣的繁殖

地衣是真菌和藻类共生的植物，没有根、茎、叶分化，繁殖主要有 2 种方式：①**营养繁殖**，地衣断裂为数个裂片，每个裂片都可发育为新的个体；②**有性生殖**，孢子成熟后，落在适宜的环境中，长成新的地衣。

地衣通常是营养繁殖。叶状体断裂成若干裂片，每个裂片可以发育成 1 个新的叶状体。

蕨类植物的繁殖

蕨类植物已有真正的根、茎、叶分化，不开花、不产生种子，主要靠孢子进行繁殖。孢子在萌发后长成雌、雄配子体，再分别产生卵子和精子。精卵结合后形成合子，落在泥土里发育成下一代。

蕨类植物金毛狗的孢子囊群。2019.02.07
金毛狗的孢子囊一粒粒地排列在末回裂片边缘。孢子植物原始的繁殖方式为有花植物复杂的生殖模式提供了演化的基础。

鸟巢蕨的叶片背后遍布褐色的孢子囊群。2016.04.03

苔藓植物的繁殖

苔藓植物结构简单，没有真正的根。生长在阴湿的岩石、森林、沼泽地。繁殖方式分为 3 种：①**营养繁殖**，自身能够分裂出新的个体；②**无性生殖**，产生无性孢子，萌发形成原丝体，再发育形成配子体；③**有性生殖**，配子体产生颈卵器和精子器，分别产生卵和精子；精卵结合形成合子，再进一步发育为胚，胚发育为新的孢子体。胚的形成是陆生植物演化的里程碑。

被子植物的繁殖

被子植物是当今植物界中进化最完善、种类最多、分布最广、适应性最强的类群，它们的繁殖方式可分为 2 种：①**营养繁殖**，依靠匍匐茎、根状茎、块茎、人工嫁接、人工扦插等方式，生长出下一代；②**有性生殖**，依靠花产生卵和精子，结合产生胚，发育形成种子和果实繁衍后代。

裸子植物的繁殖

裸子植物是高大的陆生植物，拥有复杂的根茎系统，球果像鳞片那样裂开，种子裸露；或球果缩减，种子有肉质包被，顶端裸露，依靠种子繁殖。

高山榕吸引鸟儿来吃果实，把种子带向远方生长繁衍。2016.10.24

马尾松的雄球花。2018.02.21
马尾松是雌雄同株异花植物，以风媒、虫媒传授花粉，繁殖后代。

白花油麻藤（禾雀花）。2021.03.07
白花油麻藤每年 3—4 月份开放，即使在盛放的时候，粉雕玉琢的花瓣也不会完全打开，而是卷拢在一起，像鸟雀的翅膀。圆圆的花萼也像鸟雀的脑袋。白花油麻藤用浓烈的花香和储藏在花瓣里的花蜜吸引动物来为它传粉。

红花羊蹄甲主要靠嫁接繁殖。2018.04.26
红花羊蹄甲虽然满树开花，却很少结籽，所以采用营养繁殖生长出下一代。

马尾松的雌球花。
2021.02.17

矮锦藓。2017.07.12
苔藓属于最低级的高等植物，无花，无种子，以孢子繁殖。

087

动物的巢穴

居者有其屋，有一个安全温暖舒适的住所，不仅仅是人类，也是许多动物的追求。不同的是，人的住所称为"家"，动物的住所称为"巢穴"。

并不是所有的动物都修建巢穴，一般来说，那些体形比较小、要用产卵孵卵繁殖后代、幼体需要喂哺的动物才会有筑巢的习性。在老村的屋檐下，燕子用干草枝叶和泥巴搭建小窝；在灌木的枝叶间，蜘蛛用丝网织成了空中别墅；在高高的树干上，黄猄蚁修建起足球一样大的楼房；在海岸边，寄居蟹背着蜗居踽踽前行……动物的种类成千上万，建造的巢穴也多种多样，功能却很简单：种群繁衍、抵御恶劣气候和防范天敌。

与人类不同的是，所有修巢建屋的动物里都没有"地产商"，居住者自己设计，自己收集周边的建筑材料，自己修建，所盖的房子真正用来居住，而不会用来炒卖。

◀ 纪录短片 ▶
《它们的世界里没有飞涨的房价》

◀ 纪录短片 ▶
《不是艺术家的建筑师不是好蜂》

金环胡蜂的后现代派建筑。 2019.06.28
金环胡蜂把植物嚼成木浆，混合唾液，筑造蜂巢，不同的植物材料混合为不同的颜色，一层又一层地堆叠，形成一圈又一圈的螺纹，简直就是后现代派建筑大师的作品，既实用，又美观。

窄小寄居蟹。 2020.10.23
寄居蟹自己不会盖房，却有超常的能力找到螺壳，拥有一个随身携带的蜗居。

最坚固的结构。
蜜蜂的蜂巢呈六角柱形体的单元结构，蜂室间互相套叠，多个平面可以和相邻的巢室共用，是消耗材料最少、利用空间最大、最坚固的结构。

深圳机场蜂巢式的屋顶。 2016.01.03
蜂窝结构被广泛地应用在工业和建筑中，深圳宝安国际机场就是典型的案例。

卷叶象甲，戏精和建筑师。
2017.09.07
卷叶象甲会切割叶片，为后代修建可食用的庇护所，感受到危险时，会收缩肌肉，从停留的植物上落到地下，一动不动，等到危机解除后再恢复正常。

◀纪录短片▶
《昆虫中的能工巧匠》

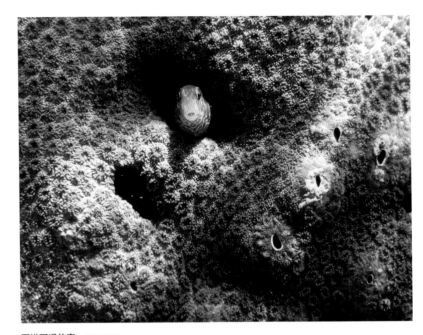

可进可退的家。2012.07.03
鳚（wèi）鱼在刺星珊瑚的缝隙里安了一个家，这个家安全而视野开阔，它遇到强敌来犯，缩进家里躲一躲，遇到可口的猎物经过，从家中出击觅食。

此燕窝非彼燕窝

每年 3 月前后，夏候鸟家燕就会陆陆续续来到深圳，开始在屋檐下修巢筑窝。

雌燕和雄燕一起衔取泥、麻、线和枯草，混上自己的唾液，揉成小泥丸，再用嘴巴衔着泥丸向上整齐地堆砌在一起，建成一个碗状的"毛坯房"。接着开始"装修"：衔取柔软的植物纤维、头发和鸟类羽毛，铺在巢底，一个舒适的家就这样建成了。它们会在窝里产卵孵卵，养育后代。

幸运的是，家燕的窝只有泥巴、干草和羽毛，与东南亚的金丝燕用唾液筑成的燕窝不同，不会被人认为是补品，因而也没有成为人类猎食的目标。

家燕在河边衔取泥团，准备筑巢。2020.03.24

家燕用羽毛和植物纤维装饰出一个柔软舒适的新居。
2018.04.30
每个燕窝从开始营造到最后完成，大致要 8—14 天时间。

在新窝里，雌雄家燕合力养育后代。2019.05.10

国宝在深圳：国家一级保护野生动物

2021 年 2 月 5 日，国家林业和草原局、农业农村部联合发布公告，公布新调整的《国家重点保护野生动物名录》，共列入野生动物 980 种，其中国家一级保护野生动物 234 种、国家二级保护野生动物 746 种、陆生野生动物 686 种、水生野生动物 294 种。

依照已出版的书籍、文献和观察记录，深圳共有 171 种国家重点保护物种。其中国家一级保护野生动物有 22 种，占国内一级保护野生动物总数的比例是 8.97%。

白肩雕

白肩雕（学名：*Aquila heliaca*），属国家一级保护野生动物。

白肩雕是大型猛禽，两翼张开后接近 2 米，肩部有一块明显的白斑。常常在空中盘旋巡猎的白肩雕另有一个显贵的名字：御雕。

白肩雕对人类的干扰非常敏感，原生丛林的减少，栖息地的丧失，非法交易带来的猎捕和毒杀，导致白肩雕种群数量急剧减少，临近濒危。

白肩雕是冬候鸟，在深圳湾上空，近两年里冬候鸟到来的季节都有记录。

白肩雕，国家一级保护野生动物。

倭蜂猴

倭蜂猴（学名：*Nycticebus pygmaeus*），属国家一级保护野生动物。

倭蜂猴是中国体形最小的原始灵长目动物，体形袖珍，体重不足 1000 克，长着柔软卷曲羊绒般的体毛，有一双占据了脸部一少半面积的大眼睛。

正因为性情温和，模样呆萌，原本生长在东南亚的倭蜂猴被大量捕获，贩卖到中国作为宠物豢养。2000 年前后，一些被人豢养的倭蜂猴被放入梧桐山，20 余年里已逐渐形成了一个种群。

倭蜂猴是夜行动物，常年待在树上，很少落地，白天蜷成一团隐蔽在高大乔木的树洞和树冠里，黄昏后开始活动觅食，食谱里有果实、昆虫、蜗牛。倭蜂猴行动迟缓，有点像电影《疯狂动物城》里的动物角色树懒"闪电"。

非法猎捕和宠物饲养是导致倭蜂猴濒危的主要原因。饲养倭蜂猴其实有危及健康的风险：倭蜂猴受到惊吓时，胳膊肘内侧的腺体会分泌毒素，有可能会伤人。

倭蜂猴，国家一级保护野生动物。

黑鹳
国家一级保护野生动物。

中华白海豚
国家一级保护野生动物。

黑鹳

黑鹳（学名：*Ciconia nigra*），属国家一级保护野生动物。

黑鹳是一种体态优美的大型水鸟，成鸟的身体展开后超过 1 米。黑鹳胸腹的羽毛是纯白色，其他部分是漆黑色，腿脚是鲜红色，对比强烈的色彩有一种时尚的搭配。有时在阳光不同角度的照射下，黑鹳的羽毛还会变幻不同的色彩。

黑鹳在深圳真正是惊鸿一现，近年在西丽和大铲湾有过两次短暂停留的记录，最近一次是 2020 年 10 月在福田红树林保护区内。

黑鹳濒危的原因主要是栖息地遭到污染和破坏，黑鹳自身繁殖率也非常低。研究黑鹳的学者估计，中国黑鹳的数量不超过 2000 只，远远低于国宝大熊猫的数量。

中华白海豚

中华白海豚（学名：*Sousa chinensis*），属国家一级保护野生动物。

虽然生活在海里，海豚并不是鱼，而是哺乳动物，和我们人一样恒温，用肺部呼吸、怀胎产子，还用乳汁哺育幼儿。在广东，中华白海豚又被称为妈祖鱼。长着上翘唇线的中华白海豚好像一直在微笑。事实上海豚也的确性格友善，智商在野生动物中名列前茅。

中华白海豚是深圳近海中的旗舰物种，它们是海洋金字塔顶端的猎食者，生存环境几乎涵盖了深圳近海中其他海洋物种的生存环境需求，保护中华白海豚相当于为同片海域的其他物种和栖息地打开了一把"保护伞"。

大规模的填海造地工程，海水受到的污染，水下噪声的干扰，渔网的误捕和缠绕，过度捕捞带来的食物匮乏，是导致中华白海豚濒危的原因。

深圳分布的国家一级保护野生动物名录（数据截至 2021 年 9 月 5 日）

纲	目	科	中文名	拉丁名
哺乳纲 MAMMALIA	灵长目 PRIMATES	懒猴科 Lorisidae	倭蜂猴	*Nycticebus pygmaeus*
	鳞甲目 PHOLIDOTA	鲮鲤科 Manidae	穿山甲	*Manis pentadactyla*
	食肉目 CARNIVORA	灵猫科 Viverridae	小灵猫	*Viverricula indica*
	鲸目 CETACEA	海豚科 Delphinidae	中华白海豚	*Sousa chinensis*
		抹香鲸科 Physeteridae	抹香鲸	*Physeter macrocephalus*
		须鲸科 Balaenopteridae	布氏鲸	*Balaenoptera edeni*
鸟纲 AVES	雁形目 ANSERIFORMES	鸭科 Anatidae	中华秋沙鸭	*Mergus squamatus*
	鹳形目 CICONIIFORMES	鹳科 Ciconiidae	黑鹳	*Ciconia nigra*
			东方白鹳	*Ciconia boyciana*
	鹈形目 PELECANIFORMES	鹮科 Threskiornithidae	黑头白鹮	*Threskiornis melanocephalus*
			黑脸琵鹭	*Platalea minor*
		鹭科 Ardeidae	黄嘴白鹭	*Egretta eulophotes*
		鹈鹕科 Pelecanidae	卷羽鹈鹕	*Pelecanus crispus*
	鹰形目 ACCIPITRIFORMES	鹰科 Accipitridae	乌雕	*Clanga clanga*
			白肩雕	*Aquila heliaca*
			白腹海雕	*Haliaeetus leucogaster*
	鸻形目 CHARADRIIFORMES	鹬科 Scolopacidae	勺嘴鹬	*Calidris pygmaea*
			小青脚鹬	*Tringa guttifer*
		鸥科 Laridae	黑嘴鸥	*Saundersilarus saundersi*
	雀形目 PASSERIFORMES	鹀科 Emberizidae	黄胸鹀	*Emberiza aureola*
爬行纲 REPTILIA	龟鳖目 TESTUDINES	海龟科 Cheloniidae	绿海龟（海域）	*Chelonia mydas*
			玳瑁（海域）	*Eretmochelys imbricata*

穿山甲

2020 年 6 月，我国将穿山甲属所有种由国家二级保护野生动物提升至一级。与此同时，在深圳的内伶仃岛安放的红外相机记录到了穿山甲（学名：*Manis pentadactyla*）的踪迹，深圳的国家一级保护野生动物的种类因此增加到了 21 种。

穿山甲是全球被走私最严重的野生动物。世界自然保护联盟（IUCN）在新修订的《世界濒危物种红色名录》中，已将穿山甲评定为极度濒危，意味着穿山甲距在地球上彻底消失只有一步之遥。

科学研究证明，穿山甲的鳞甲只是角质化的皮肤附属物，和我们人的头发、指甲没有区别，没有任何入药的科学依据。2020 年新版的《中国药典》中，穿山甲的内容已全部去除，未被收录。

穿山甲，国家一级保护野生动物。

小灵猫

小灵猫是国家一级保护野生动物（学名：*Viverricula indica*），也被称作麝香猫。发情期的小灵猫会将麝香腺的分泌物涂抹在身边环境的物体上，以吸引异性。盗猎者用猎套捕杀小灵猫，除了为吃野味，还为了获取小灵猫分泌的灵猫香。

小灵猫，国家一级保护野生动物。

对猎捕、杀害国家重点保护野生动物的惩处

《中华人民共和国刑法》第三百四十一条明确规定：

非法猎捕、杀害国家重点保护的珍贵、濒危野生动物的，或者非法收购、运输、出售国家重点保护的珍贵、濒危野生动物及其制品的，处五年以下有期徒刑或者拘役，并处罚金；情节严重的，处五年以上十年以下有期徒刑，并处罚金；情节特别严重的，处十年以上有期徒刑，并处罚金或者没收财产。

违反狩猎法规，在禁猎区、禁猎期或者使用禁用的工具、方法进行狩猎，破坏野生动物资源，情节严重的，处三年以下有期徒刑、拘役、管制或者罚金。

违反野生动物保护管理法规，以食用为目的非法猎捕、收购、运输、出售第一款规定以外的在野外环境自然生长繁殖的陆生野生动物，情节严重的，依照前款的规定处罚。

黄胸鹀（禾花雀）：20 年里的命运跌宕

黄胸鹀（禾花雀），
国家一级保护野生动物。

2000 年：属无危（LC）级别。

2004 年：列为近危（NT）级别。

2008 年：列为易危（VU）级别。

2013 年：世界自然保护联盟（IUCN）将黄胸鹀列入濒危（EN）物种红色名录。

2017 年 12 月 5 日：世界自然保护联盟（IUCN）将黄胸鹀列为极危（CR）物种。这意味着黄胸鹀的野生种群已经濒临彻底灭绝。

2021 年 2 月：调整后的《国家重点保护野生动物名录》将黄胸鹀列为国家一级保护野生动物。

据深圳本地的老人回忆，深圳在建市前，每到秋冬季节，黄胸鹀（学名：*Emberiza aureola*），也就是我们通常所称的禾花雀，随处可见，它们喜欢在稻田里成群结队地觅食，是稻农们驱赶的对象。

为了追逐温暖的气候、丰富的食物，这种小型候鸟每年都要不远千里从北方飞到广东、广西和东南亚过冬。黄胸鹀身躯小，储存的能量有限，迁徙的途中要不断寻找觅食地，补充能量。即便是从北欧芬兰出发的黄胸鹀，越冬旅途也不会抄近道飞经过阿拉伯、巴基斯坦的直线，这些地方缺乏它们觅食的环境，它们要绕道西伯利亚，然后从北向南穿越中国东部，到达两广地区和东南亚。

正是这种延续了上千年的习性，给黄胸鹀带来了灭顶之灾。鸟儿们没有想到，这条线路，恰恰是全球八大候鸟迁徙线路中最危险的线路之一。贪婪的食客不仅把禾花雀当作美食，还毫无科学根据地相信，吃禾花雀可以补肾——所有的野生动植物，只要被人认为有"食补"功能，就会为其招来灭顶之灾。

漫长的生命史上，人类活动导致了地球上大量物种的灭绝。只是，这样的灭绝大都发生在人类茹毛饮血的蛮荒时期，所灭绝的物种大多是目标大、数量少、分布范围窄、繁殖能力弱的物种。不可理喻的是，黄胸鹀这种数量众多、繁殖能力强——每次产卵 4—5 枚的小鸟，被我们这一代文明人吃成了极度濒危物种，这是生命史上一个悲伤的案例。

国宝在深圳：国家二级保护野生动物

2021 年 2 月最新发布的《国家重点保护野生动物名录》共列入野生动物 980 种，新增 517 种（类），使得深圳分布的国家二级保护野生动物增加至 150 种，占国内二级保护野生动物总数的比例是 20.11%。

《深圳分布的国家二级保护野生动物名录》收录在本书附录《深圳市国家重点保护野生动物编目》中。

黑疣大壁虎
国家二级保护野生动物。

斑头鸺鹠，
国家二级保护野生动物。

斑头鸺鹠

斑头鸺鹠（学名：*Glaucidium cuculoides*）是中国最小的猫头鹰之一，属国家二级保护野生动物。

在中国传统文化里，猫头鹰因夜间活动，叫声凄厉，被认为是一种"不祥之鸟"。但在西方文化里，猫头鹰是智慧女神雅典娜的化身，象征着智慧、理性和公平。日本也将猫头鹰称为"福鸟"，代表着吉祥和幸福。

斑头鸺鹠有着大眼睛的脑袋可以转动 240 度，还拥有 110 度的视野，它不移动身体就可以洞察四周。斑头鸺鹠吞食猎物后，会把不能消化的骨骼、羽毛一团团地吐出来。

黑疣大壁虎

黑疣大壁虎（学名：*Gekko reevesii*），属国家二级保护野生动物。

在深圳发现的大壁虎大都栖息在废弃的村屋中，夜间出来活动和觅食。大壁虎的攀附力强——足垫和脚趾下密布着一排一排微米级的绒毛，如同一只只弯形的小抓钩，使得大壁虎可以在光滑的墙面上倒立爬行。

大壁虎濒危的主要原因是人的捕捉，大壁虎被用于传统中药材，几近枯竭的数量导致价格上涨，利益驱动加剧了大壁虎的濒危。

缅甸蟒
国家二级保护野生动物。

盾形陀螺珊瑚
国家二级保护野生动物。

缅甸蟒

缅甸蟒（学名：*Python bivittatus*），属国家二级保护野生动物。

虽然有个外国名，缅甸蟒却是在深圳生长了千百年的本土原生物种，也是深圳体形最大的无毒蛇类。一般雌性的体格比雄性更大。

缅甸蟒是肉食性动物，上颚骨关节间以松弛的韧带连接，可以把口腔伸张到很大，能够囫囵吞下直径比本身还要粗的猎物，2013 年 8 月 14 日在内伶仃岛上发现的缅甸蟒吞下了整整一只羊。

盾形陀螺珊瑚

盾形陀螺珊瑚（学名：*Turbinaria peltata*），属国家二级保护野生动物。2021 年 2 月发布的《国家重点保护野生动物名录》，将石珊瑚目所有种类升为国家二级保护野生动物。这里传递的常识是：所有采集和买卖珊瑚的行为都会被依法问责。

深圳已发现 63 种石珊瑚。石珊瑚是造礁石珊瑚。一块石珊瑚是一层层没有生命的骨骼，只有表层是活的细胞组织。珊瑚礁是成千上万的珊瑚虫骨骼在漫长的生长过程中形成的。珊瑚在海底生态系统中的作用犹如陆地的森林。

破坏性捕捞、盗采和海水污染威胁着深圳近海的珊瑚。

裳凤蝶
国家二级保护野生动物。

三线闭壳龟
国家二级保护野生动物。

裳凤蝶

裳凤蝶（学名：*Troides helena*）和金裳凤蝶（学名：*Troides aeacus*）是深圳仅有的国家级保护昆虫，在 2021 年颁布的《国家重点保护野生动物名录》中被列为国家二级保护野生动物。

金裳凤蝶是深圳最大的蝴蝶，飞行姿态优雅，后翅金黄色和黑色交融的斑纹绚丽闪烁，华贵美丽。幼虫的寄主是多种马兜铃属植物。

三线闭壳龟

三线闭壳龟（学名：*Cuora trifasciata*），属国家二级保护野生动物。

三线闭壳龟俗称"金钱龟"。野生的金钱龟栖息在山涧的溪水地带。在溪边的灌木丛中挖洞做窝，白天躲在洞中，在石头上晒太阳，傍晚、深夜出动觅食。

国之瑰宝：
深圳分布的国家珍稀濒危保护野生植物

依照 2018 年出版的《深圳市国家珍稀濒危重点保护野生植物》（作者：廖文波、郭强、刘海军、张寿洲），深圳已记录到的各类珍稀濒危重点保护野生植物共 60 科 115 属 164 种。其中，蕨类植物 12 科 14 属 18 种，裸子植物 3 科 3 属 4 种，被子植物 45 科 98 属 142 种。

《深圳市国家珍稀濒危重点保护野生植物编目》收录在本书附录中。

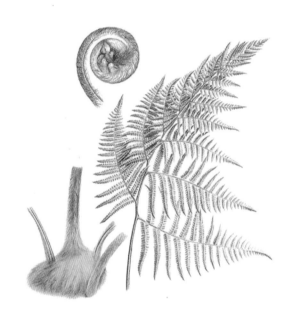

金毛狗

学名：*Cibotium barometz*

金毛狗被列入第一批《国家重点保护野生植物名录》，保护级别为二级。

一种树形蕨类植物，为什么会有一个动物的名字？是因为它露出地面的根状茎长满金黄色的长茸毛，形状像一只伏地而卧的金毛狗。金毛狗对生长环境要求苛刻，土壤要是酸性，近处要有水源，四周要浓荫湿润。

历史上，金毛狗在华南山岭里呈"岛屿"状成片分布，近年生长地逐渐减小甚至消失，金毛狗被人大量采挖作为工艺品，失去了自我循环生长的能力。

土沉香

学名：*Aquilaria sinensis*

土沉香是国家二级保护野生植物。

据史料记载，深圳与周边地区的土沉香树曾经"交干连枝，岗岭相连，千里不绝"。不知从什么年代起，人们发现这种树的枝干被损伤后，会分泌出香脂，凝结在木材内，形成"沉香"——其实就是枝干破损后真菌侵入，木材组织内发生化学变化。人们相信沉香可镇静止痛，滋阴壮阳，随后更成为人们熏烧把玩的工艺品。

眼下，不仅连片的土沉香树林已消失，在深圳的山岭里，人工种植和零星散生的土沉香也常常被砍得支离破碎。

鹅毛玉凤花

学名：*Habenaria dentata*

鹅毛玉凤花是国家二级保护野生植物，整个深圳野外生长的数量不足 100 株，是极度濒危的兰花。

在深圳生长的 164 种国家珍稀濒危保护野生植物中，兰科植物所占比例最大，占到 81 种。

鹅毛玉凤花的花朵晶莹雪白，像一个个张开裙子飞舞的天使，开放的季节，在山岭里十分醒目，也因此特别容易被人采挖。在深圳，只有人迹罕至的深山老林中，还有极少量的鹅毛玉凤花生长。

生境被破坏，被当作观赏和药用植物只挖不栽，种群枯竭，是许多美丽兰花面临的共同命运。

珊瑚菜

学名：*Glehnia littoralis*

珊瑚菜是国家二级保护野生植物，被列入《中国生物多样性红色名录》极危物种（CR）。

珊瑚菜只生长在深圳近海的沙滩上，分布极其稀少，整个深圳野生的珊瑚菜不足 100 株。繁殖能力弱、沙滩环境受到破坏、过度采挖是珊瑚菜濒危的原因。

紫纹兜兰

学名：*Paphiopedilum purpuratum*

紫纹兜兰是深圳最美丽也最珍稀的野生兰花之一，是国家一级保护野生植物，被列入《濒危野生动植物种国际贸易公约》（CITES）附录。

紫纹兜兰喜欢落脚在落叶堆积、砾石密布的地方。每年 11 月至次年 1 月，花朵开放在人迹罕至的山谷密林里，紫红色的囊状唇瓣像极了精美的鞋子，被形容为森林里仙女掉落的舞鞋。

植物学家的研究证实，大约三分之一的兰科植物在花粉传授时是用欺骗的手段吸引传粉者，并不为传粉者提供任何形式的报酬，紫纹兜兰也是其中一员。也就是说，紫纹兜兰的主要传粉者食蚜蝇类的昆虫，被花朵的颜色和气味吸引而来，在兜状的花朵里折腾一番，实际上吃不到花蜜，却带走了花粉。这是兰科植物"食源性欺骗"的传粉方式之一。

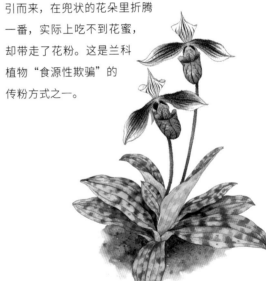

深圳市国家一级保护野生植物名录（数据截至 2021 年 9 月 5 日）

中文名	学名	国家重点保护级别	中国红色名录	在深圳分布的数量	深圳评定濒危级别
备注：CR（极危）、EN（濒危）、VU（易危）、NT（近危）					
仙湖苏铁	*Cycas fairylakea*	一级	CR	＜ 1500	极危
建兰	*Cymbidium ensifolium*	一级	VU	＜ 300	易危
春兰	*Cymbidium goeringii*	一级	VU	＜ 300	易危
墨兰	*Cymbidium sinense*	一级	NT	＜ 300	近危
紫纹兜兰	*Paphiopedilum purpuratum*	一级	EN	＜ 300	濒危

深圳区域内分布的中国物种红色名录受胁物种

勺嘴鹬

学名：*Calidris pygmaea*

勺嘴鹬是仅分布于东亚—澳大利西亚迁徙路线上的候鸟，在西伯利亚的东北部繁衍，在中国南部和东南亚越冬，在深圳是罕见的过境鸟。

勺嘴鹬身形小巧，个头和麻雀差不多大小，黑色的扁平嘴巴像一把小铲子，又像一只小勺子，在滩涂上觅食时，嘴巴左右来回扫动，以甲壳类和小型无脊椎动物为食。

世界自然保护联盟（IUCN）2018 年公布的数据：全球勺嘴鹬的数量不足500 只。已被列入国际鸟类保护委员会（CBP）世界濒危鸟类红皮书；被列入《世界自然保护联盟濒危物种红色名录》极危（CR），2021 年，国家林业和草原局将勺嘴鹬新增为国家一级保护野生动物。

导致勺嘴鹬濒临灭绝的原因是：滩涂栖息地的丧失和退化、非法捕猎、环境污染和人类活动干扰。

平胸龟

学名：*Platysternon megacephalum*

平胸龟和其他龟最大的区别是做不了"缩头乌龟"，其头和四肢不能缩入壳内，但可以用长长的尾巴支撑，攀登树木和墙壁。

平胸龟生活在山涧清澈的溪流里，是凶猛的食肉性动物，捕食蜗牛、蚯蚓、小鱼、螺、虾和蛙。

平胸龟被列入《世界自然保护联盟濒危物种红色名录》，濒危（EN）；被列入《濒危野生动植物种国际贸易公约》（CITES），附录 I；被列入《中国濒危动物红皮书》，濒危（EN）。

平胸龟濒临灭绝的原因是溪流受到污染和人类的捕杀。

深圳区域内分布的 IUCN 红色名录受胁动物（数据截至 2021 年 9 月 5 日）

极危（CR）	三线闭壳龟、玳瑁、勺嘴鹬、黄胸鹀、穿山甲
濒危（EN）	短肢角蟾、平胸龟、绿海龟、大杓鹬、小青脚鹬、大滨鹬、黑脸琵鹭、倭蜂猴
易危（VU）	棘胸蛙、小棘蛙、蟒蛇、舟山眼镜蛇、眼镜王蛇、红头潜鸭、长尾鸭、黑嘴鸥、乌雕、白肩雕、大草莺、白喉林鹟、白颈鸦、抹香鲸、印太江豚、中华白海豚、罗图马蜂巢珊瑚、八重山扁脑珊瑚、亚氏滨珊瑚、十字牡丹珊瑚、单独鹿角珊瑚、盾形陀螺珊瑚、肾形陀螺珊瑚、联合棘星珊瑚

注：《世界自然保护联盟濒危物种红色名录》（IUCN Red List of Threatened Species 或简称 IUCN 红色名录）于 1963 年开始编制，是全球动植物物种保护现状最全面的名录，也被认为是生物多样性状况最具权威的指标。

中华珊瑚蛇

学名： *Sinomicrurus macclellandi*

中华珊瑚蛇是色彩鲜艳的毒蛇，性情温和，极少有伤人记录，栖息在深山的森林中，夜间活动，在深圳极为罕见。

中华珊瑚蛇被列入《世界自然保护联盟濒危物种红色名录》，近危（NT）；被列入《中国生物多样性红色名录——脊椎动物卷》，易危（VU）。

深圳区域内分布的中国物种红色名录[1]受胁动物（数据截至 2021 年 9 月 5 日）

极危（CR）	唐鱼、三线闭壳龟、蟒蛇、平胸龟、玳瑁、绿海龟、黑疣大壁虎、勺嘴鹬
濒危（EN）	花鳗鲡、虎纹蛙、三索锦蛇、金环蛇、银环蛇、眼镜王蛇、滑鼠蛇、王锦蛇、长尾鸭、小青脚鹬、黑脸琵鹭、卷羽鹈鹕、乌雕、白肩雕、褐渔鸮、黄胸鹀、欧亚水獭、中华白海豚
易危（VU）	棘胸蛙、小棘蛙、梅氏壁虎、中国水蛇、铅色水蛇、中华珊瑚蛇、舟山眼镜蛇、灰鼠蛇、环纹华游蛇、乌华游蛇、白喉斑秧鸡、大杓鹬、大滨鹬、红腹滨鹬、黑嘴鸥、黑鹳、白腹海雕、白喉林鹟、鹩哥、豹猫、印太江豚

深圳区域内分布的 CITES [2]附录收录动物（数据截至 2021 年 9 月 5 日）

附录 I	平胸龟、玳瑁、绿海龟、小青脚鹬、卷羽鹈鹕、白肩雕、游隼、倭蜂猴、穿山甲、欧亚水獭、中华白海豚、印太江豚
附录 II	香港瘰螈、虎纹蛙、三线闭壳龟、蟒蛇、滑鼠蛇、舟山眼镜蛇、眼镜王蛇、黑鹳、白琵鹭、鹗、黑冠鹃隼、凤头蜂鹰、黑翅鸢、黑鸢、白腹海雕、蛇雕、乌雕、凤头鹰、赤腹鹰、雀鹰、日本松雀鹰、松雀鹰、灰脸鵟鹰、白腹鹞、普通鵟、领角鸮、雕鸮、褐渔鸮、领鸺鹠、斑头鸺鹠、红隼、燕隼、红脚隼、画眉、红嘴相思鸟、鹩哥、猕猴、豹猫、石珊瑚（60 种）

---

① 红色名录主要是指采用世界自然保护联盟（IUCN）红色名录标准对生物物种进行灭绝风险评估所得到的结果，物种红色名录是生物多样性优先保护规划制订的重要依据。

② 《濒危野生动植物种国际贸易公约》附录（英语：Convention on International Trade in Endangered Species of Wild Fauna and Flora，缩写：CITES），我国于 1980 年 12 月 25 日加入该公约，该公约于 1981 年 4 月 8 日对中国正式生效。

我的名字叫中国

在深圳，一些动植物的名字带着"国字号"：中国壁虎、中国斗鱼、中华鹧鸪……这些物种有的是首次发现地在中国，有的是主要分布地在中国，也有极少数是只生长在中国境内。

深圳区域内分布的中国特有脊椎动物

两栖动物 6种	香港瘰螈、刘氏掌突蟾、短肢角蟾、白刺湍蛙、福建大头蛙、小棘蛙
爬行动物 7种	三线闭壳龟、中国壁虎、梅氏壁虎、宁波滑蜥、广东颈槽蛇、深圳后棱蛇、香港后棱蛇
鸟类 2种	黄腹山雀、华南冠纹柳莺

数据来源：《深圳市陆域脊椎动物多样性与保护研究》，王英永、郭强等主编，2020年出版。

中华鹧鸪。 2018.08.04
中华鹧鸪是家鸡的近亲，虽然四季都生活在深圳，但人们多年的猎捕已让它们变得十分警惕，总是隐藏在草丛或灌木丛里，不容易见到。

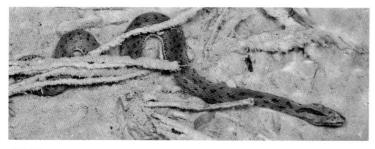

中国水蛇。 2020.09.19
中国水蛇生活在淡水中，适应力强，能在恶劣水质中生长。主要分布地在中国。

中国壁虎。 2019.10.03
中国壁虎栖息在岩石或建筑物的缝隙里，到了繁殖产卵的季节，雌性壁虎会选择地方产下2颗互黏的卵，它们喜欢扎堆产卵。日复一日，一些角落就形成了壁虎卵堆。

中国癞象。 2017.08.10
这种象甲科的昆虫，有一个像大象一样的"长鼻子"，被称为癞象，那个"鼻子"其实是它的口器。

中华蟹守螺。 2012.11.22
主要分布在中国南部海岸边的中型贝类。螺塔高，螺层多，螺壳厚。喜欢生活在潮水的高潮线附近，离岸越远数量越少。

中国石龙子。2018.05.03
中国石龙子是地栖型蜥蜴，主要分布地在中国。依照人的审美，中国石龙子是颜值比较高的蜥蜴，
流线型的体形，鳞片细腻光滑，身体两侧有着血迹般的图案。

中华里白，成片生长的蕨类植物。 2020.01.25

生长在深圳本土的蕨类植物，中华双扇蕨。2017.03.18

中华胡枝子，小灌木。2019.10.13

中华卫矛，常绿灌木，深圳本土植物。2021.02.17

我们姓深圳：以深圳命名的物种

深圳后棱蛇。 2016.05.03

2017年5月，深圳市野生动植物保护管理处发布：经过3年的调研，科考团队在深圳发现了4个脊椎动物的深圳特有种，只在深圳及其邻近区域（东莞、惠州、香港）分布，其中就有深圳后棱蛇。

山溪中的深圳巨腹蟹。 2019.08.23

在中山大学王英永教授指导下，黄超和毛思颖博士在深圳的山溪动物调查中，发现了一个新种——深圳巨腹蟹。深圳巨腹蟹生活于低海拔溪流里，白天喜欢躲在石头底下，晚上出来觅食，多以有机碎屑、枯叶、水栖昆虫为食。

在深圳，已有10多种动植物以深圳命名。世界虽大，它们选择深圳这个弹丸之地落脚，在这里诞生，成长，繁衍。发现它们的学者们，为这些特别的物种起上了带有深圳印记的名字。

远在人类踏上深圳之前，就已经有成千上万种生命生长繁衍在这片土地上，这些原本就生长在本土区域的物种，被称为原生物种或乡土物种。在这些原生物种里，有一些因为地理、历史、生态的原因，只分布在某一片特定的区域里，没有在其他地方出现，"仅此一家，别无分店"——这些物种就被称为深圳的特有种。

学者们的观点是，这些以深圳命名的动植物，不能确定地说世界上其他地方完全没有，它们也许会栖身在深圳之外的某个角落，只是暂时没有被发现。这些带有深圳姓氏的物种，揭示着这个城市生境的特殊性与生命的多样性。

深|圳|物|种|档|案|

SHENZHEN SPECIES ARCHIVES

深圳拟兰

学名： *Apostasia shenzhenica* Z.J. Liu & L.J. Chen

天门冬目 兰科 拟兰属

2011年，深圳兰科中心科研团队在梧桐山上发现了一种拟兰新物种，以"深圳"作为它的种加词，命名为"深圳拟兰"。历年来在深圳发现并以深圳命名的植物还有深圳槭树、深圳香荚兰、深圳耳草、深圳假卫矛、深圳秋海棠等。

科研团队发现，"深圳拟兰"与"标准"的"真兰花"相比，在形态、结构的复杂性上，具有原始性状，最接近于100多年前达尔文推测的"假兰"。兰科中心的科研团队对"深圳拟兰"进行基因组测序研究，揭示了兰科植物的演化历程，从分子角度解读了拟兰的原始性。

刘氏掌突蟾，向学者致敬的命名。2016.06.10
刘氏掌突蟾喜欢湍急的水，后脚掌有蹼，前脚掌有吸盘，用来攀附岩石，体态体色和环境完全融为一体。因香港的刘惠宁先生在华南地区生物多样性保护方面有特殊贡献，发现者用他的姓氏作为种名。

深圳秋海棠。
深圳秋海棠是 2019 年在坪山发现的新物种，生长在溪涧周边的岩壁上，叶子翠绿，花朵洁白。已发现的野外种群只有 100 多株，是非常珍稀的极小种群物种。

孤岛中的新物种

深圳的一些深山溪谷，是相对独立的生态孤岛，生活在其中的一些动植物种群很难与区域外的种群产生基因交流，生态孤岛里的隔离种群产生遗传分化，天长日久，量变引发质变，便形成了新物种。到 2021 年，已有 8 种以深圳命名的植物新种：深圳假脉蕨、深圳假卫矛、深圳耳草、深圳槭树、深圳拟兰、深圳香荚兰、深圳蓼、深圳秋海棠。

2013 —2017 年间在深圳发现 4 个新物种，有 3 个是在同一条溪涧发现的。这些物种分布范围局限、生境脆弱，种群规模小，有更高的灭绝风险。一些物种的生境一旦遭到破坏，就意味着这些物种也可能彻底消失。

深圳假脉蕨。2017.12.02
深圳假脉蕨是第一种以深圳命名的蕨类植物。

以深圳和深圳人命名的蜘蛛

2021 年 4 月 下 旬，《动物分类学报（英文版）》(Zoological Systematics) 刊登了"Twenty-three New Spider Species（Arachnida: Araneae）from Asia"一文，蛛形学研究学者林业杰在文中发表了来自亚洲各地的 23 种新种蜘蛛，其中包括历史上第一种以深圳命名的蜘蛛——深圳近管蛛。

以深圳命名的蜘蛛——深圳近管蛛。2019.11.30
深圳近管蛛属于小型蜘蛛，体长 5—8 毫米，加上棕色的身躯，样貌并不惹人瞩目。它栖息于森林溪谷中，为中国特有种。

南氏呵叻蛛。2019.07.21
南氏呵叻蛛产卵后，会把卵背在身上，随身呵护，一直会背到幼蛛孵出来，离开母体独立活动为止。南氏呵叻蛛是 2020 年 3 月初发表的新物种，以《深圳自然笔记》作者姓氏命名，致敬深圳民间自然保护者所付出的努力。

渐行渐远的生命

1915 年，从梧桐山进入中国香港新界的华南虎，被港英军警捕杀。华南虎在深圳消失的时间是 20 世纪 60 年代。

2005 年 4 月 24 日，大鹏湾咸头岭海岸边记录到的扁脑珊瑚，2009 年后因填海工程消失。

2016 年 11 月 6 日，深圳新记录物种圆舌浮蛙。这种生活在小水塘的深圳新记录物种，在深圳仅有一个分布点，一个小小的工程就可能摧毁它们的栖息地，导致该种群在深圳消失。

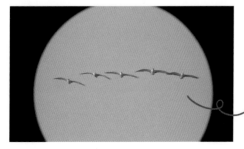

2004 年 1 月 25 日，深圳观鸟协会原会长董江天老师最后一次在深圳湾记录到卷羽鹈鹕。

档案记载，1961 年 12 月，宝安县（深圳的前身）县长吉凤亭在工作报告中宣布：1958 年到 1961 年，全县民兵共捕获了各种野兽 2984 头，其中老虎 6 只，这是深圳土地上有关华南虎最后的文献记录。

《宝安县志》记载：1958 年，宝安全县大炼钢铁，9000 多人上山砍林数万亩，烧柴 2924 吨，许多村连已种植数百年的风水林都被伐光。到 2018 年底，深圳土地上原有 2000 多个风水林遗留下的不足 2%。

1979 年，宝安县转身为深圳市，留下 34 种以上的国家重点保护野生动物，20 种以上的广东省重点保护陆生野生动物。短短 40 年，消失了的有赤狐、水獭、穿山甲……

三洲田森林公园的水塘边，曾经栖息着国家二级保护野生动物唐鱼；大鹏半岛的坝光，是香港斗鱼在中国内地最早的发现地；高岭村溪流里的紫身枝牙虾虎，是中国内地的第一次记录；东冲河里的宽头拟腹吸鳅，是深圳的新记录种……这些也许在深圳生活了千万年的生命，因为生境被污染、摧毁，加上杀鸡取卵式的捕杀，许多种群急剧萎缩甚至彻底消失了。

卷羽鹈鹕是体长超过 1 米的大型水鸟。2009.04.15
鹈鹕最主要的特征是嘴巴下的囊袋，觅食时张嘴，用囊袋捞入大量水，滤去水后吞食其中的鱼。

深港隔离带溪流里罕见的溪涧鱼南鳢（lǐ）。
深圳溪涧鱼的生存环境最为恶劣。水质的污染，河底的水泥化，没有任何经济价值的捕捞，使得溪涧鱼极为稀少而且数量不稳定。

红外相机记录到的白鹇。
这种美丽的大鸟 20 世纪 90 年代后在深圳消失。雄性白鹇身长 1—1.2 米，张扬的美丽带给它们灭顶之灾，在昏暗的丛林里，一袭白衣特别醒目，很容易被人捕获。

紫身枝牙虾虎。2019.06.29
大鹏半岛一条溪流中发现的紫身枝牙虾虎，是中国内地的第一次记录。河道截水、电鱼的危害，让紫身枝牙虾虎的生存岌岌可危。

我们挽救的，其实是什么？

挽救生物多样性有着许多层面的意义，每一种都与人类自身的利益息息相关。

每一个物种的消失，就意味着潜藏在它身上可以帮助人类解决某个问题的能力也永远消失了。如果没有山野里的黄花蒿，科学家屠呦呦何以提炼出青蒿素，又何以拯救无数疟疾患者的生命？如果不是翠鸟俯冲潜水带来启发，高铁穿越隧道时噪声和震动要推迟多少年解决？全球超过 60% 的处方药是从生物体中发现，流传千年的中医药典里有 6000 多种动植物入药——无论谁病魔缠身，都会感谢曾经有一种动物或有一种植物恰好生长在这个世界上。缤纷的生命经历了千万年物竞天择的演化，把它们的灵智、能量、美丽带给了人类，解除了我们的痛苦，拯救了我们的性命，启迪着我们的智慧。

关注、了解、爱护多样的生命，其实救赎的也是我们自己的肉体和灵魂。

宽头拟腹吸鳅，深圳的新记录种。2013.02.17
宽头拟腹吸鳅有适应溪流的体形：扁平，流线型，有吸盘。

1950—2010 年间在深圳消失了的物种

华南虎

消失时间：20 世纪 60 年代

华南虎曾是深圳这片土地上体格最大，最威猛、最斑驳绚丽的哺乳动物。

深圳区域最后见到华南虎的文字记录是 1961 年，深圳原住民口述史中最后一只野生华南虎的记录是 1967 年。

华南虎是中国特有的虎种，成年雄虎从头至尾长 2.5 米，体重能到 150 公斤。华南虎是典型的山地林栖动物，千万年里，这种美丽的大猫在中国南方的热带雨林和常绿阔叶林里出没，在乱石和峭壁间捕食，在高高的山脊上长啸……

中国最后一只野生华南虎被猎杀的记录是 1977 年。中国特有虎种自然种群在中国大地上消失，是一个悲剧。

赤狐

消失时间：20 世纪 80 年代

20 世纪 50 年代，作家叶灵凤在他的著作《香港方物志》里，还记录到香港山野里出没的赤狐。不知什么原因，20 世纪 80 年代后，赤狐在珠江三角洲完全消失了。

赤狐曾分布在中国南部，听觉、嗅觉灵敏，追击猎物的时速可达 50 多公里，可爬树。当遇到敌害时，肛腺会分泌出几乎能令其他动物窒息的"狐臭"，让对手止步。被猎人捉住的赤狐，还有一套"装死"的本领，能够暂时停止呼吸，任人摆布，乘人不备时，再突然逃走。

即使人们为了获取皮毛而对其大规模猎杀，警觉灵敏的赤狐，也不应该在整个华南绝迹，这几乎是个自然之谜了。

赤麂（jǐ）

消失年代：20 世纪 90 年代

赤麂是深圳唯一野生的鹿科动物。

胆怯、谨慎、敏捷的赤麂奔走在深圳的山岭和田野间。白天尽量隐蔽在密林或草丛中，夜晚出来觅食，行路轻手轻脚，不大会发出像其他野兽走动时发出的"沙沙"声。它听觉敏锐，一觉察到危险就撅起屁股，低垂头部，狂奔疾驰，在丛林灌木中穿行自如。如果没有枪弹、陷阱、兽夹，人根本对它奈何不得。遇到危险和侵害时，赤麂常常发出短促而洪亮的叫声，有点像狗叫，所以人们又把它称为"吠鹿"。

在香港，郊野里还生活着赤麂。近年来，在梧桐山、七娘山安放的红外相机记录到了数量极少的赤麂。

云豹

消失时间：20 世纪 50 年代末

1959 年的《宝安报》记载：1 月 20 日，光明农场径口山失火，救火的民兵在树林深处发现两大两小的云豹。

这是深圳有关云豹的最后文献记录。

云豹，因身上长着云一样的美丽斑纹而得名。云豹的四肢短粗健壮，在丛林里跳跃时长长的利爪可以牢牢地抓住树干，几乎与身体一样长的尾巴可调节身体的平衡——它们可以从容地头朝下垂直走下大树。云豹身体两侧的六个云团花纹和从头到尾的斑点是绝妙的伪装色；锋利的犬齿有着惊人的咬杀力……

什么样的能力和智慧，都敌不过人的贪欲，猎杀已导致云豹在中国濒临灭绝。

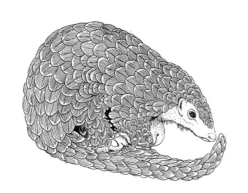

穿山甲

消失时间：约 20 世纪 90 年代

穿山甲的故事，是一个跨国界的悲剧故事。

穿山甲是夜行性哺乳动物，视觉已基本退化，挖洞居住，昼伏夜出。遇到危险时不会跑，不会反抗，只是在原地蜷成一团，用坚硬的鳞甲护住身体。这样的防御方式对其他天敌非常有效，但对人，更加方便捕杀。

世界自然保护联盟统计，2006—2016 年的 10 年里，全球超过 100 万只穿山甲被猎杀。

20 世纪 90 年代，穿山甲在深圳绝迹。如今，只有某处有极少数被救助后放归自然的穿山甲。

绿海龟

消失时间：约 20 世纪 70 年代

历史上，深圳大鹏半岛上的一些沙滩曾经是绿海龟的繁殖地。

绿海龟生长在热带和亚热带海域，是体形最大的硬壳海龟之一。远古时的海龟生活在陆地，经过漫长的演化后选择返回海洋，但依然保留了用肺呼吸的能力。绿海龟的主食是海中的海草与海藻，体内脂肪累积了绿色色素，身体呈现出淡绿色，因此而得名。

绿海龟一生中的大多数时间都在海中生活，但必须回到陆地上产卵，繁育后代。

对海龟影响最大的伤害是海洋生态环境的破坏、过度的渔捞和产卵地的破坏。在深圳，海龟产卵的海滩已完全消失，绿海龟也几近消失。

保持应有的尊重和距离

如果真的可以穿越时光，回到 7000 多年前的深圳，我们看到的是绵延不绝的热带雨林，茂密的丛林里穿行着大象、虎豹、熊和狐狸；蔚蓝的海面下，游弋着鲸鱼、海豚和长着一对巨大乳房的儒艮（rú gèn）——也就是我们说的"美人鱼"。

人类在这片土地上求生、繁衍、开拓和创造的历史，也是一部对其他生命利用、猎杀和灭绝的历史。事实上，在整个人类的演化史里，野生动物都是重要的蛋白质食物来源。好在，人，这种进化最成功、最聪明的灵长类动物，驯化出了作为蛋白质来源的猪、牛、羊、鸡、鸭。这些家畜家禽经过近万年时间选育而成，无论从蛋白质质量、营养结构，还是

安全系数上都是我们的最佳选择。

可惜的是，有些人依然没有摆脱茹毛饮血的欲望，完全没有科学依据地给"野生"和"野味"赋予了新鲜、滋补的意义，作为猎奇和身份炫耀，不断伤害着残存的野生动物种群。

一次次病毒的蔓延已经证明，病毒和细菌在任何动物身上都存在，猎杀与食用野生动物，无疑会增加病毒变异、演化和感染新宿主的机会，让我们暴露在新的传染病风险面前。

因此，拒食野生动物，拒绝野生动物交易，和野生动物保持安全的距离，是最好的选择。

穿山甲携带的病毒

事实上，现代化学分析已证明，穿山甲鳞甲的成分和我们的指甲并没有什么不同。穿山甲可携带 30 多个属的寄生虫和致病菌。

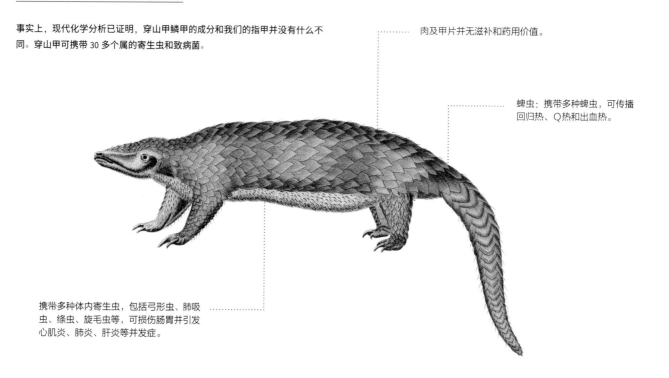

肉及甲片并无滋补和药用价值。

蜱虫：携带多种蜱虫，可传播回归热、Q热和出血热。

携带多种体内寄生虫，包括弓形虫、肺吸虫、绦虫、旋毛虫等，可损伤肠胃并引发心肌炎、肺炎、肝炎等并发症。

果子狸携带的病毒

果子狸是病毒的携带者之一，也是病毒的中间宿主。

携带多种体内寄生虫，包括旋毛虫、斯氏狸殖吸虫等，可损伤肺部及中枢神经。

携带狂犬病毒。

野生蛇携带的病毒

一些蛇有毒，尽管蛇毒不会通过消化道吸收，但消化道如果有溃疡、出血，蛇毒就可能进入血液。蛇在生长过程中会吞食许多其他动物，因此身上不可避免地携带寄生虫。活蛇携带大量沙门氏菌。

绦虫：致肠道感染，幼虫可入侵眼、脑、肝等器官。

蜱虫。

裂头蚴虫：严重损伤眼睛、皮下组织、大脑、内脏等组织和器官。

可能携带可传染人类的病毒。

褐翅鸦鹃（大毛鸡）及野生鸟类携带的病毒

鸟类生活在野外，体内体外都可能携带多种病原体，包括病毒、细菌、寄生虫等。除了人们熟悉的禽流感，鸟类传播给人的疾病还包括鹦鹉热、新城疫等 10 多种传染病。

携带多种病原体，包括病毒、细菌、寄生虫等，还会传播鹦鹉热、新城疫等 10 多种传染病。

野猪携带的病毒

虽然同为猪，但是野猪生活在自然环境中，有许多不可控因素，野猪自身携带许多病毒，带来的疾病有 3 种：细菌性疾病、病毒性疾病和寄生虫病。

携带多种体内寄生虫，包括蛔虫、线虫、旋毛虫、细颈囊尾蚴等，可损伤肠胃、大脑等多个脏器。

蜱虫：体外携带多种蜱虫，可传播回归热、Q热和出血热。

外来物种和入侵物种

1978 年到 2018 年的 40 年里，深圳边检总站共查验出入境人员 42 亿人次，交通运输工具 3.6 亿辆——包括车辆、飞机和船只。

跨国跨洲的运输、都市化的进程、经济的高速增长，给深圳自然生境和生命物种带来了巨大的不稳定因素。一些物种在减少甚至灭绝，一些物种在增加和进入，其中就有大量的外来物种——那些在深圳本地原本没有自然分布，因为人为活动、迁移、扩散而出现在深圳的物种。

深圳的外来物种里，有一部分是被人类有意引进的，其中数量最多的是园林绿化植物，这些物种大多需要在人的照管下才能生存，对环境并没有造成明显危害，这部分外来物种被称为引入种。

当一些强悍的外来物种改变和危害本地生物多样性和生境时，就变成了外来入侵物种。

福寿螺，从引进物种到入侵物种。 2019.11.09
1981 年，福寿螺第一次被引入中国广东，作为特种经济动物推广养殖。但因人工养殖过度，福寿螺开始变种，肉质无味干枯，被大量遗弃或逃逸，很快从养殖场扩散到天然湿地、田野。除去破坏水生植物与水稻，排泄物污染水体外，福寿螺还是卷棘口吸虫、广州管圆线虫的宿主。

红火蚁，最具破坏力的入侵生物。 2019.02.01
原分布于南美洲的红火蚁在中国是入侵物种，也是世界自然保护联盟（IUCN）收录的最具有破坏力的入侵生物之一。强悍的红火蚁捕食刚孵化的卵生动物个体，与其他动物竞争有限的食物资源，用叮咬捕杀方式，逼迫一些动物放弃栖息地。

乖巧的都市鸟，家八哥。 2019.03.09
家八哥原产于印度，最早被引入到中国南部。家八哥适应性强，逐渐北扩，现在中国最北的记录地已到哈尔滨。在深圳，作为外来物种的家八哥未见许多数量，也未见对本地物种与环境造成伤害。

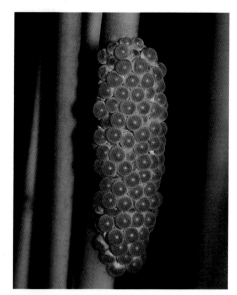

福寿螺的卵。 2018.07.29
福寿螺一次受精可多次产卵，每次可产卵数百粒，一年可多次产卵，产卵量超过万粒。强悍的繁殖力使得福寿螺广为传播。

放生在枫木浪水库中的灰鼠蛇。2010.02.27
一些放生者缺乏对放生动物生活习性的了解，缺乏对放生环境的知晓，缺乏科学的常识，不了解被放生动物可能
会给环境、物种和人带来破坏，甚至伤害。

放生带来的动物

2020 年出版的《深圳市陆域脊椎动物多样性与保护研究》记载：深圳的陆域外来脊椎动物共 28 种，其中放生而来的外来种就有 15 种。

这 28 种外来动物中，尼罗罗非鱼、红耳龟、拟鳄龟等是野放物种，已形成自然种群，成为外来入侵物种。其他放生而来的物种有倭蜂猴、赤链蛇、王锦蛇、环颈雉、红领绿鹦鹉、亚历山大鹦鹉、家八哥、灰喜鹊等。

一些放生者希望以放生求财、去病、消灾、悔罪、获得长寿、培育慈悲心，忽视了对原生地和迁徙地生态平衡的改变、对生物多样性的冲击、被放生的动物在环境变化中的存活的概率。

放生的中华花龟和红耳龟。

2017.11.23
作为宠物引进的巴西红耳龟有着强大的环境适应力，很快在中国落脚，并作为"祈求福报"的动物广为放生，进入野外后对本土龟类和鱼类带来冲击。

被人弃养后流落在公园里的东北刺猬 2021.03.16
东北刺猬的原生地在我国的北方和长江流域，南亚热带的深圳并不适合刺猬生长。被人类弃养的宠物不仅死亡率高，也会对生态造成危害。被放生的动物通常是被捕获、买卖，甚至经过长途运输，往往已经感染疾病、营养不良或已受到损伤，放逐野外后的死亡率非常高。

都市里的野生动物

◀纪录长片▶
《都市方舟》

藏身在高架桥缝隙里的八哥。 2019.04.17
八哥是深圳最适应都市的鸟之一。只要不把汽车的尾气、轰鸣和震动当回事，高架桥的缝隙无疑是一只鸟最安全、最结实、最能遮风避雨的住处。

市区常见的松鼠，赤腹松鼠。 2017.10.19
在公园和小区高大的树木和竹林里，常常看到赤腹松鼠灰灰的身体，柔软蓬松的大尾巴，圆圆小小的耳朵，一抬起身就可以看到它们红色的肚皮，萌萌的外表非常招人喜欢。

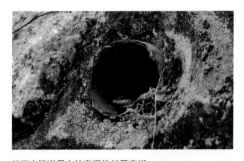

从下水管道里向外窥探的长尾南蜥。 2019.04.30
人类在都市里修建的各种工程，都可能成为野生动物的新领地。

深圳，这个常住人口超过 1700 万的大都市，对野生动物来说，这应该是一个不宜生存的禁地。

现实恰恰相反，有些野生动物更喜欢和人挤在城市里一起生活，这些都市野生动物是"人类文明的追随者"。它们在人类的居住地里过得有滋有味——城市每天上百吨的废弃食物为它们备好了充足的口粮；密集的人类活动阻吓了猎食它们的天敌；高架桥、楼房、下水道为它们提供了多样的居住选择。

生活在深圳的城市野生动物，不是动物园中的展品，也不是流浪的猫狗，那是被人遗弃了的"宠物流浪儿"。真正的城市野生动物，是那些生活在城市环境里却未经过人类驯养的自由生命。都市里的野生动物始终在探索与适应，在动荡变化的环境里生存。

褐家鼠，摆不脱的追随者

都市里，褐家鼠是一个庞大而隐秘的存在，你可以在任何你能想到和想不到的地方见到它们。有一点是它们的守则，即紧紧地追随着人的脚步——尽管人对这种追随深恶痛绝。

自从人类开始从游牧转向定居，就有一些物种选择与人共生或寄生。漫长的岁月里，人类一直想摆脱百害而无一利的褐家鼠，直到今天都没能实现。在深圳，褐家鼠在高楼大厦的缝隙里藏身、在密布的管道下水道里穿行，上千万的人总会遗落各种食物供它们选择。

深圳湾，褐家鼠享受被冲到海边的死鱼。 2020.02.29
杂食性的褐家鼠不挑食，几乎可以吃任何被人丢弃的食物。

"惊现"背后的常理

2019 年 5 月 6 日，坪山金龟自然书房的工作人员在金龟村树林里发现了一只国家一级保护野生动物倭蜂猴；2017 年 5 月 27 日，安放在塘朗山的红外自动相机，第一次在城市中心拍到了豹猫。深港边界线里游荡的蟒蛇，误闯进社区的蛇雕，监控器里出现的猪獾……这些在深圳出现的野生动物常常成为媒体报道的热点。

媒体报道里"惊现"的城市野生动物，事实上是在"回归"，它们本来就是这片土地上的居民。其实它们的生存需求也和人类相同：安全祥和的环境、洁净的空气、可以安全饮用的河水和湖水、可以容身的茂盛草丛树木……

都市野生动物实际上是都市环境质量的标志物，深圳的生态好不好，不仅仅是人说了算，野生动物也有发言权：给野生动物更多生存机会的城市，才是真正的宜居城市；能与野生动物水乳交融、共存共生，才是一个城市温暖和善的魅力。

倭蜂猴，适应了的外来客。
2019 年 5 月 6 日，坪山金龟村出现的国家一级保护野生动物倭蜂猴。倭蜂猴原生地并不在深圳，20 世纪 90 年代末，一些被人豢养的倭蜂猴逃逸和被放养，逐渐在深圳的山岭里形成种群。

明星般的蓝翅八色鸫。2009.05.09

2009 年 5 月 4 日，深圳湾公园出现的蓝翅八色鸫 (dōng)。这只在深圳停留了不到一周的过境鸟，成为众星捧月的明星鸟，全国各地的观鸟爱好者和摄影者闻讯赶来一睹其芳容。

笔架山公园里的白唇竹叶青。2015.10.17
都市里的动物，大多昼伏夜行，避开人类频繁活动的时间。这条白唇竹叶青等跳广场舞的人群散去后，才爬到花圃栅栏上等待猎物。

禁猎和禁渔

◀纪录长片▶
《湾区庇护所》

2014 年 5 月 1 日，对于每年来往于深圳湾的数万只候鸟来说，是幸运日的开始，从这一天起，深圳市人民政府决定在深圳湾 23 平方公里的特定海域全面禁渔，全年全时段禁止一切捕捞和养殖行为，包括徒手下海捕捞，沿岸钓鱼也被禁止。

2020 年 1 月，深圳市人民政府发布《深圳市人民政府关于禁止猎捕陆生野生动物的通告》，深圳市行政区域范围为禁猎区。自然保护区、自然保护小区、风景名胜区、森林公园、地质公园、湿地公园、郊野公园、市政公园为永久禁猎区域。禁止使用任何工具或方法猎捕、杀害陆生野生动物，也禁止破坏陆生野生动物生息繁衍的场所和生存环境。

人，是智力很高的物种，位于食物链的最顶端。我们已经有足够的能力依靠自己养殖的动植物保证温饱，已完全没有必要再杀戮野生动物为生。深圳这片土地上其他 2 万多个物种的生存与死亡、凋零与繁盛、消失与归来，就在我们一思一念、一举一动之间。多留住一种生命，让深圳人多一个伙伴，会给我们多一层庇护，与空气洁净、水质清澈、环境美好、都市祥和有着万千关联，也与我们能否留住内心的善良、仁慈、包容有着万千关联。

深圳湾禁渔禁猎的公告。 2019.01.26
23 平方公里的禁渔区已是深圳人为候鸟留出来的一个大食堂。

浅海中的鱼群。 2017.03.28
禁渔之后的深圳湾，海鱼的种类和数量都在增加。

深圳湾里的"伞护种"

某个物种的珍稀级别和保护级别比较高，加上外形对人有吸引力，受公众的瞩目，能打动人心，最重要的是这个物种的生境需求能涵盖其他物种的生境需求，保护好这个"明星"物种的同时，也为其他物种撑起了保护伞。这样的物种就是"伞护种"。

特别受深圳市民喜爱的国家一级保护野生动物黑脸琵鹭就是深圳湾的"伞护种"。

黑脸琵鹭的生存环境涵盖了许多鸟类、鱼类和水生动物的生存环境，保护黑脸琵鹭的生存环境也就为其他动物、植物提供了保护伞，事实上，也保护了人类生活的环境。

深圳湾飞过的黑脸琵鹭与赤颈鸭。2020.02.29

全境没有捕鸟网的城市

2013 年之前，深圳和广东其他地方一样，一年四季，许多山野都有捕鸟网。

2013 年 3 月 3 日，在马峦山一个高 5 米、长近百米的捕鸟网上，发现了这只挣扎的凤头鹰。大家齐心协力把它救下，并留下了一张照片。

这张图在微博发布后，两天里有 23 万的阅读量，有网友留言："这个画面让我泪流满面，为人类的贪婪和残忍自卑。"很快，报纸、广播、电视、网络多种媒体相继报道，在汹涌的舆情下，主管部门派出森林警察，相继拆除了深圳境内所有隐藏和公开的捕鸟网。3 月，正是候鸟北归的季节，这只凤头鹰让好些鸟儿逃过了厄运。

这张图引发的合力行动是一个开端，此后的数年里，民间对捕鸟网持续监督，政府对捕鸟网严令禁止。到 2019 年，捕鸟网在深圳全境已基本消失。

2013 年 3 月 3 日，落在捕鸟网里的凤头鹰。

2015 年 2 月 17 日，捕鸟网中的领角鸮。

2013 年 12 月 21 日，捕鸟网中的珠颈斑鸠。

◀ 短视频 ▶
《重返深圳的欧亚水獭》

"消失者"归来

2010 年后，随着生态保护的加强与禁渔禁猎的实施，野生动植物的生存空间日益见好，健康安全的生态系统逐渐形成，为已经在深圳消失多年的物种带来了一线生机，一些"消失者"会沿着不同的生态廊道拓展领地，开始归来。

这些消失的物种还能再出现，是因为它们并没有从根本上灭绝，生态环境的变好，城市的友善，会让它们重新出现在我们身边。

2020 年 10 月 25 日，红外相机里的欧亚水獭。 消失了 10 年的欧亚水獭在福田红树林生态公园出现。欧亚水獭是国家二级保护野生动物、被列入世界自然保护联盟（IUCN）2015 年濒危物种红色名录近危（NT）。

2020 年 11 月 9 日，红外相机拍到的果子狸。 野生的果子狸曾被捕杀到绝迹。疫情的暴发改变着人们的饮食习惯，给一些动物带来了生机。

深圳自然博物百科

SHENZHEN NATURAL HISTORY
ENCYCLOPEDIA

第三章
CHAPTER THREE

生态系

ECOSYSTEM

深圳的生态系

森林生态系，深圳北部丘陵地带。2020.03.31
深圳的丛林包括次生林和人工林。和平原或低高度丘陵相比，生长着丛林的山岭是受人类干扰最少的陆地生态系统。森林中的植物与动物相互依存，相互制约，维持相对稳定的平衡，是都市生态安全的屏障。

即使在深圳这样狭小的地理空间里，也没有任何一种生命，没有任何一个生物群落，可以孤单独立地生存。所有的生命都是通过能量的流动、营养的循环连接在一起，生命与生存的环境不可分割地相互作用，共同营建了深圳复杂而充满活力的生态系。

深圳的生态系，是经济高速发展下亚热带湾区城市的典型案例：丰盛而多样，物种密度高，充满变数，脆弱甚至岌岌可危。

深圳的生态系，是深圳的生命支持系统，是自然赐予的恩惠。归根结底，深圳人安身立命所需要的资源都来自生态系。生态系不仅维持着这个城市的物质供给，也给予了居住者精神所需。只是我们常常认为这种恩惠是理所当然的，唾手可得的，不值钱甚至是免费的，并没有给予应有的珍惜。

森林生态系

山林中的桃金娘是特别适应深圳赤红壤的乡土植物。 2018.05.10
土壤是陆生植物生长的基础，它给植物提供必需的营养和水分。植物根系与土壤有极大的接触面，可进行频繁的物质交换，是森林生态系统中物质与能量交换的重要场所。

正在产卵的咖啡透翅天蛾。 2021.05.01
生命在生长、繁育中不断释放和排泄各种物质，死亡后的残体也复归环境。所有生命都依照这个规律生活在生态系统中。

VR全景影像
森林生态系的景象：
三洲田森林公园

生态系给予我们的恩惠

生态系统服务（ecosystem services）是人类直接或者间接从生态系中获得的惠益，包括了供给服务、调节服务、文化服务和支持服务。深圳的生态系维持着这个庞大城市的日夜所需：

* 每时每刻所呼吸的空气，空气的构成与品质；

* 每天要饮用的水，供水的保证，水源的洁净；

* 生命的"基因库"，食物与药物的原料；

* 居住与工作的空间，空间的安全，健康和愉悦；

* 容纳、消化和分解居住者的废弃物、有毒物；

* 大气、土壤污染的净化，阻挡、过滤和吸附有害物质，消减噪声。

VR全景影像
海岸带生态系的景象：
大梅沙

VR全景影像
淡水生态系的景象：
公明水库

｜淡水生态系｜

淡水生态系：公明水库。
2020.05.02
公明水库是深圳第一座库容超过 1 亿立方米的大型水库，是深圳最大的水库，总面积与杭州的西湖相当。

池塘中花姬蛙的蝌蚪。2017.12.28

｜海岸带生态系｜

海岸带生态系：大鹏湾的大梅沙海岸。 2020.05.08
深圳近海地形多变，营造出多样的生存空间，孕育着多样的海洋生物。

大鹏湾海底游荡的花鲈。2014.04.27

｜都市生态系｜

都市生态系：宝安中心区。 2020.05.15
急速建造起来的高楼与纵横交错的马路覆盖了大部分土地，同时保留了部分绿地与山林。都市生态系是人对自然环境适应、加工、改造而建设起来的生态系统。

市中心绿化带上盛开的垂枝红千层。2018.02.25

VR全景影像
都市生态系的景象：
宝安中心区

119

森林生态系

在深圳，森林生态系覆盖了 44% 的土地，从低海拔到高海拔，分布着南亚热带沟谷季雨林，南亚热带低地、山地常绿阔叶林，南亚热带山地灌草丛。在人类数千年的开垦拓展之后，深圳原始的热带雨林已基本消失，森林大多是人为采伐后天然恢复起来的次生林和人工播种栽植的人工林。

深圳森林生态系统不是简单的结构，多样的植被构成了 13 个植被型和 98 个群系：常绿阔叶林、针叶林、季雨林、红树林、竹林、灌丛、草丛……

森林生态系统是以乔木树种为主体的生态系统，是陆地上结构最复杂、生物量最大、对其他生态系统影响最大的生态系统。繁复而充满生命力的森林生态系统在深圳至关重要：调节气温气候、保护水土水源、防风隔音、消除污染、涵养多样生物。

天然林里的多样

天然林是自然繁殖、经过漫长岁月长成的森林，相比人工林，适应力强、结构稳定，为动物提供了丰富的食物和藏身地，寄居着其他生境里难以见到的大型动物。

森林生态系统里，生产者是乔木、灌木、草本植物、蕨类、苔藓、地衣；消费者是昆虫、鸟类、哺乳动物和两栖爬行动物；种类庞大的分解者分解着森林的凋落物和死亡物，释放的元素归还土壤，再次回到森林生态系统中。

① 野猪
② 蚯蚓
③ 簇生鬼伞
④ 华尾天蚕蛾
⑤ 赤红山椒鸟
⑥ 白花油麻藤
⑦ 斑头鸺鹠
⑧ 皱疤坚螺
⑨ 紫玉盘
⑩ 紫纹兜兰
⑪ 艳山姜
⑫ 巨蜻
⑬ 华南雨蛙
⑭ 橡胶木犀金龟
⑮ 串珠环蝶
⑯ 白带黛眼蝶
⑰ 落叶腐殖层

留住荒野就留住了
通往更高文明的未来之路

在深圳这个大城市里，依然留存着一些珍稀的荒野，它们是没有人工干预的绵延山岭，是自行演替的茂密丛林，是恣意生长的野草灌木，是没有被填埋建造的海岸，是可以自由流淌未被污染的溪流……

都市荒野，是急速高强度城市化的城市中的幸存地，是最自然运行的生态系统，是深圳生态系统里最健康、最丰盛、最有活力、最有可持续性的一部分——为这个城市，为这个城市里的人，带来巨大的福祉，是这个城市的无价之宝。

留住这个城市的乡愁，留住深圳的荒野，事实上，是为深圳走向更高层次的文明留下了一条未来之路。

春日，塘朗山里的次生林。2016.03.11
次生林中，乔木层、灌木层和草本植物层结构密集。动植物群落丰富，多样性高，保留了深圳一些珍稀的野生动植物。

"三水线"（三杆笔—水祖坑）上绵延的山岭。2003.12.17
都市里荒凉而壮美的山野是天然形成的景象，是完全依照自然规律运行的生态系，是城市生态系统的保护屏障，是储存乡土物种的基因库，是推动生态文明进步的原动力。

森林，无限慈悲的生命体

◀纪录短片▶
《死亡与新生》

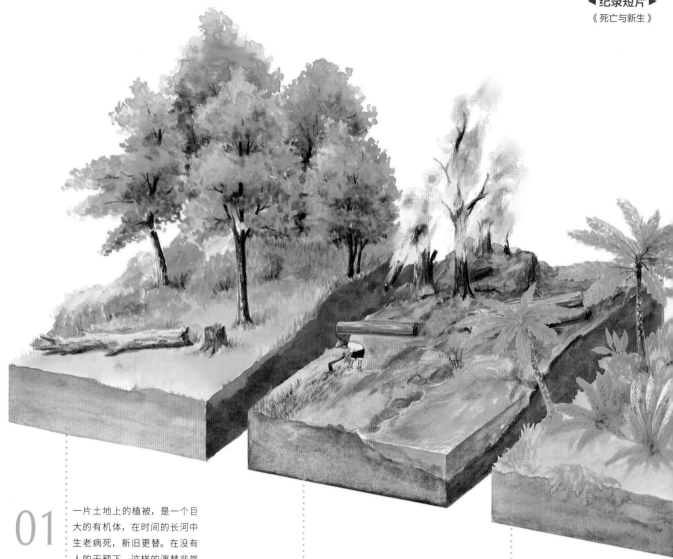

01 一片土地上的植被，是一个巨大的有机体，在时间的长河中生老病死，新旧更替。在没有人的干预下，这样的演替非常缓慢，衰老和生病的生命被淘汰，年轻和健康的生命在生长，维持着规律而蓬勃的生机。

02 因为人类的挖掘、砍伐，山火的焚烧，洪水的淹没，一片土地的植被完全消失或变得支离破碎。

03 在南亚热带的深圳，裸露的土地上最先长出的是苔藓、蕨类和茅草这类先锋植物，阳光猛烈、养分贫瘠的开阔地成为芒萁和五节芒、类芦的天下。当土壤得到改善后，毛菍、菝葜(bá qiā)、石斑木等灌木会接踵而至，土地开始显现新的生机。

一片森林的"康复"历程

树，是乔木的总称，体格庞大，寿命长久。一棵棵树，组合成陆地上最为精密复杂的生态系统——森林，孕育出了庞大的生物数量。

树，和其他植物一起，将没有生命的阳光、水和矿物质转化为养分，提供了食物链里最基础的能量，从食草动物到食肉动物，从南来北往的飞鸟，到方寸之地间活动的虫豸，树木为多样生物提供了食物、居所和庇护。

远在人类踏上这片土地之前，茂密的南亚热带森林覆盖着深圳的山岭和平原，深圳7000多年的人类史，从另一条线索回望，就是对树木丛林的索取和砍伐史。开垦种田，修房盖屋，烧火做饭，制造家具，一代又一代人用不同的工具、不同的方式、不同的目的消耗着树木。

树对人的好，印证了一句话："森林就像一个无限慈悲的生物体，它是一无所求并付出生命的产物，它给予众生各种各样的呵护，甚至给伐木人遮阴。"

04 随后，鹅掌柴、山乌桕、大头茶等木本植物开始生长。奇妙的是，因为木本植物高大强势，遮蔽阳光，抢夺养分，最早的一些先锋植物，如五节芒，反而会退出这片土地。日照不足的密林中，耐阴的植物开始出现。

05 时间在流逝，许多先锋植物会慢慢被强大的新生植物所取代，植被渐渐达到平衡，品种和数量会稳定下来。丛林中乔木、灌木、草本植物、藤蔓交错茂密，形成一种复杂的顶级群落。在深圳，只有在人迹罕至的一些高山和沟壑里，才能见到极少数顶级群落，那是需要几十年甚至上百年的涵养，不被砍伐、污染才能形成的。

森林里的四大家族

在深圳山岭郁郁葱葱的丛林中，从树木的多寡和种类的数量来看，樟科、桑科、壳斗科、大戟科四个科的树木占据了乡土树木的大多数。

◀ 纪录短片 ▶
《一棵樟树的朋友圈》

樟科

樟科植物多是高大乔木，是深圳森林植物群落中位于高层和上层的优势类群。山岭里最常见的樟科树木是润楠属植物，浙江润楠是深圳海拔 500 米以上次生林上层最具优势的树种。

樟科植物四季常绿，含有挥发油，叶片挤碎后有芬芳香气。花小而芳香，大多靠昆虫传粉，种子主要借助鸟类及哺乳类小动物来传播。

山鸡椒的花。
2021.01.30

樟科的乡土树种山鸡椒。
2019.01.24
初春开花时，山鸡椒一簇一簇的白花像棉絮一样挂在树上，上一季结出的果实有一些还留在枝干上，花果相映，花香浓郁，吸引着采蜜的昆虫和采食果实的鸟儿。

深圳一级古树，古樟树。
西贡村的古樟树树龄已超过 550 年，树干上缠满了绿色藤蔓，巨大的树洞可以钻进一个儿童。樟树被列入国家重点保护野生植物名录，是国家二级保护植物。在深圳老村的村口和风水林里，遗留着一些树龄过百年的老樟树。

桑科

在桑科植物中，最著名的是榕树（细叶榕），深圳最年长的细叶榕已超过 600 岁。榕树也是深圳最常见的绿化树。

此外，桑科中的桑树是中国的原生树种，叶是桑蚕的饲料，桑果可供食用、酿酒。

噪鹃和桑科的乡土树种笔管榕。2019.10.26
桑科榕属植物鲜艳、多汁、营养丰富的果实是鸟类和其他动物的美食。

果实累累的桑树。2020.03.03
桑树在中国从南到北都有生长，中国利用桑树养蚕缫丝有上千年的历史。果实由多个小果聚合而成，微甜可食，红棕色，叶子是桑蚕的饲料。

壳斗科

壳斗科树木最容易辨认的特征是果实包裹在杯状的壳斗里。历史上，壳斗科树木曾是香港、深圳两地原生林的主要树种，近百年里却逐渐减少。学者们推测，喜欢食用壳斗科果实、传播种子的大型哺乳动物急剧减少甚至绝迹，限制了壳斗科树木在野外的自然更生和传播能力。

红花岭山坡上的黧蒴锥。2016.05.14
黧蒴锥是深圳山岭里的优势树种，也是森林砍伐后萌生很快的先锋树种之一。

黧蒴锥的果实。2021.02.18

壳斗科板栗树的果实。2020.06.18
板栗是中国最早的食用坚果之一。深圳的板栗树分布并不多，结出的果实也很少有人采摘。成熟的板栗有利刺，我们日常吃的板栗是剥去壳斗的坚果。

栎子青冈的果实。
壳斗科树木的果实有一个共同的特征，即有一个帽子一样的外壳。

大戟科

大戟科植物常有乳汁，有些叶柄的顶端和叶片的基部常有腺体，分泌的液汁会吸引蚂蚁这样的食客。

大戟科最常见的乡土树是白楸。白楸叶面绿色，翻到叶子的背面，是柔和的白色，白楸是一片土地被破坏后最先长出来的先锋树种之一。

大戟科的乡土树种白楸。2018.12.31
白楸是小乔木，最高也只长到 5—6 米。白楸最醒目的是叶子，叶面深绿色，背面润白色，山风吹拂时树叶翻动，树上像泛起阵阵白浪。

白楸的叶子和果实。2017.12.19

臭蚁在白楸的蜜腺点上取食。2008.03.27
白楸叶子的基部有两个腺点，分泌含糖的液体，吸引小昆虫尤其是蚂蚁取食。

淡水生态系

"深圳"一词的意思是"深深的水沟"。择岸而居,靠水生活,河流的两岸和入海口是深圳先祖最早的落脚处,淡水生态系是这个城市文明的摇篮、历史的源头。

淡水生态系由流水生态系统和静水生态系统构成,流动水体有江河、溪流、水沟、水渠,相对静止的水体有湖泊、水库、池塘。

深圳年平均降水量 1935.8 毫米,是中国年平均降水量（628 毫米）的 3.1 倍,是全球陆地年平均降水量（834 毫米）的 2.3 倍,充足的降水给深圳带来发达的生态水系。

生境,是淡水生态系的生命支持;生物,是淡水生态系的生命核心。光照、气温、降雨、植被,尤其是人为的干扰强度,决定着淡水生态系是多样还是单一,是健康还是病态,是充满活力还是死气沉沉。

连接陆地和海洋的纽带

淡水生态系中,日夜流淌的河流是连接陆地和海洋的纽带。

在深圳,河流与溪流的贮水量并不大,在淡水生态系里占比不到 10%,但沿途和陆地连接的面积却很大,受环境污染、人类活动冲击的可能性会更大。

一条河流里的生命关联

一条健康的河流是一个立体的生态系统，河水中的浮游生物是蜻蜓、蜉蝣、石蛾幼虫的食物，同时，它们也是鱼、虾、蟹等的食物，而鱼、虾、蟹等，又是岸边的翠鸟、池鹭等的美食……大自然编织出一条条生机勃勃的食物链。

① 华艳色螅　　⑥ 香港瘰螈
② 网脉蜻　　　⑦ 麦氏拟腹吸鳅
③ 红尾水鸲　　⑧ 沼虾
④ 沼水蛙　　　⑨ 香港南海溪蟹
⑤ 石蝇稚虫　　⑩ 溪吻虾虎鱼

深圳的水系

深圳流域面积大于1平方公里的河流共有310条，其中流域面积大于100平方公里的河流有5条：深圳河、观澜河、茅洲河、龙岗河和坪山河。

深圳共有水库161座，其中大型水库有新建的公明水库和扩建的清林径水库，中型水库14座，小型水库145座，总库容9.5亿立方米。

深圳五大河流
（流域面积大于100平方公里）

| 茅洲河 |

茅洲河。2020.05.15
茅洲河全长41.6公里，流域面积388平方公里，是深圳第一大河。干支流总共52条，呈扇形状分布。下游有11.7公里是深圳、东莞两市界河，在珠江口入海。

VR全景影像
茅洲河

| 深圳河 |

深圳河。2017.06.25
深圳河全长37公里，流域面积312.5平方公里，其中深圳一侧187.5平方公里，干流及支流莲塘河是深圳和香港的界河。深圳河发源于黄牛湖水库牛尾岭，在深圳湾入海。

VR全景影像
深圳河

| 龙岗河 |

龙岗河。2021.07.27
龙岗河发源于梧桐山北麓，流经龙岗区、坪山区，流入惠州与淡水河连接。在深圳境内河流流域面积超过300平方公里。

VR全景影像
龙岗河

审图号：粤 BS (2021) 085 号　图引自《深圳市地图集》(中国地图出版社 2020 年版)

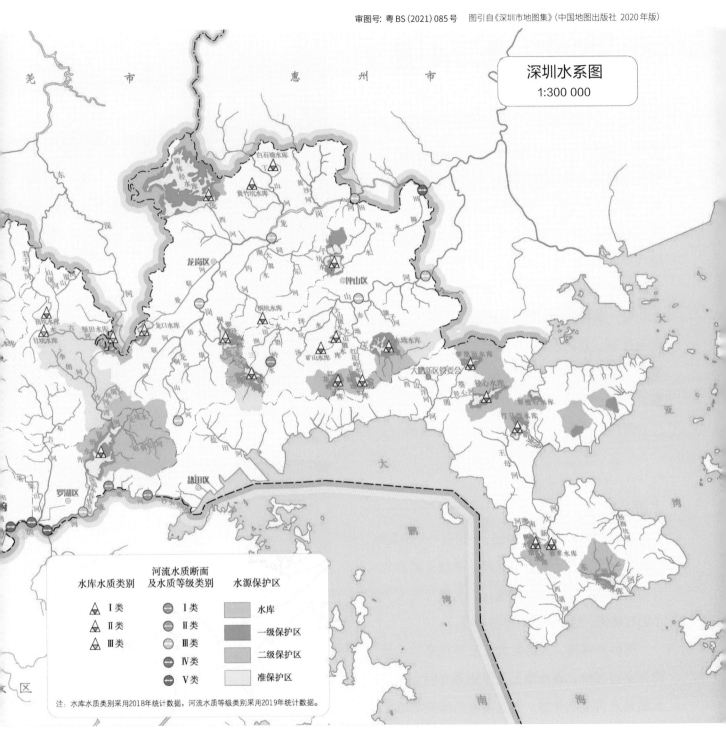

深圳水系图
1:300 000

图例

水库水质类别
△ Ⅰ类
△ Ⅱ类
△ Ⅲ类

河流水质断面
及水质等级类别
Ⅰ类
Ⅱ类
Ⅲ类
Ⅳ类
Ⅴ类

水源保护区
水库
一级保护区
二级保护区
准保护区

注：水库水质类别采用2018年统计数据，河流水质等级类别采用2019年统计数据。

观澜河

观澜河。2020.06.15
观澜河在深圳市内全长 14 公里，流域面积 191 平方公里，发源于民治大脑壳山，在观澜流入东莞。

VR全景影像
观澜河

坪山河

坪山河。2021.08.16
坪山河发源于马峦山，自西南向东北流经坪山，在坑梓兔岗岭进入惠州，是淡水河的一级支流。在坪山境内的总长度约13公里。

VR全景影像
坪山河

一条河流的剧情

地处亚热带的深圳，河流源头不会像长江、黄河的源头，是冰山雪原融水汇聚而成的涓涓细流。深圳的河流，源头是季节性的小溪流，由降水与泉水汇合而成。每一条河流从源头开始，构建了一个流动、复合的生态系统，它串联着上游和下游、陆地和水体、池塘和水库、大地和海洋，聚集着与水息息相关的动物和植物，养育着千千万万的生命。

每一条河流都是有生命的，有生命的河流一定有故事。它的剧情，犹如一部绵长的连续剧，穿过大地，倒映着天空，关联着大大小小的生命，蕴含在每一滴水中。

围绕着一条河流，万物生长，故事漫长。

马料河上游，雨季来临时的瀑布。2019.04.21

泉水是深圳大部分河流的源头，溪流由降水与泉水汇合而成，掩映在丛林灌木中的溪流顺着山势而下，在悬崖陡峭处构成瀑布、流泉、叠泉的景象。

上游

深圳的河流，无论走多远，一定有一个出发地，出发地一定有一个汩汩的泉眼，泉眼里涌出的水甘甜、清凉，汇成涓涓溪流，溪水穿行在大大小小的石块间，这是河流故事的开端。

深圳的溪流，大都发源于丛林茂密的山地，阳光穿过枝叶，在水面上投下斑斑光影，不仅把水面装点得生动美丽，还是溪水间藻类与植物光合作用的来源。树上掉下来的枯枝落叶，在溪水中分解后，成为营养，养育着微生物和水生昆虫等，它们又成为另一些生命的食物，吸引着山涧鱼类和鸟类的到来。

安宁、清澈、洁净，是深圳大部分河流源头的景象。

金龟河上游的马口鱲。2020.05.01

上游的溪水流动速度快，岸边的断枝、落叶和植物碎屑成为虾、蟹和水栖昆虫等的食物，这些动物又成为鱼类和鸟类的能量来源。

大沙河上游，在河流中喝水的珠颈斑鸠。2020.01.18

一些看上去与溪流无关的林鸟，对河流的依赖也非常大，它们会在河水里觅食、饮水和洗澡。

中游

　　一条河流的中段，河道逐渐开阔，汇入的溪流增多，水量逐渐增大，流速开始舒缓。与此同时，河流的剧情因为人类这个强悍角色的进入开始发生巨变：他们修建水库，开垦农田，培育果园，在河道上行船——在急速城市化的深圳，更多的是沿河修建道路与高楼。洁净的流水开始受到人类活动的影响，处理过与没有处理过的污水开始排入河流，河流的走向也由人类来左右。此时，一条河流的命运，已不能完全由河流自己掌握。

大沙河中游北环立交桥流域的景象。2021.06.06
人类的活动污染河水，城市的工程使不透水的地面扩大，地表下渗量减少，这些都会改变河流的生态。

泰山涧汇入深圳水库的淡水湿地。2011.11.27
淡水湿地得益于水陆两地的营养，生产力高，为鱼类、水鸟和其他水生动物提供了良好的栖息地。

下游

　　深圳的河流，终点大多在入海口。
　　河流汇入海洋的地方，是深圳远古人类最早的活动地，是现代都市经济产出最高、人类活动最密集的核心带，是南来北往的生命最多样化的栖息地。世界上唯一位于市中心的国家级自然保护区——福田红树林自然保护区，就在深圳河的终点。

凤塘河入海口附近栖息的候鸟群。2019.10.15
河流入海口有着多样的生境：红树林、潮间带、滩涂、沙地、鱼塘、芦苇荡、海草床，寄居着多样的生物群落。

东涌河入海口。2011.04.24
深圳许多地名中有"涌"（chōng）字，广东话里的"涌"是指河海交汇的地方，清淡的河水逐渐转变为盐度高的海水，涨落的潮汐把多样的生命带来又带走，变换的咸淡水滋养着丰富的动植物。

深圳河，母亲河的三维互联

全长 37 公里的深圳河不仅是深港的界河，也是流经香港最长的河流，自东北向西南贯穿深圳，在米埔附近流入深圳湾。深圳河是这个城市文明的摇篮、历史的源头，是深圳的母亲河。

每一条河都有着三维的生态互联：与地理形态、地表水、地下水空间的关联，与沿途动植物以及其他有机体生物圈的关联，还有对河流命运彻底改变的关联——时间。

一直到 40 多年前，这片土地上的居民与深圳河的相处方式，和数千年前的先民还没有太大区别，用河水灌溉田地，在河中洗衣洗菜，捕鱼捉虾，撑船运输。

1980 年，是深圳河命运变化的分水岭，从那一年起，上千座工厂在沿岸建起，千万人涌进这片原来只有 30 万人居住的土地，急速成长的城市和蜂拥而来的人们把深圳河当作排污沟，每年直接排进难以计数的污水和垃圾。20 世纪 80 至 90 年代，这条曾哺育了深圳的母亲河开始报复深圳，几乎每年都会暴发洪水。

1995 年起，深港两地开始治理深圳河，2000年后再未发生过大的洪灾。在清澈的深圳河中荡舟，在鸟语花香、碧波荡漾的深圳河畔漫步，是无数深圳人的梦想。

空间

深圳河上游的莲塘段。2012.06.08
深圳河上游是一条挽起裤脚就可以跨过的小河，小桥连接着深港两地的过境耕作口。边界沿线严密隔离，形成一个微型保护点，赤麂、豪猪、食蟹獴等一些深圳罕见的兽类出没其中。

深圳河深港边界中段。
2020.03.15
深圳河流域面积 312.5 平方公里，其中深圳一侧占 60%，香港一侧占 40%。

深圳河下游入海口。2018.07.12
"百川异源，皆归于海"，深圳河南侧是香港的米埔自然保护区，北侧是福田红树林自然保护区。是深港两地最重要的自然保护地。

时间

1899 年 3 月 17 日，承载着历史的界河。
1899 年 3 月 17 日，中、英勘界队在深圳河上游勘测确定边界线，绵延的深圳河成为深圳与香港的界河。

治理后的深圳河。2010.06.19
2010 年 6 月 19 日，弯道取直后的深圳河再未发生过大的洪灾。

1993 年 9 月 26 日，深圳河泛滥的洪水，淹没了罗湖的街道。
20 世纪 80 年代末至 90 年代初，深圳河几乎每年都会暴发洪水。

生命

边界线铁网前聚集的普通鸬鹚。2019.12.25
深港界河多年戒备森严的隔绝和封闭，让一些在都市里无处落脚的动物找到了栖息地。

歇息在深圳河岸的黑脸琵鹭。2017.03.03
2017 年 3 月 3 日，在深圳河沿岸同时记录到 110 只黑脸琵鹭，那一年全球的黑脸琵鹭数量是 3941 只，而深圳拥有的数量就接近全球的 3%。

海岸带生态系

深圳的海岸带是浅海与陆地交界的区域，是大地与海洋的边界，是生命物种最活跃的地带，同时也是这个滨海城市最具经济活力的地区。

深圳的海岸带生态系统同时蕴含着陆地与海洋的生态，包括了红树林生态系统、岩岸生态系统、沙滩生态系统、珊瑚生态系统、入海口生态系统和人工海岸生态系统。

从与惠州交界的白沙湾到与东莞交界的茅洲河入海口，深圳由东向西绵延着 260.5 公里长的海岸线。1979 年之前，深圳的海岸带属边防禁区，遍布岗楼、碉堡和军事工事，由边防部队重兵把守。长达 30 多年的隔离戒备，无意中留下了一笔珍贵的财富——当宝安县改为深圳市时，继承了一条景色优美、物种丰富、生态良好的海岸带。1979 年 7 月 12 日，蛇口五湾炸响了修建深水码头的"改革开放第一炮"。从这一天起，深圳的海岸带开始经历沧海桑田的变迁。

深圳先民最早的定居地：大鹏湾东岸的咸头岭。2020.05.02
咸头岭留存着深圳地区迄今发现的最早的人类活动遗迹，属新石器时期中期。约 7000 前，物产丰富的海岸成为深圳先民最早的定居地。

7000 年前海岸边的生活场景想象图。
采集和狩猎是深圳先民主要的维生方式，大鹏湾海岸边的沙堤拦阻了海浪的侵袭，迭福河提供了淡水，咸淡水交汇的入海口有丰盛的鱼虾，为先民提供了基本的生活所需。

深圳海岸线的五种生境

| 基岩海岸线 |

大亚湾，基岩海岸线。2015.03.08
基岩海岸线主要由岩石构成，深圳东部的大鹏湾和大亚湾大多是基岩海岸线。基岩海岸线曲折蜿蜒，岬角突出，岩岸陡峭，礁石嶙峋，经受着海浪日夜扑打，景色壮观秀丽。

| 生物海岸线 |

深圳湾东侧，生物海岸线。
2020.03.15
生物海岸线是由某种生物特别发育而成的特殊海岸空间。有红树林海岸线、珊瑚礁海岸线。深圳的生物海岸线只有红树林海岸线，有分布在市中心的福田红树林自然保护区、大鹏新区的盐灶银叶树保护点和东涌河红树林保护点。

| 砂质海岸线 |

| 淤泥质海岸线 |

珠江口，淤泥质海岸线。2006.05.06
淤泥质海岸线基本由粉沙淤泥构成，大多分布在有大量细颗粒泥沙输入的河流入海口。地势平坦开阔，是滨海滩涂湿地的集中地，也是深圳历史上人类最早的活动地。

| 人工海岸线 |

大鹏湾上的土洋油气码头，人工海岸线。2015.03.08
人工海岸线是人为填海修筑成的海岸线。有海堤、防浪堤的非透水坝堤，有海港，码头。在深圳 260.5 公里长的海岸里，人工岸线已占到总海岸线长的 60% 以上。

大鹏湾，砂质海岸线。2019.03.05
砂质海岸线主要由粒径 0.063—2mm 的砂、砾构成，深圳的大小梅沙、东西涌海滩就是砂质海岸线，海岸线相对平直。深圳留存的 54 个沙滩大多分布在大鹏半岛，砂质细软，海水清澈。

海岸带，多样生命的寄居地

潮间带，涨落之间的"生命链"

海洋涨潮时的最高点和落潮时的最低点之间，是潮间带。一天之内，潮间带会被潮水淹没一到两次。海水冲刷，阳光暴晒，严酷而不稳定的生境，潮间带中的生命在求生中进化出了各种适应的本领。五花八门、各怀绝技的潮间带生物聚集在一起，组合成了潮间带里的"生命链"。

◀纪录短片▶
《随潮而动的生命》

◀纪录短片▶
《珊瑚领地里的丰富生命》

珊瑚，海底的热带雨林

珊瑚生态系统是海洋中珊瑚活体和珊瑚礁与其他海洋生命共同组成的生命系统，是浅海中生物量最大、生物最活跃的生态系统之一，被称为海底的热带雨林。每一个生命都依靠自己独特的技能在其中求生。

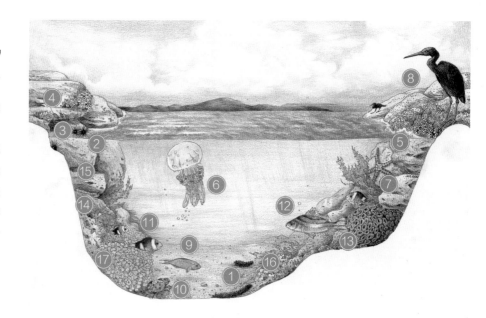

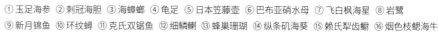

① 玉足海参　② 刺冠海胆　③ 海蟑螂　④ 龟足　⑤ 日本笠藤壶　⑥ 巴布亚硝水母　⑦ 飞白枫海星　⑧ 岩鹭
⑨ 新月锦鱼　⑩ 环纹蟳　⑪ 克氏双锯鱼　⑫ 细鳞鲀　⑬ 蜂巢珊瑚　⑭ 纵条矶海葵　⑮ 赖氏犁齿鳚　⑯ 烟色枝鳃海牛
⑰ 四色篷锥海葵

① 黑背蝴蝶鱼　② 扁脑珊瑚　③ 纽虫　④ 刺冠海胆　⑤ 海葵　⑥ 裸掌盾牌蟹　⑦ 管虫　⑧ 双边鱼　⑨ 烟管鱼
⑩ 多管水母　⑪ 奶嘴海葵

红树林，
缤纷生命的舞台

一片红树林湿地犹如一个舞台，生命缤纷杂陈，戏码轮番上演。这个舞台的背景是日月更替，季节变换，潮涨潮落。草木、飞鸟、鱼蟹、昆虫乃至我们肉眼看不到的浮游生物都能在这里找到自己的领地，它们竭尽全力地求生、觅食，寻找猎物，逃避天敌，物色伴侣，繁衍后代，编织着生生不息的生命之网。

① 鹗　② 大白鹭　③ 普通翠鸟　④ 秋茄树　⑤ 木榄　⑥ 苍鹭　⑦ 弧边招潮蟹　⑧ 大杓鹬　⑨ 大弹涂鱼　⑩ 罗非鱼　⑪ 黑脸琵鹭　⑫ 反嘴鹬　⑬ 琵嘴鸭　⑭ 红嘴鸥　⑮ 文蛤　⑯ 蛏子

百年进退深圳湾

据多年的大数据统计，在受深圳市民喜爱的公园中，深圳湾公园始终名列第一。

1840年鸦片战争前，这个海湾是清政府新安县中心的一片内海，客家人、广府人在入海口附近建村定居、耕田捕鱼，本土原住民与深圳湾的生境，维持着田园牧歌式的平衡。

1899年，清政府和英国最后勘定边界，深圳湾一分为二，划境分治。1951年，深圳与香港封锁边界，拉起了铁丝网和建起了岗楼，严格限制人员出入，戒备森严的禁区成了野生动植物的天堂。

1980年，深圳经济特区在深圳湾北岸诞生。1984年，深圳将北岸304公顷的区域，划为红树林自然保护区——这是中国唯一位于市中心的国家级自然保护区。

1990年起，急速发展的深圳开始了大规模的填海和建造，深圳湾南岸的海岸线向前推进了数百米，保护区超过40%的面积被占据，海湾里常年游弋着密密麻麻的捕鱼船……千疮百孔的深圳湾经历了万物萧条的时刻。

2014年，深圳市政府颁布法令，把深圳湾23平方公里的海域划为禁渔区，全年全时段禁止一切养殖和捕捞行为。

在漫长的时间纬度上，在潮汐涨落的间隙中，深圳湾因缘际会，百年进退，演绎了人与自然相处的案例。

◀纪录长片▶
《湾区庇护所》

VR全景影像
深圳湾

20世纪60年代深圳湾的生蚝养殖场。

历史上，深圳湾海域是传统的生蚝养殖地，出产著名的沙井蚝。2007年，为避免污染超标的海鲜流入市场，深圳将深圳湾海域的蚝排和鱼排全部清理。

变迁的深圳湾。

2020.04.20

深圳湾是一个半封闭的浅海湾，周边是平原海岸，不仅有福田红树林自然保护区、米埔自然保护区与后海湾拉姆萨尔湿地，同时还有建设中的超级总部基地，多家世界级的企业总部落地深圳湾。

深圳特有的幸福

每天，潮水涨到最高点时，滩涂会被淹没；潮水落到最低处时，滩涂会露出水面。来来去去的潮汐，让滩涂同时兼有海洋和陆地两个生态系统的功力。

单单是深圳湾，就有 26 条大大小小的河流汇入，穿城而过的河流携带着丰富的有机物，如期而至的潮水还会带来海洋中的营养物，汇聚在滩涂中的营养物不断沉积，滋养着多种多样的生命，日夜循环，生生不息。

站在市区中心的海岸边，就可以近距离地欣赏潮涨潮落间各种生命的演出，迎接来自世界各地的候鸟，观察一片湿地二十四小时、一年四季间的变幻，是这个城市特有的幸福。

潮水退去后的盛宴，池鹭捕食螃蟹。2016.12.04
每当潮水退去，海滩上的贝、螺、螃蟹和没来得及随潮水撤回海里的小鱼小虾裸露在滩涂上，水鸟们会踩着饭点到来，在海滨滩涂上聚餐。

明秀大眼蟹。2020.03.10
潮水退去之后，滩涂上的许多螃蟹不停地把泥巴放进嘴中，滤食其中的藻类、浮游生物后，再将泥巴吐掉。

滩涂上的体操运动员——大弹涂鱼。2020.05.21
大弹涂鱼像体操运动员一样腾空而起，蜷缩、舒展、翻滚，动作一气呵成。空中舞蹈既是向异性炫耀求偶，也是宣示自己领地的主权。

涨潮后游荡在浅海中的针尾鸭（左雄右雌）。2020.02.29
深圳湾被列为禁渔区后人类的干扰活动减少，海湾中的鱼、虾、蟹增多，为南来北往的候鸟提供了充足的食物。

把头潜在水中专注觅食的针尾鸭。2020.02.29

湿地生态系

◀纪录长片▶
《一片湿地的生存智慧》

　　湿地是陆地与水体的过渡地带，同时兼备陆生和水生的生态系统，有着单一生态系统无法比拟的天然基因库、独特的生物环境和复杂的动植物群落，对调蓄水源、净化水质、维持生物多样性具有难以替代的生态价值。

　　易变和脆弱是湿地生态系统的特点，水文、土壤、气候的变化，人为活动的干扰，都会影响湿地生态系统。

　　到 2021 年底，深圳已有湿地公园 12 个，包含 1 个国家级湿地公园、10 个市级湿地公园、1 个区级湿地公园。深圳的人工湿地、河流湿地、海岸湿地三大类型的湿地面积有 468 平方公里。

秋日里，隐身在荷塘枯叶里的过境鸟草鹭。
2018.10.28
在洪湖公园这片小小的湿地里，记录到的鸟类超过 120 种。

VR全景影像
人工湿地·洪湖公园

┃人工湿地┃

盛开的荷花是湿地的浮水植物。2017.06.06

洪湖公园的人工湿地。2020.05.02

洪湖公园原是布吉河沿岸的滞洪区，1984 年改建为以荷花为主题的市级公园，是淡水湿地保育区，也是深圳过境鸟、冬候鸟和留鸟的重要栖息地。

河流湿地

河流湿地，东涌河。2015.01.18
深圳 300 多条河流、大量的水库与池塘构成大大小小的淡水湿地。在快速城市化的背景下，淡水湿地最容易受到人类所排放污染物的影响。

繁殖季聚集在河流湿地中的斑腿泛树蛙。2003.07.08

VR全景影像
河流湿地·东涌河

在水塘边梳洗的黑领噪鹛。
2017.11.23
即使是一个小小的池塘，也会吸引周边的动物前来觅食、饮水、歇息，形成一个物种特别活跃的生境。

海岸湿地

海岸湿地，西湾红树林公园。2021.08.17
珠江口沿海是大规模填海后形成的海岸湿地。种植的红树林与新生的滩涂在逐渐吸引着许多适应力强大的物种前来定居。

VR全景影像
海岸湿地·西湾红树林公园

生长在海岸边的单叶蔓荆。2021.08.19
单叶蔓荆对环境的适应性强，在盐碱、高温、潮涨潮落的海岸边也可生存。

都市生态系

从全球的维度看，深圳是近百年里人口增长最多、经济增长速度最快、人力改变环境规模最大的城市之一。

急速发展的都市建构了自己独特的生态系统。与其他生态系统不同，城市生态系统是以人类为中心的运行系统，是人类对自然环境改造后建设起来的人工生态系统，是融合了社会、经济、自然的复合生态系统。

城区中心的自然系统包括了居民赖以生存的阳光、空气、淡水、土地、动物、植物……林立的高楼，密集的人口，分割破碎化的生境，让城市自然生态系变得动荡。食物与能量的巨量消耗，垃圾等污染物的庞大排放，上千万人口的居住与流动，让城区生态系承受着巨大的压力。

人工生态系统中的适应者

都市生态系统是都市居民对自然环境不断加工、改造而建设起来的人工生态系统。在变化与动荡的生境里，在长期的演化成长中，都市生态系中的动植物有着与环境融洽相处的适应能力。

① 炮仗花 ② 白鹡鸰 ③ 报喜斑粉蝶 ④ 玉带凤蝶 ⑤ 巴黎翠凤蝶 ⑥ 狼尾草 ⑦ 海芋 ⑧ 普通翠鸟 ⑨ 白鹭 ⑩ 风车草 ⑪ 晓褐蜻 ⑫ 狭腹灰蜻 ⑬ 罗非鱼 ⑭ 池鹭 ⑮ 鹊鸲 ⑯ 簕杜鹃 ⑰ 樟树

公园里的
微型生态系

深圳有大大小小 1000 多个公园，这些公园不仅是公众游憩、漫步、舒缓压力、健身运动、研习自然的区域，还是钢筋水泥中富有生机的生境，是动植物的庇护所，保证物种在一定区域内寄居繁衍，这样的微型生态系是都市里人与自然相处的过渡空间。

① 桂花树 ② 地毯草 ③ 细叶榕 ④ 德国鸢尾 ⑤ 南美蟛蜞菊 ⑥ 丰满新园蛛 ⑦ 饰纹姬蛙 ⑧ 池鹭 ⑨ 暗绿绣眼鸟 ⑩ 菜粉蝶 ⑪ 网丝蛱蝶 ⑫ 广州榕蛾 ⑬ 花胫绿纹蝗 ⑭ 帝巨奥氏蛞蝓 ⑮ 酢浆灰蝶 ⑯ 褐斑异痣蟌 ⑰ 臭鼩 ⑱ 砖红厚甲马陆

步道两侧的
生机

深圳的城区中心高楼林立，大部分地表已被水泥和柏油路覆盖。城市在有限的区域里营造了一些景观空间、公园、绿化带、绿道，有时甚至是一个池塘、花坛，这些人工雕琢的生境更多地迎合人类游憩、观赏与娱乐的需求，一些适应力强大的物种会见缝插针，在其中找到自己的觅食地与栖息地。

①金斑虎甲 ② 变色树蜥 ③ 斑络新妇 ④ 红脖颈槽蛇 ⑤ 黄蜻 ⑥ 波蚬蝶 ⑦ 白头鹎(bēi) ⑧ 蝶形锦斑蛾 ⑨ 黄毛宽胸蝇虎 ⑩ 广斧螳 ⑪ 聚纹双刺猛蚁 ⑫ 圆粒短角枝䗛(xiū) ⑬ 朱砂根 ⑭ 破布叶 ⑮ 青脊竹蝗 ⑯ 山菅兰

深圳自然博物百科

SHENZHEN NATURAL HISTORY
ENCYCLOPEDIA

第四章
CHAPTER FOUR

自然保护地、基本生态控制线与
微型自然保护点

CONSERVATION AREAS, BASIC ECOLOGICAL CONTROL LINES AND MICRO CONSERVATION SPOTS

深圳的自然保护地

2021 年，全球已有 20 万个自然保护地，覆盖了超过 15% 的陆地和 3% 的海洋。中国已设立自然保护地 1.18 万个，覆盖了全国陆地面积的 18%，海域面积的 4.6%。

深圳有世界领先的经济增长速度，也有急速膨胀的人口和狭小的地理空间，尽管如此，却依然建立了不同级别、各种类型的陆域自然保护地 25 处，海洋自然保护区 2 处。陆域保护地的面积为 494.43 平方公里，占深圳陆地面积的 24.75%。

自然保护地是呵护深圳生态最有效的方式，是深圳最珍贵的财富，也是深圳人共享的福祉，承载着美好深圳的过去、现在和未来。

深圳的基本生态控制线

2005 年 11 月 1 日，深圳迈出了自己的一小步，中国的一大步：正式颁布《深圳市基本生态控制线管理规定》和《深圳市基本生态控制线范围图》，将 974.5 平方公里的土地划入基本生态控制线，严禁开发和建设，保障深圳的基本生态安全，维护生态系统的完整和连续，控制城市建设的无序蔓延。

深圳是国内第一个通过政府规章形式明确城市生态保护控制界线的城市。在全国人口密度最高、土地最为稀缺昂贵的深圳，将接近一半的土地面积列入生态保护，是一座城市具有远见卓识的自我约束、自我节制，是一件功在当代、利在千秋的好事。

铁岗—石岩湿地市级自然保护区。2020.05.15
保护区位于宝安区、光明区和南山区交界，由一、二级水源保护区，水源涵养林，淡水湿地，果园构成。主要保护对象是南亚热带常绿阔叶林森林生态系统、内陆水库湿地生态系统和候鸟自然栖息繁育地。

"基本生态控制线"列入保护的五部分土地与海域

01 一级水源保护区、风景名胜区、自然保护区、森林及郊野公园。这部分土地关联到深圳基本生态安全，法定必须妥善保护。

VR全景影像
西丽水库

基本生态控制线保护的一级水源保护区：西丽水库。
2020.03.31

02 坡度大于 25% 的山地、林地，原特区内海拔超过 50 米、特区外海拔超过 80 米的高地。保证深圳特有的地形地貌特征不被改变，山体的动植物资源不被破坏。

VR全景影像
排牙山

基本生态控制线保护的海拔超过 80 米的高地：排牙山的峭壁。2004.11.13

03 主干河流、水库及湿地。保护城市生态系统的调节、自净与平衡。

VR全景影像
杨梅坑河入海口

基本生态控制线保护的河流与湿地：杨梅坑河入海口。2018.09.18

04 维护生态系统完整性的生态廊道和绿地。保护城市组团与组团之间的绿化隔带，避免了城市连片无序蔓延。

VR全景影像
园博园

位于市中心的园博园，是城市组团与组团之间的绿化带，也是维持生态系统完整性的生态廊道。2020.03.31

05 岛屿和具有生态保护价值的海滨陆域。各类受保护的土地相互叠加组合，构成生态廊道，形成连续的生态体系。

VR全景影像
过店海岸线

具有生态保护价值的海滨陆域：过店海岸线。2020.09.02

广东内伶仃岛—福田国家级自然保护区

福田红树林区域

1984 年 4 月 9 日，深圳建市第 5 年，就建立了 5 平方公里的"内伶仃岛省级自然保护区"，附设福田红树林雀鸟保护点 3.04 平方公里，这就是广东内伶仃岛—福田国家级自然保护区的前身。1988 年 5 月，它升级为国家级自然保护区。

福田红树林区域与拉姆萨尔国际重要湿地——香港米埔自然保护区一水相隔，共同组成了后海湾红树林湿地生态系统，这是东亚—澳大利西亚国际候鸟迁徙路线的越冬地、中转站和补给处。每年，数万只候鸟往来保护区，已记录到的国家重点保护鸟类有 59 种，有 5 种鸟的种群数量超过其全球总数的 1%，其中黑脸琵鹭最多时占到全球总数量的 8%。

在高速的城市化进程中，保护区的面积经过几番调整，1997 年后确定的面积为 3.67 平方公里，是全国最小的位于都市中心腹地的国家级自然保护区。

VR 全景影像
福田红树林自然保护区

大白鹭捕食鲻鱼。2012.05.18
保护区的滩涂是候鸟重要的觅食地，丰富的鱼虾蟹滋养着它们长途跋涉后消耗了大量体力的身体。

俯瞰福田红树林自然保护区。2015.03.08
福田红树林自然保护区的生境有四个部分：滨海湿地上浓密的红树林，映照着蓝天白云的基围鱼塘洼地，开满鲜花、结满果实的陆地灌木树林，落满鸟儿的海边滩涂。保护区里自然生长的真红树植物有 7 科 9 属 11 种，半红树植物有 6 科 6 属 8 种，保存完好的海榄雌群落极为珍贵。

滩涂上对峙的大弹涂鱼和绒毛大眼蟹。2019.10.21
保护区里的植物、鸟类、鱼类、底栖动物、浮游生物和昆虫相互依存，维持着红树林湿地生态系统的物质循环和能量转换。

北移 200 米后的滨海大道和福田红树林自然保护区。2020.03.15
无法想象如果没有历史性的"北移"，红树林自然保护区会有怎样的命运，也难以想象失去了红树林自然保护区，深圳会有怎样的遗憾。

写进深圳历史的"北移"

20 世纪 90 年代中期，深圳发展的重心开始从罗湖区转向福田区和南山区。1994 年秋，规划中的滨海大道要从红树林保护区的核心区穿过，引起了各方关注。中科院院士蒲蛰龙和16 名专家联名写信给市领导，呼吁挽救红树林自然保护区。深圳的 80 多名中小学教师也签名响应。深圳市人民代表大会常务委员会听取各方意见，作出了《关于依法保护福田红树林鸟类自然保护区的决议》，市政府决定：将滨海大道北移 200 米，避开核心区。同时为减少噪声对鸟类的影响，修建了 500 多米的隔音墙。原来已开挖的路基，改建为后来人流量最大的公园 ——深圳湾公园。

这次历史性的"北移"，保住了这片面积最大的原生红树林，继续承担着这座城市里"肺"与"肾"的功能。今天，当我们回看历史，无法想象如果没有历史性的"北移"，红树林自然保护区会有怎样的命运，也难以想象失去了红树林自然保护区，深圳会有怎样的遗憾。

深圳感谢那些具有远见、情怀并付诸行动的先行者。

在红树林滩涂上信步的豹猫。2019.10.23
豹猫是国家二级保护野生动物，大多生活在山岭里，在海边红树林定居的豹猫展示了更多的本领：善于游泳，可以在淤泥中自如行走，凭借灵敏的身体和锋利的爪牙，保护区里的大部分动物都在它的食谱里——包括体形比豹猫还大的鹭鸟。

国家一级保护野生动物黄嘴白鹭。
2020.05.20
黄嘴白鹭又被称作"唐白鹭"，夏季在我国东北繁殖，秋季飞到南方越冬。黄嘴白鹭在全球只有 1000 多只，数量比保护区里的另一种一级保护野生动物黑脸琵鹭还要少。

149

广东内伶仃岛—福田国家级自然保护区
内伶仃岛区域

内伶仃岛位于珠江口内伶仃洋东侧，地处深圳、珠海、香港、澳门四地之间，东距香港 9 公里，西距珠海与澳门 30 公里，北距深圳蛇口 17 公里。岛屿的面积会随着潮汐的起落而变化——最低潮位时面积 5.54 平方公里，最高潮位时面积 4.8 平方公里，岛上最高点尖峰山海拔 340.9 米。

与陆地上万年的隔绝、孤悬于海的生境与人类多年的悉心保护，让内伶仃岛呈现出多样、茂盛而独特的面貌。绿宝石般的岛屿拥有深圳最高的森林覆盖率——90.4%，它还有最少的人口和最密集的生物量。

内伶仃岛是大自然赐给深圳的一件珍宝，是生态宝地，是一间完全留给自然演化的实验室——为未来的深圳、为我们的后代留下了无限的可能。内伶仃岛的保护证实了，最终决定深圳进步的不仅仅在于我们创造了什么，还在于我们保护了什么。

比钓鱼岛还大的岛屿。2010.05.25
内伶仃岛是深圳面积最大的海岛，比我国东海钓鱼岛主岛还大 1 平方公里。在深圳管辖的共 51 个海岛里，内伶仃岛面积最大，占全市海岛面积的 80%。

◀纪录长片▶　　VR全景影像
《孤岛食堂》　　内伶仃岛自然保护区

内伶仃岛界碑。2021.04.30
1990 年，珠海市提出内伶仃岛管辖权应由珠海行使。历史上，内伶仃岛一直由深圳实际管辖。2009 年，广东省政府依据史实，正式批复明确内伶仃岛归属深圳市管辖。

能完整地吞下一只羊的缅甸蟒。2013.08.14
到 2020 年底，内伶仃岛已记录陆生野生脊椎动物 167 种，其中，两栖动物 9 种，爬行动物 26 种，有一些物种是非常珍稀的国家级重点保护野生动物。

翱翔中的黑鸢。2021.05.01
小小的内伶仃岛上，记录到的鸟类有 113 种。内伶仃岛是黑鸢最密集的聚集地之一。常常有成群结队的黑鸢在岛屿上空盘旋，鸣叫，猎食。它们不仅在陆地寻索猎物，还会用急速的俯冲抓获浮到海面的鱼。

丛林里的猕猴。2009.11.15
内伶仃岛生长的高等植物有 821 种，超过广东高等植物总种数的 10%。丛林是岛屿霸主猕猴的藏身之处，四季的花果大部分都在猕猴的食谱里。

燕凤蝶。
2018.04.29
内伶仃岛记录到昆虫 94 科 355 属 449 种。燕凤蝶是体形最小的凤蝶。在深圳市区内几近绝迹，而在内伶仃岛上大量分布。

一座孤岛的历史年表

1.15 万年前，漫长而复杂的地壳运动后，南海中的一片陆地和大陆主体分离，一座三角形的岛屿在珠江入海口渐渐形成。

公元 331 年（东晋咸和六年），宝安县治设立，其间，不停拓展生存空间的人类已经开始涉足内伶仃岛。

1279 年，南宋名相文天祥兵败后被元军俘虏，在被押往京城的途中，写下千古绝唱："惶恐滩头说惶恐，零丁洋里叹零丁。人生自古谁无死，留取丹心照汗青！"伶仃岛因此名入青史。

200 多年前的晚清道光年间，内伶仃岛和附近的海域成为英国鸦片商走私基地，岛上至今残留着驻扎英军的墓地和墓碑。

1950 年 4 月 18 日，中国人民解放军 44 军 130 师 390 团的 30 门榴弹炮从蛇口赤湾向内伶仃岛发射，同时，200 多艘商船、渔船组成的"混合舰队"在南湾抢滩登陆，这是共产党军队和国民党军队在深圳土地上的最后一战。此后，内伶仃岛成为扼守深、港、珠、澳四地的军事要地。

1984 年，深圳将内伶仃岛划为自然保护区；1988 年，它升级为国家级自然保护区。

2009 年，广东省政府正式批复深圳市政府和珠海市政府，明确内伶仃岛归属深圳市管辖，结束了两地长达 19 年的管辖权之争。

梧桐山国家森林公园

梧桐山是深圳唯一的国家森林公园，2009 年被国务院列为国家级风景名胜区。

森林公园分为 3 级：国家森林公园，省级森林公园与市、县级森林公园。其中国家森林公园为最高级。梧桐山因森林景观优美，生态资产珍稀独特，有一定的区域代表性，有较高的知名度而入选。

无论从哪个角度说，梧桐山都是深圳的第一峰。首先是它的高度，主峰大梧桐海拔 943.7 米，是深圳的最高点。在主要的山脊线上，分布着大梧桐、中梧桐（706 米）、小梧桐（692 米）三大主峰，与香港的最高峰大帽山（957 米）隔海相对。

其次是它的面积，梧桐山西临深圳水库，东至盐田港，南临莲塘、沙头角深港边界，北至深圳惠州边界，面临大鹏湾，一座山横跨了罗湖、盐田、龙岗三区，

云雾缭绕的梧桐山。2020.01.25
梧桐山邻近海边，带着水汽的气流沿坡迅速上升，越过山顶时汇聚为"帽子云"。

总面积 42.04 平方公里，接近深圳陆地总面积的 2%。

梧桐山还是这个城市的母亲河——深圳河的发源地。

深港之间重要的生态廊道。2020.05.08
图中左侧是梧桐山与香港相连的山脉，大部分山谷里生长着沟谷雨林，连绵至香港的红花岭、大帽山、大屿山，是深港之间野生动植物基因交流、种群扩大、物种繁衍的生态廊道。

黧蒴锥的花序像绽放的烟花
2018.04.01

黧蒴锥。2017.05.13
花木通常能长到 10 米高，最高可达 20 米。每年 2—3 月，淡黄的小花绽放在枝头，染黄了整面山坡。梧桐山的丛林包括了次生林和人工林。历次的调研记录中，高等植物有 233 科 762 属 1378 种。

梧桐山上寻"梧桐"

公元 1561 年，《广东通志》里第一次出现梧桐山名，"又南七十里曰梧桐山（其木多梧桐）"。

事实上，深圳并没有梧桐树的天然分布，从植物学的角度考证，史书里记载的"梧桐"并不是锦葵目梧桐科的植物，而是山毛榉目壳斗科的大树——黧蒴锥。

黧蒴锥是梧桐山的优势树种，分布面积超过丛林总面积的 10%，本地人称黧蒴锥为"桐子树""包梧桐"，梧桐山因此而得名。

梧桐山里的野猪。2019.11.11
2019 年起，梧桐山国家森林公园布设了 32 个红外相机监测点，共记录到本土分布的野生兽类 12 种，有野猪、豹猫、花面狸、小灵猫、鼬獾、猪獾、中国豪猪、赤腹松鼠、针毛鼠、黑缘齿鼠、赤麂等，其中野猪约有 50 头。

多纹鹿蛾。2019.05.18
梧桐山物种的丰富从蛾类种数上可见一斑，香港鳞翅目学会 2018 年出版的《梧桐山蛾类》中记录了 529 种蛾。

台湾钝头蛇。2019.01.06
梧桐山里有 5 种中国特有的爬行动物。梧桐山丛林四季常绿，为动物提供了常年不绝的基础食物。茂密的丛林结构复杂、活动空间大，为动物的栖息、隐蔽和繁衍提供了优良的场所。

大鹏半岛国家地质公园

在我们的脚下，在地壳的深处，涌动着温度高达3000℃的岩浆。炽热的岩浆裹挟着大量的气体和水分，在高温下膨胀，聚集了巨大的能量，由于地壳坚硬深厚，被挤压的岩浆只能在地底缓缓移动。

1.45亿到1.35亿年前，太平洋板块向欧亚板块俯冲，引发了频繁的火山活动，炽热的岩浆从地壳深处奔涌而出，冷却凝固为熔岩——直到今天，大鹏半岛七娘山上熔岩流巨大的纹理还清晰可辨。

上亿年的岁月里，没有停息的地壳运动继续塑造着山川大地，在大鹏半岛留下了火山地质遗迹。海潮海浪日夜不停地扑打冲刷着岩石，给大鹏半岛留下了岬湾式海岸地貌，也给今日的深圳留下了保护总面积超过40.07平方公里的大鹏半岛国家地质公园。

VR全景影像
大鹏半岛国家地质公园

◀ **纪录短片** ▶
《大鹏的眼睛》

大鹏半岛国家地质公园博物馆。2020.05.02
深圳大鹏半岛国家地质公园以七娘山为主体，东临大亚湾，与惠州接壤，西接大鹏湾，南濒南海，与香港的东平洲岛隔海相望。博物馆坐落在七娘山脚下。

七娘山海拔 869 米的最高点。2015.06.09
七娘山三面环海，由七座形态秀美的山峰组成，常年云雾缭绕。火山喷发和漫长岁月里的地壳运动造就了七娘山绵延的山峰。

保护良好的原生态海岸线

保护良好的原生态海岸线。2015.03.08
大鹏半岛的海岸线总长度为 133 公里。深圳未被填埋改造的原生态海岸线大多分布在大鹏半岛。

原生态海岸边的海蚀崖。2018.05.10
塑造天然海岸线的主要力量是地壳运动。此外，浪花跌落地面所造成的压力，海浪扑向岩石缝隙的冲击力，海浪带动石块、沙粒来回滚动的摩擦力也在塑造着海岸。

变化中的海岸线

深圳与惠州交界处的礁石。
2007.04.08
含铁丰富的砂岩和砾岩氧化后，呈现出像被颜料浸泡过的红色。

同一地点，红色礁石已被炸碎，被水泥覆盖。2011.12.25
大自然在上亿年里造就的各种多姿多彩的海岸线，"瞬间"就被人类用单一的水泥替代了。

155

地质公园的多样地貌

海蚀拱桥。 2019.11.06
海浪和潮汐年复一年地拍打着海岸，终于贯穿了海岬，岩石顶部却没有崩塌，形成了奇特的拱门，这就是海蚀拱桥。

海蚀平台。 2005.10.23
海浪通过不停息地拍打、撞击，让海岸的岩石崩塌，然后将碎裂的岩石卷走，在海边留下了平缓的海蚀平台。

海沟和海蚀洞。 2013.12.10
浪花压力压迫岩石缝隙中的空气，产生的力量可以迫使细微的裂缝逐渐变宽。天长日久的侵蚀，在海岸边雕塑出了陡峭垂直的海崖、狭窄的海沟和深深浅浅的海蚀洞。

侵入岩。 2018.05.10
流动的岩浆会透过裂缝侵入原有的岩石，凝结成岩脉。在深圳海岸边见到的岩脉，有的只有一指宽，有的可达数米宽，有的长可绵延数公里，可以想象出当年炽热的岩浆奔涌时填埋地表的景象。

核心石。 2013.12.10
时间的重量，让石头"开花"。地处南亚热带的深圳白天艳阳高照，岩石被晒得发烫，夜晚海风吹来，气温下降，冷热不断交替，岩石热胀冷缩，加速崩解。碎石被海水卷走，留下较为坚硬的核心石，风化后的核心石犹如绽放的花朵。

海蚀柱。2018.05.10
海蚀柱是海岸受海浪侵蚀、崩塌而形成的岩柱。

沙滩。2018.05.10
深圳56个沙滩中有54个分布在大鹏半岛。火山喷出的岩浆凝固后形成火成岩，经过上亿年里的风化，大块的岩石会逐渐破碎成小块，加上海水反复磨砺，易溶于水的成分慢慢流失，耐风化的矿物（比如石英）被保留了下来，变成了海岸边的一粒粒海沙。

砾石滩。2018.05.10
天长地久的岁月里，海浪带动大小石块、沙粒打磨出了海滩圆滑的卵石。每次海浪退去，卵石都会相互碰撞，发出细碎密集的声响，犹如一支打击乐队。

礁石上的"莫高窟"。2005.04.28
浪花携带的盐分在岩石表面结晶，盐晶体把岩石的缝隙扩大，形成了蜂窝状的岩石表面。

锈蚀纹。2011.06.26
岩石上的橙色纹理实际上是锈蚀纹，是岩石中的铁被氧化，释放氧化铁后，又渗透进岩石的缝隙，形成了这些毕加索画作似的图案。

田头山市级自然保护区

2013 年设立的田头山市级自然保护区位于深圳东部的坪山区，面积 20 平方公里，是深圳面积第二大的自然保护区。保护区东北邻近惠州市，东南接壤葵涌镇，与马峦山郊野公园以及大鹏半岛自然保护区相邻。

田头山自然保护区的主要山体是田头山，海拔 683 米，是深圳第六高峰，围绕田头山有 8 座水库与大大小小的溪流。依照 2015 年的调查报告，保护区内生长着野生维管植物 1289 种，占深圳维管植物总数的 60%；有陆生脊椎动物 186 种，占深圳陆生脊椎动物总数的 50%。群山环抱、绿意盎然的保护区内，分布着珠三角面积最大、保存最好的黑桫椤群落。这里孕育着大量中国特有植物、珍稀濒危植物和国家保护动物。

田头山自然保护区是深圳生态保护网络、生态屏障与生态长廊的重要组成部分。

VR 全景影像
田头山市级自然保护区

◀纪录短片▶
《红外相机里的果子狸》

保护区里记录到的果子狸。 2014.09.07
安装在田头山的红外相机，记录到了野生哺乳动物果子狸。在田头山记录到的国家级保护野生动物有豹猫、豪猪、红颊獴、平胸龟、大壁虎。

藏身在密林里的海南蓝仙鹟。 2019.08.30
田头山核心保护区内地形陡峭，阻隔了人类的侵扰，天然次生林发育良好，是珍稀野生动植物的主要生长地带。

在溪流里游荡的本土原生淡水鱼长鳍鱲（liè）。 2019.01.17
田头山自然保护区内有 8 个水库，数十条清幽的沟谷溪涧、瀑布，是深圳市重要的水源涵养区，充足的水源滋养了种类多样的动植物。

中国特有物种小棘蛙。 2012.04.24
细小肥胖的小棘蛙生活在山溪和沼泽地边，喜欢藏身在石下，捕食昆虫等。

云雾缭绕的田头山。2019.03.06

2015 年的调查报告记录显示，田头山保护区有国家一级保护野生动物 1 种，二级保护野生动物 15 种，广东省重点保护野生动物 15 种。

盛开的野花华南龙胆。
2020.04.19
华南龙胆通常生长在海拔 300 米以上的山上，每年夏季，紫红色的华南龙胆开满田头山的山路两旁，让蜿蜒起伏的山路变得格外美丽。

田头山里的乡土植物郁金。2020.04.21
郁金是生姜的近亲，花朵硕大秀丽。在古代用于酿酒。诗人李白《客中行》写到："兰陵美酒郁金香，玉碗盛来琥珀光。"，就是吟诵"郁金"酒金黄澂滟，犹如琥珀。

国家二级保护野生植物苏铁蕨。2008.06.18
田头山自然保护区主要的保护对象是原生性的南亚热带常绿阔叶林，保护的珍稀植物有黑桫椤、苏铁蕨、金毛狗、土沉香、野茶树、兰科植物。

山岭深处的二色卷瓣兰。2019.03.16
田头山的植被是典型的南亚热带森林生态系统。其中色彩形态最美丽的就是野生兰花，受到人类伤害威胁最大的也是野生兰花。

159

华侨城国家湿地公园

VR 全景影像
华侨城国家湿地公园

都市中心的高潮位滨海湿地。2020.03.24
位于繁华市区的华侨城湿地是深圳湾区域的高潮位滨海湿地，面积不到 1 平方公里，却包含了浅海、红树林、滩涂、绿化林、池塘等多样的形态，还拥有一条总长 3 公里的自然步道。

华侨城湿地自然步道边的物种记录牌。2021.01.23

如果时光倒流，回到 2007 年，翱翔在华侨城湿地上空的飞鸟，看到的是绵延的滨海滩涂、茂密的红树林和一座接一座的岗楼——这里曾是与香港遥遥相望的海岸线，戒备森严的边防禁区。

2007 年后，经过填海与建筑工程，在繁华喧闹的水泥森林里，留下了这片 0.68 平方公里的湿地。华侨城湿地与深圳湾水系相通，是深圳湾滨海湿地生态系统的延伸：滩涂、浅海、红树林、芦苇荡、草甸，天然形成的独立小岛，为多样的生命提供了栖身之处——在这里，单单候鸟和留鸟就已记录到 181 种，黑脸琵鹭、豹猫等国家一级、二级保护野生动物 28 种。草木茂盛，潮涨潮落，咸淡水交汇，繁华都市中的这片湿地，成为各种生命的寄居地和竞技场。

华侨城湿地与福田红树林保护区、香港米埔自然保护区共同构建了独特的城市生态保护圈。2020 年，华侨城湿地成为深圳唯一的国家湿地公园。

哨所岗楼的变身。2012.04.14
华侨城湿地内湖的水岸曾经是与香港相望的海岸，是边防部队驻扎的边防线。由多种石材修建的哨所，如今已改建为观鸟屋。

一片湿地的物种日记

2010 年 3 月 3 日，在华侨城湿地记录到的国家二级保护野生动物：雕鸮。

雕鸮是猫头鹰的一种，属于夜行性鸟类，远离人群，白天很少出现。这次记录是深圳首次记录到雕鸮，非常珍贵。雕鸮长着两簇耳状簇羽，仿佛两只"角"，一双橘黄色的眼睛又大又圆，模样很萌。

2011 年 5 月 26 日，在夜色中振翅飞行的甘蔗长袖蜡蝉。

2013 年 4 月 13 日，数千只候鸟在华侨城湿地歇息、飞翔。

华侨城湿地保留了原始海岸线的原貌及原生红树林群落，以不消杀、非景观园林式的方式维护生境，保持了湿地生态系统相对的完整和自然，是鸟类友善的栖息地。

2015 年 10 月 8 日，水雉在芦苇中觅食。

2016 年 9 月 14 日，灰头麦鸡在滩涂上漫步。

2017 年 5 月 9 日，色彩斑斓的科氏翠蛛。

2018 年 4 月 17 日，晒太阳的冷血动物长尾南蜥。

2021 年 3 月 13 日，芭蕉叶上等待孵化的黄斑蕉弄蝶的卵。

161

具有科学与生态价值的微型自然保护点

到 2020 年年底，深圳已有 27 个自然保护地，面积最大的超过 30 平方公里，面积最小的不到 2 平方公里。它们是深圳万物共生的领地、生态安全的保护屏障。

在全国人口密度最高，每平方公里土地经济产出最高的深圳，再建立大面积的自然保护区不现实，在现有的 27 个自然保护地之外，建立具有特殊科学与生态价值的微型自然保护点就变得特别重要和迫切。

微型自然保护点是大型自然保护地的延伸与补充，面积可以小到数百平方米，大到数千平方米。将一些珍稀的动植物与它们的栖息地、珍贵的自然生境与景观、受到威胁的水源和丛林、具有科学价值的区域保护和管养起来，连接起深圳的自然保护区网络。

深圳具有生态价值的微型自然保护点斑状分布在城市的各个角落，连接着生态廊道，丰富着物种的多样性，修复着已被破坏的生境，当然，也提升了我们深圳人的生活环境质量。

2019 年才在锣鼓山发现的圆舌浮蛙是低海拔的热带物种，是中国最小蛙类之一。
2019.07.06

锣鼓山圆舌浮蛙保护点。 2018.10.05
王桐山村后的锣鼓山只有 200 多米高，山中丛林密布，其中一条细小的溪流是深圳已发现的唯一的圆舌浮蛙寄居地。

"三零原则"下的微型自然保护点

"三零原则"是指"生态环境零损失，碳排放量零增长，水泥设施零添加"。微型自然保护点的建立要严格遵循"三零原则"，除去必要的隔离、标识、告示之外，不可对原有的生境做任何改动修建，将人类的干扰减至最小。用低成本、零建造、环境友好的标识系统、学习手册、线上导览将微型保护点的信息全面呈现。

与文化遗产同等重要的自然生境。2020.09.10
碧岭瀑布群瘰螈保护点分布着深圳最密集、水流最大、形态最丰富的瀑布群。它独具特色、弥足珍贵的生态空间和物种，与历史文物一样具有极高的价值。微型自然保护点保护的生态与动植物，与深圳的物质与非物质文化遗产同等重要。

碧岭瀑布群瘰螈保护点里的香港瘰螈。
2020.11.10
香港瘰螈是一种有尾类两栖动物，是"娃娃鱼"——大鲵的近亲，因模式产地在香港，因此得名香港瘰螈。香港瘰螈的自然分布区极为狭窄，只生活在清澈无污染的泥沙底溪流中，是国家二级保护野生动物。

在桥洞下育雏的小白腰雨燕。
2021.07.09

钢筋水泥里的微型保护点。2020.06.04
观澜河大步巷桥的桥洞里，聚集着数十个小白腰雨燕的巢穴，每年有大批小白腰雨燕在这里产卵、育雏。

深圳具有科学与生态价值的微型自然保护点（第一批）

人才公园鸻鹬(héng yù)保护点

过店潟(xì)湖保护点

碧岭瀑布群瘰螈保护点

金龟河水翁群落保护点

深港生态廊道兽类保护点

新大河底栖动物保护点

梅林水库仙湖苏铁保护点

洲仔头（心形岛）珊瑚保护点

马峦山溪涧鱼保护点

秤头角潮间带生物保护点

芽山村风水林保护点

马水涧沟谷雨林保护点

南园村古树保护点

东涌河红树林保护点

二线巡逻道自然与历史保护点

盐灶银叶树保护点

观澜河小白腰雨燕保护点

茅洲河入海口豹猫保护点

阳台山本土兰花保护点

好汉坡拉土蛛保护点

锣鼓山圆舌浮蛙保护点

人才公园鸻鹬保护点

VR全景影像
人才公园鸻鹬保护点

人才公园水岸边的三个石滩，是鸻鹬类鸟的聚集地。 2019.11.02
鸻鹬类的鸟是水鸟中的一个大家族，它们大部分是迁徙鸟和过境鸟，在北方繁殖，在南方越冬，深圳已记录到的鸻鹬类鸟种超过40种。

位置	南山区人才公园
保护对象	鸻鹬类候鸟与光滩栖息地
保护面积	三个光滩和水岸，约800平方米
面临的威胁	公园内游客的侵扰 植物覆盖光滩 工程的影响

光滩上聚集的数百只鸟。 2020.02.19
小型鸻鹬类鸟儿一般腿长5—10厘米。它们不会游泳，涨潮的海水覆盖泥滩后，要飞到地势较高的岸边休息，布满碎石的光滩成为它们的首选。碎石的褐色也为它们提供了保护色。

掠过水面的飞鸟。 2020.02.19
鸻鹬类的鸟儿喜欢集群低空飞行，这样可以降低被猛禽猎捕的风险，它们选择聚集在开阔无植被的区域落脚，以便快速起降。

铁嘴沙鸻

金斑鸻（繁殖羽）

蒙古沙鸻

铁嘴沙鸻

金斑鸻

金斑鸻

金斑鸻

蒙古沙鸻

弯嘴滨鹬

铁嘴沙鸻

弯嘴滨鹬

黑腹滨鹬

光滩上的鸻鹬类鸟群里有许多不同的鸟种。2020.03.27

青脚鹬

黑尾塍鹬

 深圳物种档案
SHENZHEN SPECIES ARCHIVE

金眶鸻

学名：*Charadrius dubius*

鸻形目 鸻科 鸻属

过店潟湖保护点

位置	大鹏半岛过店河入海口
保护对象	潟湖地质形态、红树林、潮间带生命
保护面积	约 1000 平方米
面临的威胁	工程的破坏、人类的踏踩、污水与垃圾的污染

人的一些行为正在蚕食毁坏着过店潟湖的生境。2018.12.31

礁石上生长的龟足。2020.10.29
龟足又称佛手贝、鸡冠贝，一簇簇寄居在海水清澄的礁石缝隙里。柄部有强大的固着能力，可承受海浪的冲击。

滩涂湿地上生长的青蟹。2020.12.06
咸淡水交汇处的潟湖物种丰富。

过店潟湖，地质运动和自然力量联合的作品。2018.12.31
潟湖由海湾被沙洲封闭演变而来，在海岸边堆积起浑然天成的离岸坝、内湖、三角洲、沙滩、土丘……涨潮时海水进入潟湖，与七娘山流下的河水汇聚，咸淡水融合。潟湖中生长着茂盛的红树林，围绕着红树林，鸟类、昆虫、浅海鱼类、贝类与软体动物组合成了一条条环环相扣的生态链。在深圳，像过店这样典型的潟湖屈指可数，是极其珍稀的自然财富。

新大河底栖动物保护点

VR全景影像
新大河底栖动物保护点

底栖动物聚集的入海口。2018.09.06

新大河西岸是未来深圳海洋博物馆的选址。新大河在大亚湾流入大海，咸淡水交汇处生长着丰富的底栖动物。底栖动物是一生大都生活在海水底部的动物，生存空间非常小，对于环境污染、人类侵扰的回避能力非常低。一个填海的工程，一次垃圾的倾倒，一回污水的排放，都可以轻而易举地让一个区域里某个底栖动物群崩溃和消失。

固着型底栖动物，附着在礁石上的草席单齿螺。2020.12.06

位置	新大河入海口，深圳海洋博物馆（未建成）东侧
保护对象	入海口生境，底栖动物
保护面积	约 3000 平方米
面临的威胁	填海工程、水污染、人为捕捞

钻蚀型底栖动物，纹藤壶。2020.12.06

底埋型底栖动物，松软泥沙中的红树蚬。2020.12.06

底栖型底栖动物，生活在水底沙土表面的小双鳞蛇尾。2015.07.16

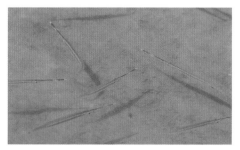

水面之下的自游动物，异鳍鱲。2020.10.18

黑腹滨鹬（繁殖羽）

红颈滨鹬（繁殖羽）

弯嘴滨鹬（繁殖羽）

黑腹滨鹬

弯嘴滨鹬

黑腹滨鹬

红颈滨鹬

蒙古沙鸻

蒙古沙鸻

金斑鸻

和大部分鸻鹬类鸟一样，金眶鸻也是冬候鸟，最明显的特征是眼睛周边有一围圆圆的金黄色的眼圈。大部分鸻鹬类鸟都喜欢在海、河、湖的湿地附近活动，取食水边的小动物，行动敏捷，时常上下摇晃尾羽。

在众多鸻鹬类的鸟中，金眶鸻体形特别娇小，成鸟体长不足20厘米，体重不足250克。冬候鸟金眶鸻不在深圳产卵育雏，我们见不到金眶鸻保护卵和幼鸟的"诈伤"策略：当有人或其他动物接近鸟巢和幼鸟时，成鸟会惊叫着从它认定的危险者旁边跑过，假装一瘸一拐，好像受伤不能飞了，把危险者引开后再起飞。

金龟河水翁群落保护点

VR 全景影像
金龟河水翁群落保护点

位置	坪山区石井街道
保护对象	深圳市最大水翁群落 其他本土原生树木 原生淡水鱼
保护面积	长度约 3.5 公里，沿河两岸 50—200 米
面临的威胁	过度的工程施工、砍伐、水污染、过度捕捞

金龟村里的水翁王。2019.01.17
金龟河的水翁群落里有些大树已有上百年的树龄，树干上长满了附生植物。水翁是适应力非常强的乡土树种，河岸边成片生长的水翁形成了凉爽的树荫。

盛开的水翁花。2020.05.16
每年盛夏，金龟河两岸的水翁树开满一簇簇绿豆大小的青白小花，散发着浓郁的香气。

结满了果实的水翁。2015.09.09

金龟河里的沼虾。2019.07.11
金龟河是坪山河的二级支流，流域面积 6.85 平方公里，是一级饮用水保护区赤坳水库的主要源流。

金龟河中的溪吻虾虎鱼。2019.09.06
金龟河沿岸生长着茂密的水翁，发达的根系维护着河岸的植被，落在河里的花果是溪涧动物的口粮。

深港生态廊道兽类保护点

位置	梧桐山伯公坳深港边界线
保护对象	深圳罕见的哺乳动物 原生淡水鱼 深圳河的源头
保护面积	长度约 2 公里，界河两侧 50—200 米
面临的威胁	偷猎、过度捕捞、水污染

VR全景影像
深港生态廊道兽类保护点

◀ **短视频** ▶
《红外相机里的赤麂》

在戒备严密的禁区内，依然发现了一些盗猎者留下的工具。2021.04.05

春日里，深港边界线上色彩斑斓的
森林。2021.02.27
隔离带茂密的次生林，隐藏了一些
在都市里无法落脚的动物。

深圳唯一的鹿科动物，赤麂。
赤麂是单独活动的哺乳动物，生性胆小谨慎，听觉
灵敏，灵巧的躯体和细长四肢能在密林、草丛中急
速奔走，繁殖力超强，这样多的本领也没能让赤麂
躲避人的猎捕。

密林里赤麂新鲜的粪便。2021.02.27
依靠粪便可判断哺乳动物的活动轨迹、食物构成、
起居时间。

深港生态廊道兽类保护点。 2019.04.17
20世纪50年代起，从沙头角中英街到深圳河入海口，绵延20多公里的深港边界线就开始封锁。多年戒备森严的隔离，让界河沿线成了动植物的庇护所。

◄ **短视频** ►
《红外相机里的豪猪》

霸气的豪猪。
豪猪从背部到尾部披着箭簇一样的棘刺，遇到危险时会先"警告"，棘刺竖立，瑟瑟抖动，发出"沙沙"的声响。紧急时豪猪先后退，然后扑向对手，将棘刺插入对手身体。

溪水边豪猪留下的粪便。2021.02.27

食蟹獴。
食蟹獴被列入《中国物种红色名录》，深圳河上游的溪谷里生长着许多溪蟹，为食蟹獴提供了丰富的食物来源。

◄ **短视频** ►
《红外相机里的食蟹獴》

食蟹獴在草丛中留下的粪便。2021.02.27

溪水里的糙隐鳍鲶（qí nián）。2021.02.27

171

洲仔头（心形岛）珊瑚保护点

位置	大鹏新区大澳湾
保护对象	牡丹珊瑚以及其他珊瑚群落 海底鱼类 大鹏半岛的地标"心形"岛礁
保护面积	约 1000 平方米
面临的威胁	渔船捕鱼抛锚、游客渔猎、游客踏踩

VR 全景影像
洲仔头珊瑚保护点

洲仔头珊瑚保护点。2019.10.15
俯瞰洲仔头岛，犹如一颗绿色的心漂浮在碧蓝的大海上，海水清澈见底。这里是深圳近海生物多样性最高的海域之一。王炳老师曾在这片海域潜水 1000 小时以上，记录到大量的海底生命，写下了《深圳潮间带动物图集》。

洲仔头海底的十字牡丹珊瑚和褐菖鲉。2014.05.14
十字牡丹珊瑚是大鹏湾海域生长速度最快的珊瑚之一，会形成大量的珊瑚礁，是许多海底生命的寄居地。

生活在海底的软体动物无饰裸海牛。2014.05.16

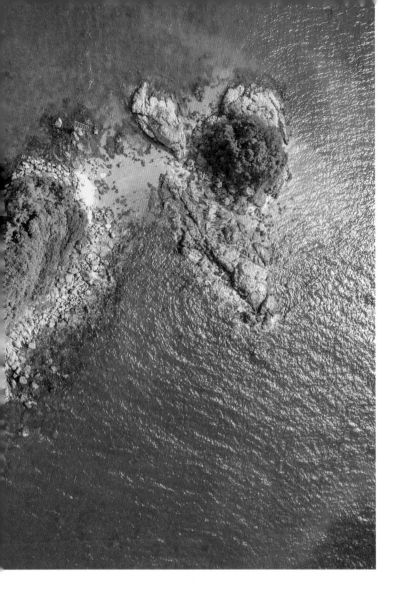

海底焰火般的日本缨鳃虫，生活在珊瑚或珊瑚沙上。2012.06.16

十字牡丹珊瑚的本领。2014.06.16
洲仔头海底分布着深圳最大的野生十字牡丹珊瑚群落，这种珊瑚垂直交错生长，不会被沉积物堆积覆盖，在污染物多的海水里，这是一个可以避开伤害的本领。

颜色鲜艳独特的霓虹雀鲷。2014.12.05

盐灶银叶树保护点

位置	坝光盐灶村
保护对象	古银叶树群落 滨海滩涂 潮间带生物
保护面积	约 1 平方公里
面临的威胁	过度的人工绿化与施工 人的踏踩与采摘

VR全景影像
盐灶银叶树保护点

树龄超过 500 年的银叶树。2012.01.21
银叶树因为树叶背面银白色而得名，是"红树"的一种。板状的根一直向上生长，支撑枝叶繁茂的树干，抵御台风和潮水。古老的板根犹如一面面饱经沧桑的墙，最高能达到 2 米。

银叶树
科名：梧桐科 Sterculiaceae
拉丁名：
别名：银叶板根、大白仔
Heritiera littoralis Dr...
古树保护级别：1
树龄推测：500年
编号：KC0114

盐灶村的古银叶树林、潮间带和滨海湿地。2018.09.13
盐灶村的背后，生长着一片古银叶树林，它是我国目前发现的最古老、面积最大、保存最完整的银叶树群落之一。

银叶树盘结的根下，"驻扎"着招潮蟹、弹涂鱼、贝与螺等大量滩涂生物。2012.01.21

银叶树的果实中有大量的空间，可漂浮在海面四处传播。2011.02.03

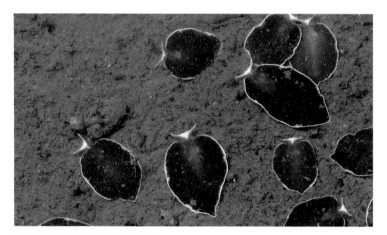

银叶树下的滩涂里的白边疣足海天牛。2021.08.08

白边疣足海天牛是深圳的新记录种，也是 2020 年才在中国发现的新物种。白边疣足海天牛是一种海蛞蝓，通俗的叫法是海兔。深圳近海滩涂上许多物种的生存环境非常狭窄，岌岌可危。人类一个简单的行为就可能导致它们彻底消失。

坝光滩涂上的角眼切腹蟹。2021.08.19

张牙舞爪的角眼切腹蟹体型很小，常常高高举起双螯再落下至腹部，很像武士道的切腹自杀的动作，由此得名。这个动作又像拜佛祖，因而又名角眼拜佛蟹。这种行为其实是向它的同类宣示领地或求偶。

坝光海岸的环境变迁

2004 年 12 月 12 日，俯瞰坝光白沙湾。

20 世纪 70 年代，香港为保护环境，禁止开采海砂，一些香港商人拿到了在深圳的采砂权，在掠夺式的采挖之后，坝光的银色沙滩从此消失，空留下一个"白沙湾"的地名。

2005 年 11 月 5 日，坝光盐灶老村的景象。

2003 年 10 月，"坝光寻梦"被选为深圳最美的 31 个景色之一；2006 年 11 月，坝光入选广东最美的 50 个自然生态村落之一；2009 年 9 月，《城市画报》将坝光列入中国最想与爱人分享的 60 个小地方之一。

2015 年 3 月 8 日，俯瞰坝光白沙湾。

大规模的拆迁填海工程使坝光开始了沧海桑田的变化。

2021 年 8 月 8 日，坝光海滩上的工程和捕捉潮间鱼虾海贝的人们。

生长了数百年的银叶树和物种丰富的海滩，正面临着前所未有的冲击。

二线巡逻道自然与历史保护点

位置	梅林水库—涂鸦墙
保护对象	深圳经济特区管理线旧址 历史遗迹、巡逻道石板路、铁丝网、岗楼 梅林水库一级饮用水源 原生乡土植物禾雀花等
保护面积	保留完好的巡逻道全长约 2 公里
面临的威胁	过度的人工绿化与施工 对历史遗迹的拆除与改造

巡逻道两侧盛开的禾雀花（白花油麻藤）。2021.03.07
每年二月至三月，巡逻道边依次开放的乡土植物禾雀花吸引了大量市民前来观赏。

具有历史与自然保护价值的二线巡逻道。2005.11.06
1985 年，一道长 84.6 公里、高 2.8 米的铁丝网从深圳中部横穿而过，沿途共有 90 多公里的武警巡逻路，163 个执勤岗楼，6 个边防检查站，这就是"深圳经济特区管理线"（俗称二线），管理线的设立在深圳改革史上影响巨大。2018 年，经国务院同意撤销。

已变身为绿道的巡逻道。
2021.02.26
石板路和铁丝网承载着深圳的历史印记，铁网上攀附着各种爬藤植物，两侧鸟叫虫鸣，野花盛开，在旧日的巡逻道上徒步，犹如穿行在历史与自然的博物馆长廊。

对现有巡逻道过度的施工与人工绿化。2012.09.23
曾经的特区管理线上的石板巡逻道、铁丝网、执勤岗楼、边防检查站是深圳珍贵的人文历史遗迹，是深圳独有的历史自然景象，应该好好保护，而不是随意拆除与改建。

梅林水库仙湖苏铁保护点

位置	梅林水库
保护对象	国家一级保护野生植物仙湖苏铁 国家二级保护野生植物桫椤 国家二级保护野生植物金毛狗 天然季雨林生态群落 梅林水库一级饮用水源
保护面积	核心区约1平方公里
面临的威胁	仙湖苏铁面临的困境是野生的苏铁植物起源早，在裸子植物占主导的生境中处于劣势。 仙湖苏铁分布区域狭窄,种群基因交流有限。

仙湖苏铁全株。
2011.06.06

深圳物种档案

SHENZHEN SPECIES ARCHIVES

仙湖苏铁

学名：*Cycas fairylakea* D. Y. Wang

苏铁目　苏铁科　苏铁属

苏铁科植物是古老的植物种群，是世界上最古老的种子植物，起源于古生代二叠纪（大约2.9亿—2.5亿年前），在中生代侏罗纪、白垩纪（2亿—6600万年前）恐龙称霸地球的年代，苏铁进化到了鼎盛的时期，在《侏罗纪公园》的系列科幻电影里，可以看到它们茂盛生长的景象。

随着时间的推移，覆盖在大地上的苏铁逐渐衰落，绝大部分种类在地质、气候急剧的变化中相继灭绝，仅有极少数幸存到今天，它们的形状和在化石中发现的植物基本相同，保留了远古祖先的原始模样，被称为植物里的"活化石"。在《国家重点保护野生植物名录》（第一批）中，我国苏铁属所有种类被列为国家一级保护野生植物。

1996年，深圳的植物学者发现了一种苏铁属植物的新物种，为纪念仙湖植物园对苏铁科植物的保护工作，新物种被命名为仙湖苏铁。

如今，据最新研究，仙湖苏铁并入四川苏铁，仍是国家一级保护野生植物。

仙湖苏铁的果实。2012.08.04

深圳的第一个微型自然保护小区。
2020.02.01
梅林水库仙湖苏铁自然保护小区是深圳设立的第一个微型自然保护小区，重点保护濒临灭绝的仙湖苏铁。到2019年底，仙湖苏铁数量已增长到1000多株，成为全球最大的野生苏铁种群。

多样保护地构成的生态廊道

在高度都市化的深圳，生态廊道依托山体、水库、河流、海岸和自然保护区，连通森林、水库、公园、湿地和绿化带，为不同生境里的野生动物提供了流动的道路和栖息空间。"廊道"的通畅方便动物迁徙进驻，避免孤岛效应导致物种灭绝。

深圳的自然保护系统主要有国家公园、自然保护区、自然公园和微型自然保护点。大多数自然保护地呈散点状分布在深圳各个区域，从空中俯瞰，在高楼林立、道路纵横的深圳，一个个自然保护地犹如一个个绿色的"孤岛"。

孤岛式保护地如果面积巨大，人迹稀少，生态和生物多样性会有一定的抗力和稳定性。但深圳面积狭小、寸土寸金、经济急速发展、高度都市化，设立大规模的保护地不现实，孤岛式的保护地特别脆弱。

良好的生态廊道可以将一个个自然保护地连接起来，给动物的迁徙、流动、繁衍留出通道，修补保护地的破碎化和生物多样性的损伤，给万物与人类提供良好共生的栖息地。

一片都市绿地上的物种笔记

大大小小的自然保护地、水源保护区、湿地、森林公园、郊野公园、公园林地以及公共绿地连接成都市里的生态廊道体。即使是市中心笔架山公园里的一小片绿地，也涵养着多样的物种，是生态廊道中生物多样性的一部分。

2019 年 1 月 17 日，番木瓜树上成熟的果实吸引了暗绿绣眼鸟。

2019 年 3 月 3 日，夜色下在草丛中入睡的柑橘凤蝶。

2019 年 4 月 19 日，捕获到猎物的霸王叶春蜓。

2019 年 8 月 27 日，在簕榄（lè dǎng）花椒上采蜜的黑盾胡蜂。

2019 年 9 月 21 日，夏日里鼓起声囊鸣唱求偶的粗皮姬蛙。

2019 年 11 月 5 日，秋日里依然活跃的龙眼鸡。

清林径—梧桐山生态保育带上的区域绿地马峦山。2020.05.10
马峦山既有森林、草地、河流、湖库，又濒临海岸、沙滩、岩岸，多样的地形地貌为多样的生命提供了多样的栖息地。

深圳生态空间规划中的"四带八片二十四廊"

"四带"：指罗田—阳台山—大鹏半岛生态保育带、清林径—梧桐山生态保育带、珠江口—深圳湾滨海生态景观带、大鹏湾—大亚湾滨海生态景观带。

"八片"：指光明—观澜区域绿地、凤凰山—阳台山—长岭陂区域绿地、塘朗山—梅林山—银湖山区域绿地、平湖—甘坑—樟坑径区域绿地、梧桐山—布心山区域绿地、清林径—坪地—松子坑区域绿地、三洲田—马峦山—田头山区域绿地、大鹏半岛区域绿地。

"二十四廊"：指 24 条生态廊道系统，包括 11 条区域绿地连接绿廊、5 条城市组团隔离绿廊、8 条蓝绿生态景观通廊。

——摘自《深圳市国土空间总体规划（2020—2035）》

深圳第一条野生动物廊道。2021.09.06
排牙山—七娘山节点生态廊道是深圳第一条野生动物保护廊道，把坪西快速公路隔断的排牙山与七娘山连接起来，留出了大鹏半岛南北向连通的生物通道，适宜以豹猫为代表的南亚热带常绿阔叶林野生动物流动与觅食。

滨海生态廊道的大亚湾和中央列岛。
2017.09.10
蔚蓝色的海面下覆盖着槽形海湾，山海交汇处沙滩平缓，岩岸陡立险峻，海湾里岛屿密布，海底与海岸物种丰富。

深圳自然博物百科
SHENZHEN NATURAL HISTORY
ENCYCLOPEDIA

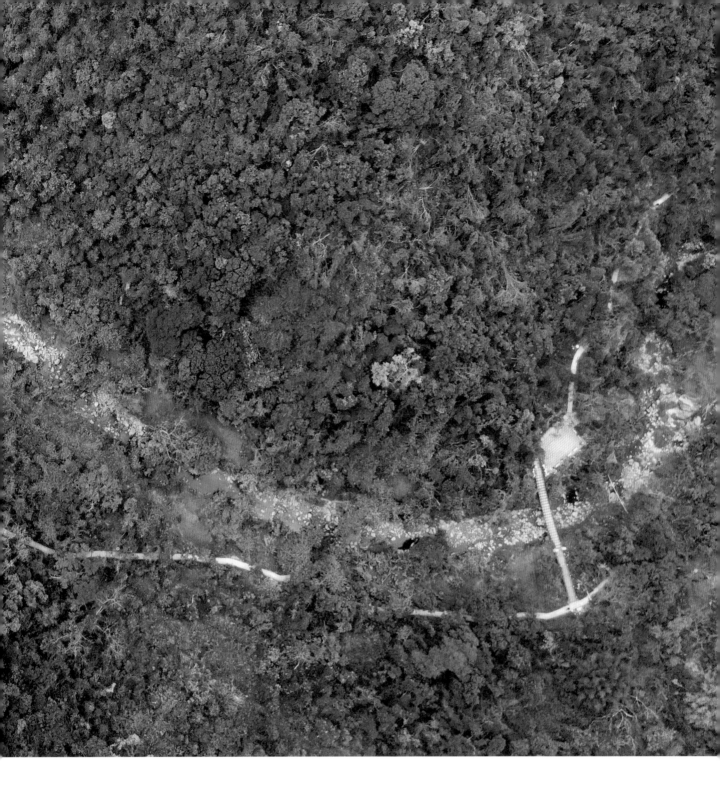

第五章

826 步道与自然步道

THE 826 TRAIL AND NATURE TRAILS

826 步道

多年里，在深圳的田野调查与自然记录中，作者一直在努力踏勘、探寻、贯通一条穿越深圳全境的最佳徒步径——"826 步道"。

826 步道总长超过 280 公里，由东向西连贯整个深圳，之所以取名"826 步道"，是纪念深圳的诞生。1980 年 8 月 26 日，全国人大常委会批准在深圳设置经济特区。8 月 26 日，已成为深圳的生日。

蜿蜒的 826 步道穿行在深圳的山脊上、海岸边、河湖旁，途经自然保护区、森林公园、郊野公园和地质公园。所经之地，是深圳地貌最多变、景象最壮丽、生物多样性最丰富的地带，可媲美世界上最美最有特色的都市步道。

826 步道是深圳版的麦理浩径，是微缩版的阿帕拉契亚步道，是深圳人保持健康身心、研习自然的徒步径，是当代深圳留给未来深圳的一份美好礼物。

◀ 短视频 ▶
《826 步道简介》

826 步道最东点：七娘山鹿嘴。
2020.09.02
826 步道的大部分路段分布在未被开发和生态修复的山地中，蜿蜒的小径成为人与多样生物连接的廊道。

826 步道的最北点：罗田森林公园。
2019.10.17
罗田森林公园位于深圳与东莞交界处，原是林场，2016 年改建为城郊森林公园。与高强度施工修建的水泥路相比较，林荫覆盖的步道更舒适，有更多样的景象、动物、植物可观察。

826 步道的最高点，梧桐山。
2020.10.03
海拔 943.7 米的梧桐山，分布着翻山越岭的山脊径，沿途可以俯瞰深圳的繁华都市，也可以欣赏远处的山海相连。

826 步道最险峻的路段：排牙山山脊。2016.01.01
排牙山是大鹏半岛北岛的主要山脉，最高点海拔 707 米，山脊的一些路段山石嶙峋，酷似一排排错落不齐的牙齿，因此而得名。在排牙山行走也被称为"刷牙"。

826 步道上人流量最大的路段，梅林绿道。2005.03.19
梅林绿道原是二线巡逻道，长期封闭化管理，保护了相对完好的生态，是最受市民喜爱、人流量最大的郊野绿道之一。

826 步道上最野性的路段，三水线。2020.04.19
从深惠交会处的三杆笔到坪山区的水祖坑，一条近 28 公里长的小径沿着山脊穿行，沿途群山起伏绵延，海景浩渺，是深圳徒步线路中著名的"三水线"——这条要翻过 33 个山头的步道被称为登山爱好者的初级考试线路。

VR全景影像
茅洲河

VR全景影像
罗田水库

VR全景影像
凤凰山

VR全景影像
公明水库

VR全景影像
三洲田水库

罗田水库

终点：
茅洲河入海口

沙井河

茅洲河

公明水库

大头岗

凤凰山

吊神山

长流陂水库

石岩水库

石岩河

阳台山

观澜河

求雨坛

罗租山

铁岗水库

西丽水库

鸡公头

深圳水

VR全景影像
阳台山

西乡河

梅林水库

塘朗山

VR全景影像
铁岗水库

VR全景影像
梅林水库

VR全景影像
石岩水库

VR全景影像
塘朗山

VR全景影像
深圳水库

VR全景影像
梧桐山

VR全景影像
梅沙尖

VR全景影像
马峦山

VR全景影像
坪山河

VR全景影像
田头山

VR全景影像
排牙山

826 步道线路图

━━━━━ 主线

- - - - - 支线

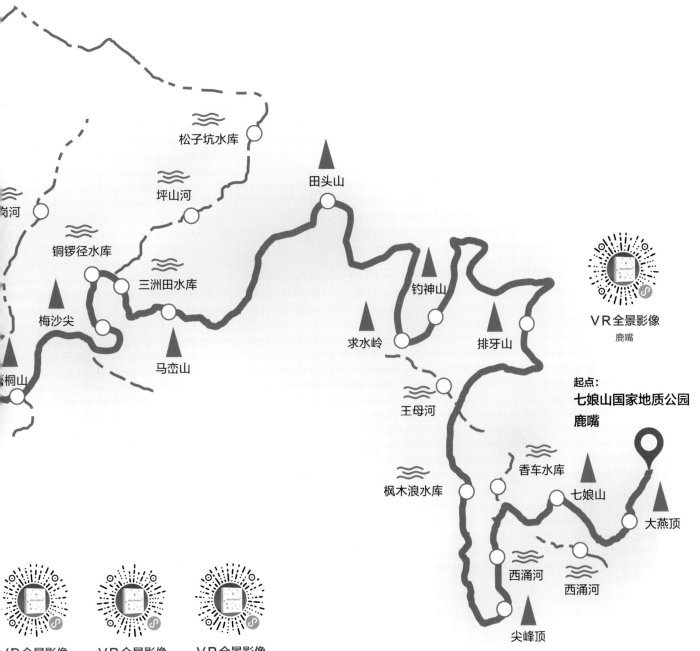

松子坑水库

坪山河

田头山

铜锣径水库

三洲田水库

钓神山

梅沙尖

马峦山

求水岭

排牙山

桐山

王母河

VR全景影像
鹿嘴

起点:
**七娘山国家地质公园
鹿嘴**

枫木浪水库

香车水库

七娘山

大燕顶

西涌河

西涌河

尖峰顶

VR全景影像
龙岗河

VR全景影像
枫木浪水库

VR全景影像
七娘山

"三零原则"下贯通的 826 步道

"三零原则"是 826 步道实现过程中遵循的 3 个基本准则:"水泥步道零增长,生命物种零冲击,生态环境零损失"。

由东向西贯通深圳全境的 826 步道由已有的多种道路组合而成:远足步道、郊野步道、登山道、人行道、古道、绿道、碧道、滨海栈道、市政道、防火道……遵循"三零原则"的 826 步道并不是某一个建造工程,而是依靠专业团队反复行走踏勘后选定线路,辅以标识详尽的指引,再用手作修整工法将各种道路连接贯通的一种生态理念的实现。

826 步道全线配置线上线下指引标识、地图手册、导览解说,将步道的方向、地形、长度、景观、安全度、难易度、生态、物种、交通等信息全面呈现,在低成本、低建造、全程环境友好的理念下建成。

826 步道经过的绿道

绿道是达到一定长度的线形户外活动空间,市民可在其中徒步和骑行。到 2020 年底,深圳已建成 2000 公里以上的绿道,省立、城市、社区三个层级的绿道串联起了全城 300 多个公共目的地。

826 步道经过的碧道

碧道是以水为纽带,以江河湖库及河口岸边带为载体的复合廊道,是以水生态保护与修复为核心的自然生态廊道,也是健身、郊游、研习自然知识的步道。

深圳的碧道分为河流型碧道、湖库型碧道和滨海型碧道三种。

城市绿道中的淘金山绿道。 2019.04.13
深圳的绿道有省立绿道连接东莞与惠州;城市绿道连接城市里的山岭、水库、公园、广场、游憩空间和风景名胜;社区绿道连接居住区绿地。

河流型碧道,坪山河自然博物长廊。
2020.03.28
全长 18 公里的坪山河自然博物长廊从深圳自然博物馆出发,上游连接三洲田,下游进入惠阳,沿线风景优美、物种多样。生态良好的碧道可以连接沿线的生态斑点与生态孤岛,形成动植物自然流通廊道。

826 步道经过的
远足径

七娘山山脊步道。2022.05.27
七娘山是大鹏半岛的主要山脉，山脊连绵起伏，有 7 座 800 米以上的山峰，最高峰 869.6 米，是深圳市第二高峰。七娘山山脊步道穿过高山深谷、密林草甸，沿途可以俯瞰大亚湾、大鹏湾，是 826 步道上难度最大、风景最壮美的线路之一。

826 步道经过的
古驿道

在深圳，已发现的古驿道约有 10 条。

以前的深圳，许多连接山村、渔村和码头的道路是翻山越岭的石板路，这些延续了上百年的驿道是乡村与外部世界交流、贸易、联姻的主要通道。在深圳飞速的发展中，古驿道大多被后来修建的各种道路覆盖，只留下极少数掩藏在人迹罕至的山岭里。石板上布满翠绿的青苔，道路两旁植被茂盛，野花灿烂，鸟鸣虫吟，各种动物活跃其中，留存着良好的生态与历史印记。

高岭老村古道。2013.10.29
废弃碉楼俯瞰把守着蜿蜒而上的石板路。这样幽静的古道，种田捡柴的原住民走过，远去异国求生的侨胞走过，打游击的东江战士走过，古道承载着深圳的历史记忆。

深圳现留存的部分
古驿道

大鹏所城古道
（大鹏古城—坝光　约 5 公里）

西贡石板古道
（西洋尾村—西贡村　约 8 公里）

东涌山林古道
（东涌—新大　约 5 公里）

高岭老村古道
（高岭老村　约 1 公里）

径心坳润楠古道
（大鹏新村—径心水库　约 5 公里）

东马山海古道
（东涌村—马料河　约 8 公里）

金龟古商道
（金龟村—葵涌　约 5 公里）

马峦山乡村古道
（马峦山　约 5 公里）

马水凤沿溪古道
（梧桐山　约 3 公里）

826 步道上的手作步道

在人工修建的步道里，手作步道是一种最"自然"的步道。

在手作步道的修建维护过程中，不动用大型机械，力求"低设施，低冲击"，仅使用可随身携带的刀、锯、斧、镐、铁锹等工具，采用肩挑手作的方式进行建造；就地取材，以现场的石块、倒伏的树木为材料，尽可能减少对自然生境与动植物的影响，充分考虑行走者的安全、便利与健康。

步道的建造过程，也是一个公众参与、研习自然的过程。建造者要了解地质，观察土壤与植被的形成，根据不同生命物种的生境需求，依照地形探讨质朴而有效的工法，从而建立人与自然之间良善的关系。

两山步道，用手作工法修建的步道。2022.05.07
虽为人作，却宛如天成。手作步道就地取材，避免使用会对山林造成伤害的大型机械，降低了对环境与生物的干扰。

参与修建手作步道的志愿者。2022.05.07
手作步道的工艺不是特别复杂，普通市民可以在专业老师的指导下学习施工细节，参与锯木头、削木钉、筑台阶、铺石子、夯实等各个环节，共同在自己生活的城市里留下一条自己修的路。826 步道连接着深圳市民的情感。

梅林山郊野径手作步道。2022.03.03
梅林山郊野径手作步道是深圳最早的手作步道之一。步道以台风过后倒伏的树木为主材铺就，走起来令人感到舒适。

万物同行共生的生态步道

在手作步道的修建过程中，要注意以下几点：

1. 避免把生态良好的天然山地环境与都市环境同等对待，避免将都市中的水泥、花岗岩、木栈道植入山野，也要避免出现规划过度的建造内容与浮夸的景观。

2. 避免使用大型机械进行具有破坏力的工程，避免铺设水泥路，避免对环境造成无法恢复的伤害。手作步道用倒木、土石与落叶铺就，走起来轻松而有弹性，减少了对徒步者的膝盖和脚踝造成的伤害。

3. 尽最大的努力呵护环境，保护动植物。避免砍伐树木，避免过度使用园林植物进行绿化，耗费养护成本。

手作步道让沿途的自然生态与步道融为一体，沿线设立了生态恢复区、具有科学与生态价值的微型保护区，让步道沿线的动植物因步道的贯通而更加丰富活跃。

手作步道是万物同行共生的步道。

碧岭瀑布群步道上的香港瘰螈微型保护区。2021.12.15
香港瘰螈是珍稀的两栖动物，是国家二级保护野生动物。碧岭清澈洁净的山溪，是它们重要的寄居地与繁殖地。

清风手作步道上的自然植物恢复区。2022.03.10
一些步道因为过度的踩踏导致土壤硬化、植被消失。清风手作步道用简单的隔离将路面收窄，设置自然植被恢复区，让土地得到休养，恢复生机。

相信自然的力量，826 步道中的红花岭乡土植物步道。2019.03.16。
2004 年前后，"三九大龙健康城高尔夫球场"对地表原生植物带来了毁灭性的破坏，该项目在 2005 年被叫停。16 年里，在没有人的干扰下，大自然用强大的自我康复力让红花岭成了一个乡土植物园。

深圳的自然步道

自然步道（Natural Trail）是沿途自然景观多样、动植物丰富，同时拥有人文历史与风物民俗背景的步道，好的自然步道兼备休闲健身、舒缓压力和教育研习的功能。

深圳虽然地理面积不大，却是一个背山面海的城市，地形起伏多变，陆地有900多平方公里面积被划入生态保护红线内，拥有超过1000个的大小公园。都市里的人行道，公园里的游览道、健身道，山岭里的绿道、登山道、古道、郊野径、机耕道，河畔、湖边、海滨的碧道、栈道……这些都是领略自然赋予我们的美好，体验生态环境，学习自然知识的步道。

构建一套覆盖深圳全境，相互连接，对环境低冲击、低建造，对生态友善的自然步道系统，是深圳的一个美好之梦、未来之梦。

围绕深圳自然博物馆的坪山自然博物步道（设计图）。
深圳自然博物馆落地坪山区马峦山下，坪山河畔，建成后将成为华南最大的自然博物馆。围绕与连接着深圳自然博物馆，坪山构建了120公里长的自然博物步道。步道沿线的一山一水、一草一木、一虫一兽、一花一鸟，都是天地间珍存和呈现的藏品，各种步道就是参观学习的长廊。

坪山全域自然博物步道
全景系统

博物步道上的自然常识牌。
2020.08.13

深圳的经典自然步道（50条）

* 深圳826步道（七娘山鹿嘴海岸—茅洲河入海口　超过180公里）

深圳湾滨海步道（日出剧场—红树林自然保护区　约10公里）

莲花山自然与历史研习步道（深圳中轴线入口环形　约11公里）

东湖山水步道（东湖公园南门—梧桐驿站　约15公里）

泰山涧沿溪步道（梧桐山主入口—好汉坡顶峰　约6公里）

香蜜公园自然学习步道（香蜜湖自然书吧起始环形　约3公里）

梅林二线步道（白芒—燃气公司　约10公里）

大沙河生态长廊（大沙河入海口—长岭陂水库　约13公里）

华侨城湿地公园自然研习径（华侨城湿地西门—东门　约3公里）

盐田海滨栈道（小梅沙—东和公园　约21公里）

* 东西涌中国最美海岸穿越步道（东涌—西涌　约6.45公里）

西涌天文与观星步道（涌口头—天文台　约4公里）

鹿嘴自然课堂步道（深圳海洋博物馆—鹿嘴　约18.3公里）

鹿雁线国家地质公园步道（鹿嘴—大雁顶　约4公里）

梅林山郊野径手造步道（梅林郊野径入口起始环形　约6公里）

红树林生态公园研习径（红树林生态公园科普馆起始环形　约5公里）

半天云古村步道（南澳—半天云村　约11公里）

* 大坝百年古道（大鹏古城—坝光　约6公里）

* 七娘山主峰山脊步道（七娘山地质博物馆—鹿嘴　约13公里）

* 排牙山登山径（坝光—核电站　约10.14公里）

三水线登山径（三杆笔—水祖坑　约18公里）

大鹏儿童友好型步道（深圳昆虫科学馆环形起始　约3.6公里）

锣鼓山郊野公园步道（王桐山村—较场尾　约8.54公里）

* 西贡客家风物古道（西洋尾村—西贡村　约10.6公里）

* 金葵古商道（大鹏葵涌—坪山金龟　约9公里）

碧岭瀑布群步道（马峦山郊野公园西北门—云海谷　约3.06公里）

红花岭乡土植物研习径（庚子首义旧址起始环形　约8公里）

金龟自然教育步道（金龟自然书房起始环形　约5公里）

自然学校与自然步道

2010 年后，深圳开始致力构建完备的自然教育体系，逐渐设立了一批自然学校和自然教育中心，引导公众走进自然，研习自然知识，参与生态环境保护活动。

通常，自然学校和自然教育中心都会建立在一个相对良好的自然生境中，大部分学校和中心都同时拥有"五个一"：一间教室，一支教师队伍，一套教材，一组量身定制的活动方案和课程，一条独具特色的自然知识研习步道。

福田红树林生态公园自然学校。2017.05.11
福田红树林生态公园是国内第一家由民间环保机构托管的湿地公园。红树林基金会 (MCF) 受托管理生态公园，将日常综合管理、生态环境保护和自然科普教育相结合。公园里不仅有自然学校、自然步道，还有自然展馆。

深圳市已获命名的自然学校

（数据截至 2020 年 12 月）

华侨城湿地自然学校

仙湖植物园自然学校

深圳市生态监测自然学校

洪湖公园自然学校

福田红树林保护区自然学校

福田红树林生态公园自然学校

深圳湾自然学校

园博园自然学校

沙头角林场自然学校

香蜜公园自然学校

海上田园自然学校

观澜湖生态体育园自然学校

塘朗山郊野公园自然学校

青青世界自然学校

梧桐山风景区自然学校

仙湖植物园研习径（仙湖植物园入口起始环形　约 12 公里）

红树林自然保护区自然研习径（实验区与缓冲区内　约 10 公里）

南科大自然步道（校园 3 号门起始环形　约 6 公里）

深圳大学自然步道（校园文山湖起始环形　约 6 公里）

阳台山自然步道（游客服务中心—高峰水库　约 9 公里）

凤凰山森林公园步道（凤凰主入口—西乡黄麻布—福永虎背山　约 10 公里）

* 内伶仃环岛步道（保护站起始环形　约 12 公里）

石岩湖环湖步道（石岩汽车站—石岩湿地公园　约 20 公里）

光明湖环湖步道（滑草场游乐园—观光路　约 6 公里）

龙华环城绿道（大浪文化公园—阳台山森林公园东门　约 17 公里）

茅洲河沿河步道（茅洲河入海口—广深公路　约 12 公里）

坪山自然博物长廊（马峦山郊野公园西北门—水祖坑公园　约 36 公里）

禾雀花步道（黄竹坑村—庚子首义旧址　约 8 公里）

坪盐赏梅步道（径子村—小梅沙　约 11 公里）

马峦山自然笔记步道 [马峦山郊野公园（北门）—土地庙　约 4 公里]

坪大诗歌步道（土地庙—溪涌自然教育中心　约 8.5 公里）

坪山中心公园自然艺术步道（坪山中心公园雕塑群—中心公园树冠长廊　约 4 公里）

坪惠湿地步道（坪山河湿地公园—青竹五路　约 7 公里）

聚龙山自然观察步道（聚龙山生态公园南门—聚龙山生态公园北门　约 12 公里）

江岭相思步道（江岭小区—玫瑰海岸　约 13.5 公里）

大山陂科普步道（泰和塔—坪山公园　约 9 公里）

两山手作步道（山海农场—横坑果场　约 12 公里）

特别提示：
以上步道须在沿线公共设施与标识指引下行走；
以上步道标有 * 的线路为没有完善公共设施与标识的线路，需要在专业人士的引导下行走；
为了个人安全，避免动用公共资源救助，不建议在没有专业人士引导下行走无完善公共设施与标识的线路。

下编
PART TWO

万物共生

The Co-thriving
of All Creatures

深圳自然博物百科
SHENZHEN NATURAL HISTORY
ENCYCLOPEDIA

第六章
CHAPTER SIX

哺乳动物、两栖爬行动物与淡水鱼

MAMMALS, AMPHIBIANS, REPTILES AND FRESHWATER FISHES

深圳的哺乳动物

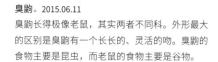

全球约有 6500 种哺乳动物，中国是世界上哺乳动物物种最丰富的国家之一。位于中国南部的深圳，山野里曾经游荡着华南虎、云豹、赤狐这样大型的陆生哺乳动物；海湾里曾经游弋着抹香鲸、中华白海豚等海洋哺乳动物。随着环境的变化和人为的影响，一些大型哺乳动物，像华南虎、云豹，已完全消失，幸存的野猪、猕猴也比较少见。

依据 2020 年出版的《深圳市陆域脊椎动物多样性与保护研究》及深圳各地观察和目击记录，深圳有哺乳纲动物 9 目 21 科 44 属 67 种。深圳的陆生哺乳动物大致可以分作三类：飞行性哺乳动物，即蝙蝠；体长小于 30 厘米的小型哺乳动物，大都是小型的鼠类；体长大于 30 厘米的哺乳动物，有野猪、猕猴、豹猫等。

在生态系统里，哺乳动物多样性水平的高低、种群的存在与消失、繁盛与萎缩，是生态系统是否健康的重要标志。

臭鼩。2015.06.11
臭鼩长得极像老鼠，其实两者不同科。外形最大的区别是臭鼩有一个长长的、灵活的吻。臭鼩的食物主要是昆虫，而老鼠的食物主要是谷物。

御敌高手豪猪。2011.11.26
豪猪生活在人迹罕至的密林里，身上长着粗直的黑色和白色棘刺，像一根根细箭，坚硬而锐利，遇到天敌时，身上的棘刺会迅速直竖起来，成为防御的利器。

会飞的哺乳动物，聚集在蒲葵叶片下的犬蝠。2020.02.17
深圳记录到的哺乳动物中，蝙蝠是有飞翔能力的哺乳动物，昼伏夜出，白天隐藏在一些废弃老屋、地下工事、天然山洞里或植物的叶片下，夜里出来觅食。

哺乳动物的观察：猕猴

哺乳动物因为能用乳腺分泌出来的乳汁养育下一代而得名。它们的特点是用肺呼吸, 恒定的体温, 胎生, 后代有较高的成活率, 是躯体结构、功能和行为复杂的高级动物类群, 在智力和对环境的适应上远远超过其他野生动物。

◀纪录长片▶
《孤岛食堂》

脑容量大。哺乳动物有更好的思维能力, 这一点在灵长类动物（如猴子、猩猩）中特别明显。因为拥有发达的大脑, 哺乳动物有比其他动物更复杂的行为, 更会学习。

哺乳动物身体表面一般都长有由角蛋白组成的毛发, 毛发有保护、保温、触觉、求偶的功能。

狝猴是典型的胎生哺乳动物。胎生是高等哺乳动物的最显著的特征之一。受精卵在母体子宫内发育, 依赖母体提供的营养发育, 直至胎儿发育成熟, 由母体产出。

哺乳动物母体的乳腺能分泌乳汁哺育胎儿, 乳汁富含脂肪和蛋白质。育幼增强了后代对环境的适应能力, 提高了成活率。

高等哺乳动物通过代谢产生热量, 借助保温（体毛）和散热降温（排汗）, 将体温维持在一个高而恒定的水平, 以适应复杂多变的气候环境。

猕猴，深圳人的"亲戚"

◀纪录短片▶
《生命之盐的传递》

猕猴是深圳境内野生种群数量最大的灵长类哺乳动物。仅在内伶仃岛，猕猴的种群数量就超过1000只。在这个星球上，除了人类，猕猴是分布最为广泛的灵长类动物，热带、亚热带和温带都有它们出没的身影。

我们人类是进化程度最高的灵长类，猕猴的基因与人类的基因相似度为97.5%，如果说黑猩猩是人类的"近亲"，那么猕猴可以说是人类的"远戚"。大约2500万年前，猿猴祖先分离形成猴科和类人猿，这次分道扬镳让人与猴进化到了不同的境地。

猕猴生理上与人类接近，已成为医学、生物学、心理学的主要试验动物。和人一样，猕猴是适应性强大的社会性动物，也因此成为研究人类基本行为逻辑的模型和探索人类祖先社会形态的对象。

在中国的《国家重点保护野生动物名录》中，猕猴被列为国家二级保护野生动物。在《中国濒危动物红皮书：兽类》中，猕猴被列为易危种。

聪明的同族。2011.12.22

灵长类动物中的猕猴、猩猩和人类，脑袋和身体的比例比其他动物要大，脑袋里用来"思考"的大脑也特别大。思维力让哺乳动物的行为方式比其他动物更复杂，具有通过"学习"适应环境的能力。

猕猴的表情

在深圳，猕猴是最善于用表情表达情感的野生动物之一。它们和人一样，喜怒哀乐，溢于言表。

好奇。2014.09.09
猕猴是好学的动物，可以模仿人的动作。

欢乐。2014.09.09
和人类一样，年幼的猕猴总是无忧无虑、没心没肺的模样，时时刻刻都在嬉戏打闹。

警觉。2018.04.29
除去巨蟒之外，内伶仃岛上的猕猴基本上没有天敌可以伤害它们，它们的敌意常常是对着其他猴群而发。

恐吓。2018.04.29
猕猴用张嘴、露齿发出威胁恐吓，有时还会四肢直立，尾巴翘起。

友善。2016.03.01
正在招呼同伴的猕猴。猴子们常见的友好行为是相互梳理背部、头部等自己难以梳理的部位。

世界上最拥挤的居住地

正像深圳是世界上人口密度最大的城市之一，内伶仃岛是世界上猕猴分布密度最大的栖息地之一。深圳人口的增长来自全国各地的移民，内伶仃岛上猕猴的增长来自种群的繁衍。

中山大学的学术团队持续 30 多年对内伶仃岛野生猕猴种群数量进行观察与监测，记录到猕猴数量的年增长率是 7.3%。种群从 1984 年的 5 群 (约 200 只) 增长到了 2018 年的 27 群 (约 1000 只)。

孤悬于海的岛屿上食物充足，高大的树木、密集的丛林可以藏身，山谷里的平台、海边的礁石可以栖身玩耍。内伶仃岛上有维管植物 600 多种，猕猴能吃的有 200 多种，加上鸟蛋、昆虫、蚯蚓，食源非常丰富。除去数量极少的蟒蛇，岛上没有猕猴的天敌。最重要的是，国家级自然保护区为它们提供了特别安全的生境。

树上生活带来的改变。 2018.04.30
森林为猕猴的生存提供了丰富的食物，浓密的树冠和树的高度减少了被天敌发现并追捕的可能。树上的生活改变了灵长类的生理构造，形成对握的手指、立体的视觉和发达的大脑。

遍地是餐馆。 2018.04.29
怀孕的母猴在吃蔓生莠竹。猕猴取食最多的是叶子和果实，其中最喜欢、吃得最多的是布渣叶树的果实。猕猴是杂食性动物，以树叶、嫩枝、野菜等为食，也吃小鸟、鸟蛋、各种昆虫，甚至蚯蚓。猕猴遇到好吃的东西，就会暂时储存在颊囊里，腮帮子会鼓出来两个肉球。

基因变异的白化猕猴。 2018.05.26
白化，是猕猴的基因突变而引起的遗传疾病，出现的概率是十万分之一，非常罕见。由于地理的隔离，内伶仃岛上的猕猴遗传背景单一，与其他地区的种群几乎不存在基因交流，种群遗传多样性低于大陆种群。

手脚一般长。 2018.04.29
它们的前肢与后肢大约同样长，拇指能与其他四指相对，可以灵活抓握东西。和人一样，猕猴也有指纹，而且每只猴的指纹都不一样。猕猴的指纹是椭圆纹，人的指纹更复杂，有斗形纹、弓形纹和箕形纹。

深圳版的 "母系社会"

内伶仃岛上的猕猴族群是高智商的母系多夫多妻型社会。

作为群居动物，内伶仃岛上的1000多只猕猴组成了20多个部落，一般来说，猕猴群中"男少女多"，群中年幼的雄性会在性成熟前离开出生群，避免近亲繁殖。雌性始终留在群中，成长、生子、育儿，终老一生。以母女关系和姐妹关系为基础的群落构成了猕猴的母系社会。

虽然是母系社会，雄性猴王依然存在。那些离开出生猴群的青少年雄性经过一段时间的独立生活后，成长为身强力壮并且性情凶猛的成年雄猴，它们是各个猴群雄性猴王的竞争者。每年11月前后，猕猴进入发情期，成年雄猴们不再臣服于老猴王，围绕着各个猴群发生一段时间激烈的混战，胜者成为新一任猴王。

这种周期性的竞争使得雄性猴王被外来雄猴替代，不管如何"城头变幻大王旗"，固守的母猴始终是主心骨，是一个猴群母系社会稳定的标识。女儿和母亲永远在一起，世袭了母亲的地位和领地，高等级雌性才是无冕之王。

母后的风范。2021.05.01
猴群中地位最高的母猴和她的孩子。内伶仃岛上的母系社会有着严格的等级关系，子随母贵，与父亲是谁毫无关系。高地位母猴的子女一般地位也高，对地位较低的成年公猴都敢呵斥欺负。

新上位的猴王。2021.04.30
所有身强力壮的年轻雄猴，都有一个图谋猴王位置的梦想。经过斗智斗勇得到王位后，也得到了领导族群、优先享受美食、可以和群中所有雌性交配的权力。当然，和其他族群发生战斗时，猴王会冲在最前面，也最后撤离。

雄性猕猴的选择

尽管都是灵长类动物，但猕猴和人类的择偶标准不同。

内伶仃岛上的猕猴社会里，雄性猕猴择偶时不会首选年轻雌猴，一般雄猴对年轻雌猴并不感兴趣，即使少女猴主动靠近邀配，也很少能引起公猴们的"性"趣。公猴们的眼珠总是跟着中老年母猴转，尤其是带子女的母猴发情时，会引起群内公猴们的追捧。

这是因为第一次发情的年轻雌猴往往仍处于青春期不孕阶段，即使交配也无法受孕，对雄猴来说耗费体力而没有结果。另外，少女猴没有养育子女的经验，孩子的死亡率非常高，而中年雌猴有产子育子能力，可保证雄猴基因的延续。

内伶仃岛保护站里，走失的幼猴和鸽子。
2008.09.07
猕猴和一些动物有利益相助的关系。猴子在树上移动时常常惊起蛰伏的昆虫，方便鸟儿发现食物，一些鸟儿会跟着猴群移动。

内伶仃岛上的等级

在内伶仃岛，以雌性为主体的母系社会当中，猕猴之间有着严格的等级制度。

雌性猕猴的等级十分稳定，通过继承来获得。一般来说，女儿继承母亲的地位，排在母亲之下，通常终身不变。雄性的等级并不稳定，要通过社交、自身强悍的身体素质和战斗能力来争取。

特别有意思的是，当一只雌猴和雄猴在一起时，往往是雄猴的等级更高。当群猴在一起时，雄猴的地位就会下降，雄猴对雌猴唯唯诺诺，对雌猴宠爱呵护的幼猴也客客气气。即使是雄性猴王，一旦触怒了雌猴，两三只雌猴联手就能把猴王赶走。

不只是理毛那样简单。 2018.04.29
理毛是猕猴最常见的社交行为，相互理毛的第一个功能是取出皮肤上的寄生虫和毛上的虫卵皮屑等污垢。相互理毛还可以建立联盟、缓解矛盾、吸引异性。

早熟的青春。 2016.03.01
雌猴 2.5—3 岁就性成熟，雄猴 4—5 岁性成熟，最早在 6—7 岁时开始参与交配。一般 3 年生 2 胎，每胎产一仔。在内伶仃岛这样衣食无忧、安全的环境里，猕猴的平均寿命在 25—35 岁。

猕猴的家族。 2016.03.01
猕猴是群居动物，群居有助于它们捍卫领地，保护幼仔。作为深圳最聪明的野生动物，猕猴可以在种群中进行复杂的交流。

野猪，山岭里的忍者

野猪是深圳体形最大的野生动物。体格健壮、四肢粗短的野猪有一个超好的胃口，植物的枝叶、根、果实，动物中的昆虫、鸟蛋，甚至毒蛇，都在野猪的食谱里。

野猪的生存能力特别强。在深圳，其他大型野生动物急剧减少，有的大型哺乳动物像华南虎、云豹都已经消失了，野猪依然顽强地出没在城市中心的丛林里。

其实，在遥远的岁月里，野猪是一种非常凶悍的动物，除去老虎和狼之外少有天敌。雄性野猪在树桩、岩石上反复摩擦它的身体，把皮肤磨成了坚硬的铠甲。它们发达的犬齿，也就是大獠牙，是具有杀伤力和威慑力的利器。如今，在都市夹缝中生存的野猪已胆小如鼠，一见到人就狂奔而逃。高智商的人类用弓箭、兽夹、陷阱、枪弹捕杀野猪，已经把恐惧深深嵌到了野猪的基因里。

独居和群居。2018.06.05
野猪群中，雄性通常在发育成熟后离开群体独居，只在发情期才会加入猪群。幼猪大都由母猪带大。野猪很少主动攻击人，母猪在育儿期间呵护幼猪时，会特别凶悍。

留存的特征。2018.06.05
幼年的小野猪身体上布满条纹和斑点，在杂草丛中是非常好的保护色。有些刚生下来的家猪仔也保留了这个特征。

红外相机镜头下的野猪。2018.06.05
强大的环境适应力，让野猪可以栖息在山地、丘陵、荒漠、森林、草地和丛林间，其栖息地跨越了寒带、温带和热带。

◀纪录短片▶
《塘朗山里的"猪坚强"》

豹猫，都市边缘的灵兽

中国有 12 种野生猫科动物，生活在深圳的只有一种——豹猫。在适宜的栖息地上，豹猫常常是数量最多、密度最高的野生猫科动物，远远超过虎、豹、狮和猞猁。

◀ 短视频 ▶
《红外相机里的豹猫》

适应性极强的豹猫曾经在中国大地上广泛分布，多年来，人们为获取它们美丽的皮毛，为了口腹之欲，没有节制地猎杀它们。这样种群灭绝式的捕杀，把豹猫推到了濒危的边缘。

如今，豹猫已被列入《华盛顿公约》CITES II 级保护动物、《中国濒危动物红皮书》易危动物。2021年2月，豹猫被列入国家二级保护野生动物。

豹猫是适应了城市化的动物之一。如果我们依然能在都市四周看到它们出没的身影，和它们愈来愈多地相遇，那证明我们生活在一个相对良好的生境里。

塘朗山上的明星

2017 年 5 月，安放在塘朗山的红外自动相机拍到了豹猫，分别是两只不同个体。在被密集的道路网和高楼大厦隔离的塘朗山里，发现豹猫的独立种群，引起国内数十家媒体的密集报道。一时间，这两只在红外相机里露了几秒钟脸的豹猫名扬全国。

豹猫这样的食肉类哺乳动物处于食物链较高的等级，是衡量生态指标的关键物种。这样的热议背后，是现代都市对良好生态环境的渴望。

黑夜里的光点。
2016.08.04
豹猫习惯昼伏夜出，是典型的夜行性动物，很少在白天活动。豹猫的眼睛和许多猫科动物一样，夜晚会发亮。

猎捕白鹭的豹猫。2010.10.04
豹猫是全能的猎手，在细长的树枝和棕榈叶上如履平地，可以在地面和草丛中搜寻猎物，也可以在浅水中觅食，是游泳健将，能轻易地游过河流和小湖。在福田红树林自然保护区和华侨城湿地，都发现了豹猫群体。豹猫和家猫的区别之一就是不怕水，喜欢游泳。

蝙蝠，飞翔的哺乳动物

每当夜幕降临，就有一些黑色的身影像鸟一样急速掠过低空，闪转腾挪，这就是昼伏夜出的蝙蝠。蝙蝠是深圳种数最多的哺乳动物，在 2015 年深圳野生动物调查中，记录到陆地野生哺乳动物 50 种，其中蝙蝠有 24 种，接近总数量的一半。

蝙蝠是真正演化出飞翔能力的哺乳动物，外形像鸟一样的蝙蝠可以胎生与哺乳。

中华菊头蝠。2019.10.03
蝙蝠拥有哺乳动物中最强的免疫系统。蝙蝠身上被压制的病菌会出现变异，让病毒变得更强大。不断强化的病菌被传播给其他野生动物，再由其他野生动物传播到人类。减少野生动物栖息地的侵扰、杜绝野生动物交易，和野生动物保持距离，对防止传染病的发生至关重要。

废弃军事坑道里群飞的小蹄蝠。2018.04.30
深圳从前修建了许多军事工事，今日一些偏远的废弃工事成了蝙蝠的聚集地。蝙蝠昼伏夜出，是和人类特别疏远的动物。

独特的飞行器官，吃笔管榕果的犬蝠。2019.04.19
蝙蝠独特的飞行器官是翼手，从前肢演化而来，由修长的爪子之间柔软而坚韧的皮膜构成。

"偷窥"镜头里的主角

在高度都市化的深圳，接近一半的土地，已被纵横交错的道路和钢筋水泥楼房占据，人类是这个川流不息、日夜喧闹的城市里的主角。

大部分野生哺乳动物，天性不适应都市，惧怕人类。它们昼伏夜出，小心而警惕地隐身在自然保护区、人迹稀少的山岭和城市公园里。红外相机的广泛使用，"偷窥"式的监测让它们在不受伤害侵扰的方式下留下影像，让我们了解到它们的生活习性，这些基础数据为提升深圳的生物多样性保护提供了依据。

红外相机里的赤麂。2020.07.11
赤麂是深圳唯一的野生鹿科哺乳动物。20 世纪 90 年代后没有目击者记录，人们一度认为赤麂已在深圳消失，近两年红外相机记录到了它们的身影。

◀ 短视频 ▶
《红外相机里的赤麂》

◀ 短视频 ▶
《红外相机里的猪獾》

◀ 短视频 ▶
《红外相机里的食蟹獴》

红外相机里的食蟹獴。2020.03.05
食蟹獴是獴科哺乳动物。监控记录中的食蟹獴大多在人迹罕至的溪流周边出现，喜欢吃淡水生境中的溪蟹。它行动机警敏捷，是为数不多在白天活动的野生哺乳动物。

红外相机里的猪獾。2020.03.03
猪獾是鼬科哺乳动物，遇到危险时发出的吼声像猪，寻食物时也喜欢抬头用鼻嗅闻，以鼻子翻掘泥土。猪獾是夜行性动物，加上数量稀少，在深圳非常难见。

倭花鼠的一天与四季

清晨或黄昏，是倭花鼠最活跃的时候，它们在树上奔窜，有时会跑到地面。公园里高大的树木是它们的最爱，它们在树杈或是树洞里筑巢过夜，可以躲避地面的天敌，又方便觅食。深圳属于热带边缘，一年四季各种花开不断，为倭花鼠提供了充足的花蜜。

白天，倭花鼠花一半的时间觅食，一半的时间嬉戏歇息。倭花鼠没有颊囊，不能临时储存食物，每隔一会儿，就要出来寻找食物。

春暖花开的季节，发情的倭花鼠会在树上四处奔窜、嗅闻，并留下自己的气味。通过仔细辨认气味，倭花鼠能发现异性的信息，相遇的双方，也是通过互相嗅闻问候，表达意愿，在相互追逐嬉戏中完成交配。

◀ 纪录短片 ▶
《倭花鼠的四时与四季》

倭花鼠啃食白花油麻藤的果实。2017.05.11
倭花鼠属于啮齿动物，门齿发达，但没犬齿。吃东西时喜欢用前足捧住食物，用门齿啃食，然后用臼齿快速地咀嚼。

205

海洋哺乳动物

海洋哺乳动物每次在深圳近海出现，都会成为媒体热议的新闻，众人瞩目的事件。

大约 6500 万年前，第五次物种大灭绝带走了地球上的爬行霸主恐龙，哺乳动物从此崛起，成为新的霸主。大多数哺乳动物生活在陆地上，也有极少数特立独行，返回海洋。在漫长岁月的演化后，海洋哺乳动物成为用肺呼吸、用母乳抚育下一代的地球上体形最大的动物，占据着海洋食物链的顶端。其实，历史上深圳近海曾是海洋哺乳动物的乐园，鲸鱼和海豚是常见的海洋生物。

1937 年 7 月，香港《工商日报》报道告诫："大亚湾每届日光熹微之际，常有鲸鱼出没海面，是以大小渔船咸具戒心。"

1980 年之后，深圳近海的鲸鱼日渐稀少，记录到的海洋哺乳动物不到 10 种。

◀纪录短片▶
《邂逅点斑原海豚》

◀纪录短片▶
《送别抹香鲸》

2018 年 6 月 25 日，在大鹏湾记录到热带点斑原海豚。
热带点斑原海豚是国家二级保护野生动物。海豚的眼睛都不大，觅食和避敌主要靠灵敏的回声定位系统。

2017 年 3 月 12 日，救助人员拆除抹香鲸身上缠绕的渔网。
大亚湾出现的抹香鲸是深圳近年里记录到的体形最大的野生动物，身长 10.78 米，体重 14.18 吨，和一辆大型卡车差不多大。抹香鲸是国家一级保护野生动物。

呼吸中的抹香鲸。2017.03.12
抹香鲸喷出来的不只是水，还有它体内的废气。在小说和电影里，抹香鲸有太多的传奇，大多数深圳人认为它是一个远洋里才会出现的巨兽，没有想到它会来到深圳。抹香鲸长着一个箱形的大脑袋，小眼睛视力微弱，依靠"回声定位"听觉系统来探查环境和猎食。

鲸鱼嘴巴里清理出的渔网。
这头抹香鲸被发现时身缠渔网，虽然经过多方营救，抹香鲸还是没有躲过死亡的命运。

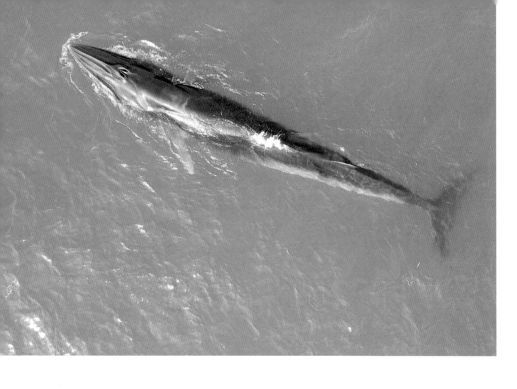

◀纪录短片▶
《鲸问》

庞大的体形。2021.07.16
出现在大鹏湾的布氏鲸长 8 米左右，还未成年。成年的布氏鲸身长超过 10 米，重量超过 10 吨，也就是 2 万斤。海洋哺乳动物庞大的体形可见一斑。与深圳的陆地哺乳动物相比，体形最大的野猪也没有超过 500 斤。

改变了深圳的"小布"

2021 年 6 月 29 日，一头布氏鲸在深圳大鹏湾出现。8 月 30 日，这头布氏鲸在鹅公湾深港交界海域死亡。

这头远道而来的鲸鱼创造了多项纪录：是深圳建市后记录到的最高等级的海洋生物；是在深圳海域停留时间最长、最健康、活动最多、社会影响最大的海洋哺乳动物；来自全国的科研团队第一次在大鹏湾系统地采集到了野外大型鲸类潜水、捕食的行为数据。

布氏鲸是中国国家一级保护野生动物，这头被深圳人取名为"小布"的鲸鱼，不仅给深圳带来了"观鲸热"，也给深圳带来了深度的思考与行动：从政府到民间，开始更多地关注海洋生态的变化，发现海洋生态变好给深圳带来的新机遇，尤其是酝酿多年的大鹏湾、大亚湾全年全域禁渔也开始提上日程。

大嘴吃四方。2021.07.16
和抹香鲸不同，布氏鲸是一种须鲸，没有牙齿，只有鲸须，像人类的指甲一样坚韧。每次捕食时张开大口，把海水连同小鱼小虾一起吞下去，再把海水从鲸须间挤出去，把食物留在嘴里。

露出海面的鳍（qí）。2021.07.16
和庞大的身躯比较，布氏鲸的鳍显得特别小，形状像一把镰刀。

特有的喉腹褶。2021.07.16
布氏鲸上半身粉红色的部分是喉腹褶，捕食时展开，可扩大嘴巴的容量。

深圳的两栖动物

3亿多年前，一些鱼从海洋一点一点尝试着踏上陆地，它们能在水中觅食，遇到危险时，还可以逃到完全没有天敌的陆地上。后来，这些"鱼"逐渐演变成了两栖动物。两栖动物是第一批踏上陆地的脊椎动物。

不同种类的两栖动物有着不同的外形和习性，但有一些共同的特征：体温会随着外部环境温度的变化而变化；身体表面湿润，没有任何毛发或鳞片。最典型的是它们的生活史要涵盖两个截然不同的阶段：幼体生活在水中，用鳃呼吸，成体长出肺和腿，可登上陆地，用肺和皮肤呼吸，最后，要返回水中繁殖。

2020年出版的《深圳市陆域脊椎动物多样性与保护研究》记录了两栖纲动物2目10科21属26种，其中本土两栖动物共22种，还有一些外来和入侵物种，有非洲爪蟾、牛蛙、温室蟾，大多来自市民放生。

到2021年9月初，全国有记录的两栖动物591种，深圳的种数占到全国的4.4%。

◀纪录短片▶
《蝌蚪成长记》

◀纪录短片▶
《撩妹的艰辛》

蛙的观察

眼睛
凸出的眼珠视野特别开阔。

后腿与脚蹼
蛙的后腿有强大的弹跳能力，大部分脚掌上有蹼，善游泳。

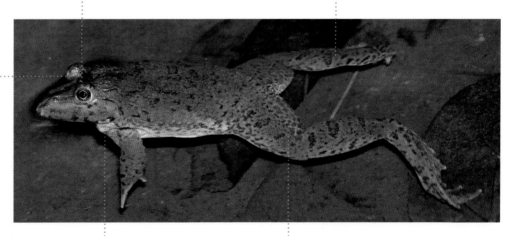

鼓膜
眼睛后的鼓膜是蛙的听觉器官，可以捕捉到细微的声波，可以判断蛙鸣中传递的不同信息。

声囊
声囊是雄蛙专有的，长在口角两侧，薄而富有弹性，当蛙鸣叫时可逐渐鼓起，有共鸣箱的作用。

皮肤
蛙用肺来呼吸，但气体交换率低，需要用湿润的皮肤辅助呼吸。

蛙的生命周期

抱对中的黑眶蟾蜍。
2019.05.30
两栖动物要经过变态发育，从卵到蝌蚪，幼蛙再到成蛙。

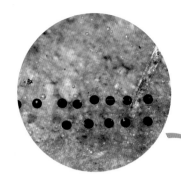

黑眶蟾蜍黑珍珠一般的卵。2019.06.11
大多数蛙和蟾蜍在水中或近水的地方交配，产下一串串或一团团的卵，卵孵化后成为蝌蚪，黑眶蟾蜍每次可产卵数千颗，像一串串念珠，黑色卵包裹在透明的胶质印带中。

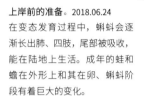

上岸前的准备。2018.06.24
在变态发育过程中，蝌蚪会逐渐长出肺、四肢，尾部被吸收，能在陆地上生活。成年的蛙和蟾在外形上和其在卵、蝌蚪阶段有着巨大的变化。

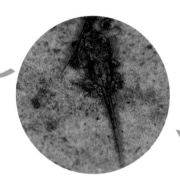

刮吃藻类的蝌蚪。2017.04.08
刚孵化出来的蝌蚪，身体呈纺锤形，没有四肢，用鳃呼吸，靠体内残存的卵黄供给营养。再长大一点，嘴巴出现，开始进食。

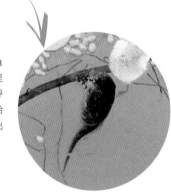

香港瘰螈，娃娃鱼的远亲

香港瘰螈是在香港发现的小型两栖动物，主要分布在香港、深圳、惠州。香港瘰螈是娃娃鱼——大鲵的远亲，是深圳唯一的有尾两栖动物。

香港瘰螈生活在山涧清澈洁净的小溪中，对水质要求高。它们在水底游动灵活，上岸后却行动迟缓。香港瘰螈的皮肤密布血管，它们除用肺呼吸外，也可以用皮肤在水中"呼吸"，这可以让它们长时间躲在水底，不用浮出水面。

与蛙类似，香港瘰螈也是变态发育，从卵到幼体、亚成体，再到成体，也算是"螈大十八变"。与蛙类不同的是，瘰螈们在成年后仍然留着尾巴，而蛙类的尾巴则会消失。

繁殖季的香港瘰螈。2020.10.23
香港瘰螈的背部是暗淡的棕褐色，皮肤上长满褶皱和凸起的疣粒，从空中看，与溪水里的泥沙、岩石、腐叶融为一体，是有效的保护色。香港瘰螈的腹部艳丽醒目，布满橙色的斑点和条纹，在繁殖季节会展示给求偶对象。

近危的两栖动物。2020.10.23
因为溪流的污染、生境的破坏，香港瘰螈的数量正逐渐减少。香港瘰螈现为国家二级保护野生动物。在《世界自然保护联盟濒危物种红色名录》中的保护级别为"NT"（近危）。

香港瘰螈的卵。2020.10.18
每年10月到次年3月是香港瘰螈的繁殖季节。选择在秋冬季产卵是因为这个季节深港两地降雨最少，卵和幼体不容易被山洪冲走。雌性的瘰螈在产卵时会用两片相近的草叶子把卵包裹起来。

蛙，歌声中的婚礼

大部分蛙是独居者，只有在求偶的繁殖季，各种蛙才会聚集在近水的地方。几乎所有的蛙都在夜里举办"婚礼"，黑暗中，蛙的鸣叫在寻找配偶、完成交配的整个过程中起着至关重要的作用。

一开始，雄蛙并没有明确的追逐对象，它们先发出一声接一声的呼唤，在一片混乱、嘈杂甚至轰鸣的叫声中，清晰地传递出自己的征婚信息：性别、位置，尤其是自己的物种——这一点非常重要。夏日的夜晚，周围有许多种蛙正在同时举办婚礼，不同频率的叫声可以区别开种类，避免入错洞房，也避免了浪费彼此的时间和精力。

挑剔的雌蛙开始接近它选中的雄性，选择的标准不是房子、车子和存款，而是声音，判断对方的声音是否有力、持久、响亮。雄蛙竭尽全力的鸣叫其实蕴含着巨大的勇气，毕竟，传到很远的叫声同时也会招来猎食的天敌。

王老五抢亲，斑腿泛树蛙两雄争抢一雌的场景。
2012.05.16
斑腿泛树蛙雌雄的比例悬殊，雄蛙之间抢夺配偶的竞争特别激烈。

◄纪录短片►
《斑腿泛树蛙的婚礼》

上错花轿选错新娘。 2018.03.28
抱对是蛙和蟾在产卵前必不可缺的繁殖行为。本能的驱动是如此强大，情急之下，雄性斑腿泛树蛙把泽陆蛙抱在怀里。

抱对：温馨的繁衍姿态

两蛙相悦后，雄性的鸣叫会戛然而止。它爬到雌性的背上，用前肢圈围着雌蛙，这个温馨而浪漫的姿势被动物学家称为抱对。

随后，两只蛙会拥抱着找寻合适的产房，其间最闹心的是，不断有第三者骚扰，试图抢夺雌性，让这段姻缘备受体力和智力的考验。此时，雄蛙发出的鸣叫已是愤怒和警告。

绝大部分蛙是体外排卵受精，蛙会尽量把卵产在水中和近水的地方，可以让孵化出来的蝌蚪直接在水中生活，随后，蝌蚪长出四肢和肺，尾巴被吸收，开始登上陆地活动。

成年后的雄蛙开始鸣叫求偶，新一轮的生命又开始了。

‖‖‖ 音频 ‖‖‖
《花狭口蛙的鸣叫》

放大了的咆哮。2018.06.11
雄性花狭口蛙求偶时，气体通过声带引起声带振动而产生声音，再通过声囊放大传出。

‖‖‖ 音频 ‖‖‖
《华南雨蛙的鸣叫》

蛙类的颜值担当——华南雨蛙。2019.04.19
深圳的蛙中，华南雨蛙皮肤光滑翠绿，比其他蛙要悦目耐看。

斑腿泛树蛙的产房。2011.05.07
斑腿泛树蛙会选择溪流和水塘上方的树和灌木作为产房。雌蛙会分泌黏液，它们一起用后肢搅拌黏液，注入空气，形成气泡。雌蛙开始在气泡里产卵，雄蛙同时排出精子，在体外结合成受精卵。卵泡是树蛙后代的保护壳。

‖‖‖ 音频 ‖‖‖
《刘氏掌突蟾的鸣叫》

刘氏掌突蟾的"电报"声。2018.06.02
刘氏掌突蟾是 2014 年深圳陆生野生动物资源调查中发现的新物种，分布在珠三角东部区域。鸣叫像"嘀嘀嘀"的电报声。

‖‖‖ 音频 ‖‖‖
《斑腿泛树蛙的鸣叫》

沼水蛙的"狗叫声"。2018.10.04
沼水蛙白天隐藏在草丛、洞穴或石缝中间，夜幕降临时，沼水蛙出来觅食、求偶。繁殖季节到来，雄性沼水蛙发出音似"gou gou"的叫声，因此又被人叫作水狗。

‖‖‖ 音频 ‖‖‖
《沼水蛙的鸣叫》

‖‖‖ 音频 ‖‖‖
《饰纹姬蛙的鸣叫》

饰纹姬蛙的口音。2017.09.13
学者对不同地域饰纹姬蛙求偶的鸣叫做了音频分析，数据证明，不同地域的饰纹姬蛙有着不同的"口音"。

深圳的爬行动物

◀纪录短片▶
《正午的大餐》

◀纪录短片▶
《铜蜓蜥的领地》

爬行动物是由两栖动物进化而来，在距今2亿5200万年至6600万年前的中生代，各式各样的爬行动物占据了地球的天空、陆地和水域，其中大大小小、形态各异的恐龙最为强盛，成为地球的绝对霸主。

当年横行大地的爬行动物恐龙早已灭绝，今日的爬行动物有龟鳖类、鳄类和有鳞类——蜥蜴和蛇。它们的共同特征是：身体表面覆有鳞片或角质板；大多数的运动用爬行方式——四肢向外侧延伸，腹部着地，匍匐前进；都是冷血动物，体温不恒定，会随外界的温度变化而变化。

深圳已知爬行动物2目19科71种，中国有记录的爬行动物511种，深圳分布的占到14%左右。

爬行动物间的猎杀。2017.05.01
紫沙蛇捕食中国棱蜥。紫沙蛇是后沟牙类毒蛇，毒牙是紫沙蛇捕杀猎物的利器，但对人体伤害不大。

紫棕小头蛇。2021.03.15
爬行动物和两栖动物一样，没有完善的体温调节机制，需要从外界获得所需的热量。有些白天活动的蛇会移动到有阳光照射的地方晒太阳取暖，让体温升高。

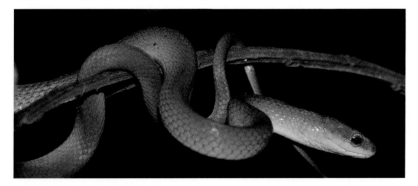

夜色下的翠青蛇。2018.06.02
蛇没有脚，靠肌肉的运动快速爬行，也没有胸骨，能吞噬比自己大很多的物体。

难得一见的中华花龟。2014.01.22
中华花龟是深圳本土原生种，性情温顺，生命力强，每一甲片上有一块墨渍状的斑块，两侧有珍珠状的圈斑，又叫"珍珠龟"。在人的捕杀之下，野生龟鳖在深圳已极为少见。

爬行动物的观察：股鳞蜓蜥

又圆又大的眼睛能接收到许多光线，感知和色彩辨析灵敏。

头能灵活转动，方便寻找食物和发现敌害。

四肢短小，不能跳高，只会在地面爬行。

脚掌擅长攀爬。

有长长的尾巴，遇到性命攸关的追捕时，一些蜥蜴的尾巴会自动断落，断尾还做屈曲运动，吸引天敌的注意，断尾蜥蜴可以乘机逃走，有一些断尾的蜥蜴还能重新长出尾巴。

皮肤表面覆盖着角质的细鳞，可以减少体内水分的蒸发，适应在陆地上的生活。

爬行动物的观察：蛇的骨骼

蛇的颚骨、上颌骨和前颌结构特别，可以把口腔伸张到很大。这就是为什么蛇的嘴巴能够囫囵吞下直径比本身还要粗的猎物。

纤细的肋骨生长在脊椎骨上，管状的结构保护着蛇的内脏。

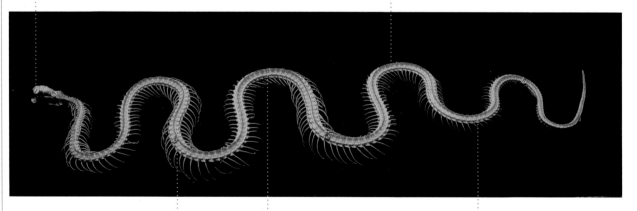

蛇没有胸前骨，肋骨能够自由地向两侧扩张，撑开身体，容纳庞大的猎物。

蛇最多的骨骼是脊椎骨，人类只有33块脊椎骨，而蛇的脊椎骨在100块以上。

骨骼间的连接松弛，可以让身体灵活地弯曲和卷绕。

深圳的蛇

到 2019 年年底，深圳记录到的蛇有 45 种，占到全国已发现蛇类的 17%。

深圳的蛇，有钩盲蛇细小如蚯蚓，有蟒蛇像胳膊一样粗壮，有金环蛇斑斓如画，有白唇竹叶青翠绿如碧。蛇与人是相互误解特别深的物种。蛇见到人后的惊恐、张皇，和人见到蛇后的紧张、惧怕，应该是相同的。

蛇在很多传说故事中都是邪恶的代表，这与它的形象有关：身体细长，匍匐在地，没有耳朵，没有四肢，色彩奇异，没有可活动的眼睑，不会眨眼，眼神阴冷呆滞。最恐怖的是，有一些蛇的尖牙会分泌毒液。

在深圳，蛇处在食物链较高的位置，绿叶植物—昆虫—蛙、蜥蜴—蛇—鹰……生命通过食物链的关系相互依存、相互制约，一旦食物链的某一环节出现问题，整个生态系统的平衡就会崩溃。如果深圳没有较好的生境，也不会有这么多种类的蛇。

◀纪录短片▶
《当蛇与猴相遇时》

深圳数量最多的毒蛇：白唇竹叶青。2020.08.07
白唇竹叶青是深圳最常见的毒蛇，毒性不强。蛇的舌头末端分叉最为敏感，蛇不断地把舌头伸出口腔外，就是通常说的吐信，是在收集气味分子。

深圳最小的蛇：钩盲蛇。2020.03.22
钩盲蛇小到人们常常会误认为它是蚯蚓，生活在地下，眼睛也失去了视觉功能，与蚯蚓明显的区别是钩盲蛇的身体不像蚯蚓有明显的段节。

 |深|圳|物|种|档|案|
SHENZHEN SPECIES ARCHIVES

缅甸蟒

学名：*Python bivittatus* Kuhl, 1820

有鳞目 蛇亚目 蟒科 蟒属

国家二级保护野生动物缅甸蟒是深圳体格最大的爬行动物，是原始的蛇种。在深圳发现的最大的缅甸蟒体长超过 3 米。缅甸蟒用独特的方式猎食：用身体紧紧缠绕猎物，使猎物因循环系统衰竭而死亡，然后不经咀嚼囫囵咽下。小到蜥蜴、鸟、蛙，大到猪羊，它都可以吞到肚里。捕获大的猎物后，缅甸蟒可以在长时间里不进食。

深圳体形最大的蛇：缅甸蟒。2021.07.04

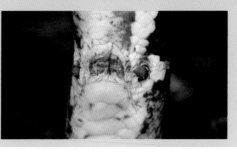

蟒蛇退化了的脚。2020.05.28
漫长的进化中，蟒蛇更适应匍匐穿行，原本不发达的脚慢慢退化，成了一对小型爪状物。

有毒的蛇

深圳已发现的 45 种蛇中，剧毒和微毒的蛇一共 14 种，占到总数的 31%。

几乎所有的蛇类都不会主动攻击人类，只要不主动触碰、踩踏或撩拨，无毒和有毒的蛇都不会咬人。

无论被什么样的蛇咬伤，都要尽快到医院治疗，并尽可能用手机拍到蛇的模样，方便医生判断治疗。深圳最权威的蛇伤治疗医院是深圳市中医院蛇伤科。

濒临灭绝的毒蛇王——眼镜王蛇。2015.11.01
眼镜王蛇是生性凶猛的大型毒蛇，它的主要食物是其他蛇类，包括毒性很强的几种毒蛇。蛇中之王可以让所有的蛇望而生畏，却阻拦不了人的猎捕。在深圳，眼镜王蛇已到了绝迹的边缘。

舟山眼镜蛇。2018.10.30
舟山眼镜蛇又名中华眼镜蛇，在广东俗称饭铲头，是大型的前沟牙剧毒蛇。它受到惊扰时，会竖立前半身，颈部变得平扁扩大，露出呈双圈的"眼镜"状斑纹，恐吓对手。

昼伏夜出的金环蛇。2020.07.22
金环蛇和银环蛇一样，虽然剧毒在身，但动作缓慢，不会主动攻击人类，金环蛇的主要食物是其他蛇。

银环蛇：深圳的"毒王"

银环蛇是深圳的"毒王"，也是中国最毒的蛇之一。万幸的是这种蛇生性胆小，一般不主动攻击人，伤人的案例不多。

银环蛇的毒液里有两种神经毒素，人被咬伤后不会感到疼痛，反而昏昏欲睡。毒素会阻绝神经传导路线，导致人呼吸麻痹，死亡率极高。

银环蛇黑白相间的图案是一种警戒色，传递着"我是一个惹不起的主儿"的信息。黑白相间的图案被好几种无毒蛇模仿，这就是"拟态"：一些动物在形态、色泽、斑纹和行为上模拟另一种动物，借以蒙蔽天敌，保护自身。

细白环蛇。2019.07.11
无毒的细白环蛇虽然学不到惟妙惟肖，但和银环蛇也有点接近了。一般人很难区分。最好的办法是尊重它对毒蛇拟态的自我保护方法，把它当银环蛇来对待，敬而远之。

深圳的"毒王"——银环蛇。2019.10.16

变色树蜥，都市适应者

变色树蜥是深圳常见的爬行动物。它们不太怕人，绿道、公园甚至小区里都有它们出没的身影。许多人会误认为它们是一种变色龙。

其实，变色树蜥属于鬣（liè）蜥科，变色龙属于避役科。变色龙身体会因为四周环境的变化，变幻出不同的色彩。变色树蜥平时体色变化不大，大多是贴近岩石和树皮的深褐色。只有到了发情期，雄性变色树蜥身体的上半截和头部才会变成红色。

变色树蜥已适应人类生活的城市，它们在深圳高楼大厦、车水马龙的市中心也生活得有滋有味。

◀ 纪录短片 ▶
《冷血动物的热舞》

戴着冠子的"蛇"。2019.06.03
变色树蜥全身满布细小的鳞片，背部有一排威风凛凛的鬣鳞，在广东，人们形象地称变色树蜥为鸡冠蛇。发情期的雄性变色树蜥变得十分招摇，体色鲜艳醒目，动作亢奋，喜欢立在高处，突起红色的喉囊，频频点头，吸引异性的注意。

变色树蜥猎食蜜蜂。2018.06.25
变色树蜥的颌牙不能加工食物，只能抓取食物，所以它会把食物整个吞下。

翻转腾挪时的平衡棒。2018.07.01
变色树蜥尾巴特别长，可以达到身体长度的2倍，长长的尾巴是身体平衡棒。

壁虎：与贞洁没有半点关联

在中国古代，壁虎常常盘踞在宫殿大院的大门房梁上，又被称为"守宫"。

《博物志》里记载："以器养之（壁虎），食以朱砂，体尽赤，所食满七斤，治捣万杵，点女人肢体，终身不灭，唯房室事则灭，故号守宫。"此后，用"守宫砂"验证贞洁的谬论以讹传讹流行了上千年。甚至在当代大作家金庸的作品中，小龙女和纪晓芙都因为失贞导致守宫砂消失，引出许多江湖恩怨情仇。

现代科学已经确凿地证明，这是一个谬传，壁虎和贞洁没有半点关联。

可垂直攀爬的中国壁虎。2019.10.03
壁虎脚趾和手指都有攀瓣，覆盖着无数细毛，有强大的吸附力，可以让壁虎沿着垂直的墙壁攀爬，甚至在天花板上凌空倒悬。

壁虎的眼睛。2018.06.24
主要在夜间活动的壁虎对光线特别敏感。大多数壁虎没有活动的眼睑，不能用眨眼睛来清洁眼睛，会不时用舌头舔舐清洁眼睛。

断尾的再生

受到攻击和威胁时，壁虎剧烈地摆动身体，尾部肌肉强力收缩，尾椎骨在关节处发生断裂，尾巴迅速脱离身体。刚断下来的尾巴还会在地上颤动，这种舍卒保车的策略可以转移天敌视线，逃避伤害。

断尾以后，自残面的伤口很快就会愈合，还会长出一条崭新的再生尾。只是，复原的尾巴与原来的尾巴相比显得短而粗。断尾对壁虎的身体损伤严重，不仅失去了尾巴储存的脂肪，还失去了它在同类中的地位——尤其是在求偶时竞争的优势。

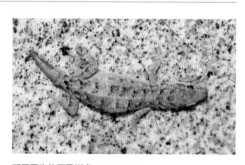

断尾再生的原尾蜥虎。2019.05.30

断尾再生的中国壁虎。2017.09.10

除了壁虎，股鳞蜓蜥也能断尾再生。2019.03.28

尾巴完整的原尾蜥虎。2019.04.17

217

深圳的淡水鱼

条纹小鲃（bā）。2020.10.18
在深圳原生鱼中，条纹小鲃和溪吻虾虎鱼分布最广，适应力强，成为深圳山溪鱼类中的优势物种。

拟平鳅。2021.04.05
拟平鳅是底栖小型鱼类，喜欢生活在布满卵石的山涧溪流里。用斑驳的体色来保护自己，大部分时间，都贴在石头上攀爬，啃食上面的藻类和小虫子。

◀纪录短片▶
《攀岩的鱼》

食蚊鱼。2018.05.18
食蚊鱼体形小，集群游动在水的表层，行动活泼、敏捷，是公园湖水和池塘里常见的鱼类。

溪吻虾虎鱼。2019.06.29
一些淡水鱼的色彩和斑纹与周围环境一致，可隐蔽自己，迷惑天敌和猎物。浅水中，鱼的体色通常背为青褐色，腹部为浅白色，这种颜色被称为消灭色，从水底望上去，以为是天空，从水面望下去，像是砂石。溪吻虾虎鱼是一种十分漂亮的淡水鱼，头部色彩分明。活泼的天性、美丽的体色让溪吻虾虎鱼成为受欢迎的观赏虾虎鱼之一，也因此遭到人的捕捞。

深圳的淡水鱼生长在大大小小300多条河流和数不清的小溪里。

世界上已知鱼类超过3万种，是脊椎动物中种类最多的家族，占到脊椎动物总数的48%。只是，大部分鱼生活在海洋里，深圳也如此，原生鱼有数百种，大部分生活在4个海湾中。生活在陆地上淡水中的鱼，超过60种。

深圳本土原生的野生动物中，淡水鱼生存环境最恶劣。水质的污染，河流的改道，河底的水泥化，没有任何经济价值的捕捞，人在山溪中的毒鱼、炸鱼、电鱼，加上外来鱼种的强悍猎杀，都是原生鱼面临着的威胁。

深|圳|物|种|档|案|
SHENZHEN SPECIES ARCHIVES

唐鱼

学名： *Tanichthys albonubes* Lin, 1932

鲤形目 鲤科 唐鱼属

　　唐鱼又称白云金丝鱼，是中国特有的国家二级重点保护野生动物。

　　唐鱼最早的记录是鱼类学家林书颜 1932 年在广州白云山采集的标本，它们栖息在我国南方的河沟和小河道中，对水质要求较高，生活在水质澄清、水生植物生长茂盛的浅水中。

　　在深圳，水系丰富的马峦山、三洲田曾是唐鱼主要的栖息地。因为大规模的工程与开发，唐鱼在整个深圳的野外种群数量很小，已极其罕见。

陆地上"行走"的鱼：攀鲈。
攀鲈发达的鳃能呼吸空气，让它离水后长时间不死。攀鲈拥有强壮的胸鳍，常常依靠摆动身体爬出鱼塘、堤岸，在陆地上行走，寻找更合适的水域安身。

◀ **短视频** ▶
《陆地上"行走"的鱼：攀鲈》

异鱲。2020.10.18
异鱲生活在水流清澈的水体中，对水质要求高，分布地区狭小，在深圳仅存在于水环境较好的山涧中。

香港斗鱼的美丽身形。2020.05.03
香港斗鱼最早在香港被发现，是唯一以香港命名的淡水鱼，体色艳丽，生性好斗，在马峦山一些洁净的溪流中有少量分布。

罗非鱼，攻城略地的外来者

在宝安档案馆里，收藏着 20 世纪 60 年代在宝安县全面推广饲养罗非鱼的文件——在物资匮乏的年代，罗非鱼曾是深圳原住民重要的动物蛋白质来源。

原生地在非洲的罗非鱼是热带鱼类，20 世纪 50 年代初被引入中国。因为生长快、产量高、疾病少、繁殖力强、养殖成本低，尤其是肉质鲜美、刺少，很快覆盖全国。几经杂交培育，罗非鱼的适应力、体形、肉质日趋改善。在广东，罗非鱼也有了一个更好听的名字：福寿鱼。现在，不仅在中国，在全球，罗非鱼都是分布最广的水产养殖鱼，中国已是世界上最大的罗非鱼出口国。

罗非鱼对环境的适应力之强达到了令人匪夷所思的地步，在都市中重度污染的河流里，大部分鱼早已无法生存，一些罗非鱼却还可以活下来。在深圳的河流中，罗非鱼是真正的霸主，凶猛的掠食已让原生鱼完全没有立足之地，罗非鱼也因此成为深圳著名的入侵物种之一。

深圳湾入海口，对咸淡水都能适应的罗非鱼。2020.01.05
深圳的淡水鱼，一生大都只能生活在淡水中。罗非鱼可以适应淡水，可以栖息在半淡咸水的入海口，也能完全适应海水。

跃出水面啃吃竹节菜的罗非鱼。2020.01.09
罗非鱼是杂食性鱼类，天生一副好胃口，食量大，食性广，吃水中的浮游生物和河底的小鱼小虾，水草和岸边的植物也在它们的食谱中。

罗非鱼的成年鱼与幼鱼。2020.04.29
罗非鱼生长迅速，在无人饲养的环境里，一条 3—4 克重的幼鱼，不到半年体重就可以增长 20 倍以上。

从求偶到育儿：慈鲷的"慈爱"

01 游龙戏凤。2020.04.29
一些求偶期的雄鱼，会生出婚姻色，体色会变得艳丽，以吸引雌性。罗非鱼属于慈鲷科的鱼类。这一种类的鱼在繁殖期有极强的领地意识，性格暴躁，喜欢打斗，但对自己的后代却呵护有加，极其慈爱，因此被称为慈鲷。

02 建造婚房。2020.04.16
繁殖季到来，成熟的雄性罗非鱼会在浅水区挖窝筑巢。雄鱼身体垂直，用力张口向水底挖掘，口中含到泥后，迅速离开鱼窝向前游去，再把口中泥土吐出，持续辛劳，直到挖出一个圆形产卵窝。

03 争风吃醋。2020.04.16
这一对"亲吻"的罗非鱼不是在秀恩爱，而是两条雄鱼在争斗。产卵窝做成后，雄鱼以窝为中心，建立自己的"势力范围"。一旦有其他雄鱼靠近，守窝的雄鱼立即竖起背鳍，张开大口，将"情敌"赶走。与此同时，雄鱼还会不停地拦截、逗引雌鱼入窝配对。

04 慈祥父母。2020.04.29
罗非鱼一次产卵的数量极多，最多可以超过1000颗，鱼卵孵化率也相当高。罗非鱼有时甚至会把鱼卵含在口中孵化。

05

护幼有方。2020.04.29
孵出的幼鱼可以游动时，雌鱼就会将幼鱼放出口外，让幼鱼在四周游走、摄食，雌鱼守在成群的幼鱼附近，警惕地留意着四周，如有别的鱼靠近，雌鱼会奋力驱赶。如果意识到危险，雌鱼会张开嘴，幼鱼迅速游入口中，寻求庇护。

深圳自然博物百科

SHENZHEN NATURAL HISTORY
ENCYCLOPEDIA

第七章
CHAPTER SEVEN

鸟类

——————————— BIRDS

深圳的鸟

鸟，是体表生长着羽毛，适应于陆地和空中生活的卵生脊椎动物。

鸟类共同的特征：流线型的身体，两足，有喙无齿；卵生，恒温，心搏次数快，大多数可以依靠翅膀飞翔。

全球记录鸟种 10884 种，根据《中国鸟类观察手册》（2021 年出版），中国已记录的鸟种 1491 种。在深圳市观鸟协会的鸟类记录数据库，到 2021 年 9 月，深圳已记录的鸟类一共 395 种，占全国鸟类种数的 26%。

◀纪录短片▶
《红耳鹎的生命简史》

鸟的观察

正羽
形成一层防风外壳，对飞翔及平衡起着决定作用。

绒羽
纤弱柔软，有保温作用。

头
与飞翔运动的协调平衡相关，鸟的小脑发达，头的造型为流线型。

喙
能上下活动，叼、衔、撕、咬以及从水中过滤食物，还能整理羽毛，建筑巢穴，哺育雏鸟。鸟的捕食习惯和它们喙的形状大小有着直接的关系。

肌肉
鸟的胸肌特别发达，大都达到身体质量的 1/5，能发出强大的动力，牵引翼的扇动。

眼
依靠发达的睫状肌可以迅速地调节视力。

骨骼
鸟的骨骼轻而坚固，骨片薄，长骨内中空，有气囊穿入。

皮肤
鸟的皮肤没有汗腺，唯一的皮脂腺在尾部，分泌油脂，经过喙的涂抹擦在羽上，使羽毛润泽防水。

1. 相伴

红耳鹎是深圳数量最多的留鸟之一。每年 3 － 5 月，红耳鹎雌雄鸟相随相伴，在树冠与草地间相互追逐、嬉戏、交配。

红耳鹎：看见鸟的生命史

2. 产卵

杯状的巢穴由枯枝树叶编织而成，里面垫着柔软的草根、兽毛、鸟羽。雌鸟将卵产在巢穴里，每窝 2 － 4 枚。

3. 破卵

红耳鹎破卵而出，成长需要大量的食物，它们总是一副饥肠辘辘、嗷嗷待哺的样子。

6. 独立

红耳鹎的亚成鸟，不再靠父母喂食，离开巢穴，独立地生活，一只鸟新的生命旅程开始了。

5. 成长

成长期的幼鸟非常脆弱，天气变化、食物短缺，以及与兄弟姐妹的竞争，都有可能让它们夭折。

4. 育雏

育雏期间，鸟儿们的餐单里基本上取消了素食，换成了蛋白质丰富的昆虫、蜘蛛和蚯蚓。育雏时期的红耳鹎父母非常辛苦，大约每 20 分钟就要返回一次鸟巢，给孩子带回食物。

如果你看见了深圳的每一种鸟

鸟，飞翔的翅膀带给它们最为广阔的活动空间。它们轻而易举地越过高山、溪谷、悬崖，它们逍遥自在地穿过车流、高墙和摩天大楼，它们傲慢地无视红绿灯、边界线和守卫，依照自己的意愿和能力，到达这个城市的每一个角落。

我们在深圳的最高点好汉坡，听到了长尾缝叶莺柔软的啼鸣；我们在深圳湾海平面的滩涂上，看到鹭鸟长出招摇的繁殖羽；台风袭来时，莲花山的竹林里，红耳鹎张开双翅护佑着幼鸟；春暖花开时，蛇口宋少帝的陵前，暗绿绣眼鸟在花中采蜜。雀鹰可以飞到平安金融中心顶层的平台上停歇，八哥可以落在小区的水池边洗澡；谁也不知道，成群结队的麻雀是用什么办法，钻进机场的候机大厅里，在熙熙攘攘的乘客头顶上飞行……

在深圳，唯一比鸟类分布更广泛的生命形式，是微生物，或许还有昆虫。如果你看见了深圳的每一种鸟，你就等于看遍了整个深圳。

莲花山公园，在绿化植物冬红花中吸蜜的暗绿绣眼鸟。2018.12.04

凤凰岭山顶，在丛林中搜寻猎物的凤头鹰。 2020.02.11

深圳湾滨海，漫天飞舞的冬候鸟反嘴鹬。2018.01.27

王桐山老村，古碉楼里寄居的蓝矶鸫。2018.10.04

戒备森严的深港边界隔离带，自由来去的白头鹎。
2019.12.25

大沙河河岸，淡水湿地里的白胸苦恶鸟。 2017.11.22

内伶仃岛，丛林深处的赤腹鹰。2021.05.01

滨河路旁的绿化带，假槟榔树上觅食的乌鸫。2019.12.25

南科大校园的草坪上，白鹡鸰捡食师生遗落的食物碎屑。2018.09.12

华侨城湿地，隐藏在芦苇丛中的金斑鸻。2017.10.08

留鸟与候鸟：原住民和迁徙者

依照鸟的迁徙习性，深圳的鸟可以分为留鸟、候鸟、旅鸟和迷鸟。其中候鸟的比例占深圳野生雀鸟种类的 66%，留鸟的比例接近 31%。留鸟的种类虽少，数量却远远超过候鸟。

留鸟

深圳的留鸟约占深圳鸟种的 31%。

留鸟是常年生活在深圳，不因季节变化而迁徙的鸟儿。它们在深圳出生、成长、繁衍，最后在这个城市的某个角落里终老。也有极少数候鸟，因为深圳温暖的气候、充足的食物、友善的环境，选择在深圳繁殖。

喜鹊，都市里的留鸟。2020.10.03
这种中国传统文化中的吉祥鸟，适应能力特别强，遍布中国。人类活动越频密的地方，喜鹊的种群和数量往往也越多。

褐翅鸦鹃，山林里的留鸟。2018.10.24
广东俗称"大毛鸡"，多年里被人猎捕而数量锐减，已被列为国家二级保护野生动物。

深圳物种档案
SHENZHEN SPECIES ARCHIVES

鹊鸲

学名： *Copsychus saularis* Linnaeus, 1758

雀形目 鹟科 鹊鸲属

鹊鸲（qú）是深圳常见的留鸟，羽毛黑白相间，在阳光下泛着金属的光泽，有点像小巧的喜鹊。"鹊鸲"一词的字面意思就是像鹊一样的鸲，事实上喜鹊是鸦科鸟类，鹊鸲是鹟科鸟类，两种鸟大相径庭。

鹊鸲习性活泼，在熙熙攘攘的都市里，鹊鸲也是最不怕人、和人的距离最接近的鸟儿之一。鹊鸲的鸣叫悦耳动听，尤其在繁殖期间，雄鸟站在高高的树梢或房顶上，鸣叫更加婉转多变。

鹊鸲的适应性特别强，活动在深圳几乎所有的生境里。楼群、公园、丛林、草地、溪谷、山岭，甚至海岸边都能见到鹊鸲的身影。

在广东，鹊鸲喜欢在翻土的耕地里寻觅昆虫，也会在粪坑和猪圈里找寻食物，捡食寄生在其中的昆虫，因此落了一个特别难听的俗名——"猪屎渣"。

雄性鹊鸲羽毛黑白分明。2019.03.09

雌性鹊鸲的羽毛呈灰黑色与白色。2017.12.16

旅鸟

旅鸟约占深圳鸟种的 25% 。

有一些候鸟，秋季时南迁，春季时北返，南北迁徙途中会在深圳短暂停留，休息补充体力后继续上路，这是旅鸟。

对候鸟来说，在长达数千公里的旅途中，食物的补充特别重要。深圳恰恰正是候鸟迁徙线路上的补给站，是提供能量的觅食地，旅鸟可以在短时间里重新积累脂肪，继续下面的旅程。深圳维护善意、安全、物种丰富的生境，对这些长途飞行的旅鸟特别重要。

农科院试验田里的旅鸟火斑鸠。2021.05.08
在深圳已不多见的稻田和新翻开的农地吸引了它们歇息觅食。

旅鸟，黄眉姬鹟。2016.10.03
黄眉姬鹟每年在迁徙途中经过深圳，越冬目的地在东南亚。

洪湖公园记录到的黄苇鳽 (jiān)。2020.05.03
对一些鸟来说，深圳位于它们越冬区的北端、繁殖区的南端，有可能一种鸟里有的做了夏候鸟，有的做了冬候鸟或旅鸟。

旅鸟，紫背苇鳽。2017.09.25
紫背苇鳽 4 月末至 5 月初迁到中国东北繁殖地。9 月末10 月初开始南飞经过深圳。在芦苇丛、滩涂及沼泽地里落脚，补充体力后继续南飞。

旅鸟，弯嘴滨鹬。2020.03.27
鹬鹬类的鸟是水鸟里的一个大家族，喜欢成群结队地聚集在海滨滩涂上觅食。每年，超过 40 种鹬鹬类的鸟在长途迁徙中途经深圳。

冬候鸟

深圳的冬候鸟约占深圳鸟种的 36%，是数量最多、最容易观赏到的候鸟。

冬候鸟每年秋季从北方飞来深圳过冬，次年春季飞往北方繁殖，幼鸟长大后，正值深秋，会再次飞临深圳越冬。

每一种冬候鸟，追逐温暖阳光和充足食物的旅途长短不同，其中水鸟的飞行线路最长。

◀纪录短片▶
《琵嘴鸭，大嘴不简单》

小型冬候鸟北红尾鸲，雄性。2019.11.15
北红尾鸲每年的 10 月份后陆陆续续来到深圳，有一些会继续南飞，有一些会留在深圳越冬。来年 2—3 月返回北方生儿育女。

冬候鸟：琵嘴鸭。 2018.11.10
在深圳湾，比较常见的越冬鸭类候鸟就是琵嘴鸭，最多的月份数量能达到数千只。

雌性北红尾鸲。2017.12.17
北红尾鸲以种子和昆虫为食，冬日的北方，这两样东西都变得稀缺，这也是它们南迁深圳的原因。

|深|圳|物|种|档|案|
SHENZHEN SPECIES ARCHIVES

苍鹭
学名：*Ardea cinerea* Linnaeus，1758
　　鹳形目 鹭科 鹭属

　　苍鹭是冬候鸟，每年 10 月初开始陆陆续续来到深圳，3 月末到 4 月初飞向北方的繁殖地。
　　苍鹭是大型的水鸟，身体挺直后高度可达 1 米，翅膀展开后接近 2 米。它们喜欢栖息在海岸、水库和池塘边，长时间地一动不动，伫立的身影像一个正在练功的武士。有时一只脚收在肚子下面，单腿站立。如果不被惊扰，常常可以静立数小时。
　　苍鹭的羽毛是一种"高级灰"，人们没有叫这种水鸟为灰鹭，而是用了富有诗意的"苍"字。

紧盯水面等待猎物的苍鹭。2019.12.03
苍鹭长长的颈缩成"S"形，猎物出现后，脖颈会像弹簧一样伸直，用极快的速度捕获到猎物。

夏候鸟

深圳的夏候鸟约占深圳鸟种的 5%。

对大部分候鸟来说，深圳已是温暖的觅食地，但对极少数候鸟，秋冬的深圳，仍然不是理想的家，它们要飞到四季如夏的东南亚越冬，在春夏季飞回深圳，筑巢安家、生儿育女，这就是夏候鸟。

候鸟的定义随着地点的变化而变化，比如大名鼎鼎的禾花雀（黄胸鹀），对广东来说是冬候鸟，对东北的黑龙江来说，就是夏候鸟。

迷鸟

有一些鸟，不是固定或定期出现在深圳，因为天气变化或其他原因，比如台风，被吹离了正常的分布区域线路，来到本不应该出现的深圳。这些鸟被称为迷鸟。

夏候鸟，红翅凤头鹃。 2018.04.01
红翅凤头鹃是深圳为数不多的夏候鸟之一，每年3月前后来到深圳，10月后离开深圳，飞向更南的地方。红翅凤头鹃最醒目的就是它的"凤头"，头顶蓬松直立的羽毛如同一个"凤冠"。

夏候鸟，金腰燕。 2016.11.27
金腰燕和家燕都是在深圳繁衍后代的夏候鸟。

罕见的迷鸟，白斑军舰鸟。 2017.06.11
深圳湾里出现的白斑军舰鸟，在中国主要分布在南海、南沙群岛和西沙群岛，在深圳罕见。

 |深|圳|物|种|档|案|
SHENZHEN SPECIES ARCHIVES

家燕
学名： *Hirundo rustica* Linnaeus，1758
雀形目 燕科 燕属

雌雄家燕合力建造"房屋"。 2018.04.29

得到人类喜爱的原因。 2021.04.30
为了喂养快速生长的雏鸟，一对家燕每天要外出 100 多次，给幼鸟带回数百只昆虫，在持续 20 多天的育雏期里，一窝家燕要消耗数千只昆虫。家燕对昆虫的捕食能力，是在传统的农耕社会里得到人们喜爱和保护的深层原因。

在深圳，家燕是夏候鸟，每年春天飞来，秋天离去。

家燕是坚定的肉食主义者，只吃昆虫，不会像一些鸟那样杂食浆果、种子。为了族群的繁盛，家燕每年都要进行可能长达万里的迁徙。1989年年初，在马来西亚吉晋市发现的一只家燕身上，戴着来自中国日照林业局的环志——两个城市之间的直线距离是 3800 公里。

在屋檐下筑巢是家燕的首选，这让家燕成为和人类最为亲近的鸟类。家燕对人类的信赖也获得了回报，国人对于家燕的保护已经上升到了风水的高度：家中有一窝燕巢是福气和吉祥。

家燕和人类的相处方式是，我对你信赖，我与你和睦平等地相处，但我不会让你豢养和奴役。没有一只被人关在笼子里的家燕能活下去。

飞翔带来的宽广和自由

乌雕，驾驭气流的高手。2019.11.01
在深圳的高空，常常能看到盘旋的猛禽。盘旋实际上就是热力飞翔，鹰、雕这一类翼面与尾羽宽大的飞鸟，能聪明地利用地面上升的热气流，推动自己的身体冉冉上升。当热气流随着高度增加逐渐冷却时，它们便滑降到另一个上升的热气流，继续几乎不用扇动翅膀的飞行。

在脊椎动物里，飞翔给予了鸟最为宽广的生存空间和最为自由的行动方式。

◀ 纪录短片 ▶
《风中的舞蹈》

在漫长的岁月里，所有的生命都在竭尽全力地进化，让种族在这个严酷的世界里胜出。当哺乳动物在千方百计地让自己的体形变得越来越大时，大部分鸟儿却在努力简化身体。鸟舍弃了膀胱，尿液和粪便的混合物由泄殖腔一起排泄——停在树下的汽车大多收到过鸟儿这种稀汤式的"礼物"。鸟儿的肝脏缩小到仅有几克重；鸟儿把牙齿和上下颚也省略掉，用轻巧的角质化嘴巴取代；小小的心脏比人的心脏跳动速度快几倍到几十倍；鸟儿的生殖器，只是在繁殖期才膨胀、变大，会有一点点分量，平日里，鸟儿的睾丸、输卵管、卵巢萎缩到了肉眼几乎看不见的地步。

完美的俯冲和定位。2010.04.27
池鹭发现猎物后，收起双翅，减少浮力，向目标急速俯冲。接近猎物时，池鹭需要把速度减下来，此时的翅膀犹如飞机降落时机翼打开的减速板，利用穿过羽翼的气流，调节到自己需要的速度，准确定位，将猎物嘴到擒来。

大自然的规则永恒而公平，鸟儿的牺牲换来了在天空中翱翔的能力，依靠翅膀投靠了天空。这样的能力，让最北来自西伯利亚荒原、最南来自新西兰海域的候鸟来到深圳。

天空上大写的"人"，飞过深圳上空的黑脸琵鹭。2017.03.05
一些候鸟在迁徙中，会结成团队飞行，并组成不同的队形。一般有人字形、一字形和封闭群。人字形的飞行可以让领队劈开空气阻力，让紧随后面的同伴飞翔更省力一些，减少迁徙中的体力消耗。

游隼。2020.03.03

一切为了飞

鸟，是唯一长着羽毛的动物，特殊的躯体与骨骼结构，只围绕一个目的：飞行。

鸟类的骨骼坚硬、细薄而轻巧，一部分骨头空心，只占到体重的 5% 左右；相比之下，人的骨骼大约是体重的 18%。

鸟的整个身体犹如飞机圆筒状的机身，最大可能减少飞行中的阻力。鸟的身体里长有气囊，让身体更加轻盈，也会在高速飞行时提供更多氧气。

所有的鸟儿都是依靠翅膀上下扇动产生动力，在空中上升和前行。身体越小的鸟儿，翅膀扇动的幅度越大，频率越高；体格越大、翅膀越宽阔的鸟儿，翅膀扇动的频率越低。

翱翔在深圳上空的鸟儿，飞翔的方式千姿百态。

猎捕黑翅长脚鹬的游隼。2016.03.20

天下武功，唯快不破。游隼是深圳现有记录鸟类里飞行最快的种类。俯冲速度可到每小时 350 公里。典型的捕猎方式是在空中翱翔巡游，发现目标之后加速俯冲，接近猎物后用脚爪猛力一击，接着迅速抓住失去控制的猎物。

◀ 纪录短片 ▶
《被称为"狗"的鸟是悬飞大师》

可以悬飞的"狗"。2018.11.01

斑鱼狗有着超强的悬飞能力。它们翅膀扇动的频率可以超过每秒钟 10 次。飞行中的斑鱼狗在距离水面十几米高度时仍然能准确定位水下的猎物，一旦发现目标，立刻收起双翅，一头扎入水中，迅速调整水中因为光线造成的视角反差，捕获猎物。

飞翔中的针尾鸭，左上是雄鸭，中间和右下是雌鸭。
2020.02.29

飞翔中的绿翅鸭，上面是雄鸭，下面是雌鸭。
2020.02.29

千姿百态的飞行

出水者凤头䴙䴘（pì tī）。2015.02.24
凤头䴙䴘在水中游泳、潜水、飞行都是强手，但在地面行走困难，很少上陆地活动。

家燕，在飞行中猎捕。2020.03.20
家燕体态轻盈，两翅狭长，飞行时好像一把流线型的镰刀，迅速如箭，忽上忽下，时东时西，在灵活急速的飞行中张着嘴，捕食昆虫。

小型直升机白头鹎。2019.09.11
白头鹎觅食时高频率地扇动翅膀，产生浮力，可以短暂地停在空中。身体越小的鸟儿，翅膀扇动的幅度越大，频率越高。

◀ 纪录短片 ▶
《滑翔高手黑鸢》

极速猎手白胸翡翠。2015.04.06
捕获猎物后翠鸟全力扇动翅膀，用最快的速度离开水面，避免猎物在水中逃脱。

敏捷的身手。 2019.10.05
集群飞行的红脚鹬和青脚鹬。鸻鹬类的水鸟翅膀狭窄修长，身形灵活，可以自如地翻飞转向，喜欢成群结队地掠过海面。

普通鵟，高超的滑翔师。 2019.11.01
宽大的羽翼让一些体形巨大的鸟无法快速而长时间地扇动翅膀，它们会张开两翅，利用上升的气流和逆风慢慢上升，在空中盘旋滑翔，短而圆的尾翼扇形展开，把控方向。

优雅从容的苍鹭。 2019.12.11
苍鹭起飞时，双腿弯曲蹲伏，向上一跃，同时扇动双翅，身躯慢慢离开地面，尽管苍鹭翅膀的扇动从容舒缓，依然能将苍鹭庞大的身体带向天空。

飞翔在海面上空的普通燕鸥。 2018.03.05
强劲的海风在海面上搅动着飘忽不定的气流，鸥科和燕鸥科的鸟儿特别擅长驾驭源源不断的气流，从中获取飞行的动力，减少体能的消耗。

羽毛：让飞鸟更强大

鸟，是这个世界上唯一长羽毛的动物。羽毛由角质素构成，角质素是一种轻盈、坚韧、有弹性的蛋白质——我们人类的指甲里也有角质素。

从红嘴蓝鹊招摇的长尾到麻雀低调的短翅，从牛背鹭繁殖羽的绚丽到扇尾沙锥覆盖全身的隐蔽，从正羽飞越千山万水的柔韧，到绒羽抵御严寒的温暖，鸟羽的多样形态令人惊叹。

羽毛是大自然的奇迹之一，我们难以想象成千上万根挺拔而富有弹性的羽毛是如何从鸟儿柔软的皮肤里长出来，并有条不紊、各尽其职地依附在鸟儿身体表面。对每一只鸟儿来说，羽毛是飞翔的翅翼，是保温的衣裳，是护体的铠甲，是防水的雨披，是遮阴的凉伞，是吸引异性的盛装，是防范天敌的迷彩，是捕食猎物的伪装……

在遥远的年代，正是羽毛，让鸟类有了第一次飞翔，可以迁徙，可以选择新的领地，繁衍自己的族群。最终，让鸟儿演化成了这个世界上最大、最快、最强健的飞行动物。

◀纪录短片▶
《为什么不要投喂红嘴鸥？》

观察一片羽毛

羽片

由许多细长的羽枝构成，羽枝两侧又密生着成排的羽小枝，相互勾连，层层叠叠，构成结实而有弹性的羽片。

羽轴

羽毛的中轴，中空的管道里藏着一些轻盈的泡沫状物质，光滑、柔韧、有弹性，让羽毛不会轻易折断。

羽根

羽毛的根部，中空，半透明，长在鸟的皮肤内。

色彩斑斓的戴胜。 2019.06.26
戴胜在深圳不多见。戴胜的羽毛只有三种颜色——黑、白、褐，却配合出了绚丽华彩的羽毛和多彩羽冠。鸟羽斑斓的颜色有两个来源：第一是鸟儿羽毛中的色素，第二是羽毛不同的结构反射自然光形成不同的颜色。

扇尾沙锥，眼花缭乱的伪装术。 2019.06.11
你能一眼辨认出湿地草滩上的扇尾沙锥吗？对鸟儿来说，最简单的伪装技巧就是让自己的羽毛和所处的背景相符。

红嘴鸥的羽毛

正羽

正羽是扁平而有弹性的羽片，流线型的轮廓，覆盖鸟儿的全身，用来扇动空气、飞翔和保护身体。

绒羽

体羽下面是绒毛状的绒羽，在皮肤上形成一个保暖层。

尾羽

尾羽对鸟儿飞翔中的平衡与方向的调节起着决定作用。

红嘴鸥的潜水捕猎

① 锁定目标。

② 精准入水。

③ 水底猎食。

④ 食物到嘴。

⑤ 猎物下肚。

不爱洗澡的鸟不是好鸟

鸟，是最爱洗澡的动物之一。

大部分鸟儿用水洗澡，也有鸟儿用沙子洗澡。水浴、沙浴可以维护羽毛，洗净污垢，清除虫螨。

鸟儿洗澡大多选在水质清澈、隐僻的地方。洗澡的鸟儿把羽毛弄湿后，飞行能力会变弱，如果此时天敌出现，更容易受到伤害。所以，洗澡时的鸟儿格外警惕，洗干净的鸟儿也格外精神，好看。

如果一只鸟连自己的羽毛都不清洗护理，那一定是身体已经出了状况。

◀纪录短片▶
《洗洗更健康》

痛快洗浴的琵嘴鸭。 2018.09.11
水鸟洗澡的动静比较大，全身抖动，潜入潜出，溅起大片水花。

正在水浴的暗绿绣眼鸟。 2017.11.23
陆地生活的鸟通常只是弄湿羽毛，并不会浸透，所以喜欢在浅一些的水池或流速慢一些的溪流中洗浴。

洗过澡和没洗澡的红嘴鸥。 2018.12.13

被重度污染海水伤害的大白鹭。 2016.03.01

八哥的"蚂蚁浴"。 2018.12.04
一些鸟儿除了洗水浴、沙浴，还会洗"蚂蚁浴"。它们把蚂蚁放到自己的羽毛里。蚂蚁受到侵扰时，会分泌蚁酸，帮助鸟类清除它们身上的寄生虫，还可以补充羽毛表面的油脂。

普通鸬鹚，它拥抱的其实是阳光

冬日的深圳湾，常常可以看到岸边的岩石和木桩上，普通鸬鹚，张开双翅似乎要起飞，却伫立不动，似乎要扑到水里捕食，眼神和注意力却完全不在水面，姿态像是期盼拥抱。其实它是在晒翅膀。

尽管普通鸬鹚是水鸟中的潜水和捕鱼高手，但它缺少一种大部分水鸟都有的宝贝——尾脂腺。尾脂腺是鸟类的一种皮肤衍生物，长在尾部羽翼的下面。鸟儿用嘴巴将尾脂腺的油脂涂抹在羽毛上，会让羽毛光润防水。我们常常看到一些鸟儿总把脑袋伸在尾部的羽毛下面，啄来啄去，接着又用嘴巴梳理翅膀，其实就是在忙这件事。

普通鸬鹚缺少油脂给羽毛"上油"，羽毛的防水性比较差，潜水出来后，就要张开双翼，晾晒翅膀，它最想拥抱的，其实是阳光。

正在晾晒翅膀的普通鸬鹚。2018.01.16
鸬鹚是冬候鸟，每年10月前后来到深圳，2—3月间离开。普通鸬鹚的长相独特，色彩强烈。羽毛是泛着金属光泽的黑色，眼睛闪着蓝光，嘴基发黄，厚重的长喙前端带着弯钩，凶悍中带着诡异。

深圳湾里的捕鱼高手。2017.12.26
普通鸬鹚又称鱼鹰，潜水前先半跃出水面、迅疾翻身钻进水下，一般可以潜水一分钟左右。除了灵敏的视觉外，水底的鸬鹚依靠听觉，即使在浑浊的水中，依然可以捕到鱼。

履带猎食法。2017.12.09
冬日的深圳湾，常常可以见到成百上千只鸬鹚集群在海面飞翔起落，围捕鱼群。有时，一部分鸬鹚因为捕到猎物落在了队伍的尾部，大部队在前面接着追赶鱼群，落后的小部队享受完美食，会赶到大部队的最前方，一轮接一轮像履带运转，这被称为"履带猎食法"。

◀ 纪录短片 ▶
《深圳湾里的狩猎大军》

鸟儿们的吃吃吃

如果有机会把一只鸟儿抱在手里，就会发现它身体热乎乎的——鸟儿的体温大都比人高，在 40 ℃左右。和我们人一样，鸟儿是恒温动物，要通过新陈代谢维持稳定的体温，所以，鸟儿必须不停地进食，补充能量。

鸟儿也是活动范围最大的动物，可以飞翔、行走、游泳、潜水，能量的消耗非常大，需要不断地吃吃吃，补充体力。

鸟儿的食物，地上长的，地上跑的，水里游的，天上飞的，有荤有素，无所不包。毫无疑问，绝大部分鸟儿是肉食者。肉食的好处是，相同重量的食物，肉类的营养要比谷物、果实丰富得多。食肉的鸟儿捕猎时看上去无情、凶悍、冷血，甚至诡计多端，却是生态系统中必不可少的一环。

有一些鸟儿主要"吃素"，依靠果实、嫩叶、草籽、稻谷为生。在亚热带的深圳，四季常青，常年都有植物发芽、开花、结果，给素食的鸟儿提供充足的食物。

深圳素食的鸟儿大都集中在鸠鸽科。

◀纪录短片▶
《我是一只小小小小鸟》

灰椋鸟享受楝果。2019.02.04
植物的果实只要成熟变色，大都会被鸟儿盯上，甜美多汁的果实既可以补充养分，也可以补充水分。当然，包裹在果实里的种子也会随着鸟儿被带向远处。

食腐者白颈鸦享受海岸上的死鱼。2017.02.01
在深圳，有极少数鸟儿口味独特，喜欢吃腐烂的食物。敏锐的眼力和嗅觉可以引导它们发现各种动物的尸体，它们算得上是大自然里的清道夫。

夜鹭捕食罗非鱼。2018.12.20
在所有的食物里，鱼无疑是营养最丰富的食物之一，一大部分水鸟以鱼为食。水中的鱼灵活光滑，鸟儿们嘴巴锋利，自有应对的方法；长脖颈能够折叠到背部，可以弹力出击；灵敏的眼睛可准确判断光线在水中折射后鱼儿的位置。

草丛里觅食的素食者灰斑鸠。2017.11.25

吸食冬红花蜜的暗绿绣眼鸟。2018.12.04
植物的叶、花、果、种子都是鸟儿的盘中餐，只是这些食物都需要一点时间消化，才能转化成能量。花蜜是高能量的糖分液体，可以被鸟儿的消化系统很快吸收，特别受一些鸟儿的欢迎。

环环相扣的生态链

对鸟儿来说，昆虫比果实、嫩叶含有更多的蛋白质和营养。超过 95% 的鸟儿是杂食者，还有一些鸟儿，平时荤素搭配，养育幼鸟期间，会成为近乎疯狂的昆虫捕猎者。

在鸟儿的食谱里，包括昆虫的卵、幼虫、蛹、成虫。无论昆虫飞在空中，还是躲在树叶的背后、藏在树皮的缝隙、钻在地下，总能被鸟儿搜捕到。正是鸟儿在枝叶间仔细的猎杀，才抑制了昆虫的泛滥，保证了植物的生长。

人类与鸟类最直接的关系是：如果没有鸟类猎虫的技能和好胃口，虫子将会膨胀到不可想象的数量。鸟儿对虫子的遏制，保证了植物和农作物的生长，也保证了人类的基础食物。

麻雀一次捕几只虫子带回巢喂幼鸟。2016.07.01
一些鸟儿养育幼鸟期间，会成为近乎疯狂的昆虫捕猎者。

黑领椋鸟享受澳洲鸭脚木的果实。2002.09.28
一些种子被鸟吞下肚后，在消化道里失去了生机。还有一些植物的种子可以完好无损地穿过鸟儿的肠胃，安然地随着鸟儿的粪便落在四方，发芽生长。

落入紫啸鸫口中的蛾子。
2018.04.30
如果没有鸟类猎虫的技能和好胃口，虫子将会膨胀到不可想象的数量。

用多样避免竞争

鸟儿的嘴巴，又称鸟喙（huì）。和其他动物比较起来，鸟儿的嘴巴承担了更多的功能：是随身携带的餐具，也是修巢建屋的工具，是猎食争斗的武器，也是整理羽毛的梳子——当然，还是鸣叫时的"喇叭"。

鸟儿嘴巴的形状和它们的食物来源、捕食习惯有直接的关系，甚至和特定的生物共同演化，是生命演化历程中适应环境的典型案例。不同形状的嘴巴可以完成不同的动作：叼啄、吸取、捕捉、挤压、撕扯、过滤、钻挖……

黑脸琵鹭的嘴巴像个面包夹，在水中靠嘴巴的触觉感受并夹住食物；大白鹭长而直的嘴巴捕捉底栖动物；啄木鸟锥子似的嘴巴敲击树干，搜捕蛀虫；蛇雕末端带有弯钩的嘴巴，瞬间就能把一条毒蛇撕断。

多样的嘴巴使得鸟儿对食物的选择形成差异，避免了在同一地域竞争单一的食物。

◀纪录短片▶
《反嘴鹬的八卦围猎阵》

◀纪录短片▶
《苍鹭的快准狠》

琵嘴鸭扁平的嘴巴。琵嘴鸭角质化的嘴巴坚硬而灵敏，嘴角微微凸起的感受器是鸟儿触觉最敏感的部位之一。2017.01.23

中杓鹬的嘴巴长而向下弯曲，适合插入淤泥深处取食。2018.11.03

苍鹭长而尖利的嘴巴可以直接穿透鱼的身体。2011.01.09

斑文鸟的嘴巴短而粗，呈圆锥状，厚实有力，擅长剥除种皮，挤碎种子。2017.12.10

白头鹎短而坚硬的嘴巴，可以啄开乌桕果实的外壳，享受里面的果仁。2020.01.04

反嘴鹬的镰刀嘴巴向上弯曲，长而上翘的嘴伸入水中或稀泥里面，左右来回扫动觅食。2017.01.12

在白鹡鸰争抢配偶的搏斗中，嘴巴是有力的武器。2020.01.09

黑尾塍鹬的嘴巴长而直，适合插入淤泥里取食。2018.01.16

灰鹡鸰用嘴巴梳理羽毛，清理污垢，涂抹油脂。2020.01.02

叉尾太阳鸟的嘴巴细长，向下略弯曲，适合取食花蜜。2018.05.18

243

我们一起"捡麦穗"

春夏之交，人们在稻田放水插秧之前，会深翻土地，深褐色的泥土被翻到了地表，那些平时藏在地下的蚯蚓和虫子，一时间失去了屏障，暴露在光天化日之下。突如其来的变故让这些小生命晕头转向，一时找不到新的藏身之处。一场盛宴开始了，鸟儿们成群结队赶来，平日里要费神费力才能捕到的猎物如今唾手可得。田地里的鸟儿们呼朋唤友，聚餐抢食，一片喧闹欢腾的景象——就像北方小麦丰收时田地里捡麦穗的孩子们。

的确，一些鸟儿会利用其他动物的行动获得食物，研究鸟类的科学家把这样的蹭吃蹭喝称作"捡麦穗行为"。

牛背鹭与羊。2018.05.06

在深圳，位于大鹏半岛中国农业科学院深圳农业基因组研究所的试验田是记录到最多牛背鹭聚集的地方。牛背鹭是唯一不以食鱼为主而以昆虫为主食的鹭鸟，是典型的"捡麦穗鸟儿"——习惯跟随在家畜背后，捕食被家畜从草丛中惊起的昆虫。试验田没有养牛，牛背鹭退而求其次，跟随在羊儿的背后。羊儿所到之处，会惊起各种虫子，它们正是牛背鹭的美食。

普通燕鸻在刚刚翻过的新土里觅食。 2018.05.06

稻谷成熟后，成群结队的斑文鸟结伴来觅食。2018.05.06
斑文鸟的嘴巴短而粗，圆锥状，适合啄食果实和种子。

鸟儿演示的基因变异

2018 年 5 月，在中国农业科学院深圳农业基因组研究所的试验田里，记录到了深色型白鹭。这只白鹭除头部有一些白色羽毛外，全身羽毛深灰色。和身边的白鹭比较，黑的嘴巴、黄色的脚爪和体形完全一样。它的同伴们也没有把它当作异类，相处融洽。

深色型的白鹭"讲解"着基因变异的故事：白鹭携带的遗传物质中有黑色羽毛的隐性基因，只要两种这样的隐性基因结合，就会繁殖出深色型白鹭。这样的概率可能比人类生出五胞胎的概率还低，所以深色型白鹭极为罕见。

正常的白鹭和深色型的白鹭。2018.05.06

基因变异带来羽毛变色的红耳鹎。2019.06.12

正常的红耳鹎。2018.12.30

正常的棕背伯劳。2018.12.30

黑化型棕背伯劳。2020.11.05

◀纪录短片▶
《棕背伯劳，佐罗来了？》

心照不宣的合作

小鸊鷉潜水猎食，小白鹭在一旁盯着被惊扰而游动的鱼虾，池鹭在一旁虎视眈眈等待下嘴的机会。3 种不同出身的鸟儿在协同捕食。

对鸟儿来说，鱼虾是美味、营养丰富的食物，但鱼虾藏在水里，行动灵巧。天长日久，鸟儿们发现，共同捕食有时要比单打独斗有效得多。

共同捕食的方式有两种：一种是单一鸟种的团队猎食，像数百上千只普通鸬鹚的"履带猎食法"；一种是不同鸟种的联合捕食。共同捕食的好处是不仅可以有效地获得猎物，还可以有更多的伙伴注意警戒，防止专注捕食时受到天敌侵害。

小鸊鷉、白鹭和池鹭协同猎食。2018.12.04

听一听，鸟儿在说什么

在深圳，即使站在车水马龙的十字街口，从各种噪声汇合的喧嚣里，有时也会突然听到几声鸟鸣。鸟的叫声，是这个亚热带城市里随时随地可以听到的自然之声。鸟的鸣叫是相互沟通信息的"语言"，是鸟之间集群、取食、宣示领地、求偶、育雏、报警的通信行为。

鸟儿发出的声音，大致分为两种：鸣唱和鸣叫。

鸣唱是在性激素驱动下发出的声音，传递的信息是：对异性传递情意，吸引其前来配对；对同性宣示领域，发出警告。鸣唱的声音响亮、富于变化，常常是多音节连续的旋律。

鸟的鸣唱，就像人的情歌，与人不同的是，鸟儿的情歌大多是雄性唱给雌性，情歌大多是在繁殖季节的发情期才唱出来——婉转多变的叫声里传递着求偶的信息：自己的种类、性别、所占据的地盘、所在的方位，还包括了自己的体能与技巧。

相比之下，鸟儿的鸣叫就单调一些，大多是日常的沟通、联络和通报危险，传递的信息是呼唤、警戒、惊吓、恫吓，声音短促，语调单一，不受季节变化的影响。

‖‖ 音频 ‖‖
《众鸟嘈杂的鸣叫》

‖‖ 音频 ‖‖
《鹊鸲的鸣唱》

‖‖ 音频 ‖‖
《强脚树莺的鸣唱》

雄性鹊鸲召唤雌性来一起吃乌桕果实。2020.01.04
鹊鸲性格活泼，求偶时的鸣叫格外动听。民间称"四喜鸟"："一喜长尾如扇张，二喜风流歌声扬，三喜姿色多娇俏，四喜临门福禄昌。"

一唱三叹的强脚树莺。2019.03.11
生性胆怯的强脚树莺平日藏匿在丛林和灌木中，很难见到它的身影。求偶季节，强脚树莺发出一长两短的悦耳鸣叫，清脆而洪亮，从早到晚叫个不休。

烟熏嗓的歌手。 2019.11.01
同时聚集在红树林里的黑领椋鸟和八哥。依照人的审美，这两种善于歌唱的鸣禽都是声音沙哑的烟熏嗓歌手。

鸟儿们的鸡尾酒会

深圳的黎明，在绿化好的小区，可以听到超过 10 种鸟儿的合唱，喧哗嘈杂的声浪中，鸟儿可以分辨出自己种群的声音，亲鸟可以分辨出自己孩子的叫声，雌鸟能分辨出自己所钟情的雄鸟的叫声。

这种在喧闹的背景声中，过滤无关的噪声，清晰地分辨出特定鸣叫的能力，被称为"鸡尾酒效应"。就像我们，在热闹的鸡尾酒会上，许多人同时说话，餐具碰撞，音乐鸣奏，我们依然有能力捕捉到自己希望听到的声音。

效鸣，会说"外语"的好处

相比之下，八哥和鹦鹉发声器官的构造在鸟儿中堪称完善。人的声带从喉咙到舌端有 20 厘米，八哥和鹦鹉的鸣管到舌尖有 15 厘米，它们可以发出节奏更多变、音调更丰富的叫声。

八哥能模仿其他鸟儿的鸣叫，也能模仿人说话，是因为它们聪明吗？并不是。如果是这样，动物中智商更高的猩猩、海豚和狗早已可以和人对话了。这种效仿其他物种鸣声的行为称为"效鸣"（mimicry）。有的鸟不仅能模仿其他鸟类的声音，还能模仿昆虫、猫或青蛙等其他动物的叫声，有些鸟甚至可以同时模仿多种其他动物的声音。

八哥和鹦鹉学舌是一种条件反射，和智商没有太大关联，更类似于一种自我保护和获得利益的本能，因为模仿的鸣叫会给它们带来一些回报。

红树林公园里，黑领椋鸟对着镜子里的自己鸣叫。
2018.12.20

能模仿人说话的八哥。2018.11.24
八哥能模仿人说话。八哥学舌是一种条件反射，与智商无关。

‖⊪ 音频 ‖⊪
《黑领椋鸟的鸣叫》

‖⊪ 音频 ‖⊪
《八哥的鸣叫》

247

动听告白里的含义

为了获得雌性的青睐，求偶的雄鸟会调动它们的智力和体能，其热情洋溢地鸣叫和舞蹈。绚丽醒目的繁殖羽，响亮招摇的鸣叫，吸引眼球的舞蹈，大大增加了被天敌发现追捕猎杀的危险。

这样冒着生命危险的告白，是因为雄鸟们要面对许多同性的竞争，而那些雌鸟们又是如此挑剔。

一只在枝头高唱情歌的黄腹山鹪（jiāo）莺，是在向心仪的对象宣告：听听我的歌声多么响亮，那是因为我体格强壮；听听我的曲调怎样多变，那是因为我智力高超；我敢于在这样危险的高处如此张扬地示爱，是因为我对自己的敏捷有着足够的信心，跟随我吧，让我做孩子的父亲，我们一起把优良的基因传递给下一代。

雄鸟冒死唱情歌所投入的勇气、智慧、体力没有白费，科学家们的观察和研究已经证明，那些鸣唱响亮、强劲的雄鸟可以得到更大的地盘，更容易得到雌鸟的青睐。

八声杜鹃，哀怨委婉的歌者。2019.01.21
繁殖期的八声杜鹃整天鸣叫不息，一连串发出许多声音，并且逐渐高亢，速度逐渐加快。从人类的角度理解，八声杜鹃的叫声尖锐、凄厉，有人又把它们叫作哀鹃。

◀纪录短片▶
《春天来了，春天来了》

◀纪录短片▶
《黑喉石䳭的歌与舞》

|||| 音频 ||||
《八声杜鹃的鸣叫》

黄腹山鹪莺的"猫叫"。2017.05.24
黄腹山鹪莺平日的叫声特别像猫的叫声。繁殖期到来，雄鸟常常站在灌木茅草的顶端，发出响亮的鸣唱。

|||| 音频 ||||
《黄腹山鹪莺的鸣叫》

白胸苦恶鸟，民间传说最多的野鸟。2017.10.05
作家叶灵凤对苦恶鸟的定义是：中国民间传说最多的野鸟之一。不管有什么样的传说，都离不了一个"苦"字。白胸苦恶鸟生活在芦苇或水草丛中，短而圆的翅膀已失去了长远飞行的功能。发情期和繁殖期发出"kue，kue"的叫声，音似"苦啊，苦啊"，常常彻夜不息地重复。

|||| 音频 ||||
《白胸苦恶鸟的鸣叫》

白头鹎的方言

白头鹎是深圳最常见的留鸟之一，也是高度适应都市生活的鸟儿，街头巷尾，公园高楼，都能见到它们的身影、听到它们的叫声。

繁殖期到来，雄性白头鹎会竭尽全力发出音节相连的婉转长句，这就是鸣唱。平常居家过日子，白头鹎雌雄的叫声平和、短粗、单调，和麻雀的叫声有点像，这就是鸣叫。当发现天敌和入侵者时，白头鹎会发出紧张不安的叫声，声音嘈杂、沙哑、急促，传递报警、恐吓和驱逐的信息，这是警戒叫声。

学者研究的结果证明，和人一样，白头鹎也有自己的"方言"。在一个区域内稳定的鸟群里，叫法有较高的一致性，不同地域、不同群落的白头鹎，会有不同的发声。好像人类的"十里不同音"，鸟类的方言不光有数百上千里的差异，在几公里的不同群体之间，也有明显的"微地理方言"——福田区莲花山公园里的白头鹎和南山区四海公园里的白头鹎，叫声的长度、语调、音节、持续时间所表达的含义可能都会有差异。

║║ 音频 ║║
《福建白头鹎的鸣叫》

║║ 音频 ║║
《江苏白头鹎的鸣叫》

║║ 音频 ║║
《深圳白头鹎的鸣叫》

白头鹎的求偶鸣唱。2017.12.05
一只白头鹎单独站在突出的枝头或是树顶上高声鸣叫，过不了多久，另一只白头鹎飞过来，两只鸟一唱一和。繁殖期的雄性白头鹎会建立它们的领域。雄鸟鸣叫的声音响亮多变，是雌鸟择偶的重要标准。

鸟的发声系统

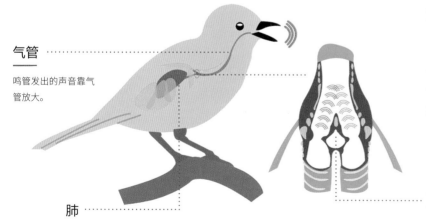

气管
鸣管发出的声音靠气管放大。

肺
鸟的肺部通气能力强大，提供了飞行时巨大的耗氧量，也提供了鸟儿鸣叫的动力。

鸣管
鸣管位于两根支气管的中间，由多个扩大的软骨环组成，气流穿过时，鸣管里的薄膜振动，发出复杂的声音，鸣管还可以调整气流大小和压力，改变叫声的频率。

天籁的源头

自然里的歌者，鸣虫用翅膀的摩擦发声，蛙和蟾用声囊放大鸣叫声。我们听到的鸟鸣，源于鸟儿胸腔深处的鸣管，鸣管里的半月形鸣膜回旋振动，发出千差万别的鸣声。

多样的天籁

"因声得祸"的画眉。2018.01.02
繁殖期雄鸟的叫声婉转动听，音色洪亮。动听的叫声给画眉带来厄运——画眉是人们最喜欢捕捉笼养的鸟儿之一。2021 年 2 月颁布的保护动物名录已将画眉列为国家二级保护野生动物，捕捉、买卖、笼养画眉会触犯法律。

音频
《画眉的鸣叫》

中华鹧鸪，"行不得也哥哥"。
2018.08.04
中华鹧鸪的鸣叫听上去好像是在一遍一遍地哀求"行不得也哥哥"，因此衍生出了许多民间故事。雄鸟喜欢立在高处，放声歌唱，常常是一鸟高唱，群雄响应，用鸣叫比拼实力，吸引雌性。

音频
《中华鹧鸪的鸣叫》

珠颈斑鸠的咕咕声。2017.03.05
珠颈斑鸠外形和叫声特别像家鸽。春夏季节，常常能听到它们求偶时响亮悦耳的叫声，"gu-gu, gu-gu"，面对心仪的雌性，珠颈斑鸠一边鸣叫一边像鸡啄米一样点头。

音频
《珠颈斑鸠的鸣叫》

领角鸮（xiāo）的轻柔召唤。2011.05.01
鸮，就是我们通常所称的猫头鹰。领角鸮的眼睛又圆又大，对弱光有良好的敏感性，主要在夜间活动。雄鸟发出轻柔的升调，有时雌性也会应和。

委婉低沉的褐翅鸦鹃。2018.10.24
褐翅鸦鹃鸣叫时连续不断，逐渐响亮，很远就可以听得到。

音频
《褐翅鸦鹃的鸣叫》

紫啸鸫，长得美，叫声美。
从远处看，紫啸鸫(dōng)是黑色，近了看，是金属感的紫色。停下来时会把尾羽一下一下地散开。求偶时，雄性紫啸鸫的叫声格外动听，多变而富有音韵，犹如哨声。

黑喉石䳭(jí)的击石声。
2020.01.05
在河流、湖边、田野的草丛和灌木里，常常能听到这种小巧鸟儿的叫声，像两块石头的敲击声。

嘈杂喧闹的黑脸噪鹛。2018.01.04
黑脸噪鹛的脸部漆黑，成群结队地在地面或灌丛间跳跃穿行。叫声响亮，单调嘶哑，一只黑脸噪鹛鸣叫时常常会引起整群鸟跟着狂叫不息。

吉祥鸟喜鹊。2020.02.29
喜鹊是很有人缘的鸟之一，从古至今人们都认为喜鹊的出现和叫声都是好事好运的好兆头。

黑喉噪鹛，一字之差，千里之别。
2019.12.21
黑脸噪鹛和黑喉噪鹛虽然都是噪鹛属的近亲，但是叫声相差甚远。黑脸噪鹛的叫声嘈杂刺耳，黑喉噪鹛的叫声圆润悦耳。黑喉噪鹛并不是深圳原生鸟种，很久以前，因为叫声动听，被人作为笼养鸟从外地引入，逃逸后逐渐繁衍成群，如今已完全归化本地，成为深圳常见的留鸟。

鸟的视觉，更高，更远，更绚丽

◀纪录短片▶
《恐龙的后裔的眼力》

鸟的视觉特别锐利、灵敏。

我们人的眼睛，长在头部前面，水平视野的最大宽度在240度左右。鸟的眼睛长在头的两侧，拥有更为开阔的视野。在空中急速飞行的鸟，要搜寻食物，要防范天敌，还要定向安全着陆，滴溜溜的眼睛能快速把眼球的晶状体拉成扁平状或挤成圆形——像同时安装着望远镜和显微镜，能迅速调节焦距，远至百米之外的大树，近到几毫米的虫卵，都可以看得一清二楚。

人和鸟的眼睛里都有光感受器——视杆细胞和视锥细胞，视杆细胞感知光线强弱，视锥细胞感知颜色。领角鸮的光线敏感度是人类的许多倍，也就是说，在一片漆黑的环境里，领角鸮的目光可以捕捉到家鼠的逃窜。

视锥细胞给人和鸟带来的是颜色的感知，人眼有三种类型的视锥细胞，最敏感的颜色是红、蓝、绿。而鸟眼拥有四种类型的视锥细胞，除了红、蓝、绿光之外，它们对紫外光也很敏感。所以，鸟眼里的世界远比我们人眼里的世界要绚丽多彩。

蛇雕的目光。2010.10.16
蛇雕是高飞的猛禽，也是视线特别宽阔、辽远、敏锐的飞鸟。它驾驭着上升的气流在空中优雅地盘旋，一双凶悍锐利的眼睛，能看到1000米以外的一条灰鼠蛇的游动。

小眼睛，大视野。2017.02.01
鸻鹬类的鸟儿眼睛不大，视角却非常宽阔，这样的视力可以让它们在低头觅食时，仍然能观察来自四面八方的危险。

黑暗中的猎手。 2012.03.06
草鸮眼睛里视锥细胞的密度是人眼的许多倍，加上大大的瞳孔，可以在黑暗中看到移动的小动物。

远东山雀，鸟眼里的绚丽世界。 2017.03.30
鸟眼依靠对紫外光的感应发现树缝里隐藏的昆虫。人的眼里，有些鸟的性别不容易分辨，而鸟眼洞察秋毫，绝对不会点错鸳鸯谱。

金斑鸻的大眼睛。 2020.02.19
一些鸟类的眼睛超过头部 20% 的面积，长在头部两侧，拥有更为开阔的视野。按照同样的比例，相当于人的脑袋两边长着两个鸡蛋大的凸出的眼睛。

扇尾沙锥的目光。 2017.11.03
鸟儿视觉最敏锐的区域在眼睛的侧面，所以，当一只鸟在歪着脑袋斜视你的时候，那不是蔑视你，是在真正关注你，正在盯着你的一举一动。

鸟眼里的宝物：瞬膜。 2018.12.20
这种透明的膜可以瞬间将鸟的眼球遮盖起来。夜鹭捕食时，挣扎的罗非鱼可能会伤到夜鹭的眼睛，防护镜一样的瞬膜就派上了用场。当鸟儿潜入水里时，闭合的瞬膜像一副游泳镜，可以让鸟儿在水里有清晰的视觉。

鸟儿的婚姻，浪漫与真相

　　鸟的一生中，繁衍是头等大事。在深圳，留鸟在本地交配繁殖，来来往往的候鸟里，只有极少数在深圳生育后代。

　　科学家的研究证实：大部分鸟儿在一个繁殖季里是一夫一妻制。在一个繁殖季里，它们交配、产卵、孵卵、育雏期都厮守在一起。有少部分鸟儿甚至是终身相守的一夫一妻制。

　　鸟类的求偶行为在动物界中最为缤纷多样，从婉转鸣叫到花样舞蹈，从绚丽羽毛到食物馈赠，大多是雄鸟积极主动，雌鸟享受追求。

　　只是，与浪漫并行的是进化的真相：无论是费尽心力求爱的雄鸟，还是精心挑选郎君的雌鸟，并不见得忠于对方。科学家们的观察和DNA检测证明：90%的鸟儿有"婚外情"，有些鸟种中接近70%的幼鸟并不是雄鸟的亲生子女——虽然这些雄鸟在费尽心力地养育它们。

　　这与人类建立的道德伦理无关，雄鸟尽可能多地与雌鸟交配，意味着更为广泛地传播自己的基因；雌鸟和其他雄鸟交配，是为了让自己后代的基因更加多元——兴许，它从外遇那里获得的基因比眼前的伴侣更优秀。配对鸟在行为上维持着伴侣关系，是因为养育幼鸟是一项繁重的任务，孵卵、捕食，喂养并保护孩子，必须合作完成。至于性，它们常常有自己的选择。

琵嘴鸭，南方相亲，北方成家。2016.03.06
和许多候鸟一样，琵嘴鸭在南方越冬地和配偶相识，结成伴侣，每年4月份前后，成双成对飞到北方繁殖。

绿翅鸭，深圳版的"鸳鸯"。2016.01.07
深圳没有鸳鸯的记录，绿翅鸭应该是最像鸳鸯的鸭子了。

交配中的白胸苦恶鸟。2020.05.22
至少在繁殖季节，白胸苦恶鸟是一夫一妻制，雌、雄鸟轮流孵卵、喂养和照顾幼鸟。

亲吻的珠颈斑鸠。2020.02.09
求偶期，一些鸟儿在交配前，会舞蹈纷飞和身体接触。

斑姬啄木鸟的求偶。2020.03.01
许多鸟用婉转多变的鸣唱吸引异性。一些不擅长鸣唱的鸟儿只能通过身体某一部位发出声音求偶。像啄木鸟就是用敲击树木发出一连串的声响来吸引异性。

‖‖‖ 音频 ‖‖‖
《斑姬啄木鸟的求偶声》

黑领椋鸟，求偶期的眼神。2020.03.08
科学家们研究后认为：鸟儿为了获得伴侣的芳心竭尽全力地发挥才智；结成伴侣后耗尽心思看守对方让其不出轨；还要找寻机会和外遇交配；要动脑筋判断外遇对象的体格和智力值不值得付出……这种两性间机关算尽的"智力竞赛"，正是鸟儿进化得如此聪明敏捷的驱动力之一。

求偶炫耀，繁殖羽与婚姻色

为了实现交配，最大可能地把自己的基因传递下去，鸟儿会施展不同的手段吸引异性——这些手段被称为"求偶炫耀"。

鸟儿求偶炫耀的方式复杂多样，有婉转鸣唱，舞蹈，辛勤筑巢，公开竞技，其中特别绚丽的是"婚姻色"和"繁殖羽"。

每年春天和初夏，在万物生长、食物丰富的季节，深圳的一些鸟会换上斑斓的羽毛。有些鸟的脸蛋、嘴巴、脚掌会生出比原来鲜艳的颜色，让自己变得更加亮丽迷"鸟"，这种颜色的变化称为"婚姻色"，和平日比较起来更加鲜艳的羽毛，称为"繁殖羽"。

求偶炫耀是一种高耗能、高风险的行为，这些艳丽的颜色，吸引了异性，却也让鸟儿变得醒目，增加了被天敌伤害的危险。繁殖期一过，鸟儿会换回原来的羽毛。

◀ 纪录短片 ▶
《亮丽迷"鸟"的繁殖羽》

求偶期间的进补，池鹭吃泥鳅。池鹭头和脖子长出的繁殖羽是深栗色，胸部的繁殖羽是紫酱色。2019.07.07

红嘴鸥的繁殖羽最时尚，整个头部会变成灰黑色。2020.03.05

黑脸琵鹭，繁殖期脑袋后长出黄色的冠羽，脖颈下的羽毛像金色的项圈。2020.04.01

求偶期的白鹭，头顶会长出两条辫子。身上飘逸着长长的繁殖羽，脸蛋也出现了粉红的"婚姻色"。2020.05.01

牛背鹭，繁殖羽像金黄色围巾和帽子。 2018.04.21

大白鹭，繁殖羽是分散在肩背部三列长而直的羽毛，像披在身上迎风飘动的蓑衣。 脸部也长出了蓝绿色的婚姻色。 2020.04.16

苍鹭，繁殖羽是脑袋背后几条黑色的小辫子。 2018.02.18

普通鸬鹚，繁殖羽是脸颊上颇有沧桑感的"白胡子"。 2019.03.09

夜鹭，繁殖羽是头顶上2～3束细长的白色羽毛。 2020.04.03

鸟的孵卵与育雏

　　求偶之后，鸟儿的繁衍要经过筑巢、产卵、孵卵、育雏等过程。

　　筑巢不仅给孵卵和养育下一代搭建了一个家，筑巢的过程同时刺激鸟儿体内性激素的分泌，增进着配偶间的交往。通常，鸟巢做好的几天内鸟儿就会产卵。产卵虽然是由雌鸟完成，孵卵大多却是由雌鸟和雄鸟共同完成。通常 10—15 天内，幼小的生命就会破壳而出。

　　大多数鸟儿是雌鸟和雄鸟共同养育后代，鸟类的育雏过程是它们生命中最劳累的一个阶段。和所有的生命一样，成鸟的繁衍充满挑战，但浸透着美好；幼鸟的成长充满凶险，但延续着希望。一期一会，生死轮回，每一种飞鸟都竭尽全力地延续着自己的种群。

① 暗绿绣眼鸟的卵。2018.05.30
暗绿绣眼鸟搭建这个精致的家要花 10 天左右的时间。产卵、孵卵、育雏要 30 天左右的时间。幼鸟长成后，这个家就废弃了。

给幼鸟喂食的红嘴蓝鹊。2011.05.24
红嘴蓝鹊的雏鸟生长快速，很快巢穴就容不下它长长的身躯，亲鸟只好把幼鸟带到大树上来喂。

暗绿绣眼鸟的长成

暗绿绣眼鸟的吊篮式的巢穴建在灌木和树杈上，有些胆大的暗绿绣眼鸟会把巢穴建在阳台的绿植上。暗绿绣眼鸟搭建家要花10天左右，产卵、孵卵、育雏要30天左右。在快速长大的日子里，幼鸟对食物的索求几乎是贪得无厌，辛劳的父母几乎不到20分钟就会飞回来一趟，给它们带回食物。

② 2011年5月10日，嗷嗷待哺。

③ 2011年5月13日，眼睛初开。

④ 2011年5月15日，羽毛初长。

⑤ 2011年5月17日，有模有样。

⑥ 展翅飞翔。
通常两周左右，幼鸟就可以离开父母，独立飞行。这一家也就各奔东西了。

早成鸟和晚成鸟

晚成鸟家燕。2019.05.10
刚刚破卵而出的幼鸟眼睛睁不开，腿足站不起来，完全没有独立生活的能力，要亲鸟在巢内喂养一段时间后才会飞出。鸣禽、鸠鸽大多是这一类鸟。

早成鸟黑天鹅。2021.06.06
早成鸟孵出后绒羽稠密，眼已睁开，可随亲鸟觅食。

黑水鸡育儿记

◀纪录短片▶
《黑水鸡育儿记》

黑水鸡最醒目的是额头的一抹鲜红。每年的 4—7 月，成双成对的黑水鸡会共同搭窝、孵卵、育雏，养育下一代，上演一段温馨的故事。

01/ 产卵期到了，为了迎接新生命，黑水鸡开始修建巢穴。黑水鸡的家和岸边保持了一段距离，茂密的芦苇和水草将水域和陆地隔开，在这片湿地里，相比较而言，水面比陆地安全一些。

02/ 黑水鸡椭圆形的卵是浅灰白的伪装色。

03/ 黑水鸡的家依托着树桩，这样可以避免被潮水冲走，建筑材料是附近芦苇的枯枝，碗状的巢里铺着芦苇叶和草叶。黑水鸡根据潮位和浮力，把鸟巢建到了 40 厘米左右的高度，这样可以确保产下的卵在满潮时仍然高出水面。

04 / 这对黑水鸡一个守巢，一个觅食，并把食物带回来给对方吃。孵卵由雌雄亲鸟轮流承担。一对伴侣过着恩恩爱爱的日子。

05 / 在亲鸟的羽翼下，孵化了 21 天的卵躲过了肆虐的台风、暴烈的日晒、天敌的觊觎，破壳而出。

06 / 迎接新生幼鸟的是烈日和高温，好在黑水鸡的幼鸟孵出的当天即能下水游泳，这个本领让它们大大减少了被太阳晒伤、被猎食者盯上的风险。

07 /

在亲鸟的精心呵护下，幼鸟很快就羽毛丰满，学会了独立生活的本领，黑水鸡一家的缘分也到了尽头。孩子离开后，这对亲鸟也分道扬镳，各自独立生活。

褐渔鸮家族日记

"鸮"，就是猫头鹰。

深圳已记录到的猫头鹰大约有10种，它们白天藏身在密林中，夜晚出来活动觅食，是最不容易看到的鸟儿之一。神秘的行踪和怪异的面容带给猫头鹰各种传说，中国人认为它们是"不祥之鸟"；西方传说中，猫头鹰可以自由穿梭在阴阳界之间，电影《哈利·波特》中，猫头鹰是魔法世界和现实世界之间的信使。

褐渔鸮名字里的 "渔"暴露了这种猫头鹰的习性：栖息在水源附近的森林中，猎捕鱼、蛙、蛇为食。在深圳的丛林里，褐渔鸮位于食物链的顶端，也是唯一近水而居的猫头鹰。

褐渔鸮是国家二级保护野生动物。

1月20日

大眼夜视王，黑暗里的猎手。
猫头鹰的眼睛在脑袋上的比例大得出奇，重量占了体重的1%—5%。视网膜上密集地分布着能感受微弱光线的视杆细胞，能在黑暗中辨识捕捉到很小的猎物。

4月27日

迅猛的猎手，在溪涧捕食的褐渔鸮。
褐渔鸮视觉敏锐，钩状的脚趾可以牢牢地抓住捕获的猎物，脚趾下长着粗糙的突起，可以帮助它们在溪涧滑溜溜的石头上站稳。

3月17日

一夫一妻的褐渔鸮（上雌下雄）。
和许多鸟不一样，褐渔鸮巢穴固定，配偶固定。大部分猫头鹰都是一夫一妻制。梧桐山深处的这对褐渔鸮，在整个繁殖期里都厮守在一起。

5月6日

一家三口难得的合照。

褐渔鸮是最不善于盖房子的鸟之一，它们的巢穴非常简陋，但这个简陋的家却充满温情和责任——偶尔有侵入者靠近巢穴，父母就会飞到附近的树上，假装受伤，跟跟跄跄地在枝条上行走，引开入侵者的注意。

5月10日

天底下母亲看孩子吃饭的眼神都一样，幼鸟吞食黑眶蟾蜍。

育儿期间，父母分工明确，父亲外出寻食，母亲在巢中看护，为幼鸟遮挡猛烈的阳光和突然的落雨。如果父亲带回来的食物过大，母亲会撕成小块，让孩子吞食。父亲捕获的猎物有黑眶蟾蜍、花狭口蛙，以及大大小小的蛇和鱼。

3月1日

孵卵中的褐渔鸮。

褐渔鸮在1—2月间交配产卵。雌鸟独立负责孵卵，雄鸟捕食带回巢中给雌鸟吃。有时，失职的老公给的食物不足，雌鸟也会自己出去寻食，但时间会很短，会很快赶回巢中继续尽母亲的责任。

4月11日

幼鸟孵出来后第15天。

家族添了新成员。刚出生的幼鸟全身长着白茸茸的毛，眼睛都睁不开，两周后开始长出黑色羽鞘，在父母的悉心抚育下，幼鸟的体重直线上升。

5月23日

在树林中练习飞行的孩子。

即将两个月大的小鸮，体形已经接近父母的幼鸟开始频繁地拍打翅膀，练习飞行。母亲会逐渐减少在巢中陪伴孩子的时间，父亲带回的食物也在减少，在一次次练习中，小鸮开始学着飞向丛林，向父母学习捕食，慢慢开启自己的独立生活。

鸟巢，一期一会的客栈

鸟儿只有在生儿育女时才会修房建屋，巢穴是为了孵卵和安置幼鸟而准备的。

对鸟儿来说，从筑巢开始，就已是繁殖行为的一部分。修建新房会刺激它们的性生理冲动，忙忙碌碌的鸟儿身上会发出浓烈的性的气息，相互吸引着对方。一对伴侣在共同辛劳建成一套住房的时候，也是最相依相托、相亲相爱的时候。

大树的顶端、岩石的缝隙、灌木的枝丫、岸边的芦苇荡，甚至阳台上的花盆，不同的鸟儿会选择不同的筑巢地。安全是它们的第一考虑，尽量保证孵卵的亲鸟不受侵扰，保证刚孵出来的幼鸟不受天敌的伤害。

许多雌鸟和雄鸟会共同在这个巢穴中相濡以沫，养育后代。只是幼鸟长大放飞后，当初恩恩爱爱的雌鸟和雄鸟会离开鸟巢，劳燕分飞。翅膀硬了的幼鸟也对这个家没有留恋，全家各奔东西。鸟巢只是鸟儿一家生命中因缘际会的一个客栈。

白头鹎的产房

深圳最常见的鸟巢大都是碗状，能防止鸟蛋滚散和保持团堆，这一点对一次孵卵较多的鸟儿特别重要，如果全窝的鸟蛋都能收拢在亲鸟的身体下面，胚胎就可以在亲鸟体温下正常发育，掩体式的结构对刚孵出的雏鸟也能起到呵护作用。

白头鹎的卵。2019.05.10

孵卵的白头鹎。2019.05.18

夜鹭的家用枯枝和草茎搭成，简陋，粗糙，夜鹭却也一样在此生儿育女。2016.06.08

守护和喂养孩子。2019.05.30

没有血缘关系的母子。2018.09.18
"小个子母亲"长尾缝叶莺在喂养"大胖孩子"八声杜鹃。
它完全不知道孩子和它根本没有一丝血缘关系。

托卵寄生中的"鸠占鹊巢"

"托卵寄生"是鸟儿特殊的育孵行为，大多发生在杜鹃科的鸟身上，它们不筑巢、不孵卵，而是寻找机会进入别的鸟巢里，产下和主人大小、颜色、形状接近的卵，把孵化、养育的责任都丢给了别的鸟。

杜鹃可以让 100 多种鸟替自己抚养后代。为了让"狸猫换太子"的行为有更高的成功率，杜鹃产下的卵，形状、颜色，甚至斑点都尽可能接近托付的鸟产的卵，有时甚至会衔走一颗鸟巢里已有的卵，保证巢内卵数不变，防止被鸟巢的主人识破。

长尾缝叶莺编织
的巢穴。

2013.05.18

更加离谱的行为是，杜鹃的卵通常会比主人的卵更早孵出来，破壳而出的杜鹃幼鸟全凭本能的力量，把巢中的其他卵或其他幼鸟拱出巢外，以保证独占亲鸟的食物和照顾。这就是通常所说的"鸠占鹊巢"。

衔着枯叶准备筑巢的画眉。
2019.04.17
对鸟儿来说，营建巢穴是一项十分浩大而艰辛的"工程"，每一根枯枝，每一片落叶，每一个泥团，都要用嘴巴一次次地运回来。

"裁缝鸟"——长尾缝叶莺。2018.01.27
长尾缝叶莺先选好宽大的植物叶片，再用天然的植物纤维、蜘蛛网把叶片缝合起来。鸟巢的形状像一个深深的长脚杯。里面垫着柔软的细草茎、须根，入口处还常常用闭合的叶子遮住。难以想象这种纤弱的小鸟如何完成这样繁复的工程。

候鸟的迁徙

　　每年，一到 9 月、10 月，在遥远的北方——最远的到了西伯利亚，一些鸟儿就开始变得焦躁不安，它们失眠、鸣叫，在黑夜里变得特别活跃，并不断向着迁徙的方向试飞。进入迁移性焦躁的鸟儿就像春节前张罗着买票准备回家的游子。当气候、日照、风向、风速都合适时，这些鸟儿就开始了一路向南、途经深圳，或者终点就是深圳的迁移——这些冬天由北方来到深圳过冬的候鸟属于"冬候鸟"。

　　在深圳，每年来来往往的冬候鸟和夏候鸟接近 200 种，它们随着季节变化进行着定期的、有规律的、方向明确的、长途跋涉的迁徙。它们最北来自西伯利亚、阿拉斯加，最南到新西兰、澳大利亚。有一些候鸟，迁徙的路途纵贯欧亚大陆、南北半球。

　　鸟儿为什么要迁徙？是为了发掘不同或更适合的栖息地，是为了找寻更多的食物来源，是为养育

后代创造最合适的条件……法国导演雅克·贝汉在他风靡全球的作品《迁徙的鸟》中说："鸟的迁徙是一个关于承诺的故事，一种对于回归的承诺。它们的旅程千里迢迢，危机重重，只为一个目的：生存。候鸟的迁徙是为生命而战。"

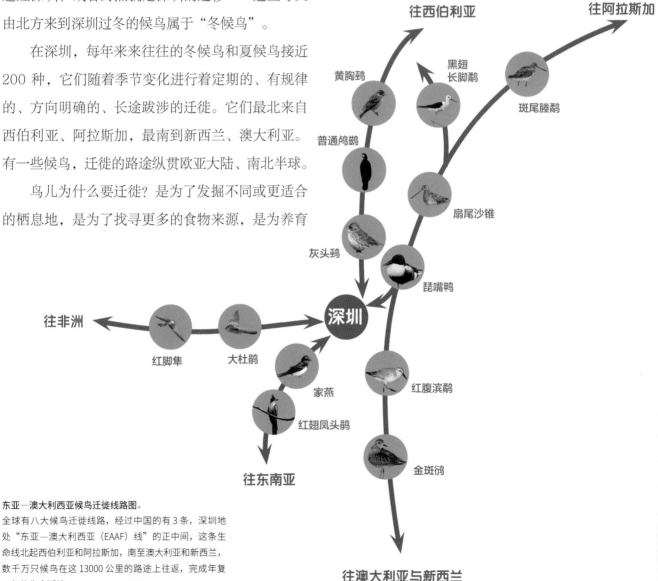

往西伯利亚　　往阿拉斯加

黄胸鹀　黑翅长脚鹬　斑尾塍鹬

普通鸬鹚　扇尾沙锥

灰头鹀　琵嘴鸭

往非洲　　深圳

红脚隼　大杜鹃　家燕　红腹滨鹬

红翅凤头鹃

金斑鸻

往东南亚

往澳大利亚与新西兰

东亚—澳大利西亚候鸟迁徙线路图。
全球有八大候鸟迁徙线路，经过中国的有 3 条，深圳地处"东亚—澳大利西亚（EAAF）线"的正中间，这条生命线北起西伯利亚和阿拉斯加，南至澳大利亚和新西兰，数千万只候鸟在这 13000 公里的路途上往返，完成年复一年的生命延续。

候鸟的多维导航系统

在漫长的旅途中，候鸟对方向有着准确的判断。一些候鸟可以不眠不休一天穿越上千公里，可以在茫茫无际、没有任何参照的海面上辨别方向，可以预测到数十公里外即将到来的暴风雨，可以看见紫外光，可以用回声定位，可以感受到地球的磁场，可以准确地找到目的地……

一代又一代科学家研究候鸟的定位能力，至今仍没有完全揭开谜底。科学家们达成的共识是：在遥远而复杂的路途上，一只候鸟不可能只依照视力或听力辨别方向。鸟儿的躯体里，应该有一个我们人类无法想象的心智地图，这个地图的坐标多样而多维，它的定位与定向系统里参照了太阳、星星、地形、磁场、声波。不完全依赖视觉信息构成的多维导航图，镶嵌在了鸟儿的基因里，安装在了鸟儿大脑的海马体中，协助它们在千山万水间穿越。

冬候鸟红喉歌鸲，雄性。2020.03.16
迁徙的候鸟要消耗大量体能。能量主要的来源是体内的脂肪。短距离迁移的小型鸟类会消耗 10%—30% 的能量，长距离甚至洲际迁移的大型鸟会消耗能量的 30%—50%。迁徙的鸟类需要在途中补充能量。千百年里，深圳都是候鸟迁徙线路上的能量补充站。

白眉鸭，漫长旅途前的准备。2018.03.23
在迁飞之前，许多候鸟会换上新的羽毛。有些候鸟会在南飞和北归前拼命进食，把自己养得肥肥壮壮，累积大量的脂肪，来应对漫长旅途的消耗。

冬候鸟红喉歌鸲，雌性。2020.03.16

斑尾塍(chéng)鹬(yù)，世界纪录的创造者。2019.10.15
深圳湾里的斑尾塍鹬。2021 年 9 月 28 日，一只斑尾塍鹬从美国的阿拉斯加出发，不吃不喝连续飞行了 329 小时到达澳大利亚，行程达 13000 公里，创造了非海洋性鸟类不间断飞行的纪录。

黑脸琵鹭，就让它成为深圳的市鸟吧

每年10月，冬候鸟乘着北风，陆续南下。在众多的候鸟里，黑脸琵鹭最被深圳人所盼望和喜爱。它们从辽宁沿海的小岛、朝鲜、韩国出发，越过黄海、渤海湾，穿过台湾海峡、闽浙沿海，经过广东海丰，来到深圳，和这个城市里的1000多万居民一起度过冬天。

每年3月后，黑脸琵鹭陆陆续续离开深圳湾，回到北方，在那里交配，繁衍后代，度过整个夏天。

这段旅途几乎贯穿了中国的海岸线，一般要半个月，有些身体健壮、心情急迫的黑脸琵鹭会在数天内就完成这段接近3000公里的旅程。

移民之城深圳的美好是：它给了上千万移民一个投奔、落脚、生活的家园，也给了南来北往的候鸟一个歇息、补充营养、再出发或永远定居下来的栖息地。好多年里，深圳市观鸟协会一直希望把黑脸琵鹭定为深圳的市鸟——它飞行姿态平缓优美，性格安静柔和，温良敦厚，尤其是生命中迁徙的特征，让它成为深圳市鸟的不二选择。

◀纪录短片▶
《我是黑脸琵鹭》

如期而至的"Happy"。2018.01.14

黑脸琵鹭飞翔时姿态优美，喜欢在水中洗澡，从水中出来后，用长长的嘴巴梳理羽毛，会拍打翅膀，跳跃着抖去身上的水珠。动作曼妙灵巧，所以又被人称作"黑面舞者"。

忠诚与伤害

迁徙是候鸟生命周期中风险最高的行为，体能的消耗、天敌的捕猎、气候的突变、方向的迷失、对陌生环境的不适应都会给它们带来灭顶之灾。其中最大的危险来自人类。人类填埋海岸，砍伐红树林，占据它们千百年里的投奔地。人类污染海水河水，过度地捕捞鱼蟹，用武器、捕鸟网、鸟夹和毒饵守候在候鸟迁徙的途中。

千万年里，深圳一直是候鸟——尤其是黑脸琵鹭重要的栖息地之一。它们选择深圳的原因是：亚热带的气候温暖湿润，浓密的丛林提供了庇护所，刚刚没脚的滨海湿地里有丰富的鱼虾……

候鸟的"栖息地忠诚"镶嵌在基因里，遗传了一代又一代，它们对迁徙的方向与目的地不离不弃。

但愿深圳，对得起候鸟的这份忠诚。

2016 年 3 月，江门海岸边记录到被鸟夹夹住右脚的黑脸琵鹭。

不是琵琶，是饭勺。2017.12.09
黑脸琵鹭扁平的嘴巴和中国乐器中的琵琶相似，因而得名。黑脸琵鹭的主要食物是小鱼、虾、蟹。捕食时，小铲子一样的长喙插进水中，半张着嘴，一边前进一边左右晃动头部扫荡，在水底搜寻。

2018 年 1 月，香港米埔记录到嘴巴被捕鸟夹夹住的黑脸琵鹭。被捕鸟夹夹住嘴巴的黑脸琵鹭，从门型支架判断，是有意针对水鸟的鸟夹，而不是捕捉其他野兽的误伤。

滨海红树林与芦苇丛是候鸟藏身的屏障　　白眉鸭　　绿翅鸭　　黑翅长脚鹬

雌性琵嘴鸭　　雄性琵嘴鸭　　黑脸琵鹭　　反嘴鹬

喜欢群居的黑脸琵鹭。2016.02.27
黑脸琵鹭常常聚集在海边潮间带、红树林以及咸淡水交汇的基围上觅食。黑脸琵鹭性格温和，和其他水鸟大都可以和睦相处。群居鸟儿不仅是觅食的伙伴，当有天敌和危险接近时，一些反应灵敏的鸟会发出警报，迅速飞起，对反应稍微迟钝的黑脸琵鹭帮助极大。

救赎与自我救赎

黑脸琵鹭起死回生的历程，是全球生态意识觉醒、联手付诸行动的历程，也是人类救赎与自我救赎的经典案例。

20世纪，由于环境的恶化和人类的捕杀，黑脸琵鹭数量急剧下降。1989年，香港观鸟会发表第一份黑脸琵鹭统计报告，全球的黑脸琵鹭仅剩下288只——这已是一个物种接近灭绝的临界线。

在中国香港的呼吁下，1995年，数十个国家和地区在中国台湾共同起草签订了《黑脸琵鹭行动纲领》，全球联手保护。1990年，有财团提出在黑脸琵鹭最大的栖息地台南七股地区修建"钢铁城"，引发民间极大的反对声浪。在漫长的角力之后，"钢铁城"下马，改建为台江公园。

各方的努力，给了黑脸琵鹭一线生机。2021年，全球观察到的黑脸琵鹭已恢复到了5222只。其中有336只寄居在深圳、香港两地。如今的黑脸琵鹭是全球濒危珍稀鸟类，被国际自然资源物种保护联盟和国际鸟类保护委员会列入了濒危物种红皮书，2021年2月被列为中国国家一级保护野生动物。

自然学者大卫·爱登堡说过："野生动物有恢复元气的潜力，而人类则有改变自身行为的能力，它们的未来会怎样，取决于我们。"黑脸琵鹭的繁殖地和迁徙的海岸通道上正进行着历史上最大规模的填埋、开发和建设，黑脸琵鹭未来的命运依然充满变数。

◀纪录短片▶
《理羽维系友情》

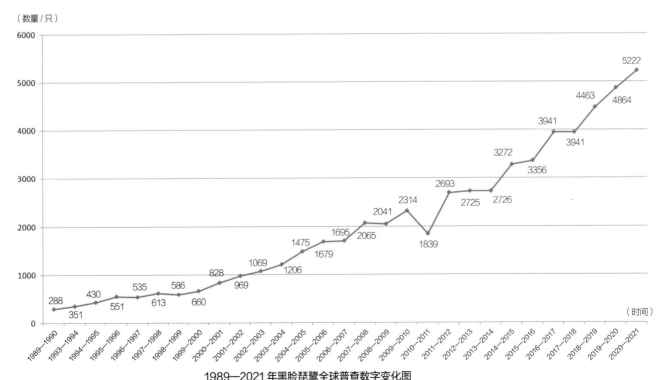

1989—2021年黑脸琵鹭全球普查数字变化图

安能辨我是雄雌。 2017.03.04

很多水鸟雄性外形艳丽张扬，雌性平和低调。黑脸琵鹭雌雄没有特别大的区别，要非常接近才能区分出来。

长出了繁殖羽的黑脸琵鹭。 2007.03.20

繁殖羽是鸟类在发情和繁殖期间为吸引异性而长出的鲜艳羽毛。黑脸琵鹭头部与颈部的繁殖羽像一条华贵的金黄色围巾。

"一夫一妻"的黑脸琵鹭。 2021.01.15

冬候鸟黑脸琵鹭不会在深圳繁衍后代。通常每年 3—4 月飞回北方的辽宁和朝韩三八线一带交配产卵。黑脸琵鹭一般是"一夫一妻"制，雌雄相随相伴，修建巢穴。每次产卵 4－6 枚。幼鸟长大以后，在 10—11 月离开繁殖地，飞到南方越冬。

黑脸琵鹭全球同步普查

◀纪录短片▶
《扫荡式捕食法》

每年，1月中下旬的连续某三天，在东亚的滨海湿地和海岸线上，会同时出现许多手持望远镜、长焦相机和笔记本的人，在天空和地面搜索、记录——他们就是黑脸琵鹭全球同步普查的义工。

1993年，在香港观鸟会倡导和组织下，第一次黑脸琵鹭全球同步普查开始。最早40多个地点，现已扩大到70多个地点，涵盖韩国、日本、越南、泰国、菲律宾等国家以及中国大陆、台湾、香港和澳门等。

在深圳，黑脸琵鹭普查的地点有4—5个，在深圳湾海滨生态公园、红树林保护区鱼塘、凤塘河口、新洲河口、深圳河一带。

黑脸琵鹭同步普查是少数成功跨国、跨地域合作保护濒危鸟类的例子，通过调查黑脸琵鹭分布与数量的变化，评估种群的生存状况。

2021年黑脸琵鹭全球普查观察点

1. 本州岛中部，东京
2. 本州岛中部，芦原市
3. 本州岛西部包括山口市及山阳小野田市
4. 九州岛北部包括北九州岛市、福津市、福冈市及系岛市
5. 九州岛中部包括筑前町、小郡市、有明海及八代海海滨地点
6. 九州岛西南部包括雾岛市、姶良市及南萨摩市
7. 九州岛东南部宫崎市
8. 冲绳市及丰见城市
9. 济州岛
10. 上海及浙江杭州湾
11. 浙江漩门湾及温州湾
12. 福建东北部包括福宁湾及罗源湾
13. 福建中部兴化湾
14. 福建中部泉州湾
15. 台湾金门
16. 福建漳州
17. 广东海丰
18. 珠江三角洲包括后海湾、澳门及广州
19. 广东江门
20. 广东湛江
21. 海南临高及儋州湾
22. 海南四更
23. 红河口
24. 碧武里
25. 中国台湾北部包括宜兰、台北市及新北市
26. 中国台湾中部西面包括云林及嘉义
27. 中国台湾西南部包括台南及高雄
28. 巴丹群岛

2019年深圳市观鸟协会成员参加全球黑脸琵鹭调查。2019.01.26

对黑脸琵鹭的全球统计总会在隆冬季节进行，此时的黑脸琵鹭集中在越冬地中不再长途迁徙。

环志：飞鸟的追踪器

留心观察深圳湾里的候鸟，有时会发现一只候鸟的长腿上套着彩色的塑料环，这就是环志。

环志是将野生鸟类捕捉后，将特殊金属环或彩色塑料环固定在鸟的小腿上，然后再放归野外。

根据标记传递的信息，可以研究鸟类的生活史、种群动态、迁徙鸟类的越冬地和繁殖地、迁徙途中重要的停歇地，鸟类繁殖的开始年龄、持续的时间、生长与死亡状况。随着现代通信技术的发展，人们已将 GPS 跟踪发射器安装在候鸟身上，可以更准确地记录鸟的活动轨迹。

2019 年 12 月 25 日，在深圳河岸记录到戴着 A40 环志的黑脸琵鹭。

深圳湾记录的 RU24，是 2014 年在俄罗斯安装的环志。

天地间的轨迹

K74 的身影

编号为 K74 的黑脸琵鹭 2007 年 8 月 2 日在韩国被安装环志后，深圳的生态摄影师田穗兴 11 月 25 日就在深圳湾拍到了它的身影。在后来 6 年里，观鸟者们先后在韩国 Suhaam 小岛，以及中国的深圳红树林、香港米埔、台湾四草拍到了它的身影。

A01 的身影

编号为 A01 的黑脸琵鹭 1998 年 2 月 26 日在香港被安装环志，深圳的生态摄影师田穗兴 2010 年 12 月 10 日在深圳湾拍到它的身影。

从 2006 年至 2011 年，每一年，A01 都在深圳红树林和韩国仁川被观察到。但在 2012 年后，它再没有出现，这让深圳的观鸟者特别挂念。

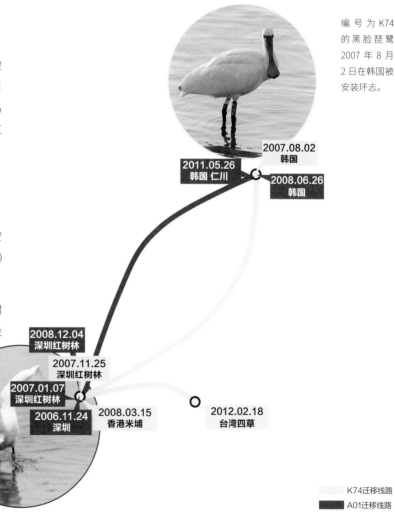

编号为 K74 的黑脸琵鹭 2007 年 8 月 2 日在韩国被安装环志。

2007.08.02
韩国

2011.05.26
韩国 仁川

2008.06.26
韩国

2008.12.04
深圳红树林

2007.11.25
深圳红树林

2007.01.07
深圳红树林

2006.11.24
深圳

2008.03.15
香港米埔

2012.02.18
台湾四草

编号为 A01 的黑脸琵鹭于 1998 年 2 月 26 日在香港被安装环志。

K74迁移线路
A01迁移线路

都市鸟，水泥森林里的生命

尽管大部分种类的鸟儿选择在远离闹市的丛林、溪谷和海岸边落脚，但仍然有一些鸟儿喜欢与人相伴。在深圳记录到的 395 种野生鸟类里，常年和人生活在城区里的都市鸟接近 50 种。都市鸟与人相伴却自行觅食，不需要人类喂养，是城市生态系统的组成，也是城市生态环境质量的测评指标。

在车水马龙、嘈杂拥挤的城市里，适者生存的都市鸟摸索出了独特的生存之道：在人类的废弃物里寻找口粮；利用密集的人类活动阻吓天敌；在高架桥、楼房、下水道的缝隙里搭建住所……对大部分都市鸟来说，污浊的空气、喧哗的噪声、密集的人流，都早已适应。

敬重生命，敬重鸟儿，尤其是那些愿意与你同甘共苦的都市鸟。清晨，它们在窗外把你叫醒；上班的途中，它们在街边树上为你鸣唱；它们和你一样，在寸土寸金的高楼缝隙里搭窝安家，生儿育女；在车水马龙的都市里奔波穿行，辛苦求生。当然，它们也和你一样，为钢筋水泥的丛林，带来了生命的温度。

都市鸟里的街头霸王，红嘴蓝鹊。2020.02.09
红嘴蓝鹊羽毛艳丽，身体修长，鸣叫沙哑高亢。成年的红嘴蓝鹊体长能超过半米，是深圳尾羽最长的鸟儿。性格强悍的红嘴蓝鹊出现后，周边体形小的鸟儿都会避开。

麻雀，鸟在世上的第一体现者。2018.11.04
水泥墙上堵塞了的排水管已是麻雀生儿育女的家。在深圳，人迹罕至的山林里见不到麻雀，它们只跟随着人出现。作家苇岸对麻雀的描述是"鸟在世上的第一体现者。它们的淳朴和生气，散布在整个大地"。

◀纪录短片▶
《麻雀，大地的体现者》

都市"三剑客"中的两剑客：红耳鹎和白头鹎。2017.12.04
红耳鹎、白头鹎是深圳市区数量最多的两种鸟，与八哥被称为都市鸟中的"三剑客"。

◀纪录短片▶
《 愿意和深圳人在一起
的都市鸟 》

飞过城市上空的椋鸟。
2021.01.16
每天傍晚，上千只黑
领椋鸟、丝光椋鸟灰
椋鸟、灰背椋鸟结束
了都市里的觅食与游
荡，在夜幕降临前，
聚集在一起，进入红
树林过夜。

校园湖水边等待猎物的棕背伯劳。2020.04.16

草坪上捕食虫子的黑领椋鸟。2020.09.13

高智商的灰喜鹊。2018.12.08
灰喜鹊的英语名字 Azure-winged Magpie，意为"天蓝色翅膀的喜鹊"，是一种
很喜庆又很有诗意的鸟。在鸟类学家眼里，灰喜鹊也是社会行为最复杂的鸟之一。
它们是极少数"协作繁殖"的鸟儿，会帮助哺育不是自己亲生的同类后代。

"带路鸟"白鹡鸰。2020.10.11
在街边、公园、小区行走，常常会遇到白鹡鸰停在前面，尾部不停上下摆动。
等你走近，它就迈着小碎步往前；再走近，它就飞起来，又停在不远的地方，
滴溜溜的圆眼睛看着你，像是等你过来，继续给你带路。

鹭鸟，山水间的"三长"家族

一年四季，在深圳都可以见到羽毛各异、种类不同的鹭鸟。全世界共有 17 属 60 多种鹭科鸟类，在深港两地记录到 18 种。鹭鸟是湿地生态系统中的重要生物种类之一，也是一片区域生态系统和环境质量好与坏的指示动物。

鹭鸟家族共同的特征是"三长"：嘴长、腿长、脖子长。其实它们展开的翅膀也特别长，飞行时长长的脖颈会缩成 S 形，长腿伸出尾后，缓缓扇动翅膀，尤其是起飞降落时，姿态飘逸优雅。

大部分鹭鸟性情温和，喜欢群居。在河流、湖泊、滩涂湿地，常常看到成群结队的鹭鸟聚集在一起，它们轻盈地掠过天空，优雅地在公园里踱步，气定神闲地伫立在水边，为这个嘈杂喧闹、繁忙务实的城市带来一丝空灵的气象。

◀纪录短片▶
《"敲山震虎"猎食法》

◀纪录短片▶
《孤独好静的岩鹭》

大白鹭。2017.11.12
大白鹭是大型的鹭鸟，起飞降落时双翼展开接近一米，长长的脖颈可在瞬间伸长出击，是猎捕鱼虾的高手。

中白鹭。2017.11.12
中白鹭是候鸟，每年 10 月前后来深圳度过冬天。中白鹭比较怕人，远远见到人就飞走了，平时不太容易见到它们的身影。

白鹭。2018.01.16
深圳最常见数量最多的鹭鸟，喜欢成群结队地聚集在海边、水库或公园的湖泊、池塘边。觅食时，会把脚探入水中搅动，捕食受到惊吓的鱼虾。

大白鹭、中白鹭、白鹭的区别

种类	一般特征				繁殖季节特征		
	嘴	趾	嘴裂	颈	脸裸露皮肤	繁殖羽	嘴
大白鹭	黄	黑	位于眼睛后方	弯曲幅度大	蓝绿色	肩背三列蓑状羽	黑
中白鹭	黄，尖端黑	黑	位于眼睛下方	弯曲幅度小	黄绿色	背和前颈具饰羽	黄，尖端黑
白鹭	黑	黄			淡粉色	头后两根辫羽，肩胸具蓑状羽	黑

黄嘴白鹭。2020.04.27
深圳极为少见的国家一级保护野生动物。又被称作"唐白鹭"（Chinese Egret），主要分布地在中国。夏季在中国东部沿海繁殖，秋天向着南中国海迁徙。

岩鹭。2019.10.01
岩鹭在深圳不多见，是典型的海岸鸟类，喜欢栖息在海岸边的礁石上。岩鹭性情羞怯，孤独好静，大部分时间都是独来独往。在深圳的鹭鸟家族里，岩鹭是国家二级保护野生动物，也被列入了《中国濒危物种红皮书》。

牛背鹭。2018.05.06
牛背鹭是唯一不吃鱼、以昆虫为主食的鹭鸟，平时喜欢和水牛搭伴，跟随在家畜后面捕食被家畜惊飞的昆虫，也常在牛背上歇息。深圳已经很少见到牛，牛背鹭大多聚集在已十分少见的农田里。

池鹭。2020.04.03
池鹭是深圳公园、水库和海岸边最常见的鹭鸟，也是深圳数量最多的大型留鸟之一。喜欢集群生活，胃口好，不挑食，不太怕人，喜欢在市区出没。

草鹭。2018.08.09
草鹭是冬候鸟，每年秋冬季节才会在深圳出现，数量很少，短暂停留后继续南飞。

夜鹭。2019.06.03
顾名思义，夜鹭大多在黄昏和夜间活动。炯炯有神的红眼睛凝视着水面，等待猎物的出现。夜鹭白天大都隐藏在水边的灌丛中。

苍鹭。2020.02.29
冬候鸟，体格大，生性温和，常常像一个练功的武士，脖子缩在两肩之间，静立许久一动不动。有一个"长脖老等"的外号。

红耳鹎，都市鸟中的第一霸主

多年的观察和记录里，红耳鹎是深圳数量最多的鸟之一。无论是荒僻无人的山林，还是车水马龙的市中心，到处可以见到它们的身影。

红耳鹎之所以遍布深圳，主要原因是对都市里人为干扰的耐受力特别强，生境选择上没有那么挑剔，林地、灌木丛、草坪街道两旁的绿化带，都是它们流连的地方。有些红耳鹎甚至会到楼房的阳台上筑巢育儿。

杂食性的红耳鹎是典型的大胃王，果实、花蜜、昆虫都在它的菜单里，它们也会捡食人类掉落的食物碎屑，好胃口让它们精力超群，繁殖旺盛。

在深圳，这种强悍的鸟儿每年依然在以惊人的数字增长。

莫西干人的发型。 2020.02.09
红耳鹎明显的标志是一抹红色的羽簇，尾下覆羽也是鲜红色。红耳鹎头顶上那一簇耸立的羽冠，像极了时尚的莫西干发型。

比麻雀数量还多的红耳鹎。 2017.10.05
在深圳，红耳鹎的数量比麻雀还多，与麻雀不同的是，它们在无人的山野也成群结队，麻雀只在人类活动的地方出现。

享受高山榕果实的红耳鹎。 2018.11.24
红耳鹎胃口大，食谱广，昆虫、蜘蛛，以及大大小小的种子、果实都可以下肚。

北进，北进，红耳鹎的领地拓展

根据学者的观察记录，以往只在热带、亚热带才生长的红耳鹎，正以攻城略地的方式不断向北推进。2009年，上海野鸟会在西郊公园记录到第一只红耳鹎；2011年，研究者在郑州市人民公园见到10多只红耳鹎；2013年，在南京第一次记录到红耳鹎育雏；2015年后，在北京也发现了红耳鹎的踪迹。

一种亚热带、热带鸟的北上扩张，背后蕴含着全球气候变化、强势物种拓展领地的故事。

群居的红耳鹎。
性情活泼的红耳鹎喜欢聚群活动，数量最多的大群有20—30只，也会和白头鹎混群活动。

白胸翡翠，"点翠"背后的死亡。
2017.12.10
翠鸟头部和两翼的蓝色羽毛泛着迷人的金属光泽，正是这样的美丽给它们带来灭顶之灾。中国传统首饰的"点翠"工艺，把翠鸟的羽毛镶嵌到首饰上。为了保证颜色的鲜艳华丽，羽毛必须从活的翠鸟身上拔取。一套设计繁复的头饰背后，意味着大量翠鸟的死亡。

◀纪录短片▶
《翠鸟与高铁》

翠鸟，掠过水面的蓝光

在湿地、湖面和海边，常常能看到一道蓝色的影子飞速地掠过水面。这是深圳最常见的翠鸟：普通翡翠和白胸翡翠。

翠鸟大部分时间都流连在水边，蹲在视野开阔的立足点，巡视着水面。一旦发现猎物，它会迅速起飞、俯冲，潜入水下。紧接着会以迅雷不及掩耳的速度返回落脚处。翠鸟的眼睛能迅速调整水上水中光线造成的视觉反差，准确判断猎物的位置。

翠鸟是深圳公园和水库边常见的留鸟，是中国画花鸟图里最常见的题材之一，也是为数不多的出现在小学语文课文中的鸟类之一。

求偶中的普通翠鸟。2017.03.07
普通翠鸟大都在水边活动，食物主要是小鱼小虾。在中国的东北和西北，普通翠鸟是夏候鸟，在深圳是常年生活在本土的留鸟。雌雄普通翠鸟的羽毛相似。有一个方法可以分辨：雌鸟的下喙是橙红色的，上喙是黑色的，雄鸟的喙全为黑色。

蓝翡翠。2018.01.27
翠鸟家族的所有成员都不容易被人驯养。无法养殖的野生动物大多有 "应激反应"——被人控制后的翠鸟高度紧张并做出狂乱的举动，往往会乱飞撞死。

海鸥，衔来星空和汪洋

诗人哑默在《海鸥》一诗里写道：

小小的翅膀上
翻卷着大海的波浪

身子净洁
饱吸露珠、阳光

细长的尖嘴
衔来星空和汪洋……

海鸥，这个充满诗意的词，并不单单指某一种海鸟，也泛指鸥科、燕鸥科、贼鸥科的许多种海鸟。大鹏半岛蜿蜒的海岸和周边星罗棋布的海岛，是迁徙海鸟的重要通道和夏候海鸟的繁殖地。

鸥科海鸟的羽毛大多是简约的白色和时尚的高级灰，喜欢在浅海区觅食。有趣的是，在深圳观察到的鸥科海鸟并不会潜水，它们身手敏捷，以迅雷不及掩耳的速度扎进海面捕获猎物，又迅速飞起来。

在这些鸥科海鸟中，有的是冬季南飞在深圳过冬的冬候鸟；有的是继续南飞北迁路过深圳的过境

深圳近海的岛屿上，粉红燕鸥、黑枕燕鸥、褐翅燕鸥聚集繁殖。2018.10.03
每年在夏初至秋季，一些燕鸥会在深圳南部海域和香港的无人岛繁殖。这些稀少的无人岛弥足珍贵，岌岌可危，一旦被人占据和开发，燕鸥也将失去生育下一代的家。

鸟，觅食补充体力后，再继续旅途；有的是初夏从南方飞来的夏候鸟，不仅在深圳生活，还会在深圳生儿育女。

在深圳繁殖的候鸟数量非常少。鸥科海鸟在深圳的生儿育女填补了候鸟在深圳繁殖的空白。

携带着幼鸟的粉红燕鸥，每到繁殖季节，它们的胸部会长出粉红色的羽毛。
2017.08.11

东渔码头海面上的普通燕鸥。2018.10.06
这只燕鸥嘴里衔着的不是"星空和汪洋"，而是小鱼。长途跋涉之后，鸥鸟的体能和体重急剧下降，它们须大量进食，在短时间内恢复体能，继续漫长的旅途。

觅食中的褐翅燕鸥。燕鸥擅长俯冲，不多浮游。2018.11.03

航标灯塔上，粉红燕鸥、黑枕燕鸥聚集。2016.05.01

浪迹深圳的北极客

2018年9月，深圳市观鸟协会会员在香蜜湖记录到了长尾贼鸥，这是第一次在深圳记录到这个鸟种。

长尾贼鸥是迷鸟，繁殖期主要栖息在北极附近的苔原、海岸和岛屿上，每年8—10月向南飞行，进行横跨赤道的迁徙，4—5月回归北半球。在深圳停留的数天里，这些罕见的北方的客人受到观鸟爱好者的追捧，成为媒体连续报道的"网红"。

无所畏惧的少年。 2017.09.22
尽管在深圳只停留几天，有着强烈领地意识的长尾贼鸥还是把香蜜湖的湖面当作自己的专属领地。这只还未完全成年的亚成鸟面对强悍的猛禽黑鸢，也敢冲上前驱赶。在长达10多分钟的缠斗后，体形更大的黑鸢败下阵来。

恶名下的好鸟。2018.05.03
"贼鸥"这个名字虽然难听，但在深圳期间的长尾贼鸥主要靠自己觅食，没有偷窃和抢夺其他鸟的食物。

恐龙后裔的才能

目前遗传学和化石的研究已确切地证明，地球上已经发现的一万多种鸟，全都是恐龙的后代。鸟的始祖可追溯到一种在6500万年前大灭绝中幸存下来的有羽恐龙，其在漫长的演化后，成了一种有两条腿、有翅膀、可以飞向蓝天的产蛋动物。

直到今天，我们在公园里打量一只鹭鸟时，它圆溜溜、亮晶晶的小眼睛，抬头聆听四周动静时的神态，毫无表情的脸部，还会让我们想起恐龙的模样。

在数千万年的演化过程中，恐龙的后代磨炼出了许多超凡的本领。

数亿年前的恐龙与现在的鸟类家族有几分神似

青脚鹬：单腿伫立的本领。
2019.11.05
一些鸟儿可以长时间单腿伫立甚至睡觉。对人来说，单腿立着需要技巧和耗费能量，鸟儿的肌肉结构和神经系统与人不同，单腿立着是一种非常放松的状态。即使在睡觉时，鸟儿脑部的平衡中枢还可以维持身体的平衡。

莲花山公园里的大白鹭，身上还带着远古恐龙的气质。
2018.11.01

◀纪录短片▶
《乌鸫，超乎想象的听觉》

乌鸫，透过土层的嗅觉和听觉
2017.03.24
乌鸫可以准确地捕捉泥土下的蚯蚓。一些鸟儿有着非凡的听觉和嗅觉，可以透过土层，闻到猎物的气息，可以捕捉到蚯蚓在地下蠕动发出的细微声响，准确地确定猎物的位置，用鸟喙啄开泥土，享受一顿肥美的大餐。

黑翅长脚鹬，难以想象的旅途。2018.09.20
冬候鸟黑翅长脚鹬最远从西伯利亚飞来。许多候鸟出生后第一次长途跋涉，即使没有父母和伙伴陪同，也可以准确地判别线路，准确地找到栖息地和目的地。

红胸啄花鸟：排泄中的共生智慧

红胸啄花鸟与红花寄生是一个互惠共生的故事：许多大树的树冠上为什么会长满红花寄生？因为红花寄生会结出胶质的果实，是啄花鸟的美食——具有黏性的果实带来黏稠的排泄物，啄花鸟要在树干上擦拭才能把粪便从身体上弄下来。自带肥料的寄生种子就会在树上发芽生长，鸟儿也为自己的未来准备好了口粮。

红胸啄花鸟黏稠的排泄物。2018.03.11

长在树上的红花寄生结满了鸟儿喜欢的胶质果实。2019.06.11

自带肥料的种子粘在树上。2018.03.11

观鸟，拓展生命疆域的路径

鸟，是深圳最常见、最醒目、最绚丽、最多和人相随相伴的野生动物；观鸟，是人与动物最和睦、最健康、最有诗意的相处方式。

人为什么会如此执迷于观鸟？鸟类学家有过多样的注解。观鸟的先驱者詹姆斯·费舍尔说："对鸟类的观察可能是一种迷信，一种传统，一种艺术，一门科学，一种娱乐，一种爱好……这完全取决于观察者的天性。"从某种意义上说，观鸟是在一个活动里同时探索自然与探索自我的方式。

想象你是深圳湾里的一只黑翅长脚鹬，每年冬天从西伯利亚飞来时，沿途会看到什么？

想象你是小区树丛里的一只画眉，春心萌动的时候，你希望听到追求者什么样音调的歌唱？

想象你是一只即将北归的琵嘴鸭，为什么食欲会突如其来地降临，一两周里专心致志地吃吃吃，很快就让你成了自信满满、蓄势待发的壮实旅者？

想象你是荔枝公园里的一只远东山雀，在你能看到紫外光的眼睛里，花朵是怎样的绚丽？虫虫是怎样的斑斓？果实是怎样色香味俱全？

…………

试着观察、记录、研习、想象多样而缤纷的鸟，会拓展你生命的疆域，会丰富你肉体的感官，会美化你精神的世界。

深圳市观鸟协会的标识。
深圳市观鸟协会成立于2003年，是国内第一个正式注册成立的观鸟会。

深圳市观鸟协会推荐的观鸟点

深圳湾公园

广东内伶仃岛—福田国家级自然保护区

华侨城国家湿地公园

仙湖植物园

笔架山公园

洪湖公园

中山公园

园山风景区

福田红树林生态公园

大鹏农科中心

梧桐山

内伶仃岛

中心公园

香蜜公园

观察水鸟的最佳处——深圳湾。
2021.04.03
深圳湾是观鸟最便捷、鸟类最多样的区域。每年11月到来年4月，冬候鸟聚集，是观鸟爱好者漫长的节日。

观鸟的基本礼仪。2013.02.21

观鸟时要与鸟儿保持足够的空间距离，不可喂食，不接触鸟类粪便。避免穿着鲜艳抢眼的服装，不要高声喧哗惊扰鸟儿，更不可诱拍和驱赶鸟儿。

单筒望远镜里的发现。

2019 年 12 月 25 日，在深圳河岸观察到一只黑脸琵鹭戴着的 A40 环志。随后在香港网站上查到这只黑脸琵鹭 2018 年 2 月 18 日在落马洲被救助后野放。

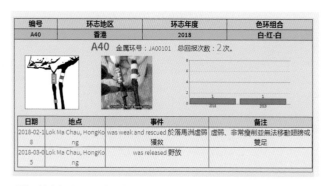

编号	环志地区	环志年度	色环组合
A40	香港	2018	白·红·白

A40 金属环号：JA00101 总回报次数：2 次。

日期	地点	事件	备注
2018-02-18	Lok Ma Chau, HongKong	was weak and rescued 於落马洲虚弱獲救	虚弱、非常瘦削並無法移動翅膀或雙足
2018-03-05	Lok Ma Chau, HongKong	was released 野放	

香港网站上有关 A40 黑脸琵鹭的记录。（来源：黑脸琵鹭保育网）

园山风景区记录到的赤红山椒鸟。2020.03.05

农业科学研究院基因所试验田记录到的黑卷尾。2019.10.03

笔架山公园记录到的红尾伯劳。2016.10.03

深圳自然博物百科

SHENZHEN NATURAL HISTORY
ENCYCLOPEDIA

第八章
CHAPTER EIGHT

昆虫、蜘蛛与 其他无脊椎动物

INSECTS, SPIDERS AND OTHER INVERTEBRATES

深圳的昆虫

昆虫在这个地球上的数量，应该是一个永远解不开的谜。

直至今天，全世界已发现命名的昆虫超过 100 万种，约占地球上所有已知动物的三分之二。如果出版一套《世界昆虫图录》，每卷 500 页，每页记载 1 种昆虫的图片和文字信息，这会是一套 2000 卷的巨著。

即使如此，据科学家们保守估计，全球至少还有 200 万种昆虫有待我们去发现、描述和命名。

深圳没有权威发布的昆虫记录，2006 年香港鳞翅目学会主编的《香港昆虫图鉴》预估，香港的昆虫超过 7000 种。深圳的昆虫应该远远超过这个数目。

从深圳的最高点好汉坡顶峰到大亚湾海平面的礁石，从平安金融中心的水泥缝隙到我们家中的橱柜背后，从车水马龙的街道两侧到人迹罕至的山林深处，都有昆虫出没的身影。强大宽广的适应力，让昆虫成了深圳数量最多的动物家族。

◀纪录长片▶
《溪涧外星人》

观察一只昆虫：金斑虎甲

咀嚼式口器

虎甲是肉食性昆虫，有发达的咀嚼式口器，因具有强悍的捕食能力而得名"虎甲"。

细长的鞭状触角

虎甲的感觉器官，可用来寻找食物和配偶。

ET 式的大眼睛

脑袋大，复眼突出，视觉十分敏锐。

鲜艳斑斓的身体

鞘翅泛金属光泽，点缀着鲜艳斑斓的色斑。

艳丽的翅膀

艳丽的前翅后面藏着一对皱褶的后翅，可以帮助虎甲飞行。

灵活细长的足部

可快速爬行，停下来时会拱起，随时弹起腾空。在山路和绿道上行走，金斑虎甲常常停在前方不远处，等到人走近时，急速跃起，飞到不远的前方，似乎在等你，等你再走近，它又飞到前方。所以，生活在地面的虎甲又有另外一个名字：引路虫。

观察一只昆虫

昆虫是外形变化最多样的动物之一，一只巴黎翠凤蝶和一只黄猄蚁看上去风马牛不相及，却都是昆虫。辨识昆虫的主要依据是：

- 所有昆虫的身体都分为 3 部分——头、胸、腹；一般来说，有 2 对翅膀 6 条足；头上长着 1 对触角；一生从卵到成虫，形态多变。

- 昆虫的身体里没有内骨骼的支持，它们体表往往长着坚硬的外壳，这层壳不仅可以保护柔软的躯体，还会分节，便于运动，就像古代战士的盔甲。

A. 头部

昆虫的头部一般都有 1 对触角、1 组口器、1 对复眼和若干只单眼。

B. 胸部

昆虫的胸部两侧有 3 对足，背侧的 2 对翅膀分为前翅和后翅，也有昆虫翅膀退化或仅有 1 对翅膀。

C. 腹部

昆虫的腹部集中了消化系统、循环系统、排泄系统和生殖系统，代谢和生殖都在这部分完成。

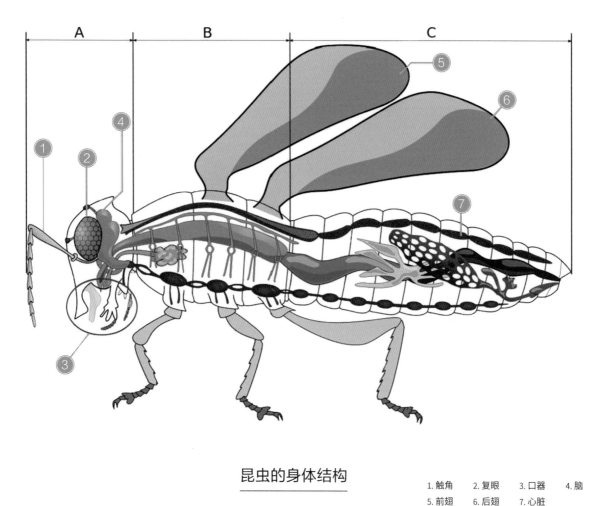

昆虫的身体结构

1.触角　2.复眼　3.口器　4.脑
5.前翅　6.后翅　7.心脏

"外星人"的多样

昆虫是地球上最庞大的动物族群。所有哺乳类、鸟类、两栖爬行类、鱼类的种类数量加起来，都没有昆虫的种类多。

梧桐山上凶悍的华南虎，早在20世纪60年代前就已灭绝；而我们用尽了各种办法灭杀的蟑螂，依然是愈来愈多的"小强"。深圳中心公园里的一个蚁窝，会有成千上万个成员；每年飞来深圳湾的黑脸琵鹭，始终没有超过500只。小巧多变的身体结构、水陆空全适应的生存技能、极好的胃口、强大的繁殖力、多样的生命形态造就了昆虫非凡的适应力，成了深圳数量最庞大的动物家族。

留心身边的昆虫，细细观察它们千奇百怪的形态、匪夷所思的身体结构、让人惊艳甚至惊恐的色彩，留心观察它们从一枚卵蜕变为成虫的历程、猎食的技能、吸引和俘获配偶的手法、保护和养育儿女的方式，你恐怕会相信，它们其实是隐居在我们身边的"外星人"。

◀纪录短片▶
《大地上的建筑师》

◀纪录短片▶
《"水上漂"的真功夫》

◀纪录短片▶
《飞行者螳螂》

多样的生活地

生活在丛林灌木草地中的昆虫。 2018.07.28
啃食竹子的竹象。大地上的植物是大部分昆虫的居所和食物来源。

生活在地面下的昆虫。 2019.01.17
一些蚁狮的幼虫生活在干燥的沙土下，在沙质土中修建漏斗状陷阱诱捕猎物。

飞行在空中的昆虫。 2017.04.28
湖面上产卵的玉带蜻。蜻蜓飞行能力强，飞行速度甚至能超过一些飞鸟。会飞的昆虫占据了巨大的生存优势，可以快速逃离捕食者，迅捷捕获猎物，最大可能地拓展生存的空间。

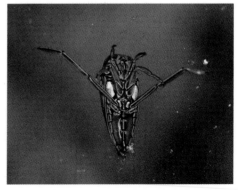

生活在水中的昆虫。 2018.10.04
和蜻蜓不一样，仰泳蝽几乎终身都生活在水中。仰泳蝽因为能在水中腹部朝天仰泳而得名，一有危险就迅速潜入水下。

多样的形态

昆虫的外形让我们眼花缭乱。不仅不同昆虫有不同的形态，许多昆虫在成长过程中也呈现着多样的形态。一种昆虫从幼体发育为成体，外部形态、内部结构、生理机能都会发生巨大的变化。

蒙瘤犀金龟的成虫。
2015.06.25
成虫长着坚硬的外壳，雄性还长着犀牛角一样向后弯的角突。如果不了解它完全变态的生长过程，很难将肥厚的幼虫和威风凛凛的成虫联系在一起。

蒙瘤犀金龟的幼虫。肥厚，长着细细的绒毛。2008.10.02

多样的触角

多数昆虫在两只复眼的中上方都有一对触角，上下左右不停地摆动——好像两根天线时时刻刻在接收信号和追踪目标。

昆虫的触角形状长短各异，有的像卷丝，有的像长矛，有的像京剧演员头上的翎子，有的甚至像钢锯。最飘逸的是蠹斯细细的触角，长度是身体的数倍。

触角是昆虫的主要感觉器官，形状各异的触角上有触觉、嗅觉和听觉感受器，相当于昆虫的皮肤、鼻子和耳朵，是与同伴交流的工具，是探测外部环境的"雷达"，在觅食、求偶和逃避天敌时作用巨大。

小豹律蛱蝶的触角。2020.11.11
蝴蝶有发达的嗅觉和触觉，触角大多末端膨大，是找寻花朵的主要定位器，还有保持身体平衡的功能。

榕八星白条天牛的触角。2018.07.29
有些昆虫一节节的鞭状触角粗壮结实。一些昆虫细长的触角可以帮助探测前方的障碍物，寻找食物。

美冠尺蛾的触角。2020.07.25
一些蛾的触角像鸟的羽毛和锯齿，雄性蛾可以收集到百米外雌性蛾散发的性信息素。

291

多样的口器

口器是昆虫的"嘴巴"，担负着取食的任务。昆虫的食物广泛，有固体，有液体，有暴露的，也有深藏的，昆虫的口器也因此多种多样。常见的有咀嚼式口器、刺吸式口器、虹吸式口器、舐（shì）吸式口器和嚼吸式口器。

咀嚼式口器。2016.05.22
啃食灌木的樟密缨天牛拥有咀嚼式口器——发达而坚硬的上颚，可以嚼碎固体食物。咀嚼式口器是昆虫最原始的口器。

舐吸式口器。2017.03.23
口鼻蝇的舐吸式口器是蝇类昆虫特有的。它下唇端部有两片圆盘状唇瓣，取食时唇瓣贴在食物上，液体食物经伪气管过滤进入食道，如遇颗粒食物，唇瓣上翻露出前口齿，把食物刺刮成碎粒和液体，再进入食道。

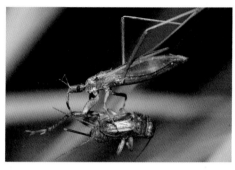

刺吸式口器。2018.08.03
正在捕食蟋蟀的毛眼普猎蝽。刺吸式口器适于刺入动植物组织中，吸取血液和细胞液。在我们身上叮咬的蚊子也有着刺吸式口器。

嚼吸式口器。2020.01.05
吸食花蜜的西方蜜蜂。蜜蜂的口器是典型的嚼吸式口器。上颚发达，可以用来营建巢穴和咀嚼花粉，下颚和下唇联合延伸形成能吮吸花蜜的吸管。

残锷线蛱蝶不用时收起来的"吸管状"口器。

虹吸式口器。2021.05.02
宽边黄粉蝶吸食假臭草的花蜜。虹吸式口器是蝴蝶和蛾特有的口器，长得像一根中间空心的钟表发条，用时能伸开，不用时就盘卷起来。可以吸食花蜜、水、腐烂的动植物汁液。

多样的食性

我们日常见到的昆虫大多处在觅食和进食的状态，尤其是许多幼虫，几乎就是一个个孜孜不倦的进食机器。

有多少种昆虫，就有多少种口味，取食的方式也千姿百态。按照食物的材质，有接近 50% 的昆虫是素食者，是只吃植物的植食性昆虫；有大约 30% 的昆虫无肉不欢，是以小动物或其他昆虫活体为食物的肉食性昆虫；剩下差不多 20% 的昆虫，口味荤素搭配，是既吃植物又吃动物的杂食性昆虫；有少数是嗜好动植物遗体的腐食性昆虫；还有一些是嗜食真菌的昆虫。

四季常青的深圳，生机勃勃的植物为昆虫家族备好了享用不尽的盛宴，昆虫家族之间弱肉强食，彼此形成环环相扣、营养传递的食物网。

◀纪录短片▶
《猎手背后的猎手》

在马利筋花中觅食的大华丽蜾蠃（guǒ luǒ）。2020.01.05
蜾蠃是昆虫中的小蛮腰。大部分昆虫以新鲜活体植物为食料，只有白蚁等极少数昆虫会以死亡的树木为食。

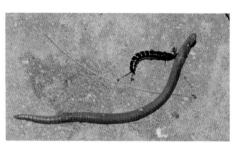

步甲幼虫猎食蚯蚓。2017.07.28
肉食性昆虫猎食动物时，体格大小不是决定因素，一些体格小的昆虫可以利用灵巧的身躯、尖利的口器以及释放毒液、使用麻醉技能捕食比自己体格大得多的猎物。

吸食动物粪便的黑脉蛱蝶。2016.05.22
有少数的昆虫是腐食性昆虫，取食已死亡腐烂的动物或植物，包括动物的粪便和腐败的落叶。

依靠"放牧"获得食物。
2019.11.24
履绵蚧以植物的汁液为食，排泄出的蜜露是尼科巴弓背蚁的美食。排泄蜜露的虫都会受到蚂蚁的照顾，蚂蚁会摩擦抚摸介壳虫的腹部，刺激介壳虫排出蜜露。

龙眼树上的龙眼鸡。2019.03.26
龙眼鸡因为喜欢停留在龙眼树上吸食树汁而得名。它也会吸食荔枝和其他本土树木的树汁。

"变态"的成功

从树叶上一粒肉眼几乎看不见的卵到空中飞舞的蝴蝶、从水里游动的孑孓（jié jué）到叮在我们身上吸血的蚊子、从钻在地下沉默数年的若虫到在枝头放肆鸣唱的蝉……昆虫在发育过程中，身体形态、生理结构会发生巨大的变化，这种变化被称为"变态"。

变态生存主要的优点是让一些昆虫消除了幼虫和成虫之间的竞争。蝴蝶流连于花丛中，专注寻觅伴侣和新领地，集中精力繁衍和扩大疆域。而它们的前身毛毛虫埋头在枝叶间进食，专注汲取营养和成长——幼虫与成虫并不会有地盘和食物的冲突。

变态繁衍的策略非常成功：大约6500万年前，地球遭遇灾难性的巨变，体格庞大的恐龙灭绝了，小小的昆虫却活了下来，成为这个星球上数量最多的动物。

◀纪录短片▶
《报喜斑粉蝶，
"变态"的一生》

荔枝蝽的不完全变态

一些昆虫的生长过程经过受精卵、若虫、成虫三个阶段，称为"不完全变态"，这类昆虫没有蛹期，若虫的形态与成虫类似。深圳常见不完全变态的昆虫有蝗虫、蚱蜢、椿象、蜻蜓、蟋蟀和螳螂等。

荔枝蝽的卵。
2016.04.20
荔枝蝽每次产卵14粒，初生时淡绿色，快孵化时成为紫红色。

刚刚从卵中孵化出来的荔枝蝽。
2016.05.02
从卵到若虫，荔枝蝽的形态发生了巨大的变化。

荔枝蝽的成虫。
2016.05.12
若虫与成虫最主要的区别是，若虫的生殖器官发育不成熟；而成虫的生殖器官发育成熟，可以进行交配。

荔枝蝽的若虫。
2017.05.17
荔枝蝽的若虫和成虫在形态结构和生理功能上差别不大。

蓝点紫斑蝶的完全变态

一些昆虫的个体发育经过卵、幼虫、蛹、成虫4个阶段，称为"完全变态"。完全变态昆虫的幼虫期和成虫期不但在形态上没有任何相似之处，在生活方式和生活场所上也常常不相同。一只蚊子的成虫可以在空中飞翔，而幼虫游荡在水中；成虫以动物的血液或植物的汁液为食，幼虫则靠吞食水中的浮游生物和微生物为生。

深圳完全变态的昆虫有甲虫、蝴蝶、蛾、蜜蜂、蚂蚁、蚊蝇和草蛉等。

第一阶段 卵

蝴蝶一次产卵的数量从几十个到几百个不等，大多数蝴蝶会把卵产在叶片、枝梢或芽苞上，卵的形状和颜色也各不相同。

第四阶段 成虫

蛹期结束，蝴蝶便破蛹而出，一只体态优美、色彩斑斓的蝴蝶就这样诞生了。一般蝴蝶成蝶后，寿命很短暂，在这短暂的时间里，它们忙着获取营养，寻找异性交配，然后产卵，在告别这个世界前完成繁衍的使命。

第二阶段 幼虫

一般在3—10天里，幼虫会孵出来。蝴蝶幼虫像个进食机器不停地吃吃吃。其间，每蜕一次皮便增加一个龄期，通常经过5个龄期后，幼虫便开始化蛹。

第三阶段 蛹

化蛹前，幼虫停止进食和活动，吐丝做蛹台，生出一层坚韧的外壳。蛹期的昆虫不吃不喝不动，在蛹壳内部发生着巨大的变化，形成新的身体。

羽化，昆虫的成年礼

一只经历变态发育过程的昆虫，每一次生命的转换都有诗意的名字：一粒卵孵出幼虫的过程称作"孵化"，一只幼虫老熟后变成蛹的过程称作"化蛹"，由蛹蜕变为成虫的过程称作"羽化"。

"羽化"是一只昆虫的"成年礼"，一生经历了卵、幼虫、蛹和成虫形态的昆虫就此定型，不再变化。

观察一只昆虫脱胎换骨、成仙得道似的羽化，令人感动：

最开始，蛹壳内的成虫，挣扎扭动着身体，对蛹壳施加压力；蛹壳开裂，新生命慢慢爬出来，玲珑剔透、泛着美丽图案的羽翼缓缓张开；与此同时，身体的调整和升高的血压驱动翅膀、腿脚伸展，表皮逐渐硬化，新生命就可以在世界上行走翱翔了。

羽化后的昆虫，器官充分发育，最重要的使命就是交配、产卵，在繁衍和死亡中开始下一个生命的轮回。

蝶变，羽化带来的新生。 2017.10.14
羽化即将到来时，蝶蛹会发生巨大的变化。蛹壳开始透明，翅膀与身体其他部位纹路会清晰显现。羽化时，蛹壳开裂，新生的蝶扭动躯体，从中脱出。

刚羽化后的铲头沫蝉。 2017.06.10

◄纪录短片►
《一只虫虫的
"得道成仙"》

羽化中的蜻蜓。 2020.10.01
蜻蜓是"不完全变态"昆虫，不会像蝴蝶一样化蛹，而是从稚虫直接羽化为成虫。蜻蜓的稚虫从水底爬出，开始脱壳，柔软的身体和翅膀慢慢伸展，逐渐变干硬化，羽化后的蜻蜓实现了从水底游走到空中飞行的蜕变。

正在蜕皮的叉突眼斑蟋螽。 2017.07.01

不完全变态的昆虫之所以蜕皮，是因为外骨骼不能随幼虫的生长而长大。蜕皮时，昆虫的幼体从外骨骼中钻出来，由表皮细胞重新分泌新的外骨骼。

夜色的掩护。2018.06.30

正在蜕皮的裂涤螽。昆虫常常选择在黑夜蜕皮，因为蜕皮时昆虫正是最没有防御和逃生能力的时候，夜色可以在生命最脆弱的时候增加一些掩护。

蜕皮，挣脱成长中的束缚

昆虫的外表皮由几丁质和蜡质层组成。几丁质为昆虫提供了轻盈而坚固的保护铠甲，蜡质层在外骨骼的最外层，可以防止躯体内水分的蒸发。

昆虫的外骨骼一经硬化，就无法再继续扩大，但昆虫的身体在不断长大，被绑缚的身体会用蜕皮摆脱限制——用新生的较大的身体替换旧的较小的身体。

昆虫的一生，在羽化中变为成虫，在蜕皮中渐渐长大，当发育到不再继续长大时，蜕皮也就停止了。

蜕皮中的长翅纺织娘。2016.06.27
一些昆虫会把自己蜕下的外皮吃掉，补充营养。

东方水蠊和刚刚蜕下来的皮。 2019.06.01

蜕皮之后，东方水蠊新的身体会慢慢变硬变色，直到稳定，再重新活动。

昆虫建筑师

大部分昆虫，一生大多在形单影只、风餐露宿的状态下度过。植物的叶子、树干的皱褶、石头的缝隙，都可能是它们的安身之处。

也有一些昆虫，尤其是有群居习惯的社会性昆虫，会发挥它们的设计与建筑才华，为自己和同伴建造一个家——是昆虫中的"有房一族"。这些"建筑"有庇护、隐藏、保温和保湿的功能，材料取自周边的环境——木屑、枯叶、泥土，有时会加上自己的分泌物。这些"建筑"在废弃后会逐渐分解。

昆虫在自己的住房上显现了巨大的才华，建筑师或许可以拜它们为师，学习它们如何顺应自然，与自然和谐共处。

◀纪录短片▶
《它们的世界里没有飞涨的房价》

◀纪录短片▶
《不是艺术家的建筑师不是好蜂》

虚长腹胡蜂的绿色建筑

蜂的种类很多，建造的巢穴也各有不同，有些在土中筑巢，有些在树干的缝隙里筑巢，有些在竹筒里筑巢，它们甚至会给竹筒添加一个遮风挡雨的屋顶。

1. 在树干上筑巢的虚长腹胡蜂，挑选和自己体形相当的银合欢嫩芽做原料。

2. 虚长腹胡蜂每带回一枝嫩芽，就用分泌物把它跟之前带回来的嫩芽粘连在一起，层层叠叠，不留一点空隙。

3. 每加长一段巢壁，虚长腹胡蜂都会钻进去体验一下，确保空间刚刚好可以容纳自己的身体。

4. 辛劳半日，绿色小屋终于建成了，几个小时后，银合欢的嫩芽脱去水分，巢穴变成和树干一样的颜色，与环境浑然一体，这是新家平安的保障。

黄猄蚁的"摩天大厦"

蚂蚁是具有社会性和组织性的动物，且有一点和人非常相似——喜欢盖房子。

黄猄蚁喜欢在树叶上筑巢，在建造房屋的过程中，黄猄蚁展示了惊人的团队合作能力。这些了不起的建筑师，实现了不用图纸的工程，完成了零排放、无噪声的施工，建造了无污染、可分解的房屋，盖起了相当于身体长度数百倍的"高楼"。

1. 一只蚂蚁的身体太短小了，建筑师们首先要共同把树叶拖曳到一起，合力把相邻的树叶拉近。

2. 其他一些工蚁则会用上颚和长腿，按照蚁巢的大致形状将叶片固定起来。

3. 另一群工蚁会小心翼翼地使用活体"缝纫机"将叶片缝合，所谓的"缝纫机"实际上是黄猄蚁的幼虫。工蚁钳着幼虫在叶片上来回穿梭，幼虫则乖乖地从嘴下的腺体分泌丝，将一片片树叶粘连在一起。

4. 成百上千只黄猄蚁分工明确，井然有序地建造出了巨大的树叶巢。

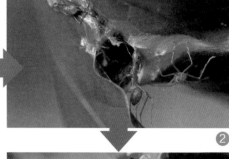
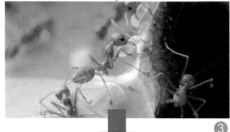

◀纪录短片▶
《善建者黄猄蚁》

泥背和泥线：分解大师的掩体

一棵死亡的树，是白蚁的最爱。它们是大地上的分解大师。如果没有白蚁和其他小生命在明里暗处日夜不息地进食和消化，我们无法想象动植物的尸体会堆积到什么样的高度。

白蚁设计修建的杰作是泥背和泥线。白蚁把一点点的泥块拼接起来，盖起一条条长长的掩体和隧道，泥背和泥线既是遮风挡雨的建筑，又是躲避天敌侵害的庇护所。

◀ 短视频 ▶
《黑眶蟾蜍的
"回转寿司"》

◀纪录短片▶
《白蚁，降解与基建
都是高手》

白蚁修建的掩体——泥线。2016.06.04
白蚁在泥线的覆盖下四处活动。

黑眶蟾蜍猎食白蚁。 2017.07.28
失去泥线保护的白蚁出现时，各种食客会接踵而至。

蝉的"禅意"

夏日里的深圳，到处可以听到蝉鸣。一只蝉的生命最短1年，最长可达17年，只是大部分的时间它们都在暗无天日的地下度过。在深圳，那些羽化后停留在枝叶间，在阳光下鸣唱的蝉，都是即将告别世界的过客。

夏天，雌蝉产卵后一周内就会死去；卵经过一个月左右孵化成若虫；若虫掉落到地面，马上寻找柔软的土层钻进去。这样的蛰伏时间从1年到17年不等，它们在地下经过数次蜕皮，长成幼虫，在它们认为成熟的时机钻出地面，穿越各种危险，爬上树干，开始羽化。

羽化后的蝉大都只有不到一个月的寿命，在这段短暂的时间里，雄蝉拼命用鸣叫吸引异性，被歌声吸引的雌蝉飞来和雄蝉交配，短暂的相会后，雄蝉很快死亡，雌蝉在产卵后也告别世界。

那些挂在枝头树缝里的卵，静静地等待孵化，等待生命的下一个轮回。

⫿ 音频 ⫿
《斑蝉的声浪》

膜翅透明的绿草蝉。 2020.05.24
只有雄蝉才会鸣叫。古希腊人有一句谚语：蝉啊，你真是幸福，你有一个不会说话的妻子。蝉的叫声汇聚成喧闹的声浪，听上去没有区别。事实上，不同种的蝉的鸣叫有自己的特异性。雌蝉不会选错郎君，保证种群之间的生殖隔离。

雨中交配的蚱蝉。 2019.05.23
羽化后的蝉寿命很短，雄蝉和雌蝉交配后，雄蝉很快死亡，雌蝉在产卵后也很快告别世界。

高分贝的声浪，聚集在一起的斑蝉。 2019.03.28
夏日里成千上万的雄蝉一起鸣叫，会形成巨大的声浪。大多数雄蝉用鼓膜发音器振动发声，鼓膜发音器里是中空的气腔，像一只鼓，能起到共鸣的作用，所以蝉的叫声特别响亮。

红鼻蝉。 2017.09.10
蝉用自己坚硬的口器插入树干，吮吸汁液，汲取营养与水分，并且迅速将体内不需要的水分排出体外。夏季繁殖交配的高峰期，许多蝉聚集在树上，会使树下形成"下雨"的现象。

蝉蛹的前腿牢牢地钩在树上，保证整个羽化过程都可以稳定平安地进行。羽化开始时，最先出来的是头和两只炯炯有神的复眼。2017.06.02

蝉的上半身脱离外壳后，悬挂着展开双翼，鲜嫩的身体和皱起的翅膀露了出来，整个过程蝉蛹必须垂直面对树身，脱壳的蝉重心向下，血液压力让双翼渐渐展开。2017.06.02

蝉的羽化

蝉将要羽化时，会选择一个夜晚钻出地面，爬到树上，开始蜕皮羽化。

蝉的羽化——也就是我们通常讲的"金蝉脱壳"——是一个令人感动的过程：爬在树干上的若虫外壳从头胸处裂开，蝉像新生儿一样慢慢爬出来，玲珑剔透、有着美丽图案的蝉翼缓缓张开，一个生命从此正式成熟。

蝉的羽化过程是一种脱胎换骨、复活重生的景象。"蝉蜕于浊秽……不获世之滋垢"，蝉的自然习性被赋予了哲思的含义。

羽化成功的黄蟪蛄在放声歌唱。只有雄蝉才会鸣叫。2018.07.08

刚刚脱壳的蝉和蝉蜕。如果此时受到侵害，血液输送不正常，新生的蝉翅膀就会发育畸形。带着泥土的蝉蜕，是蝉羽化后留下的外骨骼。2017.06.02

鸣虫，低吟浅唱的歌者

2000 多年前，一位恋爱中的少女在《诗经》里吟唱："喓喓（yāo yāo）草虫，趯趯（tì tì）阜螽。未见君子，忧心忡忡。"——草虫在喓喓地鸣叫，蚱蜢在四处蹦跳。好久未见到心上的人，心中忧愁不安宁。

2000 多年过去了，世事变迁，沧海桑田，没有变的是虫子的鸣叫和思念的情怀。

事实上，昆虫的低吟浅唱从早到晚，随时随地都和我们相伴：蝉，用腹部的鼓膜振动摩擦，发出求爱的歌声；蟋蟀、螽斯用两边的翅膀摩擦，奏出动听的款曲；大大小小的蜂、虻，包括我们厌恶的苍蝇、蚊子，用极高的频率扇动双翅，发出"嗡嗡嗡"的回声——我们曾经好多次在开满野花的山谷里，听到了成千上万只蜜蜂飞翔时翅膀扇动发出的天籁。

广义上，所有能发出声音的昆虫，都是"鸣虫"；狭义上，中国民间所说的"鸣虫"仅限于蟋蟀和螽斯这两类昆虫。狭义上的鸣虫有两个共同之处：用前后翅相互摩擦发声；从人的审美角度，它们的叫声都非常地动听。

在深圳，蟋蟀类和螽斯类昆虫已被记录到 50 多种，它们在丛林、草地、小区的花园，甚至在我们阳台的花盆里，为我们唱着动听的歌。

‖‖ **音频** ‖‖
《鸣虫合唱的夜晚》

‖‖ **音频** ‖‖
《锤须奥蟋的鸣叫》

最美丽的鸣虫。 2017.07.30
锤须奥蟋无疑是深圳最美丽的鸣虫，鸣声像金属铃声。和其他鸣虫单一的隐蔽色不同，锤须奥蟋的身体有超过 5 种颜色。

发音部位

鼓膜听器

雾顶油葫芦，用翅膀"唱歌"，用腿关节"听歌"。 2012.08.20
昆虫的鸣叫与鸟、蛙不同，不是由声带振动产生声音，而是通过身体一些器官的振动和摩擦发声。蟋蟀和螽斯用前后翅相互摩擦发声，它们的"耳朵"，也就是鼓膜听器，长在腿上。

喜怒哀乐听我声

昆虫用鸣叫交流，犹如人类用语言交流，不同的鸣声传递着不同的信息。鸣虫的一生，和其他生命一样，都要经历觅食、求偶、逃避天敌、抢占地盘、繁衍后代……一些鸣虫的叫声有功能性的分化，在不同的境况下会有不同的鸣声：

召唤声

当雄性鸣虫没有同性竞争，没有天敌威胁，不受环境干扰时，会发出召唤雌虫的鸣叫。

求偶声

雄性昆虫的鸣叫大都和求偶有关，向雌性准确地传递出自己的信息：性别、位置，还有自己的种族——这一点非常重要，用不同频率的叫声区别种族，鸣叫带来的"生殖隔离"确保了种族繁衍的纯正。鸣声对成功的交配起着很大的作用，雌虫会选择体形大、鸣声脉冲高的雄虫交配。

警戒声与争斗声

好斗是许多雄性鸣虫的天性，它们有非常强烈的领地意识。这片领地，其实就是一片草丛、一条石缝，甚至是一个刚刚能容身的土洞。当另一只雄性闯入时，守护者会发出挑衅和警戒的鸣叫。如果双方各不相让，就会搏命争斗。

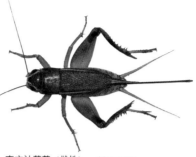

南方油葫芦（雌性）。 2018.08.03
雌性蟋蟀尾部有一条长长的产卵瓣，雄性蟋蟀则没有。

南方油葫芦（雄性）。 2017.05.05
雄性蟋蟀翅膀上长有发音器，摩擦发出声音。雌性鸣虫不会发声。

鸣唱带来的相会，长翅草螽，左雄右雌。2018.08.03
发现附近有雌性后，雄性鸣虫会发出求偶的鸣叫，雌性会倾向于选择体形大、鸣声脉冲高的个体。

‖‖ **音频** ‖‖
《南方油葫芦打斗及取胜后欢呼鸣叫》

‖‖ **音频** ‖‖
《南方油葫芦召唤的鸣叫》

‖‖ **音频** ‖‖
《南方油葫芦求偶鸣叫》

只有男生会唱歌

成长中的蜕变。2017.09.10
长翅纺织娘是不完全变态昆虫，一生要经历卵、若虫和成虫三个阶段。若虫要经历几次蜕皮才能变为成虫。

纺织娘

鸣虫的世界里大多是雄性发出求偶的鸣叫。

每到秋日和冬日，草丛、灌木丛和路边的绿化带里，就会传出纺织娘喧闹的叫声，它们声音洪亮，体格大，不太惧怕人，是深圳最容易被发现和观察到的鸣虫。

纺织娘发出"沙沙"或"轧织轧织"的声音，很像古时候织布机的声音，所以被人们取名为"纺织娘"。事实上，雌性总是沉默的聆听者，发出鸣唱的是一点都不"娘"的雄性。

和其他鸣虫一样，纺织娘的鸣叫不是来自声带，而是翅膀的摩擦和振动。纺织娘的前翅有音箱一样的鼓膜，可以把声音放得特别响亮。

◀ 短视频 ▶
《纺织娘，我是一个会唱歌的男生》

长翅纺织娘（雌）。2016.09.16
长翅纺织娘是深圳最常见、叫声最响亮的鸣虫。细长的触须超过身体的长度。长长的后腿健壮有力，弹跳力很强。

花生大蟋

花生大蟋是中国体形最大的蟋蟀，体长可达 4.5 厘米，是一般蟋蟀的 1 倍以上。

花生大蟋喜欢栖息在花生、豆类的田里。尽管深圳已经很少见到种植的花生，却依然可以听得到花生大蟋浑厚洪亮的叫声。

和隐藏在石缝里的蟋蟀不一样，花生大蟋住在自己挖的洞里，白天用松土堵住洞口，夜里头朝洞口尾部朝外鸣叫，洞口放大了求偶的鸣叫声，同时一有危险它就可以马上钻进洞里躲避。

‖‖ 音频 ‖‖
《花生大蟋鸣声》

花生大蟋（雄）。2019.09.15

短翅灶蟋

以前，在深圳乡村的老屋里，短翅灶蟋"唧唧唧唧"的叫声常年伴随着本地居民的清梦。

这种体长只有 1 厘米多、土黄色的鸣虫，一眼看上去有点像蟑螂，灶蟋习性和蟑螂有些相似——短翅灶蟋也愿意追随着人出没，它们躲在屋子四周的石缝和草地里，在屋里墙壁和灶台的缝隙里进出，这就是人们把它称作"灶马蟋"的由来。

冬日，大部分昆虫都消失了，乡村温暖的炉灶、柴堆和墙缝，依然会传出短翅灶蟋像小鸡一样"唧唧"的鸣叫声，在寂静的冬夜里别有一丝生机，人们又把它们亲切地称为"灶鸡子"。

短翅灶蟋（雄）。2019.02.01

裸蟋（雄）。2019.07.22
裸蟋是穴居型蟋蟀，浑身乌黑发亮，住在自己挖的洞里，晚上头朝洞口，尾部朝外鸣叫，声音尖亮。

比尔亮蟋（雄）。2019.08.03
比尔亮蟋栖息在山地溪流附近的低矮灌木中，鸣叫时透明的翅膀扇动，发出悠长的鸣声。

‖‖ 音频 ‖‖
《短翅灶蟋的鸣叫》

‖‖ 音频 ‖‖
《裸蟋的鸣叫》

◄ 短视频 ►
《比尔亮蟋在 K 歌》

素色似织螽（雄）。
2018.06.30
素色似织螽和螳螂一样是肉食性昆虫，它们的腿上长着两排捕食刺，用于捕捉猎物。

‖‖ 音频 ‖‖
《素色似织螽的鸣声》

避免被吃掉的本领

昆虫是数量最多的动物，也是大自然里最基础的食物之一。天上的鸟、地上的蛙、水里的鱼，都对它们虎视眈眈，昆虫之间也相互猎食，构成食物网。

在危机四伏的环境里，昆虫没有庞大体格、尖利爪牙自卫，它们最擅长的是装扮、躲藏和逃避，因而演化出了富有创意的颜色、图案和体形。

为了避免沦为天敌的食物，昆虫的招法层出不穷。

◀ 纪录短片 ▶
《谁也装不过它们》

◀ 纪录短片 ▶
《蓑蛾，避债的房奴》

暗斑爬蛸(xiū)，枝干上的隐身者。
2016.05.07.
保护色让昆虫身体外部的颜色和图案与周围环境融为一体，让天敌不易辨识。

保护色迷惑法

昆虫身体外部的颜色与周围环境相似，让天敌不易辨识。最常见的保护色是绿色、褐色和棕色。

蓑(suō)蛾，成功的逃债者。2015.09.13
蓑蛾的幼虫会收集枯枝落叶，用吐出的丝粘在一起，制造一个小房子，把自己包裹起来，逃避天敌的猎食，蓑蛾又被称为"避债虫"。

与环境颜色相似。 2018.07.28
枯叶蛾幼虫的体色斑点和枝干一模一样。

视力与智力的考验。2019.05.18
树干上的布埃尺蛾。有些蛾甚至会呈现树干的斑驳，与环境完全融为一体。

最有创意的拟态。2016.06.11
柑橘凤蝶的幼虫最大的天敌是鸟，有什么比模拟成鸟粪的模样更安全呢？

拟态混淆法

拟态是比保护色更高级的求生法。一些昆虫不仅通过颜色，而且通过外形、姿态或行为模仿其他生物来躲避天敌。

◀ 纪录短片 ▶
《负泥虫，它的伪装衣
其实是屎屎》

毒师模仿者

斑蝶是蝴蝶中的狠角色。大部分斑蝶在幼虫阶段，会选择一些有毒植物进食，将毒素聚积在身体里。天敌咬食斑蝶后，不仅会口感不佳，甚至会中毒呕吐，从而记住了斑蝶绚丽的色彩，敬而远之。

斑蝶这种带有警戒意味的身体图案，被一些无毒的蝴蝶模仿，成为防身利器。

狭口食蚜蝇，装扮成蜂的蝇。2017.09.24
食蚜蝇把自己拟态为凶狠有刺的蜂。为了有更逼真的效果，它还会仿效蜂做螫刺动作。仔细观察就能看出破绽，食蚜蝇只有一对翅膀（后翅特化成了短小的平衡棒），蜂有两对翅膀。

无毒的斑凤蝶。2016.08.01

有毒的青斑蝶。2016.10.07

无毒的黑脉蛱蝶。2018.04.29

警戒色恐吓法

有些昆虫用招摇的色彩和斑纹，表明自己的身体有毒，或有刺，或会分泌恶臭，不能吃也不好吃，从而威慑和警告天敌。

时尚而有效的警告，大斑豹纹尺蛾。2018.04.30
豹纹是一些飞蛾钟情的体色，黄黑相间是向天敌宣示身体有毒的警戒色。

鳢（lǐ）肠上的六斑月瓢虫。2017.10.03
有些昆虫身体里含有一些化学成分，给猎食者带来恶劣的口感，以增加自身的安全。这些毒素有些是从食用某种植物中获取的。

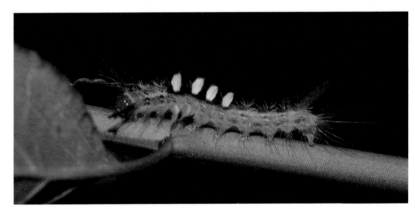

体验过的教训，棉古毒蛾幼虫。2019.05.30
被鸟捕捉后，毒蛾幼虫含有毒素的毛会刺痛鸟的口腔，黄色的毛就成了对鸟的有效警告。

闪瞎天敌的警戒色，橙带蓝尺蛾。2016.06.11
身体闪烁的金属光芒也是一种警戒色。

变侧异腹胡蜂。2019.05.30
身带毒刺的猎食者胡蜂，体色和模样有威慑和警告作用，成为一些昆虫的模仿对象。

高调而张扬的警戒色，离斑棉红蝽。2018.10.03
与低调掩藏的保护色不同，警戒色与背景形成鲜明对照，一些有恶臭和毒刺的昆虫长着鲜艳的色彩和斑纹，醒目张扬，让天敌易于识别。

密集震慑法

在山野里，常常会遇到昆虫的幼虫密密麻麻地聚集在一起，看得让人心里发毛。密集生存正是它们生存的策略之一。聚集起来的昆虫会对天敌起到阻吓作用，群居的幼虫也可以用牺牲部分同伴换来族群的延续。

蛾蜡蝉和它们的若虫。2020.07.05
聚集生存可以用牺牲部分同伴换来族群的延续。蛾蜡蝉的若虫覆盖着蜡粉和很长的蜡丝，这会让自己变得难吃，天敌下不了嘴。

细皮瘤蛾产下密集的卵。2014.07.05
细小的虫聚集在一起，视觉上会变得像一个大一些的物种。

群居的细斑尖枯叶蛾。2019.08.01
集群的幼虫之间会在体力和智力上相互竞争。研究证明，群聚的幼虫会比单只的幼虫长得更快，更强壮。

装死逃生法

昆虫的假死实际上是一种简单的刺激反应。当它们的眼睛或身体感觉到周围环境有些异动时，神经就会发出信号，浑身肌肉就会收缩起来，原来停在植物上的足也会缩起来，身体就会滚落下去。

装死的高手。2019.06.01
尺蛾幼虫受到惊吓或攻击时，它的身体僵直，悬吊在空中，一动也不动，就像一具僵尸，等到危险过去才"复活"，所以民间又叫它"吊死鬼"。

◀ 纪录短片 ▶
《用丝线编织保护网》

会装死的小眼斜脊象。2016.07.11
金龟子、象甲、叶甲等甲虫感受到危险或受到触动时，会收缩肌肉，从停留的植物上落到地下，一动不动，等到危险解除后再恢复正常。

装死的小眼斜脊象。2016.07.11

伪装者

隐身高手竹节虫

在深圳成千上万种昆虫中，竹节虫是拟态、伪装、隐身的高手。

大部分竹节虫把自己伪装成草木的枝干。它们停留在植物上，活像一根枯枝；行走时，身体轻轻摇摆，就像在风中摇曳的细枝。这种以假乱真，用形状、色泽和斑纹模仿其他生物或非生物的欺骗天敌的行为，称为拟态。这种伪装行为用来逃避天敌、迷惑猎物非常有效。

交配中的索康瘦䗛。2019.08.02

有些竹节虫雌雄体形相差巨大，也呈现着不同的体色。雌性竹节虫身体常大于雄性。竹节虫是不完全变态的昆虫，刚孵出的若虫就已经和成虫很相似，经过几次蜕皮后，逐渐长大为成虫。

叶䗛，高手中的高手

叶䗛是深圳极为罕见的竹节虫。直到 2019 年 6 月 29 日，自然记录者才第一次在深圳拍摄到了叶䗛。目前国内所有已知种类的叶䗛都被列入了国家二级保护野生动物。

竹节虫家族的成员都是拟态大师，大多数竹节虫模拟枝条，叶䗛独辟蹊径，模拟叶子。叶䗛的模拟到了出神入化的地步——它们将身体的纹脉伪装成叶子的叶脉，甚至会模拟出树叶的病斑及伤痕，六条腿和身体边缘可以像落叶的边缘一样"枯萎"。在移动的时候，叶䗛身体左摇右晃，活像叶子在风中摆动。

1. 叶䗛身体的边缘模拟了落叶边缘的"枯萎"。

2. 扁平的身躯和宽阔扩展的足模拟了树叶。

3. 叶䗛身体的纹脉模拟了叶子的叶脉。

4. 如果被天敌咬到了腿脚，叶䗛会"断臂求生"，叶䗛断掉的足还有再生的机会。

5. 叶䗛的身体甚至模拟了树叶的病斑。

微风中摇曳的"竹枝"，香港长肛䗛。
2017.07.02
竹节虫尽力让自己更像枝干和树叶，有时候，竹节虫还会摇摆身体，让自己更像风中摇曳的枝条。

蚁狮：伪装的陷阱

在山路上，常常会发现地面上有一个个倒金字塔形的小坑。这是蚁狮挖的陷阱。

蚁狮的头上长着一对大颚，会在地面一边旋转一边向下钻，在沙土中做出一个漏斗状的陷阱，自己躲在漏斗最底端的沙子下面，用大颚把沙子往外弹抛，使得陷阱周围平滑陡峭。当小虫子爬入陷阱时，沙子松动，小虫子滑到坑底，蚁狮就用大颚将猎物钳住吃掉。

◀纪录短片▶
《蚁狮的陷阱与姬蜂的心机》

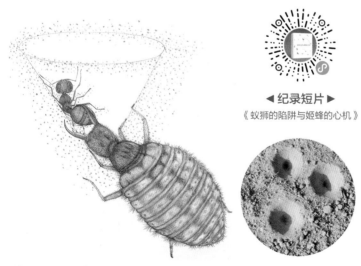

蚁狮捕食蚂蚁示意图。

蚁狮的陷阱。2016.11.17

灰蝶：用假头换来真身的安全

灰蝶有一个绝技，在后翅臀角长出一对眼状斑，配上一对尾突，酷似蝴蝶的眼睛和触角，像另一个脑袋。落在花朵上觅食的灰蝶，假头会不停摆动。

这个魅惑假头是逃避天敌的绝妙伪装。灰蝶的眼睛和触角都长在头部，会招来天敌一招致命的攻击。假头的作用是误导天敌，让错误的攻击不会一下子威胁到灰蝶的生命，留出了一个逃生的机会。

留心观察，会发现许多灰蝶有破损的后翅，这是它们成功骗过天敌、死里逃生的见证。

银线灰蝶，停在花朵上采食时，假头不停晃动，迷惑天敌。
2021.05.01

银线灰蝶，假头已被猎食者"吃掉"了，说明这样的伪装术非常有效。
2021.05.01

莱灰蝶残缺的翅膀。2016.12.08

曾死里逃生的亮灰蝶。2017.01.19

深圳的蛾

分布在深圳的蛾可能是一个令人吃惊的数字——2018 年香港鳞翅目学会出版的《梧桐山蛾类》一书中收录了 529 种蛾。依据余甜甜老师的论文《深圳市梧桐山风景区蛾类物种编目调查》，仅在梧桐山记录到的蛾类就有 1005 种。

鳞翅目的昆虫由蝴蝶与蛾组成，它们共同的特征包括：长着两对膜质的翅膀；翅膀上生满鳞片；有一个吸管式的口器；要经过卵、幼虫、蛹、成虫完全变态的 4 个生长期。和蝴蝶在白天活动不同，蛾的生活方式隐秘低调，大部分在夜间活动，昼伏夜出，被我们留意到的机会要小得多。全世界已知的鳞翅目昆虫超过 18 万种，其中蝴蝶约占 10%，其余 90% 都是蛾。

人类对蝴蝶的了解和喜爱要远远多于蛾，东西方文化不约而同地认为蝴蝶是美丽、阳光、爱情的象征。而蛾从黑暗的角落里飞出，是阴森、厄运的象征。事实上，无论是蛾还是蝴蝶，都是生态链条里的一环，是生命舞台上的一个角色。

◀ 纪录短片 ▶
《艺术范的幻蛾子》

名扬全球的鬼脸。2019.05.24
鬼脸天蛾因胸部背面的骷髅形斑纹而得名。这种阴森恐怖的蛾还会发出吱吱的叫声。奥斯卡金像奖电影《沉默的羔羊》里，仅仅在亚洲才有的鬼脸天蛾成为片中重要的破案线索。

蛾的生命史

正在产卵的优美苔蛾。2019.06.30
蛾是完全变态的昆虫，一生会经过卵、幼虫、蛹、成虫 4 个阶段。雌性飞蛾通常把卵产在寄主植物上。毛虫孵化之后，寄主植物是它们的第一顿食物。

夹竹桃天蛾的幼虫。2019.04.08
卵孵化成幼虫后开始进食，长有咀嚼式口器的幼虫主要以植物的叶子为食。

亭夜蛾的成虫和卵。2018.04.15
蛾的成虫寿命很短，大多不会超过一年，它们在死亡之前进行交配，产卵，完成一个生命的轮回。

正在化蛹的毒蛾。2019.03.31
幼虫经过多次蜕皮，发育到一定程度就变成蛹。

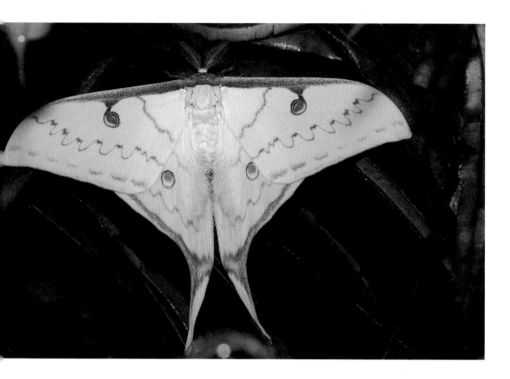

高颜值的华尾天蚕蛾。2018.08.11
华尾天蚕蛾是深圳颜值最高的蛾之一，美丽的眼斑花纹，长长的尾突，淡黄色的翅膀在黑暗中飘逸地扇动。

栎毒蛾羽毛般的触角。2017.06.23
和蝴蝶细棒状的触角不同，蛾的触角有羽毛状、丝状等。

◀纪录短片▶
《尺蠖在丈量什么？》

枝尺蛾的幼虫。2019.02.28
枝尺蛾的幼虫，俗称尺蠖（huò），爬行时将身体像拱桥一样向上拱起，一伸一屈，向前推进，如同人用手丈量一样，枝尺蛾因此而得名。

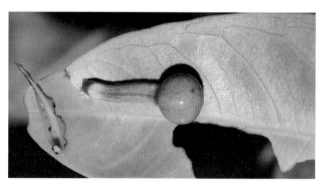

"外星人"模样的白裙赭夜蛾幼虫。2019.06.30
蝴蝶与蛾的幼虫被称为"狂吃的管子"。在化蛹之前，蛾的幼虫会随着身体的长大蜕几次皮。

长着透明翅膀的黄体鹿蛾。2018.04.29
鹿蛾有点像胡蜂，身体的灵敏度和飞行速度要比胡蜂差好远。鲜艳的豹纹图案是向天敌宣示身体有毒的警戒色。

色彩鲜艳的夹竹桃艳青尺蛾。2018.06.24
不是只有夜蛾才在夜间活动，大部分蛾都是在黑夜降临后才出来觅食、交配。

乌桕天蚕蛾，深圳的世界之最

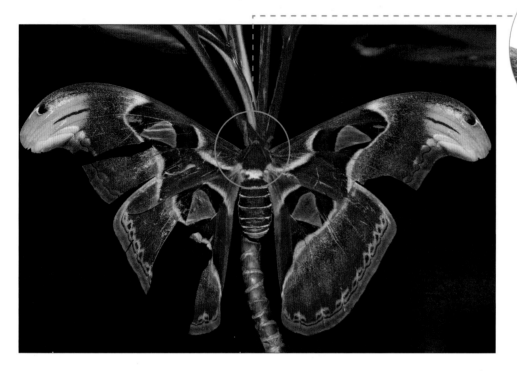

羽状的雷达。2013.10.22
乌桕天蚕蛾的羽状触角，像极了京剧头饰中的羽翎。这可不单单是一对美轮美奂的头饰，它们有着敏锐的接收系统。雄性乌桕天蚕蛾甚至可以嗅到数米之外的雌性同类释放出的气息，从而准确地找到配偶。

乌桕天蚕蛾翅膀巨大，肚子滚圆，前翅凸出的边缘很像蛇头，夸张而迷幻的花纹可以恫吓天敌。乌桕天蚕蛾又被叫作"蛇头蛾"。

乌桕天蚕蛾是世界上前翅膀面积最大的蛾，前翅长度可达25—30厘米——比得上一个足球的直径。

乌桕天蚕蛾的英文名是"Atlas Moth"。阿特拉斯（Atlas）是希腊神话中的擎天之神，用双肩支撑着苍天。中文里，乌桕天蚕蛾还有另一个更加霸气的名字——皇蛾。

乌桕天蚕蛾是完全变态的昆虫。雌性把卵产在树叶的阴暗面，每粒卵的直径只有2.5毫米。绿色的幼虫出生后，专注而疯狂地啃食叶子，长至老熟的时候，开始化蛹结茧，3—4周后，深圳最大的蛾就会破蛹而出。

成年的乌桕天蚕蛾口器早已退化，不能进食，它们仅靠幼虫时代储存的脂肪维持接下来的生命。在随后10余天的时间里，乌桕天蚕蛾不再进食，而是倾注全部的气力找寻配偶。雌性释放出强烈的性激素气息吸引雄性，雄性依靠羽毛状触角敏锐的接收系统判断雌性的位置。

交配完成，产卵之后，油尽灯枯的乌桕天蚕蛾就离开了这个世界。和大部分的昆虫一样，它们的后代在整个成长的过程中，都没有机会见到自己的父母。

乌桕天蚕蛾的幼虫。2017.10.14

不是蜂鸟，更不是天鹅

在花朵盛开的灌木丛和草丛中，常常会看到一粒花生那样大的身影，扇动着舞成一团的翅膀，急速地从一朵花飞到另一朵花，时而盘旋，时而悬停。有人会把它误认为蜂鸟。事实上，不只在深圳，甚至在中国，都没有蜂鸟。

长喙天蛾身体比蝴蝶肥壮，不会像蝴蝶一样停在花朵上吸蜜，而是悬停在花朵前，把长长的虹吸式口器伸进花蕊中吸蜜。

长喙天蛾飞行时，翅膀每秒可以扇动近 70 次，它不仅可以前行、悬停，还可以灵活地后退。

长喙天蛾的卵。2019.09.22

长喙天蛾的幼虫。2016.05.02

深圳物种档案
SHENZHEN SPECIES ARCHIVES

绿尾天蚕蛾

学名： *Actias ningpoana* Felder, 1862

鳞翅目 天蚕蛾科 尾天蚕蛾属

绿尾天蚕蛾是颜值高、体形大的飞蛾，优雅修长的外观像一只风筝。

绿尾天蚕蛾的翅膀布满了一层厚厚的草绿色鳞粉，后翅有一抹惊艳的玫红色，翅膀上点缀着四只精致可爱的眼斑，常常被人误认为是蝴蝶。

绿尾天蚕蛾的幼虫长着密密麻麻的软刺突，这个毛茸茸的进食机器不停地吃吃吃。成蛹直到羽化为飞蛾，绿尾天蚕蛾不再进食，全靠幼虫时积蓄的营养，在短暂的时光里完成交配、产卵，繁衍后代。

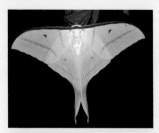

绿尾天蚕蛾昼伏夜出，天黑后才开始活跃。
2018.06.02

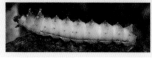

绿尾天蚕蛾的幼虫。
2019.07.21

深圳的蝴蝶

深圳的昆虫中，蝴蝶白天活动，喜欢在花中采食飞翔，色彩多样，一年四季都能见到它们的身影，是曝光最多、最容易被人认出、最被人喜爱的昆虫之一。

中国有5个科的蝴蝶，深圳全部都有。依照2017年出版的《中国蝴蝶图鉴》，中国已发现蝴蝶约2200种，2010年香港出版的《郊野情报蝴蝶篇》记录了230多种。深圳已知蝴蝶有192种，约占中国蝴蝶种类的9%。

◀纪录短片▶
《报喜斑粉蝶，
"变态"的一生》

◀纪录短片▶
《花儿与蝴蝶：
数千万年里的合作》

蝴蝶的观察

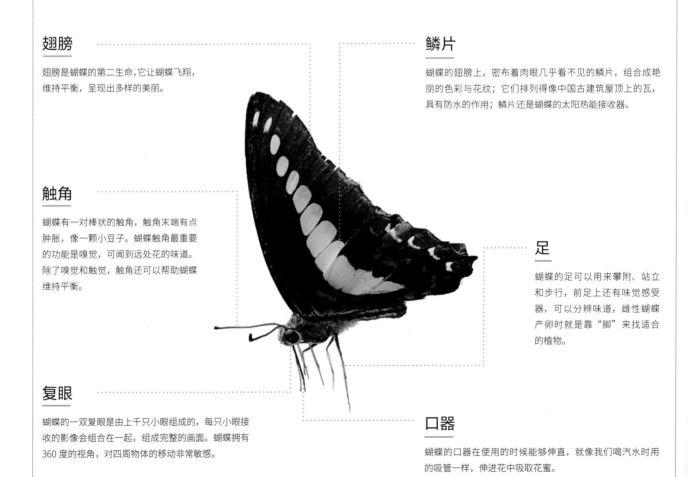

翅膀

翅膀是蝴蝶的第二生命，它让蝴蝶飞翔，维持平衡，呈现出多样的美丽。

触角

蝴蝶有一对棒状的触角，触角末端有点肿胀，像一颗小豆子。蝴蝶触角最重要的功能是嗅觉，可闻到远处花的味道。除了嗅觉和触觉，触角还可以帮助蝴蝶维持平衡。

复眼

蝴蝶的一双复眼是由上千只小眼组成的，每只小眼接收的影像会组合在一起，组成完整的画面。蝴蝶拥有360度的视角，对四周物体的移动非常敏感。

鳞片

蝴蝶的翅膀上，密布着肉眼几乎看不见的鳞片，组合成艳丽的色彩与花纹；它们排列得像中国古建筑屋顶上的瓦，具有防水的作用；鳞片还是蝴蝶的太阳热能接收器。

足

蝴蝶的足可以用来攀附、站立和步行，前足上还有味觉感受器，可以分辨味道，雌性蝴蝶产卵时就是靠"脚"来找适合的植物。

口器

蝴蝶的口器在使用的时候能够伸直，就像我们喝汽水时用的吸管一样，伸进花中吸取花蜜。

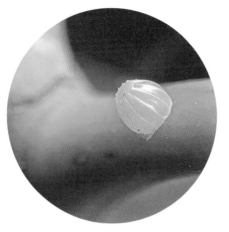

初生蝶卵

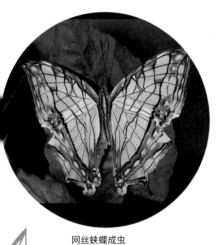

网丝蛱蝶成虫

网丝蛱蝶的生活史

作为变态昆虫，一只蝴蝶要经过卵、幼虫、蛹、成虫四个阶段才能幻化为展翅飞翔的生命。

我们常用"蝶变"一词形容生命的升华：从一粒微小娇嫩的卵，到一条单薄柔弱的小虫，再到静若修行的蛹，最后幻化为一只天空中飞翔的蝶。

开始发育

幼虫

羽化

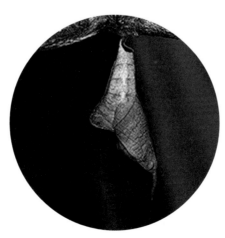

化作蝶蛹

蝶变，长大后就成了你

对一只蝴蝶来说，生命里最重要的事，就是活下去，然后完成繁殖的任务。

完成交配后，大部分雄蝶很快就会死亡，而雌蝶开始找寻特定的植物，在叶子和枝干上产卵。这些植物不仅是未来的幼虫的庇护所，还是它们可以享用的食物。

大部分蝴蝶会产下许多卵，从几十粒到上百粒，能成活的只有少数。一粒肉眼几乎看不到的卵孵化后，长成一只毛虫，随后变蛹，最后化身成一只绚丽的蝴蝶，其间要穿越数不清的凶险。

所有生命的成长都面临着艰辛和磨难，所有种群的延续也都源于成长——这也正是生命之所以灿烂和迷人的地方。

正在产卵的檗黄粉蝶。2013.06.06
大部分黄粉蝶会把卵产在叶子的背面，减少卵受到伤害的概率。

蝴蝶的卵

蝴蝶的卵像一件件微雕艺术品。色彩和形状各异的卵，大致有两种模样：一种扁平椭圆，表面光滑；一种竖直，表面布满棱线。

当温度适合，时机成熟，蝶卵就会变色，小生命即将孵化出来。

虎斑蝶的卵。2003.06.23

黄斑蕉弄蝶的卵。2018.10.03

虎斑蝶。2018.10.24

黄斑蕉弄蝶。2019.09.10

蝴蝶的幼虫

蝴蝶的幼虫是"会吃东西的管子"。

事实上，这只"管子"复杂而多变，在成长过程中几次蜕皮，用身体侧面的气孔呼吸，有数只半圆形的可感光的单眼，有一对不停咀嚼食物的大颚，还会用特殊的腺体生产丝，再用口器下方的吐丝器吐出来。

玉斑凤蝶的幼虫。2018.04.12

玉斑凤蝶。2018.04.12

尖翅翠蛱蝶的幼虫。2012.11.14

尖翅翠蛱蝶。2019.06.08

统帅青凤蝶的幼虫。2016.06.11

统帅青凤蝶。2017.09.14

蝴蝶的蛹

蛹是蝴蝶从幼虫变化到成虫的过渡形态。蝴蝶幼虫的身体重组后形成固定的、有着保护外壳的蛹。幼虫在化蛹前大多会选择有庇护的地方，如树叶背面、坚固的石墙上。

蝴蝶的幼虫化蛹后，外表看起来似乎毫无生命迹象，静止不动，事实上内部正进行着剧烈而神奇的重组。蝴蝶在蝶蛹阶段几乎没有防御和躲避敌害的能力，蛹体内部的生理活动很容易受外界的影响，受到侵扰的蝶蛹会失去化蝶的能力。

一旦时机成熟，蛹皮就会裂开，一个生命就此进入新的阶段。这就是我们所说的"蝶变"。

罗蛱蝶的幼虫。2018.06.11

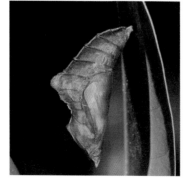

罗蛱蝶的蛹。2018.05.20

罗蛱蝶。2019.09.27

蝴蝶的求偶

蝴蝶成双成对地追逐嬉戏，让我们想到经历百般磨难后化成彩蝶的梁山伯与祝英台。

现实与千百年来美丽的传说可能大相径庭：当我们见到一对翩翩起舞的蝴蝶相互追逐时，并不一定是郎有情妾有意的缠绵，也许是两只雄蝶正在争风吃醋。

在蝴蝶的世界里，雄多雌少，比例失调，雄性间的竞争异常激烈。为了获得雌性的青睐，有的雄蝶把一棵树、一簇花丛、一片平地视为自己的领地，如果有别的雄蝶闯入，就会奋起驱赶；如果是雌性蝴蝶到来，雄性蝴蝶会拿出全身的本领，想尽办法把雌蝶留住，完成交配。

求偶中的报喜斑粉蝶。 2020.03.03
蝴蝶求偶时，除去在异性前表演飞行和舞蹈外，有些还会分泌性信息素吸引异性。

交配中的小环蛱蝶。 2006.01.02
不管求偶的过程如何艰辛、浪漫，蝴蝶交配的动作都是雄性和雌性面向相反的方向，然后进行腹部接触。

交尾中的曲纹紫灰蝶。 2017.10.05
雄性蝴蝶有着复杂的身体结构，腹部的抱握器可以像特制的钥匙一样扣住雌性，保证了在众多蝴蝶中的生殖隔离。

波蛱蝶里的第三者。 2016.10.21
蝴蝶的世界里"男多女少"，雌雄数量相差甚远，常常见到两只甚至三只雄性追逐一只雌性，雄性蝴蝶间的竞争异常激烈。

菜粉蝶，爱拼才会赢

菜粉蝶是深圳最常见的蝴蝶之一，尤其是在种着白菜、萝卜的田地里。科学家研究发现，这种色彩并不丰富、飞行迟缓的"菜"蝶，在繁衍大事上，有着"大自然的魔术"。

在百转千回的追求取得雌性的认可后，交配中，雄性菜粉蝶会给雌性的身体里输送一个复杂而丰富的"精子包囊"。这个洞房花烛夜的礼物包含着雄性菜粉蝶为配偶提供的营养物质，这样诚心诚意的付出代价巨大——送给雌性的"精子包囊"占到雄性菜粉蝶体重的 13% 左右，如果拿一个 120 斤的成人做比较，相当于一次恩爱要流失超过 15 斤的体重。

雄性菜粉蝶一生中有两到三次交配，为了保证"精子包囊"的正常生长，一些年老体衰的雄性菜粉蝶会消化掉自己的内脏来供养足够分量的"精子包囊"，在生命结束前完成最后的交配。

交配中的菜粉蝶。2021.03.13
因为每次交配都能为自己带来新的营养，雌性菜粉蝶会尽可能多地选择与不同的雄性交配。

东方菜粉蝶。2016.06.11
雄性菜粉蝶反射的紫外光越亮，雌性越青睐，因为优等的菜粉蝶才能够吃饱长壮。色彩饱和，意味着基因优越，当然，也意味着能给雌性带来更丰厚的"精子包囊"。

菜粉蝶的眼神。2020.04.05
菜粉蝶的复眼由 5000 多个小眼组成，对绿光和蓝光特别敏感，能通过颜色判别食物和配偶。我们人类的肉眼看不到菜粉蝶白色外表下雌雄反射紫外线的不同，但它们可以看到。

郎有情，妾无意。2019.02.27
在马缨丹花中觅食的是雌性菜粉蝶，它张开翅膀，翘起腹部，这是拒绝交配的姿势。

不甘心地"闹洞房"。2021.03.13
围绕一只雌性蝴蝶，常常有数只雄蝶在追逐，即使交配中的蝴蝶，也有第三者、第四者不甘心地在旁边纠缠，寻找机会。

蝴蝶的化学色与物理色

在深圳的上万种昆虫里，蝴蝶翅膀的图案显得特别精致、多变、美艳。

蝴蝶翅膀的色彩源于鳞片。在显微镜下，可以看到蝴蝶翅膀上的鳞片像一排排叠加有序的电子元件，而其结构也不亚于人造元件的复杂精妙。

细胞中的色素让每一种蝴蝶的每一个鳞片都拥有独一无二的颜色。每只蝴蝶的翅膀上有成千上万个鳞片。它们就像一张拼图的无数个色块，按照一定的顺序排列时，就呈现出了美丽又独特的花色。这种由色素呈现出来的颜色被称为色素色，也就是化学色。

与拼图板不同的是，蝴蝶翅膀的图案并不只靠色素色块组合。如果把蝴蝶的翅膀放在纳米级电子显微镜下，就可以看到鳞片表面复杂细微的结构，光通过这些结构时会发生干涉现象，产生多样的颜色。当蝴蝶飞行停留时，不同角度的光线干涉，又会给蝴蝶带来不断变幻的颜色，这就是结构色，也就是物理色。

用化学和物理的手段，蝴蝶实现了绚丽多变的色彩。

◀纪录短片▶
《光影魔术师》

超微镜头下放大 50 倍左右的蝴蝶翅膀。 2020.09.13
蝴蝶翅膀上的每个鳞片都有自己独特的颜色，各色的鳞片像瓦片一样彼此重叠，拼凑出眼点、条纹和渐变的图案。

优越斑粉蝶华丽的告白。 2015.02.17
交配的季节里，有些蝴蝶会炫耀它们华丽的色彩，可能是在向异性发出这样的信息：我这样醒目招摇，还能在天敌垂涎中活下来，证明我的基因是最出色的。

美眼蛱蝶的双重保护。 2016.08.19
蝴蝶多彩的翅膀不仅仅是为了吸引异性，还用来隐藏、伪装和恐吓天敌。美眼蛱蝶张开翅膀，滴溜溜的蛇眼斑纹就露出来，可以恐吓掠食者。

蓝凤蝶。 2014.05.06
一些蝴蝶的翅膀，在不同角度、不同光线下，色彩和斑纹会闪烁变幻。

合上翅膀的美眼蛱蝶。 2012.11.14
合上翅膀，整个身体就成了一片枯叶。

翅膀里的"星空"

这是星空吗？不是，这是巴黎翠凤蝶后翅细小鳞片组合的图案。

我们触摸一只蝴蝶的翅膀后，会发现手指上留下一些细细的粉末，那就是蝴蝶的鳞片。它们为蝴蝶变幻出了色彩缤纷的图案。

蝴蝶绚丽多变的图案是御敌的策略，一方面用警戒色向天敌——主要是鸟儿——表明"我不好吃"或"不能吃"，还用蛇眼这样拟态的图案拉大旗，作虎皮，恐吓天敌。

张开翅膀的巴黎翠凤蝶。 2019.03.28

交配中的巴黎翠凤蝶。2010.05.16
蝴蝶鳞片自身的色素和鳞片表面折射的光泽，组合成不同的颜色和花纹，起到吸引异性、威吓警戒天敌和隐蔽的效果。

合上翅膀的巴黎翠凤蝶。
2019.03.28

323

越冬的斑蝶

深圳的蝴蝶中，只有斑蝶有聚集在一起迁徙越冬的习性。2012年11月，曾在马峦山一个山谷里记录到数万只斑蝶聚集，密密麻麻地落在枝叶上。山风吹来，枝叶摆动，成千上万只斑蝶纷飞而起，难以言喻的奇观给大家带来巨大的感动。

没有确切的观察能判定这些挂满枝叶的斑蝶从哪里飞来，又飞到哪里去。不过我们不要小瞧斑蝶的飞行能力。已知大绢斑蝶会在日本南部与中国台湾之间迁飞，观察记录到的最远飞行距离是2010公里，相当于从北京飞到深圳。北美五大湖地区的君主斑蝶会飞行3600公里，到达墨西哥南部。

通常，气温下降到15℃以下，蝴蝶就无法正常飞行，更谈不上觅食、求偶、交配和繁衍下一代。大部分蝴蝶会选择以蛹、卵或幼虫的形式越冬。只有一些斑蝶会选择向高温地区迁徙，以躲避低温的气候，就像候鸟一样，寻找适合生存的环境。

粤港研究昆虫的学者们推测，在深港两地越冬的斑蝶来自江西、福建，甚至1000公里之外的浙江。

◀纪录短片▶
《蝴蝶也"补钙"》

◀纪录短片▶
《深圳，迁飞的斑蝶》

聚集在大南山公园的蓝点紫斑蝶。2020.12.13

聚集在马峦山中的斑蝶。密密匝匝的蝶群里，大都是幻紫斑蝶和蓝点紫斑蝶，也有零星的虎斑蝶和拟旖斑蝶。

深圳迁徙的斑蝶中，蓝点紫斑蝶数量最多。2017.07.12

蓝点紫斑蝶的幼虫只吃有毒植物羊角拗(niù)的叶子。2016.10.01

用以身试毒来以毒攻毒

可以想象，当迁徙的斑蝶成群结队地飞过空中，落在树上时，沿途遇到的那些雀鸟、蜥蜴会怎样地欣喜若狂，以为一顿盛宴来了，可惜现实让它们有点失望：所有的斑蝶都是有毒的。

斑蝶的毒不是与生俱来的，而是通过吃有毒植物，慢慢积聚毒性得来的。深圳有 10 种斑蝶，幼虫的寄主植物大多属于萝藦科和夹竹桃科，都是有毒植物。斑蝶幼虫不停地啃食枝叶，慢慢把自己吃成了一个个移动的毒丸，即使这些幼虫后来化蛹、羽化，但无论怎样变化，毒素依然会留在体内。

斑蝶并不隐藏自己的毒性，甚至会明目张胆地炫耀，用金属光泽的蓝紫色和橙黑色条纹的搭配，向天敌展示这种标志身体有毒的警戒色。

广东四大毒草之一的羊角拗是蓝点紫斑蝶的寄主植物。2016.11.17

虎斑蝶的警戒色。2016.10.07
虎斑蝶的幼虫以有毒的萝藦科植物为食，将毒素积聚在体内。它们身上鲜艳的颜色和明显的黑、白色的条纹，是向天敌展示身含毒素的警戒色。

自信的资本。2018.07.02
绢斑蝶飞行时慢慢悠悠，似乎不担心天敌追杀，对自己身体带毒的御敌之术充满自信。

深圳的蝴蝶家谱

01
弄蝶

在深港两地的蝴蝶中，弄蝶体形小，翅膀朴素，不太引人注意；更因为躯体肥胖，常常被误认为蛾子。

弄蝶喜欢访花，有些也偏好吸食鸟粪。

全世界的弄蝶超过 3000 种，深圳记录的弄蝶有 39 种。

和圣人有关的蝴蝶：孔子黄室弄蝶。2016.07.13
孔子黄室弄蝶以"孔子"命名。弄蝶飞行时翅膀半张，速度快，像俯冲的战斗机。

大多数弄蝶触角顶端的膨胀处会长出一个向外弯曲的尖刺，这是弄蝶区别于其他蝴蝶和飞蛾的特征。

沾边裙弄蝶。2016.10.01
在蝴蝶中，弄蝶体形娇小，飞行速度却非常快。

沾边裙弄蝶的幼虫。2016.07.17
有些弄蝶的幼虫会切开寄主植物的叶片，卷起叶子做成叶巢，隐藏在内取食、蜕皮和化蛹。

02
粉蝶

粉蝶色彩素淡，一般为白、黄和橙色。报喜斑粉蝶和宽边黄粉蝶是深圳最常见的蝴蝶之一。

粉蝶的寄主植物是十字花科、豆科、白花菜科植物，粉蝶的幼虫会啃食蔬菜和果树。

全球的粉蝶超过 1000 种，深圳记录的粉蝶有 16 种。

黑脉园粉蝶吸食假臭草的花蜜。2021.05.01

宽边黄粉蝶吸食羽芒菊的花蜜。2021.05.01

在溪流边吸水的檗黄粉蝶。2020.07.11

金裳凤蝶是中国体形最大的蝴蝶。2016.07.23
金裳凤蝶是深圳昆虫中少见的国家二级保护野生动物。

木兰青凤蝶。2018.04.29
凤蝶与其他蝴蝶的区别在于：凤蝶的翅膀合上后，腹部外露，不会被翅膀遮住。

03
凤蝶

凤蝶是所有蝴蝶中体形最大的类群，深港两地记录到的金裳凤蝶是中国体形最大的蝴蝶。凤蝶体色华丽，引人注目。在深圳，凤蝶也是最容易遇到的蝴蝶，在阳台种一株柑橘盆栽，就可能会有凤蝶拜访。

全世界大约有 600 多种凤蝶，深圳记录的凤蝶有 21 种。

绿凤蝶。2019.04.07
许多凤蝶后翅有修长的凤尾状尾突。

豆粒银线灰蝶。2017.09.10
许多灰蝶的后翅有尾突和假眼，停下来时会上下抖动。

彩灰蝶。2016.07.17
灰蝶颜色丰富，许多灰蝶翅膀的内面有紫色或蓝色金属光泽。

亮灰蝶吸食射干的花蜜。2018.12.20

04
灰蝶

在深圳的蝴蝶中，灰蝶的体形最小。在小区的草丛、公园的花圃中，经常会看到这种急速飞行的小蝴蝶。

全球的灰蝶超过 5000 种，深圳记录的灰蝶有 36 种。

05
蛱蝶

蛱蝶是深圳种类最多的蝴蝶，它们形态各异，不容易归纳出明显的独特特征。

蛱蝶喜欢在阳光下飞行，速度快，爱吸食花蜜、树液，有些重口味的蛱蝶会吸食腐烂的果实和动物的粪便，有些蛱蝶有明显的领地意识。

全球的蛱蝶超过 3000 种，深圳记录的蛱蝶有 49 种。

钩翅眼蛱蝶。2019.02.21
接近枯叶或树皮的体色是比较好的保护色。

蛇眼蛱蝶翅膀的眼斑图案特别斑斓。2019.02.20

残锷线蛱蝶。2019.06.04
蛱蝶的前腿已退化，停歇时，只能用后边两条腿。

06
眼蝶

眼蝶是特征比较明显的蝴蝶，其翅膀上有大小数量不同的眼斑——犹如炯炯有神的蛇眼。

眼蝶的体色大多为褐色，是丛林灌木中有效的隐身色。翅膀上的眼斑也可以恐吓和误导天敌。

全球的眼蝶超过 2500 种，深圳记录的眼蝶有 16 种。

小眉眼蝶（旱季型）。2018.03.16
有些眼蝶在旱季草木枯干时，眼斑会消失或变模糊，等雨季到来，万物茂盛，眼斑会重新出现。

矍眼蝶。2017.06.22
眼蝶的寄主植物大多是禾本科植物。

小眉眼蝶（雨季型）。2018.09.27

07
斑蝶

斑蝶是体形较大的一类蝴蝶，色彩斑斓加上体形硕大，和凤蝶一样引人注目。

斑蝶的幼虫主要以夹竹桃科和萝藦科的植物为食，吃了这些辛辣、含毒素的植物，斑蝶的幼虫、蛹、成虫都身怀毒素。

全球的斑蝶超过 2500 种，深圳记录的斑蝶有 10 种。

在飞机草中吸食花蜜的金斑蝶。2020.01.05

斑蝶是深圳唯一会集群越冬的蝴蝶类群。2012.11.14

08
蚬蝶

休息时，蚬（xiǎn）蝶的翅膀像半张的蚬壳，因此而得名。蚬蝶是小型蝶，飞行速度快，喜欢停留在叶子表面。

全球的蚬蝶约有 1500 种，深圳记录的蚬蝶有 3 种。

波蚬蝶。 2018.05.20
蚬蝶落在叶面上时四翅呈半展开状，像半张的蚬壳。它喜欢在叶片上不断转身改变方向。

蛇目褐蚬蝶。2018.05.20
翅膀上的眼斑是可以迷惑天敌的图案。

09
环蝶

环蝶在密林草丛中贴着地面飞行，飞行的高度通常不会高过两米。环蝶很少在阳光下飞行，也很少追花吸蜜，主要的食物是树液、成熟与腐烂的果实。

全球的环蝶超过 200 种，深圳记录的环蝶有 2 种。

串珠环蝶。2018.05.20
环蝶应该是深圳最羞涩内向的蝴蝶，身体灰褐色，躲在密林草丛深处。好在后翅的正面有一串珠子似的圆斑点，让环蝶有了一些亮色。

社会性昆虫，无私的超级团队

社会性，是生命进化的伟大成就。人类从数百万个物种中脱颖而出，称霸地球，就是因为强大的团队合作和社会分工能力。人类并不是社会性的独占者，自然界中，和人类一样高效、具有凝聚力的团队是社会性昆虫。

社会性昆虫具备三种复杂的能力：同一物种的个体相互协作抚育下一代；存在繁殖上的分工，有专门负责繁殖的个体，也有不繁殖的个体；两代或更多代生活在同一个群体中。

昆虫的社会性与人的社会性不同，人类在具备社会性的同时还有打破社会规则的反社会性，其中有个体生命的私欲、求变、反思和改革。社会性昆虫似乎泯灭了一切反社会性的可能，所有的个体天生具有组织性与献身本能，一生安心于社会的分工，无视个体的得失，当族群遇到危险时，甚至无视自己的生命。社会性昆虫建立了高效而刻板、凝聚而无情、无私而无我的运转体系。

深圳的社会性昆虫有白蚁、蚂蚁、蜜蜂和胡蜂。

◀纪录短片▶
《蚂蚁的信息通信》

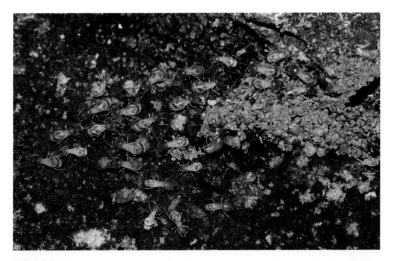

黄翅大白蚁。2019.08.17
白蚁是多形态的社会性昆虫，一个群体可包含成千上万只个体。繁殖蚁、工蚁和兵蚁，分工明确。其中工蚁是没有生殖能力的雌性白蚁，在群体中数量最多，体形最小。

蜜蜂家族的分工

工蜂
蜂王
雄蜂

· 蜂王

一个蜜蜂群体有几千到几万只蜜蜂，由一只蜂王、少量的雄蜂和众多的工蜂组成。

蜂王也叫"蜂后"，是蜂群里唯一能正常繁殖的雌蜂。蜂王虽然被称为"王"，实际上并不领导蜂群，它在蜂群中的作用就是产卵繁殖。繁殖高峰时，一只蜂王每天产卵的重量甚至超过了它的体重。工蜂们时刻围绕在蜂王的周围，像"侍者"一样照应蜂王。

· 雄蜂

蜂王产下大量的卵，其中未受精的卵会长成雄蜂，雄蜂不会劳动，专职与蜂王交配，繁殖后代。

· 工蜂

工蜂是没有生殖能力的雌性蜜蜂，在蜂群中的数量最庞大。刚羽化的工蜂主要职责是清理巢房，调制蜜粉和饲养幼虫。长成青年工蜂后，开始分泌蜂蜡，修建巢穴和清理垃圾。再长大成为壮年工蜂后，就开始外出采蜜。工蜂通常只有三个月到半年的生命，一生都在辛勤地劳作。

行随我动　沟通无限

社会性昆虫庞大的族群，运行得井然有序，团结高效，这离不开顺畅的相互沟通。它们的通信方式有摇摆舞蹈、味觉传递、肢体触碰和化学物质的释放。

一只工蜂会绕着 8 字、圆圈或新月形的路线跳舞，这是在告诉同伴蜜源的位置——可以精确到数米之内；一只蚂蚁借助身上的腺体，能释放多种挥发性的"信息素"，表达 20 多种不同的含义。每只工蚁一次释放的信息素，一般不超过百万分之一克，有时甚至只有几个分子。即便如此微量，蚂蚁的感知器官依然能有效接收，辨识其中传递的信息。

通过独特多变的沟通方式，社会性昆虫可以召集同伴共同搬运食物、修建巢穴、保卫巢穴、攻击对手，以及报警、迁徙和识别亲戚。

行进中的粗纹盲切叶蚁团队，大的是兵蚁，小的是工蚁。2019.08.02
同族群中蚂蚁之间经常用触角、肢体相互碰触，传递信息。每个蚁群的所有成员，都有区别于其他蚁群的气味标识。

蜜蜂：摇摆舞的语言

经过千万年的进化，蜜蜂的舞蹈语言已和灵长类动物的行为同样复杂。

侦察蜜源的蜜蜂用舞蹈来相互传递蜜源地的信息，不同的舞姿代表着不同的距离和方位。侦察蜂跳舞时，其他工蜂聚精会神地紧跟其后，依照舞蹈提供的方向，根据舞蹈蜂身上的花蜜气味，飞出去寻找蜜源。

蜜蜂舞蹈语言所显示的蜜源位置不仅方位正确，距离甚至可以精确到"米"。

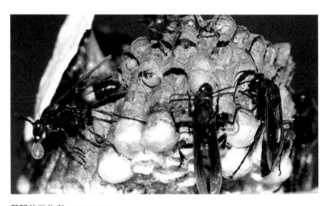

劳碌的工作者。2006.05.13
大雨过后，黄裙马蜂将巢穴中的积水一点一点吸出来。社会性昆虫个体渺小，却因合作、分工与沟通能力强而变得强大。

01/ 当花在相当近的距离：以不断画着圆圈的方式舞动。

02/ 当花在一定距离之外：一面迅速摆动尾部，一面跳 8 字形舞蹈。下图的舞蹈代表花在太阳左 110° 的位置。

03/ 花在很远的地方：一面缓慢摆动尾部，一面画着 8 字。下图的舞蹈代表花在太阳右方 60° 的位置。

不会传粉的酿蜜者不是好蜂

在深圳，群居和独居的蜂类超过100种，为人类酿蜜的蜂只有两种：西方蜜蜂和东方蜜蜂。

西方蜜蜂是养蜂人带来深圳的"移民"，是世界上饲养范围最广、饲养量最多的蜂种。西方蜜蜂对于环境的适应能力特别强。它们能够极快地适应当地植物的花期，性情温和，容易控制，产蜜多。我们在深圳见到的蜂箱里的蜜蜂大多是西方蜜蜂。

东方蜜蜂是深圳的"原住民"，已很少有养蜂人收留它们。东方蜜蜂大多把家安在野外，自由自在，不容易受人操控，岩洞、树洞、隐秘的草丛树林都是它们安家的地方。和东方蜜蜂对比鲜明的是，西方蜜蜂已完全失去了野外生存的能力。

蜜蜂是与人类关系最密切、进化最高级、智力最发达的昆虫，是一亿多年前就和植物协同进化的古老物种。许多与人类息息相关、涉及人类生死存亡的植物，都需要蜜蜂授粉。蜜蜂是农作物的最大群体授粉昆虫，也是人类唯一可以控制的天然授粉者。

蜜蜂辛劳地为人酿蜜，但它们身为传粉者的价值比制造蜂蜜的价值大得多。

◀纪录短片▶
《熊蜂，会飞的毛绒玩具》

东方蜜蜂在葱花中采蜜。2018.02.21
东方蜜蜂是中国人饲养最久的蜂种，已有2000多年的历史。

在马缨丹花中采蜜的无垫蜂。2017.08.08
无垫蜂是深圳山岭里的野蜂，采蜜却不会酿蜜。

在木棉花中采蜜的棕马蜂。
深圳有100多种蜂，大多会采食花蜜，为各种各样的植物传授花粉，却很少有蜂像蜜蜂那样有大量酿蜜的本领。

杜虹花里采蜜的萃熊蜂。2021.04.08
萃熊蜂身体粗壮，全身披满长长的绒毛，是传授花粉的高手。

采食花蜜的天蓝土蜂。2017.10.03
土蜂是独居蜂，不会酿蜜，也不会蜇人。与素食者蜜蜂不同，模样狰狞的土蜂荤素通吃。土蜂成虫访花，幼虫寄生蛴螬（qí cáo）。

西方蜜蜂在睡莲中采蜜。2019.05.04
1896 年引入中国的西方蜜蜂，有强大的适应力和繁殖力，一些中国本土的野生蜜蜂种群的生存受到了一定的影响。

一公斤蜂蜜的背后

蜜蜂耗尽心力制造的甜物质食物并不是为了人类，而是为了养育家族里的成员。

如果每只工蜂每飞出去一次，都可以带回 20 毫克的花蜜，则每公斤蜂蜜需要工蜂飞出去采蜜 5 万多次。如果每次采蜜的路途平均 2 公里（缺蜜的时候蜜蜂最远能飞 7 公里），每酿 1 公斤蜂蜜，蜜蜂要飞 10 万公里，相当于绕地球赤道飞行两圈半。

高强度劳作让一般的工蜂只有 20—40 天的寿命。

东方蜜蜂在小蜡花中采蜜。2016.02.27

西方蜜蜂在九里香花中采蜜。2018.06.24

东方蜜蜂在柠檬花中采蜜。2017.01.19

艳丽的龙船花吸引西方蜜蜂前来采蜜。2017.03.04

吊钟花吸引西方蜜蜂前来采蜜。2021.01.31

甜蜜的工艺

蜜蜂采集花蜜花粉，酿造蜂蜜蜂粮的过程，生动地演示了社会性昆虫资源共享、精确分工、个体奉献的高效运营模式。

 步骤 >>> 1

物色花朵。

在芸薹花中采蜜的西方蜜蜂。工蜂的触角有灵敏的嗅觉，能够依照花朵的香味找到花蜜。它们只选择盛开的花朵，因为这个时候的花朵所产的花蜜最丰盛。

◀纪录短片
《蜜蜂真正的价值》

步骤 >>> 2

吸食花蜜。

工蜂用柔软多节、生满细毛、前端有唇瓣的长吻将花中的蜜汁吸入体内的蜜囊中。花蜜被吸进蜜囊的同时混入了蜜蜂分泌的转化酶，蜂蜜的酿造就此开始。

步骤 >>> 3

采集花粉。

挂满花粉的西方蜜蜂。除了花蜜，工蜂还要采集花粉，作为蜂群富含蛋白质的主食。工蜂在花朵里爬来爬去，花粉粒就会粘在它们体表茂密的短毛上。工蜂还有一对膨大的后足，上面长着许多刚毛，是存放花粉的"花粉篮"。

步骤 > >> 4

运送回巢。

蜜蜂的翅膀每秒可扇动 230 多次。在鲜花盛开的季节，一只工蜂身上能粘住 5 万至 75 万粒花粉。一只工蜂飞回蜂巢时身体所带的花粉和花蜜常常接近它体重的五分之一，令人惊叹的是，它依然能以每小时 20 多公里的速度飞行。

步骤 > >> 5

化学变化与物理变化。

西方蜜蜂采食硬骨凌霄花的花蜜。工蜂采到的花蜜主要成分是蔗糖和水分，要经过两个变化才能成为蜂蜜：从蔗糖转化为葡萄糖和果糖的化学变化；花蜜水分被蒸发到只占蜂蜜 20% 以下的物理变化。

步骤 > >> 6

合作酿蜜。

采集蜂把花蜜带回蜂巢，嘴对嘴传递给内勤蜂，内勤蜂把花蜜从蜜囊中吐出，再吸入，反反复复，在花蜜中融入更多的转化酶，促使花蜜中的蔗糖分解为葡萄糖和果糖。

步骤 > >> 7

脱水的工序。

蜂巢内部长期保持 35℃左右的高温，工蜂还会把还没有成熟的蜂蜜均匀摊开在巢房内，用翅膀扇风，让花蜜中的水分加速蒸发。

步骤 > >> 8

封盖与储存。

工蜂会把酿成的蜂蜜用分泌的蜂蜡密封，这样可以长期保存。

蜇人的蜂和不蜇人的蜂

　　蜇人蜂大多是群居的蜜蜂、胡蜂和马蜂，独居的蜂很少会蜇人。无论是群居的社会性蜂还是孤单的独居蜂，都不会主动攻击人。尤其是蜜蜂，它们的刺就是特化的产卵管，退化成了倒钩刺，刺入人体后，倒钩就会把蜜蜂的毒腺和部分内脏拉出来，蜇人要付出生命的代价。

　　绝对不要骚扰和侵犯任何蜂。蜂群发起攻击的原因一般是因为入侵者触动了蜂巢。群居而筑巢的蜂有强烈的领地意识，它们捍卫家园时坚决而团结，成群结队地攻击侵入者。遇到这种情况，首先保护好身体的裸露部分，特别是头脸与颈部，如果是平地，快步奔跑时蜂群一般不会紧追，通常 10 米后它们就放弃了。如果地形危险，抱住头颈，原地蹲下或趴下，静止不动。在危险地形中慌不择路奔跑带来的危险远比被蜂蜇大得多！

　　不同的人被蜂蜇伤的反应因体质不同而不同，从感觉如蚊子叮咬的疼痒到钻心的疼痛都有。通常，野蜂叮咬带来的惊恐远大于肉体的疼痛。被蜂蜇伤后如果有发热、头痛、恶心呕吐、痉挛、昏迷、休克等症状，要尽快到医院观察治疗。

◀纪录短片▶
《后现代派建筑大师》

◀纪录短片▶
《爱家如命》

守护在树洞口的黑盾胡蜂。2017.08.13
一些野蜂会把巢穴建在树洞里，蜂巢是整个蜂群赖以生存的根本，护巢是蜇人蜂的本能。一些蜂有领地意识，不管是无意还是有意的侵犯都会受到群起的攻击。

在枯叶蛾幼虫身上产卵的刺茧蜂。2018.07.28
刺茧蜂这样的游猎蜂会在一些昆虫的幼虫体内产卵，刺茧蜂幼虫孵化出来，就靠寄主体内的营养生长，最终杀死寄主。

蜇人蜂：果马蜂。2016.06.16
果马蜂凶悍的模样是许多科幻电影里反派角色的原型。果马蜂的成虫取食花蜜，幼虫为肉食性。

守护和喂养幼虫的印度侧异腹胡蜂。2016.06.11
胡蜂是常见的蜇人蜂，腰部纤细，雌性腹部末端有能伸缩的螫针，可排出毒液，因此只有雌蜂会蜇人。

金毛长腹土蜂模样凶悍，却不会主动伤人。2018.07.03

筑巢的二齿扁股泥蜂。2017.07.09
泥蜂是狩猎蜂，但不会蜇人。有些泥蜂产卵时，会和燕子一样用唾液与泥土混合在一起，筑成巢穴。

雌性的切叶蜂在白花鬼针草中吸蜜。2018.09.20
切叶蜂和蜜蜂一样喜欢在花中食蜜。雌蜂把叶子切成圆片带回去筑巢，但不会酿蜜，也很少蜇人。

黑夜里在树枝上睡觉的无垫蜂。2018.06.02
无垫蜂是蜜蜂科的一种，在夜里聚集在一起，用大颚咬住植物的枝条睡觉。

337

蚂蚁，微小的"超级生命体"

如果真有方法做一个统计的话，仅仅住在梧桐山上的蚂蚁，数量就可能是深圳人口总数的很多倍。

在陆地上生存的无脊椎动物中，蚂蚁无疑是王者：家族成员超过1.6万种及亚种，总重量接近全球野生动物总重量的十分之一。

蚂蚁是进化非常成功的社会性昆虫，也是这个城市里除人和蜜蜂之外具有组织性和社会性的动物类群。它们和人类相似的地方有3个：一个群体能相互合作照顾下一代；两代或两代以上共同生活在同一个巢里；具有明确的分工。

与人不同的是，每只个体的蚂蚁几乎没有自主意识和个体特性，完全服务于蚁群利益。人是经过选择、培训、知识的积累产生分工，蚂蚁只是按照基因写下的格式做自己该做的事情：蚁后专职生殖，雄蚁专职交配，工蚁专职劳作，兵蚁专职战斗。

这样，无数个微小的蚂蚁凝聚成了一个"超级生命体"，不同分工的成员只是这个"超级生命体"上的某个功能和工具——"超级生命体"是亿万年里自然选择的力量塑造而成的。

在深圳，蚂蚁这样的"超级生命体"，遍布城市的各个角落。

◀纪录短片▶
《蚂蚁运动员》

猎镰猛蚁，中国最有型的蚂蚁。2018.07.09
猎镰猛蚁正带着战利品——某种虫子的一条大腿返回巢穴。猎镰猛蚁算得上是"蚂蚁中的战斗机"，智力高，能跳跃，是少有的用视觉捕猎的蚂蚁。因为长着大大的眼睛、刚劲的大颚、修长的身体、细细的腰身，猎镰猛蚁被蚁类研究者评为"中国最有型的蚂蚁"。

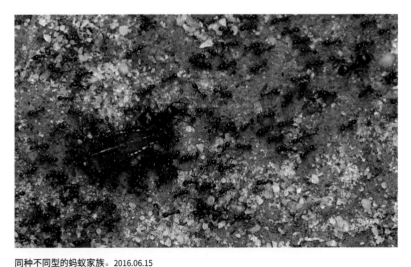

同种不同型的蚂蚁家族。2016.06.15
全异盲切叶蚁的工蚁合力运送捕获到的荔枝蝽。一些蚂蚁个体同部落中的工蚁、兵蚁成员体格相差近10倍。

黄猄蚁捕食尺蠖。2017.08.26
黄猄蚁生性凶猛，能搬动比自己身体重许多倍的食物，擅长合作捕食昆虫。西晋时期，中国就有利用黄猄蚁防治柑橘树害虫的文字记载。

尼科巴弓背蚁的家族

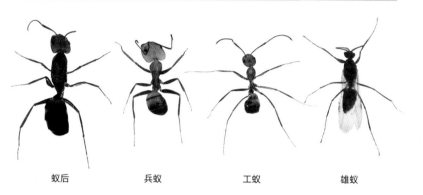

| 蚁后 | 兵蚁 | 工蚁 | 雄蚁 |

蚂蚁家族的分工

· 蚁后

通常，一个蚁群中有成千上万个成员，但只有一个或几个能产卵的雌性，这就是蚁后。蚁后是群体的创建者和掌管者，是整群蚂蚁的母亲。蚁后在蚁群中体形最大，腹部和生殖器官发达，是专职的"生殖机器"。

和蜜蜂一样，蚂蚁也是以"婚飞"的方式交配，能坚持飞到最后、最强壮的"新郎"在交配后很快死亡。受孕后的蚁后脱掉翅膀，选择适宜的地方造个简单的蜗居，暂时安身。等幼蚁孵化出世后，蚁后嘴对嘴地喂养每个幼蚁。第一批工蚁一长成就开始寻找食物，扩大巢穴，家族成员开始急剧膨胀，通常一个蚁群能达到数万只蚂蚁。当初历尽艰辛创建基业的蚁后开始接受工蚁服侍，成为这个大家族的女王。

· 雄蚁

蚁群中雄蚁长着发达的生殖器官，不用劳作，唯一的任务就是在交配季节与雌蚁交配，是家族中的"生殖机器"。

· 工蚁

工蚁是蚁群中数量最多的成员。蚁后产的卵大部分会发育成雌性，这些雌性蚂蚁虽是"女儿身"，卵巢却不发育，没有生殖能力，会分化为工蚁和兵蚁。工蚁采集食物，保卫巢穴，照顾蚁后、卵及幼蚁，是维持蚁群运转的基础力量。

· 兵蚁

兵蚁上颚发达，拥有种群中最强壮庞大的身体，长着一对大颚，可以与猎物厮杀，还可以用毒液作战，承担着保卫群体和攻击对手的责任，是家族中的"战斗机器"。

"放牧"蚜虫的尼科巴弓背蚁。2016.06.04

蚂蚁中的"牧民"

有一些蚂蚁有一种非凡的能力，那就是"放牧"蚜虫获得美食。

蚜虫又叫蜜虫，它们吸食植物的液汁，排泄出黏稠透明的甜液——蜜露，这是蚂蚁极度喜爱的"奶汁"。蚂蚁会看守着这些蚜虫不受瓢虫或其他捕食者的伤害，并不时用触角刺激蚜虫的腹部，让它们持续分泌"奶汁"——犹如牧民饲养奶牛。

当一片叶上的蚜虫繁殖过多时，蚂蚁会把它们搬运到新的枝叶上，犹如牧民寻找新的牧场。蚂蚁有时会把蚜虫的卵保存在蚁穴中，小蚜虫孵化出来后，蚂蚁马上小心地把它们送到嫩枝上，就像人们把奶牛牵到青草地一样。

南头的苍蝇罗湖的蚊

1985 年 5 月 16 日，《深圳青年报》头版发表社论《起来！不愿被蚊咬的人们》，文中呼吁："十万火急，深圳已陷入蚊子的重重包围之中"，号召市民打一场"蚊子歼灭战"，把灭蚊当作"与修筑大厦和赚取外汇同等重要的大事特事"，"不灭深圳蚊，耻做深圳人"。

那一年，市卫生防疫站公布了收购蚊子幼虫的价格：每斤 8 元人民币。3 个月内收到 205 斤蚊子幼虫，每斤大约有 33 万条。

深圳的气候温暖湿润，适宜昆虫繁衍。历史上，南头大量养蚝，招惹苍蝇；罗湖紧靠深圳河，蚊虫肆虐。"南头的苍蝇罗湖的蚊"曾经远近闻名。时至今日，蚊子这种身形纤小、飞行灵活、长着刺吸式口器的飞虫，依然是侵扰深圳人最多的动物。

蚊科是一个庞大的家族，全球迄今已记录到的蚊子约 3500 种。其中我们熟悉和憎恶的吸血蚊只有 80 多种。深圳没有本地蚊子种数的科学记录，2005 年香港出版的《香港蚊子》记录到的蚊子有 72 种。

1985 年 5 月 16 日登载在《深圳青年报》头版的社论《起来！不愿被蚊咬的人们》。

白纹伊蚊。2018.10.25
伊蚊也称"花斑蚊"，是蚊科中最大的一族。白天也出来活动，飞行速度快，叮人凶猛。蚊子天线似的触角十分敏感，雌蚊找到吸血对象，不是靠眼睛，而是靠触角。雄蚊依靠触角捕捉到雌蚊翅膀扇动的频率，找到配偶。

正在吸血的"小咬"，台湾铗蠓。2017.08.17
蠓和蚊子是两个科的远亲昆虫，俗称"小咬""小黑蚊"，只有针尖大小，在放大镜下才能看清它的模样。细小的蠓叮吸人血的能力不亚于蚊子，被刺叮处红肿奇痒，有时甚至会引起皮肤过敏。

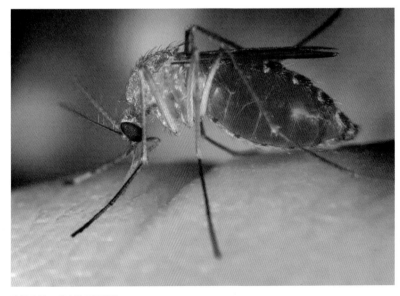

致倦库蚊，嗜血的只是雌性。2019.06.03
库蚊也称家蚊，是在家中最常见的吸血蚊。平时躲在室内的角落里，傍晚或夜间出来叮咬人。雄蚊不吸血，只吸草汁花蜜存活。交配后的雌蚊吸了人或动物的血后卵巢才能发育，繁殖后代。蚊子是完全变态的昆虫，要经历卵、幼虫、蛹、成虫四个阶段。蚊子一生有三个阶段生活在水中。

停留在圆粒短角枝蝽上的寄蝇。2017.05.29
苍蝇的舐吸式口器不能吃固体的食物，只能舔吸流体或半流体的东西。如果遇到固体的食物，它们会向食物分泌消化液，溶解固体食物后吸食。苍蝇强大的消化道可以在 15 秒内就将食物里的营养物质全部吸收完毕，马上排泄，这样一边吐，一边吃，一边排便，会传播一些病原体。

蝇，未被发现的另一面

除了蚊子之外，苍蝇也是人类最讨厌的动物之一。在高度都市化、环境相对洁净的深圳，成群结队的苍蝇已不多见。

全世界已知的蝇类昆虫超过 7200 种，其中在我们日常生活中经常出现的有家蝇、金蝇、绿蝇和丽蝇，其他的大部分都生活在山野里。

苍蝇和蚊子不同，不会吸人血，但是会携带病原体传播疾病。苍蝇之所以被人厌恶，与它们的进食和排泄习惯有关。苍蝇食性复杂，出入和生活在各种肮脏的场所，各种食物、人和牲畜的排泄物、厨余垃圾、植物的液汁等都是苍蝇的美食。苍蝇吃饱后，几分钟后就开始排泄，这样频繁循环，一路造成污染。

其实，无论是山野里还是都市里的蝇，都是重要的分解者，它们将各种尸体、排泄物和垃圾降解成大地的养料，在生态系统的能量转换与物质循环中功不可没。

金蝇，灵敏的反应能力。
2018.05.20
金蝇的身体呈现青、绿、蓝、褐等金属光泽。徒手抓到一只"嗡嗡嗡"围着你打转转的苍蝇几乎不可能。视角宽阔的复眼和高速的飞行速度让苍蝇异常敏捷。

山野里的蝇，指角蝇。2018.05.20
一些被称为蝇的昆虫与人保持了距离，也很少被人注意。它们大多是山野里的分解者。

武林高手是螳螂

螳螂三角形的脸上，复眼占了一半的面积。它们常常静立不动，头上举，两前足外伸，好像是虔诚的向天祈求者。在英文里，螳螂又被称作祈祷的先知（Praying Mantis）。其实，这位"先知"是肉食性昆虫，是无肉不欢的猎食者。

螳螂的标志性特征是可开合的两把"镰刀"——一对前足，上面各长着一排坚硬的锯齿。融入环境的保护色、敏锐的单复眼、细长的触角、强劲的上颚、咀嚼式的口器，把螳螂装备成了昆虫中的捕食机器。螳螂的强悍表现在：有的雌性螳螂在交配过程中，会把雄性螳螂吃掉。

传说，在某个年代，某位有悟性的前辈留心观察了螳螂灵巧而又激烈的捕猎技能，恍然大悟。他以螳螂为榜样，日夜苦练螳螂闪展腾挪、拳脚并用、身段多变的姿态，创造了中国武术流派象形拳中的螳螂拳。如今，螳螂拳已被列入国家级非物质文化遗产名录。

广斧螳的拳术：白鹤亮翅两边打。 2018.07.22

海南透翅螳。2020.11.08

令人羡慕的视野

螳螂的复眼搭配上灵活的脖子可以为它提供达 240°的水平视觉范围和 360°的垂直视觉范围。这几乎是一个没有死角的视野。只要有物体在螳螂面前移动，它会马上灵敏地扭过那三角形的脑袋来锁定目标。

丽眼斑螳捕食斐豹蛱蝶。2014.07.27

无肉不欢的猎手

螳螂捕食昆虫，无肉不欢。比它小的蝇、蚊以及各种虫的卵、幼虫、蛹几乎都可以下肚，比它大的蝴蝶、蝉、蝗也是它们的捕食对象。"螳螂捕蝉，黄雀在后"反映了物种之间的捕食关系。

◀纪录短片▶
《猎手刀螳》

广斧螳的拳术：缠龙护眼斩腰剑。2017.07.04

广斧螳的拳术：转身回马鞭。2017.07.04

广斧螳的拳术：临行鸳鸯脚。2017.07.04

交配中的棕静螳，上雄下雌。2019.09.12

螵（piāo）蛸：安全的家

在山岭的枝叶间、石缝中、岩壁上，常常会看到螳螂淡黄色的螵蛸。雌性螳螂产卵时，会分泌泡沫状蛋白物质，凝固成坚硬外壳覆盖的螵蛸。螳螂的卵都被保护在螵蛸微型的"房间"里，这是它们最安全的家。

一个螵蛸，会孵化出数十上百只小螳螂，但只有少数可以成活并长大。

食夫，最毒不过"螳螂心"？

尽管很多资料都提到交配后的母螳螂会吃掉公螳螂，但在深圳多年的观察中没有发现这种现象——也许是因为亚热带的深圳食物丰富，母螳螂"仓廪（lǐn）实而知礼节"。科学家的研究证明，处于特别饥饿状态的母螳螂才会吃掉配偶

夜色下正在产卵的勇斧螳。2015.10.16

深圳的蜻蜓

蜻蜓目的昆虫，共同的特征是有一对大大的复眼和两对布满翅脉的翅膀。在深圳，蜻蜓目昆虫分为两类：一类两对翅膀的形状翅脉有差异，就是我们通常所说的"蜻蜓"；一类两对翅膀的形状翅脉非常近似，就是我们通常所说的"豆娘"。

蜻蜓是古老的昆虫，三亿年前地球上还没有蜜蜂、蝴蝶时，就有蜻蜓飞来飞去了。那时的蜻蜓是巨无霸，已发现的蜻蜓化石体长超过半米。漫长的进化后，蜻蜓成了小巧灵敏的昆虫。

世界上目前发现的蜻蜓有 5800 多种，中国已记录超过 980 种，其中香港的记录是 116 种，约占中国记录总数的 11.8%。

深圳没有权威系统的记录，作者记录到的蜻蜓接近 80 种。

◀纪录短片▶
《雨季里的蜻蜓》

蜻蜓的观察

翅痣

蜻蜓每一片翅膀前缘的上方，都有一块加厚的深色角质层——翅痣，用来消除飞行中产生的颤振。如果把翅痣去掉，蜻蜓的飞行就会变得像醉汉一样摇摇晃晃。人们把这个原理用在飞机上，消除了飞行中的颤振。

足

蜻蜓的足犹如飞机的起落架，飞行时收起来，降落和捕捉猎物时就伸出来。六只纤细的足上有钩刺，方便捕食和攀附，可在空中直接抓捕猎物。

口器

蜻蜓是肉食性昆虫，咀嚼式口器发达有力。

肛附器

肛附器是蜻蜓两性的钥匙。这把钥匙构造精密，如果不是同一个种类的蜻蜓，就无法实现交配。

腹部

和豆娘相比，蜻蜓的腹部短粗肥大。

翅膀

蜻蜓的翅膀脉络犹如金丝，细长的身体斑斓多彩，被称为"会飞的宝石"。虽然翅膀看上去单薄脆弱而透明，蜻蜓却是昆虫中飞得最快的角色。

触角

蜻蜓的一对触角细小到肉眼几乎看不见，却是灵敏的环境感触器。

单眼和复眼

蜻蜓有 3 只单眼和由数万只小眼构成的 2 只复眼，视觉极为灵敏。

蜻蜓的成虫：
蜻蜓是典型的"不完全变态"的昆虫，它们不会像蝴蝶或飞蛾一般化蛹，一生只会经历三个阶段，卵、稚虫及成虫，直接从稚虫羽化为成虫。

交配：
交配时，雄蜻蜓用腹部末端的钩状物抓紧雌蜻蜓的颈部；雌蜻蜓腹部由下向前弯，把生殖孔接到雄蜻蜓腹部第二节下面的精子贮存器，让雄蜻蜓进行受精。

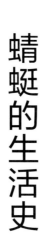

蜻蜓的生活史

羽化为成虫：
蜻蜓的稚虫最后一次蜕皮，留下一张蜕壳，也就是以往身体的外壳，新生命脱壳而出，振翅飞翔。成虫刚羽化时为未成熟个体，需要经过十天以上才能变为成熟个体。

产卵：
交配后，大部分雌蜻蜓会立即产卵，它们把卵产在水中或水中的植物上。

上岸后的稚虫：
蜻蜓的稚虫在成长过程中会多次蜕皮。稚虫的身体会在外骨骼内慢慢重新构造为成虫的样子。最后，稚虫会爬出水面，停止进食，准备羽化。

生活在水中的稚虫：
蜻蜓的幼虫叫作水虿(chài)，生活在水中，用鳃呼吸。为避免引起天敌的注意，水虿常常静息不动。水虿有独门利器——折叠式的下唇，不用的时候折叠在头部下方，有猎物接近时，水虿可以将下唇飞快地弹射出去将猎物拖到嘴边。

蜻蜓，魔鬼的缝衣针

在漫长的时光里，蜻蜓演化成了体形细小、翅膀单薄，却飞行最快的昆虫。

蝴蝶和其他昆虫飞行时，前翅和后翅同时摆动，只能呈波浪形前行。而蜻蜓轻盈透明的四片膜翅，重量不到 0.005 克，最快每秒可振动 33—50 次，交替以不同频率舞动，可以灵活地控制飞行。蜻蜓能在空中直上直下、定点悬飞，甚至还可以后退飞行。有些蜻蜓最快的飞行冲刺速度可达到每秒 30 米。

细长的身形和飞快的速度给它带来一个绰号——"魔鬼的缝衣针"。

斑丽翅蜻，敏捷的飞行者。2017.05.05
速度和敏捷使蜻蜓成为最有效率的捕食者。蜻蜓能在飞行中捕食，猎物通常是小型昆虫，有时甚至会掠食同类。

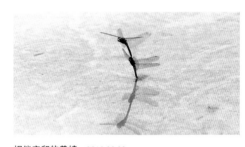

相伴产卵的黄蜻。2018.08.03
衔接在一起产卵，是雄性对雌性的一种守护行为。这样做可以防范前来骚扰配偶的"单身汉"，保证自己的基因纯正地传到下一代。

霸王叶春蜓，深圳体格最大的蜻蜓之一。2018.07.11
霸王叶春蜓飞起来像舞动的小扇子。一些雄性蜻蜓会在溪水和池塘附近圈占地盘，奋力驱赶其他侵入领地里的雄蜻蜓，如有雌蜻蜓飞入领地，就极力挽留，用尽浑身解数完成交配。

雌性华丽宽腹蜻展示着它超薄的翅膀、肥大的肚子、圆鼓鼓的眼睛和令猎食者畏惧的黄色。2013.06.01

雄性华丽宽腹蜻。2008.07.20
一些蜻蜓雌性成虫和未成熟的雄性都是黄色的，但是雄性在成熟过程中会慢慢变成红色。

昆虫里的眼睛王

蜻蜓两只凸出的眼睛占了头部一多半以上的面积——相当于人脸上长着一双碗底大的眼睛。这两只夸张的大眼睛由上万只小眼紧密排列而成，像多面体的圆球，每只小眼睛都有视力和感觉细胞。

蜻蜓是小眼最多的昆虫之一，有的蜻蜓小眼能达到几万只，一直延伸到脑后。蜻蜓前看后看、上看下看都不用转身。复眼是蜻蜓可以在飞行时直接掠食的"雷达"，使它能看到 10 米之外的猎物。当猎物在眼前移动时，每一个"小眼"依次产生反应，在 0.01 秒内就能看清运动中的物体，并能准确地计算出目标物的运动速度。

蜻蜓的单眼和复眼。2020.05.17
蜻蜓眼睛凸出的球形表面让蜻蜓的视野格外开阔，大脑袋自如转动，让蜻蜓的视角扩大到各个方向。

雄性红蜻。2018.09.20
蜻蜓胸上附有两对结实的翅膀和长而有力的六足，在飞行时，可以用足上面的细刺拦截空中的猎物。

雌性截斑脉蜻。2020.10.18
色彩奇异的截斑脉蜻飞行时，四只翅膀舞成一团，看上去像一只斑斓的蝴蝶。

威异伪蜻。2020.05.17
威异伪蜻的两只复眼连在一起。

 深圳物种档案
SHENZHEN SPECIES ARCHIVES

黄蜻

学名： *Pantala flavescens* Fabricius, 1798

蜻蜓目　蜻科　黄蜻属

　　即使在高楼林立的城区中心，也常常能见到成群结队的黄蜻在空中穿梭。黄蜻对繁殖的水体、生长的环境适应性特别强。这一优势也让它成为深圳最常见的蜻蜓，成为地球上分布最广的蜻蜓之一——热带、温带、寒带都可以看到它金黄色的身影。

　　交配后，黄蜻在淡水中产卵，孵化后的稚虫以水中的浮游生物和幼小昆虫为食。稚虫上岸后羽化，飞翔在空中，可在飞行中捕捉蚊蝇。在都市里，有时会见到成群结队的黄蜻把反光的车顶和广告牌误认为水面，试图在上面产卵。

　　大雨降临前，常常会有成百上千只黄蜻在低空聚集飞行。曾经有市民见到成群的黄蜻漫天飞舞，误以为是地震的预兆。

黄蜻（雄性）。2018.08.03

黄蜻（雌性）。2018.08.03

深圳的豆娘

在深圳的溪谷、湖岸和水塘周边，常常见到身材纤细、飞飞停停的蜻蜓，这就是"豆娘"，"豆娘"是对均翅亚目蜻蜓特别形象的称呼。

和蜻蜓比起来，豆娘体形细小，两只眼睛分得很开，活像一对小哑铃，体色鲜艳多变，不能飞高飞远。

不要被豆娘弱不禁风的外表迷惑，它们是不折不扣的肉食性昆虫，食谱里有蚊、蝇、叶蝉……有时甚至会掠食同类。

《香港蜻蜓》（2011年版）记录到的豆娘（均翅亚目蜻蜓）有37种，深圳没有详细的记录。作者个人记录到的豆娘超过20种。

◀ 纪录短片 ▶
《水面上的微型"直升机"》

◀ 纪录短片 ▶
《浪漫背后的真相》

方带幽螅（雄）。2016.07.17
方带幽螅是深圳溪水边最常见的豆娘，喜欢落在溪水间的石头和枝叶顶端，亭亭玉立，顾盼生姿。

落在花瓣上的褐斑异痣螅。2017.04.08
豆娘看起来十分纤弱，但发达的复眼、咀嚼式的口器暴露出它是肉食性昆虫。

秀美的华艳色螅。2018.04.15
翅膀颜色多变，翅脉在阳光下泛着金属的光泽。

豆娘稚虫羽化后留在荷花上的躯壳。2017.04.08
豆娘是典型的不完全变态昆虫，一生只经历三个阶段：卵、稚虫及成虫。

溪水间的三斑阳鼻螅。2020.05.17
豆娘喜欢栖息在河流、小溪和湖泊等生境。不同的蜻蜓和豆娘繁殖时对水质要求不同，可以依据水环境中的蜻蜓种类来判断水质是否优良。

豆娘和蜻蜓的区别

豆娘的眼睛。2020.05.10
豆娘的眼睛几乎占据了整个头部，也有复眼。与蜻蜓不同的是复眼之间有间隔。

1. **眼睛的距离**：蜻蜓的复眼彼此相连或小距离地分开；豆娘的两眼如同哑铃一般分得很开。

2. **翅膀的形状**：差翅亚目的蜻蜓，前后翅形状、翅脉不同；均翅亚目的豆娘，前后翅形状、翅脉近似。

3. **腹部的形状**：蜻蜓的腹部粗壮；豆娘的腹部细瘦，像圆圆的火柴棍。二者体形大小相差也很大，大多数蜻蜓明显大于豆娘。

4. **停栖的姿势**：通常蜻蜓停栖时会将翅膀平展在身体的两侧；豆娘在停栖时，会将翅膀合起来直立于背上。

5. **飞行能力**：蜻蜓的飞行速度、高度、耐力要远远超过豆娘。

蜻蜓，云斑蜻。2017.10.08

豆娘，翠胸黄蟌。2020.04.09

349

将"心"比"心"，浪漫背后的真相

翠胸黄蟌。2019.10.03
和蜻蜓一样，雄性豆娘的生殖器位于腹部，雌性豆娘的交合器位于尾部。交配的时候，雄性先用腹部末端的抱握器抓住雌性的头部，这样就可以串联在一起飞行。

褐斑异痣蟌。2018.11.01
如果雌性觉得已经准备好接受交配，它会抬起腹部迎接雄性。两只豆娘的身体会组成一个浪漫的心形图案。有时，这样的交合姿势会持续许久，这是因为有些雄性豆娘在尝试用生殖器上的勺状结构，将之前其他雄性留在雌性体内的精液挖出来，以保证自己基因的纯正。

丹顶斑蟌。2012.04.04
交配结束后，有的雄性还不放心，为了避免伴侣受到其他雄性的骚扰，它会一直扣着雌性的头部，直到雌性将卵产到水中。

萤火虫，超现实的光芒

昆虫异性间的吸引通常用气味、色彩和声音，萤火虫用发光求偶是独辟蹊径的创举。在黑漆漆的夜里，它们像打着灯笼四处徘徊，发光的频率和闪光的模式是配偶之间的密码；它们相互发现、判断，寻找心仪的目标，确定对象后，完成繁衍大事。

萤火虫的光是高效率的光，通过化学反应所产生的能量几乎100%都用来发光。在大自然里，光和热通常相伴在一起，有光就有热。但萤火虫发出的光却是一种"冷光"，从不会灼伤自己。

萤火虫是对环境最为敏感的昆虫之一，要在夜晚看到这样美丽的生物光，必须要有以下的条件：洁净的水源，天然生长的草丛灌木，安静、黑暗、没有人工光的背景。萤火虫对栖息地十分依赖，如果萤火虫生活的区域被破坏了，它们不会迁移到另一个区域，只会消失。

全世界有2000多种在黑暗中发出荧光的萤火虫，中国已发现的超过115种，在深圳见到的萤火虫不到10种。

车灯般的发光器。 2019.07.11
萤火虫的发光器在尾部，构造类似于汽车的车灯，发光细胞犹如车灯的灯泡，而发光器的反射层细胞犹如车灯的灯罩，会将荧光集中反射出去。所以，萤火虫虽然只发出小小的光芒，却在黑暗中让人觉得相当明亮。

中国发现的第一种曲翅萤——米埔萤。
米埔萤又称为香港曲翅萤，以发现地命名。米埔萤只生存于红树林中，在深圳的红树林保护区里可以见到。

夏日丛林里熠萤发出的点点荧光。 2016.06.20
萤火虫发光是为了吸引异性，传递寻找配偶的信息。对捕食它的天敌来说，闪闪的荧光也传递着味道并不可口的信息。它们还会分泌一些味道极差的类固醇，以保护自己。

唯有黑暗才会美丽

中国古代对萤火虫有许多美称：夜光、景天、夜照、流萤、宵烛、耀夜……只是，人类对萤火虫的喜爱都建立在黑暗中。

萤火虫的真实形象并不悦目，它胸背平坦，颜色单一，长着两个长长的触角，从外表上看，特别像蟑螂。如果没有尾部发出的光，也许没有人会喜欢这种小昆虫。

萤火虫是完全变态的昆虫，一生要经历卵、幼虫、蛹和成虫四个阶段。多数萤火虫都在夏秋季节产卵，卵孵化成幼虫后，经过多次蜕皮才会化蛹。幼虫阶段在萤火虫的一生中时间最长，萤火虫幼虫都会发光，成虫却不一定都会发光。

萤火虫成虫的生命美丽而短暂，它们一般不再进食，只是竭尽全力闪闪发光，相互吸引。完成交配后的雄虫很快死亡，雌虫随即产卵，产卵后也很快死亡。

穹宇萤。2020.09.17
穹宇萤的名字充满诗意：这种萤火虫在夜色里星星点点，就像繁星在浩瀚宇宙中发出光芒。

金边窗萤。
2016.06.04
白日里，失去了黑暗中的荧光，萤火虫的外表平淡无奇。

小清新，重口味

被赋予了诗意浪漫的萤火虫，有一些在幼虫期是强悍的肉食者，特别喜欢捕食蜗牛。它们捕捉到蜗牛后先将其麻醉，再注入消化液，把蜗牛肉身变成流质后吞咽下去。

攻击。2016.08.13
窗萤以大颚攻击蜗牛的眼睛和头部。蜗牛被攻击时会缩回壳内，不久又探出头来想逃走，再次被等候的窗萤攻击。窗萤每次攻击都会给蜗牛注入麻醉物。

捕食。2016.08.13
蜗牛瘫痪后，窗萤用消化液把蜗牛肉溶化成糊状，吸入体内。

委屈的蟑螂要申诉

在深圳，已经记录到的蟑螂——蜚蠊（fěi lián）目的昆虫接近 20 种。全球已发现的蟑螂接近 5000 种，只有不到百分之一的蟑螂会追随着人类讨生活，给人类带来困扰。这些"害群之蟑"让人对所有的蟑螂抱有成见：肮脏、龌龊、贪吃，形象猥琐，令人反胃，无论人类怎样施展招数扑杀，都无法让它们从生活里消失。

昆虫学家的抱怨是：哺乳动物和蟑螂的种数接近，难道我们会因为哺乳动物里有老鼠，就认为所有的哺乳动物，包括大熊猫，都像老鼠一样恶心？因此，仅仅有一小部分蟑螂侵扰人的生活，就对所有的蟑螂深恶痛绝，这是非常不公平的。

在深圳发现的蟑螂，大多远离人类，生活在山岭和田野里，与人几乎没有交集。它们低调而羞涩地隐身在落叶层、树皮中，以及石缝里，最大的工作和功劳是：作为分解者，把腐坏的有机物吃掉，转化成对其他生物有益的营养物质。

树干上的金边土鳖。2016.09.24

东方水蠊又叫金边土鳖，尽管我们经常说"土鳖"，但真正的土鳖实际上就是蟑螂。金边土鳖之所以有这样一个"土豪"的名字，是因为其背板上有一圈金黄色的边缘。

正在吃鸟粪的玛蠊。2020.06.02

在深圳，超过 95％的蟑螂生活在野生环境中，它们不仅是自然界的分解者，还是许多消费者富含蛋白质的营养源。

山野里的端点锯爪蠊。2017.12.14

难以想象这样晶莹剔透的昆虫也是蟑螂。它们绿色的身体和植物融为一体，以逃避天敌的捕食。

吞食蟑螂的原尾蜥虎。2021.04.30

"小强"强在哪里?

在深圳,室内最常见的蟑螂是美洲大蠊和德国小蠊。

美洲大蠊和德国小蠊之所以成为我们摆不脱、灭不绝的"小强",不只是因为它们食性广,繁殖力旺盛,对环境的适应力强大,拥有超强的抗药性……最重要的是,我们自己在室内为它们营建了最适宜扩张的生境。

多年的观察证明,在室外的自然生境里,多种蟑螂的数量没有巨大的差异。我们居住的屋子里"两蟑独大",是因为人类营造了适合它们"强大"的环境:水泥建造的房屋坚固而温暖,变着花样的食物丰富而唾手可得,家具和管道的缝隙是安全的藏身处。其中人对蟑螂特别大的恩惠是,严严实实的房屋阻隔了天敌,成了美洲大蠊和德国小蠊恣意繁衍的乐土。

美洲大蠊。2019.08.17
在深圳,我们在家里见到的蟑螂多是美洲大蠊。美洲大蠊也是室内体格最大的蟑螂。美洲大蠊视力弱,但长长的触角对振动和气流非常敏感,可以敏捷地逃生。美洲大蠊是世界性居家卫生害虫。

德国小蠊。2016.10.01
德国小蠊是全球分布最广泛、最难治理的居家卫生害虫。蟑螂的食性广到匪夷所思的地步。除了常规食品,纸张、胶水、头发、肥皂、人的痰液、动物的粪便都是蟑螂的美餐。正因为无所不吃,蟑螂沾染了很多病原体,加上边吃边拉,成了一些病原体的传播者。

球蠊。2021.05.31
球蠊的身体像顶着一副钢盔。刚刚孵出来的若虫会躲在雌性球蠊的身体底下,吸食其腹部分泌的营养液,发育完全后才会离开雌性球蠊独立生活。

球蠊。2021.05.31
受到惊吓时会缩成球的球蠊。

交配中的橄色大光蠊。2018.06.02
蟑螂有着超强的繁殖能力,一些蟑螂雌虫仅1次交配受精就可以终生产卵,一些蟑螂还可以从两性繁殖切换到单性繁殖。蟑螂的卵产在卵鞘中,种类不同,产卵数也不同。

蜕皮中的橄色大光蠊。2018.05.25
蟑螂孵化出来后,要经过几次蜕皮才能长成性成熟的成虫。

昆虫与植物，
两大家族恩仇录

在深圳，昆虫是数量最多的动物；植物，是体量最大的生命。这两大家族在这个城市里一刻不停地上演着爱恨情仇的戏码。

所有的植物至少是一种昆虫的食物。数亿年前，开花植物的出现和演化，给昆虫的进化带来机遇，一部分进化为吸食花蜜的传粉者，一部分专门以果实、叶子和纤维为生。漫长的岁月里，植物和昆虫协同进化，一起营造了地球生命中的两大王国。

植物是昆虫的住所，又是营养的来源。植物为植食性昆虫提供食物，肉食性昆虫又以其他昆虫为食。

这种"人为刀俎我为鱼肉"的关系无疑让植物深恶痛绝，植物用尽了各种办法防范和抵抗昆虫的伤害，同时也费尽了心思利用昆虫为自己带来益处。植物与昆虫的利益关系里，有捕食，有寄生，有共生。

正是两大家族这样复杂精妙的合作与对抗，驱动着这个地球和这个城市的勃勃生机。

◀纪录短片▶
《开花植物和昆虫红娘》

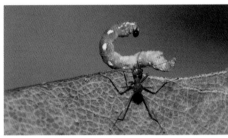

黄猄蚁猎杀啃食树叶的尺蛾幼虫。 2017.08.26
在鹅掌柴树上筑巢的黄猄蚁将整棵树视为自己的领地，驱赶伤害树木的其他昆虫。

并不致命的伤害。 2016.07.03
毛胫豆芫菁 (yuán jīng) 嘴下的叶子。在一片没有喷洒杀虫剂的丛林里，你很难找到一片未被虫咬过的树叶，奇特的是，树木依然生机勃勃地生长。成熟健康的树木，部分树叶的残缺并不会带来致命的伤害。

集群的伤害。 2019.02.01
报喜斑粉蝶的幼虫正在啃食寄生藤的叶子。一条虫子的食量对大部分植物来说，就像蚊子在一个成年人身上吸了一丁点血，不会伤筋动骨。但虫子们成群结队地围食会导致植物叶片受到损害，乃至枝叶坏死、枯萎。

幼年是敌，成年是友。 2019.03.12
采食天竺桂花蜜的报喜斑粉蝶。报喜斑粉蝶在幼虫阶段趴在枝叶上狂吃，长出翅膀后飞翔在花朵中取食花蜜，顺便帮助植物传播花粉。

虫瘿(yǐng)，树叶的肿瘤。 2018.03.01
植物组织遭受昆虫取食或产卵刺激后，细胞加速分裂和异常分化而长出的畸形"肿瘤"，叫作虫瘿。有些虫瘿是虫卵和幼虫的房子。

在荷花中觅食的绿翅木蜂。2019.07.07
雄蕊成熟的花粉黏附在忙碌的昆虫身上，当它飞到下一个花朵时，花粉会沾在雌蕊上，雌蕊得以受精、发育，结出果实与种子。

不要让昆虫跑了

在深圳，开花的植物超过 2000 种，其中超过 80% 需要动物传粉。虽然哺乳动物和鸟类也是传粉的担当，但最主要的生力军还是昆虫——超过 80% 的植物传粉是由昆虫完成的。

扎根在大地，一生都无法移动的植物，依靠颜色鲜艳的花朵、甜美的蜜腺和特有的气味招蜂引蝶，吸引各种传粉昆虫。传粉行为协助植物繁衍，也直接或间接维系着这个城市里的生态系统。

依据多年的观察和记录，深圳的传粉昆虫在日益减少，原因是栖息地变化，以及杀虫剂与除草剂的滥用。生物多样性是一个超出想象的繁复链条，留住多样的昆虫，是其中特别重要的一个环节。

红腹土蜂在白花鬼针草中吸蜜。
2018.10.03
为了吸引昆虫，开花植物为传粉昆虫提供花粉和花蜜作为酬劳。

双斑短突花金龟在小蜡花上觅食。2019.03.20
能够传粉的不只是蝴蝶和蜜蜂，甲虫也可以为许多缺少花蜜的大型花朵授粉。

采食苦楝花蜜的豹尺蛾。
2021.03.27
飞蛾也是传粉的能手，只是飞蛾多在夜间活动，传粉的贡献被人忽视了。

在鹅掌柴花椒中采蜜的红头丽蝇。
2020.08.27
一些植物花朵的味道浓烈而腥臭，受到苍蝇的喜爱，采食花蜜的苍蝇帮助传播了花粉。

盛开的枇杷花吸引了西方蜜蜂。2019.12.21
膜翅目的昆虫——各种蜂和蚂蚁，是传粉昆虫中种类最多、数量最大的族群。

深圳的昆虫家谱

鞘翅目
Coleoptera

鞘翅目的昆虫约有40万种，是昆虫家族中最大的一目。

鞘翅目昆虫通常被称为"甲虫"，成虫共同的特征是：前翅角质化，坚硬，称鞘翅，合起来盖住胸腹部的背面和折叠的后翅；咀嚼式口器，大多没有单眼，一生完全变态。

深圳常见的鞘翅目昆虫有天牛、虎甲、金龟子、步甲、叶甲、瓢虫等。

芫菁

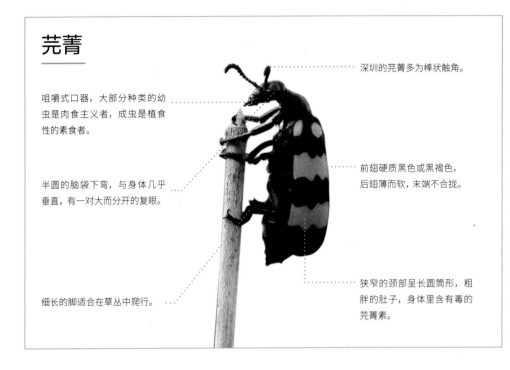

深圳的芫菁多为棒状触角。

咀嚼式口器，大部分种类的幼虫是肉食主义者，成虫是植食性的素食者。

半圆的脑袋下弯，与身体几乎垂直，有一对大而分开的复眼。

细长的脚适合在草丛中爬行。

前翅硬质黑色或黑褐色，后翅薄而软，末端不合拢。

狭窄的颈部呈长圆筒形，粗胖的肚子，身体里含有毒的芫菁素。

天牛

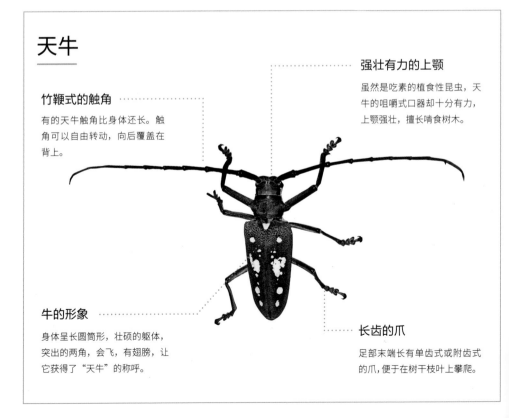

竹鞭式的触角

有的天牛触角比身体还长。触角可以自由转动，向后覆盖在背上。

强壮有力的上颚

虽然是吃素的植食性昆虫，天牛的咀嚼式口器却十分有力，上颚强壮，擅长啃食树木。

牛的形象

身体呈长圆筒形，壮硕的躯体，突出的两角，会飞，有翅膀，让它获得了"天牛"的称呼。

长齿的爪

足部末端长有单齿式或附齿式的爪，便于在树干枝叶上攀爬。

鳞翅目
Lepidoptera

　　鳞翅目是昆虫中的第二大家族，全世界已知约有 18 万种。

　　鳞翅目昆虫最大的特征是翅膀和身体布满鳞片，有用来吸取花蜜的虹吸式口器，口器不用时像发条一样卷曲在头的下面。

　　在深圳，最常见的鳞翅目昆虫有凤蝶、灰蝶、弄蝶、夜蛾、天蛾、尺蛾等。

蛾

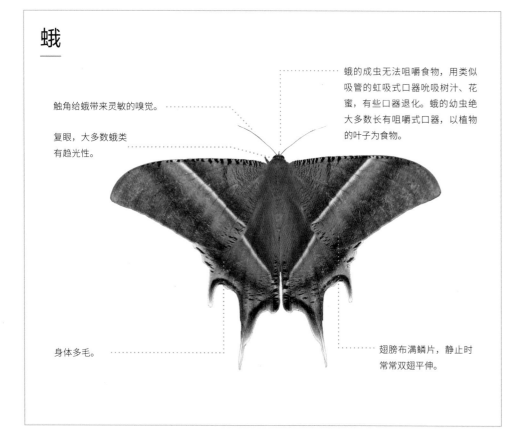

触角给蛾带来灵敏的嗅觉。

复眼，大多数蛾类有趋光性。

蛾的成虫无法咀嚼食物，用类似吸管的虹吸式口器吮吸树汁、花蜜，有些口器退化。蛾的幼虫绝大多数长有咀嚼式口器，以植物的叶子为食物。

身体多毛。

翅膀布满鳞片，静止时常常双翅平伸。

膜翅目
Hymenoptera

　　膜翅目家族是昆虫中的第三大家族，除去我们熟悉的蚂蚁之外，其余都被我们称作"蜂"。共同的特征是有一对发达的复眼，三只单眼，两对膜质、透明的翅膀，口器一般为咀嚼式和嚼吸式。

蚁

大脑袋，头部的重量占体重的比例在陆生动物中最高。繁殖蚁长有翅膀。

发达的咀嚼式口器。

复眼小，单眼 3 只，有些种类无单眼。

身体微小、单薄却有弹性，有力量。

细长的脚，行走急促。

双翅目
Diptera

双翅目是昆虫中的大家族，成员里有我们最熟悉也最不喜欢的苍蝇和蚊子。

双翅目家族共同的特征是后翅已特化成平衡棒，只有一对发达的前翅，却擅长飞行。

蝇

球形或半球形的头部，可转动。

触角短，终端有灵敏的感觉毛。

舔吸式口器，可伸缩折叠，直接舔吸食物。

全身密生短毛。

足上多毛，末端有发达的爪垫，可分泌黏液，具黏附功能。

复眼大，眼睛占到头的大部分，单眼3只，视觉灵敏。

直翅目
Orthoptera

直翅目昆虫包括蝗虫、蟋蟀、螽斯等。最大的特征是前翅狭长，停歇时覆盖在背面。后翅膜质，有些种类翅退化，多为大型或中型昆虫，丝状触角，咀嚼式口器；复眼发达，单眼2—3只，少数种类无单眼。

螽斯

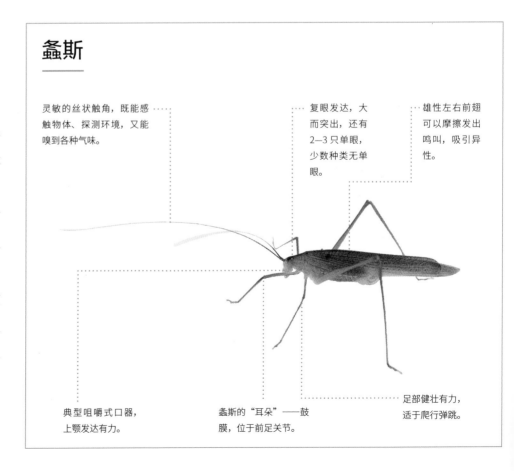

灵敏的丝状触角，既能感触物体、探测环境，又能嗅到各种气味。

复眼发达，大而突出，还有2—3只单眼，少数种类无单眼。

雄性左右前翅可以摩擦发出鸣叫，吸引异性。

典型咀嚼式口器，上颚发达有力。

螽斯的"耳朵"——鼓膜，位于前足关节。

足部健壮有力，适于爬行弹跳。

半翅目
Hemiptera

半翅目昆虫就是通常所说的"蝽"，最大的特征是前翅的前半部是坚硬的革质，后半部是柔软的膜质。

深圳常见的半翅目昆虫有猎蝽、荔蝽、龟蝽等。

蝽

短鞭状的触角。

刺吸式口器。植食性蝽刺吸植物茎叶或果实的液汁；肉食性蝽吸食其他昆虫体液。

复眼。

前翅的前半部是坚硬的革质，后半部是柔软的膜质。

一些蝽的胸部腹面常有臭腺，可散发恶臭。

同翅目
Homoptera

同翅目昆虫前后翅都是膜质，合起来时像个屋脊。其中最引人注目的是夏日里拼命鸣叫的蝉。深圳最常见的同翅目昆虫还有蜡蝉、叶蝉、蚜虫和介壳虫等。

现同翅目已归入半翅目。

蝉

短小的触角。

一对大大的复眼和3只微小的单眼。

吸食植物液汁的刺吸式口器。

雄性腹部的前半部有腹瓣，可以摩擦发出求偶的声音，也是蝉鸣的源头。

透明的翅膀，前后翅重叠。

蜻蜓目
Odonata

蜻蜓目昆虫包括我们熟悉的蜻、蜓和豆娘（螅），身材细长，一对硕大的复眼，两对透明的翅膀，翅脉分明多变。

豆娘（螅）

翅膀颜色和翅脉多变。

豆娘的四个翅膀几乎一样大小，蜻蜓的两个后翅稍长并且比两个前翅宽。

复眼发达，生于头两侧。

刚毛状的触角。

咀嚼式口器，肉食性昆虫。

纤细的身体和秀丽的外形为它带来了"豆娘"的称呼。

螳螂目
Mantodea

螳螂目是昆虫中的小目，所有的成员都统称"螳螂"。共同的特征是，头部倒三角形，咀嚼式口器，前足像镰刀。

螳螂

前足上各有一排坚硬的锯齿。

前翅轻柔，遮住肥胖的腹部。

咀嚼式口器，肉食性昆虫。

丝状的触角。

复眼突出，大而透亮，单眼3只。

倒三角形的头部转动灵活。

蜚蠊目
Blattodea

蜚蠊目昆虫算是个雅称，其实就是我们通常说的"蟑螂"。

蟑螂是最古老的昆虫之一，它们共同的特征是：大多数种类身体扁平，头部缩在胸背板下侧，触角比身体长。

蟑螂

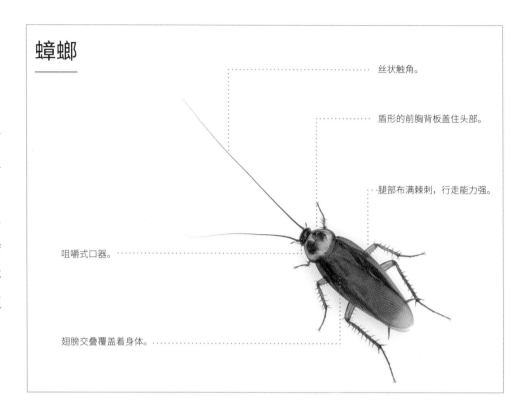

丝状触角。

盾形的前胸背板盖住头部。

腿部布满棘刺，行走能力强。

咀嚼式口器。

翅膀交叠覆盖着身体。

蜉蝣目
Ephemeroptera

蜉蝣目昆虫统称蜉蝣，是古老而特殊的昆虫。身体细长柔弱，幼虫水生，能在水中生活1—3年。成虫登陆后寿命不长，短的数小时到一两天，就是我们常说的"朝生暮死"；长的能活一周。

蜉蝣

复眼发达。

翅膀薄而有光泽，可飞行。

头部小，触角短。

口器为咀嚼式，但成虫不进食，没有咀嚼能力。

身体细长，柔软。

尾部有长丝状的尾须。

深圳的蜘蛛

到 2020 年底，研究蜘蛛的陆千乐老师在深圳已记录到了 300 多种蜘蛛。

截至 2021 年 9 月 5 日，全世界已记录到的蜘蛛有 49658 种，中国已记录到的蜘蛛有 5249 种。温暖湿润、植被茂盛的深圳，非常适合蜘蛛生存。地域狭小的深圳，已发现的蜘蛛种数约占到中国的 6%。它们遍布这个城市的各个角落。从梧桐山顶的灌木丛到大亚湾海边的礁石缝，从绿叶茂盛的树冠到潺潺溪流的水面，从百年老屋的房梁到时尚住宅的墙角，都有蜘蛛的身影。

形态模样不同的蜘蛛，依照生活习性，大致可以分为 3 类：守在一处编织蛛网捕获猎物的结网蜘蛛；居无定所，到处游猎，不织蛛网的游猎蜘蛛；躲在洞中，用洞口的织网感应猎物的穴居蜘蛛。

◀ 纪录短片 ▶
《织网蜘蛛的餐桌》

◀ 纪录短片 ▶
《跳蛛，四处游荡的猎手》

不结网的细豹蛛。2017.06.10
绝大部分种类的雌蛛产卵后，会守在卵旁边，防止它们受到伤害，在幼蛛出生后倍加呵护。有的种类，雌蛛会把卵和新生出生的幼蛛带在身上，走到哪里带到哪里，一直照顾到幼蛛可以独立活动。

"拳击手"：爪哇猫蛛。2018.03.28
爪哇猫蛛的"拳击手套"是触肢。膨大的触肢是成年雄性蜘蛛的标志。蜘蛛的骨骼长在体外。随着年龄和身体的成长，它要经历多次蜕皮。

结网蜘蛛大腹园蛛捕食吕宋灰蜻。2017.09.10
结网蜘蛛通过感觉毛分析蛛网上的不明振动，确认是猎物、落叶还是风吹制造的。如果是猎物，大腹园蛛会用蛛丝像滚筒一样把猎物包裹起来。

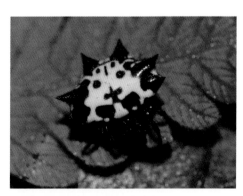

机器人小战士：库氏棘腹蛛。2017.09.03
蜘蛛的身体分为头胸部和腹部。大多数蜘蛛腹部上会有千奇百怪的图案，有一些图案特别像卡通的人脸，是蜘蛛伪装、拟态和警告的方式之一。

蜘蛛的观察

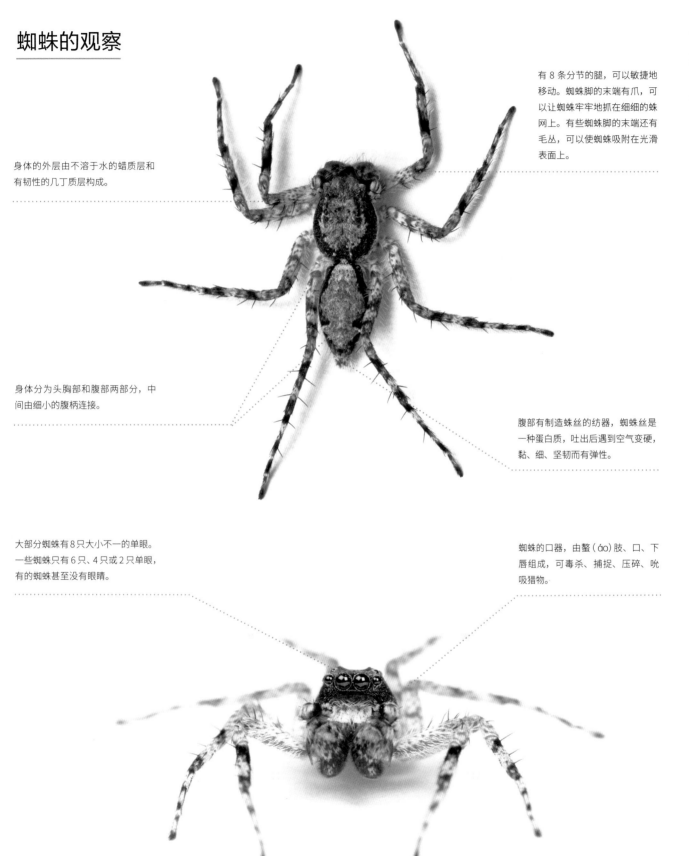

有 8 条分节的腿，可以敏捷地移动。蜘蛛脚的末端有爪，可以让蜘蛛牢牢地抓在细细的蛛网上。有些蜘蛛脚的末端还有毛丛，可以使蜘蛛吸附在光滑表面上。

身体的外层由不溶于水的蜡质层和有韧性的几丁质层构成。

身体分为头胸部和腹部两部分，中间由细小的腹柄连接。

腹部有制造蛛丝的纺器，蜘蛛丝是一种蛋白质，吐出后遇到空气变硬，黏、细、坚韧而有弹性。

大部分蜘蛛有8只大小不一的单眼。一些蜘蛛只有6只、4只或2只单眼，有的蜘蛛甚至没有眼睛。

蜘蛛的口器，由螯（áo）肢、口、下唇组成，可毒杀、捕捉、压碎、吮吸猎物。

除了是蜘蛛，它们还是什么？

　　蜘蛛，是陆地生态系统中强悍的猎食动物，几乎所有的蜘蛛都是肉食者。它们千方百计地用丝网、陷阱、毒剂捕捉猎物，如果没有蜘蛛对昆虫的猎捕，山野里的昆虫会泛滥到无法想象的地步。

　　蜘蛛，是高超的工程师，编织出野生动物中最精致复杂的丝网，蛛网不仅是它们的居所，还是它们捕获猎物的利器；蜘蛛，是高超的伪装者，它们可以装扮成蚂蚁，装扮成枯枝和树叶，可以和树皮融为一色；蜘蛛，是人类艺术想象的灵感，从古代的神话传说到当代的漫画电影，都有以蜘蛛为原型的形象……

　　蜘蛛，还是生态环境的检测师，因为有些蜘蛛对湿度、温度、化学元素等环境因子的变化高度敏感，是监测生境和生物多样性变化的指示类群。

伪装成蚂蚁的吉蚁蛛。2018.10.24
蜘蛛中最出色的伪装者是蚁蛛。蚁蛛生出细长的腰和延长的头胸，把自己扮成蚂蚁。它们模仿蚂蚁快速行走，前足不时举起，仿佛是蚂蚁的触角。惟妙惟肖的"拟态"是为了减少天敌的侵害。许多动物都惧怕或厌恶蚂蚁，因为蚂蚁拥有强大的上颚和团队作战能力，这种模拟强者的行为降低了自己被捕食的风险。

伪装大师防城曲腹蛛。2009.11.15
鸟是蜘蛛最大的天敌之一，一只蜘蛛把自己伪装成一粒鸟粪的模样，应该是最安全、最聪明的伪装方式。

黄头蛛蜂捕食白额巨蟹蛛。2007.05.30
蛛蜂是主要吃蜘蛛的蜂，有时会把蜘蛛刺死，有时会把蜘蛛麻醉后给幼虫喂食。

波纹长纺蛛捕食蜈蚣。2011.09.17
在中国民间传说里，"五毒"分别是蜈蚣、蛇、蝎子、壁虎和蟾蜍。在这里，位居五毒之首的蜈蚣成了这只长纺蛛的盘中餐。

人面蜘蛛的由来。 2004.07.25

斑络新妇是深圳最常见的蜘蛛，也是深圳体形最大的结网蜘蛛，头胸部有人脸的图案。一只雄性斑络新妇跃跃欲试，等待交配的机会。雄蛛不断用前足拉动蛛网上的丝，向雌性发出求偶信息。雌蛛如果不答应，会对弹丝毫不理睬；如果表示允许，也会弹丝响应。在得到雌蛛允许之前，雄蛛只能躲到一定距离外，不断"弹丝"发出求爱信息。

◀ **纪录短片** ▶
《蜘蛛中的悍妇》

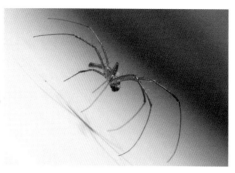

与雌性体格悬殊的雄性斑络新妇。 2018.06.10

斑络新妇的"人面"。

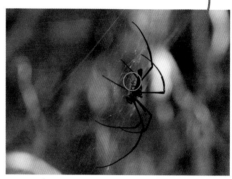

交配中的斑络新妇（纯黑型）。 2016.07.17

交配之后，雄蛛离开，雌蛛大多会保持原来的交配姿势，等待下次交配。下一次的配偶可能是原来的夫君，也可能是新情人。

斑络新妇，登峰造极的"悍妇"

斑络新妇是深圳常见的大型蜘蛛，形象狰狞。它们的头胸部有一个木偶人脸的图案，因此还有另外一个名字"人面蜘蛛"。

在斑络新妇巨大的网上，有时会看到一些个头细小的褐红色蜘蛛，它们是斑络新妇的雄蛛。昆虫和蜘蛛，雌性的体形常常大于雄性，但斑络新妇雌雄体形如此悬殊，是一个极端例子。

通常体形不足雌性十分之一的雄性斑络新妇，基本上不织网，不捕食，在雌性身边蹭吃蹭喝，生命的主要目的就是等待机会交配。一张 1—2 平方米的网上，只有一只雌蛛，却有许多雄蛛跃跃欲试，它们把精子传输到头胸前方的触肢，末端会膨大为触肢器。一旦时机到来，雄蛛小心翼翼地爬到雌蛛身上，虮蜉撼树地用触肢器把精子传送到雌蛛腹部的生殖孔，交配一完成，马上离开。

而雌蛛并不拒绝下一位新郎的到来。交配时，雄蛛的腹部或头胸部正对着雌蛛口器，有着被雌蛛捕食的高风险。

捕获到蜜蜂的斑络新妇。 2016.07.17

深圳的蜘蛛中，斑络新妇织成的网面积最大。巨大的网像一个陷阱，可以捕获到蜜蜂、蜻蜓、蝴蝶等飞虫，甚至还有体格比自己壮硕的鸟儿。猎物落进蛛网后，斑络新妇迅速把挣扎的猎物用丝网密密麻麻地裹住。蜘蛛没有咀嚼用的口器，它们会对猎物注入一种消化酶，猎物的肌体溶化后，蜘蛛便以吮吸的方式进食。

蜘蛛的网络生活

电影《蜘蛛侠》中，主角从手腕喷出蛛丝，飞檐走壁。现实中，蛛丝是从蜘蛛腹部后方的纺器出来的，靠着这个随身携带的纺器，它们可以搭建房屋，制造陷阱，编出绞索，生产卵囊……

与哺乳动物、鸟类不同，绝大多数年幼的织网蜘蛛从卵中破壳而出后，不会与它们的双亲接触，几乎都不认得自己的父母。有些蜘蛛还会尽量回避父母，以免成为它们的腹中之物。它们孤独地成长，没有任何老师教它们如何织网，可到了一定年龄，它们照样懂得织出一张完美的蛛网。

科学家们正在深度研究蜘蛛和蛛丝，希望从中获得知识和灵感，用于人类的建筑和工业生产中。

◀纪录短片▶
《蜘蛛中的"螃蟹"》

不结网的居家益友，白额巨蟹蛛。2016.06.11
模样有点狰狞的白额巨蟹蛛对人无害而有益，昼伏夜出，会捕食屋里的蟑螂。

躲在漏斗网中的猴马蛛。2018.04.03
蜘蛛终生可以产丝，这是天生的才能。马蛛属的蜘蛛会编织漏斗形状的网，它们在漏斗里灵活进出，如果猎物掉进网中，它们就会快速出击捕食。

小悦目金蛛，织网蜘蛛中的知识分子。2017.07.02
一些金蛛会在蛛网上用密集的丝线编织出白色的隐蔽带，看上去就像是英文字母 N, M, W, X 等，验证码式的排列让金蛛显得很有知识。隐蔽带除了能够使蜘蛛隐匿身形，从而躲避天敌，据说还可以起到吸引猎物的作用。

广西蟹蛛猎捕弄蝶。2017.08.20
蟹蛛不仅身形长得像螃蟹，而且能像螃蟹一样横行或倒退。蟹蛛会寻找对应的花朵颜色，变化为相应的颜色隐藏自己。不会结网的蟹蛛猎食能力并不比结网的蜘蛛差，凭借高超的伪装和敏捷的身手可以俘获个头比自己大得多的猎物。

园蛛，一张网的织成

◀纪录短片▶
《织网蜘蛛中的知识分子》

01

万丈高楼平地起，千缕丝网从头织。

在树枝、灌木、墙壁的空旷处，园蛛站在上风口，放出第一根线，这根线借着气流，落到另一边。固定好后，园蛛会爬上这根丝线，一边爬，一边放出新的丝线加固。这一根线就像承重柱，今后要受力挂住蛛网。

04

编织整张蛛网。

框架搭好后，园蛛会由内向外放出螺旋状的黏线，以网心为起点，一圈接一圈，一张完整的蛛网渐渐就完成了。

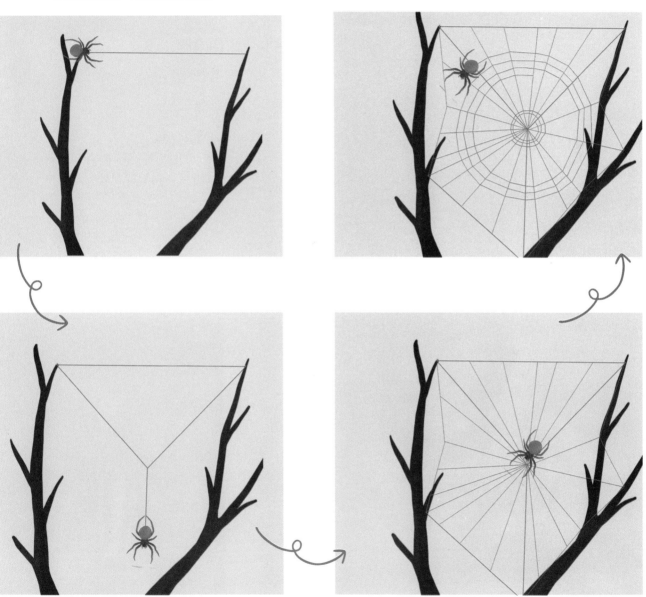

02

"Y"字形结构的骨架。

第一根线固定之后，园蛛会放出一根稍长的线，粘在第一根线的两头，接着走到这根线的中间，用自己的体重把它往下拉，然后再放出新的丝线，竖直往下拉，粘到下方的一个合适的点，构成一个上封口的"Y"字形结构。这是整张网的骨架。

03

框架结构的搭建。

随后，园蛛会再给"Y"字形骨架封口，放出更多的丝线，辐射加固整个支架。这一步做完，整张蛛网的骨架就完全搭好了。

跳蛛，一种名字背后的三地文化

跳蛛是蜘蛛中最大的一个家族，全世界有6300多种。这种大眼睛的蜘蛛，在内地被称作跳蛛，在台湾被称作蝇虎，在香港则叫金丝猫。

对一类蜘蛛的称呼，形象地显现了不同地域文字与文化的特点：内地的取名遵循英文翻译（Jumping Spider）；台湾的起名沿用传统——源于1700年前晋朝崔豹的《古今注·鱼虫篇》："蝇虎，蝇狐也。形似蜘蛛，而色灰白。善捕蝇……"；香港取名"金丝猫"，形象地描述了跳蛛亮晶晶的圆眼睛、毛茸茸的外形和捕食时的灵动，受外国文化的影响也显而易见。

跳蛛是游猎型蜘蛛，它们会吐丝，很少结网，用跳跃方式捕捉昆虫，它们吐的丝用作筑巢或是悬空时的"安全绳"。敏锐的视力，矫健的跳跃能力，加上收放自如的"保险绳"，可以让它捕获到比自己身体大几倍的猎物。

浓"眉"大眼的昆孔蛛。2018.06.11
跳蛛是视力特别好的无脊椎动物。它们活跃于白天，觅食、求偶也都在白天完成。

正在猎食瓢蜡蝉的双带扁蝇虎。2017.11.05
跳蛛的毛细微而强大，可以感受到声音、空气的震动，还能精确地判断出猎物的大小，确定是否猎捕，灵敏的毛还可以帮助找寻配偶。

开普纽蛛。2017.09.14
跳蛛的体色绚丽多彩，在阳光下常常呈现金属光泽。雌雄跳蛛的体形和大小差别不大，但色彩和斑纹常有明显的差异。

变换颜色的大眼睛

四川暗跳蛛有八只眼睛，中间一双主眼用来感知大小、颜色和形状。另外六只副眼位于侧面，用来监测物体的移动。在不同的角度，四川暗跳蛛的眼睛会变化出多种颜色。

接着两只眼都变成黑色。2017.07.05

四川暗跳蛛的两只主眼刹那间变成了一黑一红。2017.07.05

随后，又全部变成了淡红色。2017.07.05

梧桐山上的盘丝洞

拉土蛛的洞口。2017.10.01
梧桐山海拔 700 米处，拉土蛛在地下挖出一个洞，薄薄的地皮、苔藓完全没有损坏，如果不仔细打量，很难发现天衣无缝的圆门。

盘丝洞的洞主拉土蛛。2018.06.02
这种拉土蛛是目前发现的仅分布于深圳的新种蜘蛛，尚未发表。

◀ 短视频 ▶
《拉土蛛捕食马陆，
一场失败了的伏击》

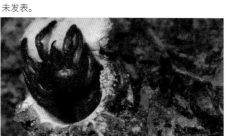

典型的洞穴蜘蛛。2018.06.02
拉土蛛躲在洞里，在洞口结了肉眼几乎看不见的蛛网，蛛网本身没有黏性，却非常灵敏。如果有小动物经过洞口，触动丝线，拉土蛛就会掀开"门帘"，冲出去把猎物拖进洞里享用。

蜗牛，自带房屋的慢行者

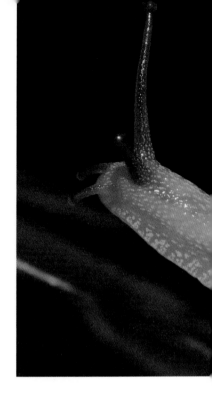

　　夏日，一场雨后，树干和地面上，会有大大小小的蜗牛出现，它们移动着柔软的身体，背着坚硬的外壳，一大一小两对触角四下试探，缓缓爬行，行过之处，留下一线痕迹。

　　蜗牛是生活在陆地上的软体动物，在深圳，蜗牛家族的亲戚——也就是螺和贝——生活在海洋里或淡水中。

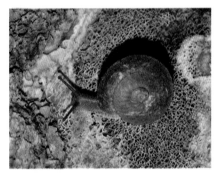

皱疤坚螺，保护衣和记录仪。2017.06.23
蜗牛的一生都记录在蜗壳上。蜗壳上布满纵向的生长线，记录了从小到大壳口的位置。

啃食植物的非洲大蜗牛。2017.06.23
非洲大蜗牛是深圳最常见的蜗牛。蜗牛是杂食性动物，无论是腐烂的树叶还是刚刚长出的嫩芽绿叶，都是它们的食物。

◀ **纪录短片** ▶
《造型奇特的节肢动物》

观察一只蜗牛

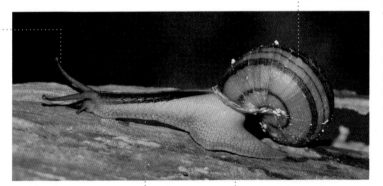

触角

许多蜗牛长着两对像牛角一样的"犄角"——触角，是蜗牛主要的嗅觉和感觉器官。长的一对是眼触角，顶部两个小黑点就是蜗牛的眼睛；短的一对是唇触角。触角是蜗牛探测环境和寻找食物、同类的重要工具。

蜗壳

蜗牛最大的特点是背部有一个螺旋壳，用来保护柔软的身体和内脏。蜗壳是蜗牛身体的一部分，不仅让蜗牛躲避敌害，还可以避免身体水分的散发。在深圳记录到的蜗牛蜗壳大多向顺时针方向盘旋。

腹足

腹足是蜗牛的运动器官，柔软而没有任何骨架支撑的"大脚"依靠肌肉收缩和舒张前行。行走中，蜗牛的腹足可以分泌出无色的黏液，起到润滑的作用，黏液干了后变成白色的膜质，留下蜗牛活动后的痕迹。

外套膜

蜗壳要靠外套膜分泌碳酸钙和贝壳质来制造。外套膜上还有蜗牛的"呼吸孔"。

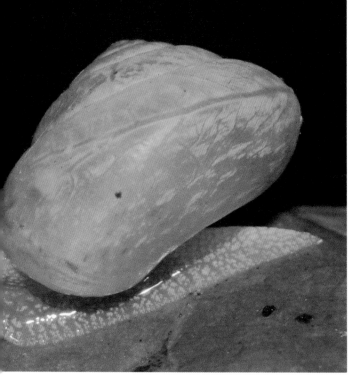

同型巴蜗牛。2017.06.25
蜗牛昼伏夜出，喜欢在阴暗潮湿、疏松多腐殖质的环境中生活。蜗牛依靠一只扁平的足起伏曲伸向前移动，一路分泌黏液让自己在粗糙的地面上移动变得更为轻松。

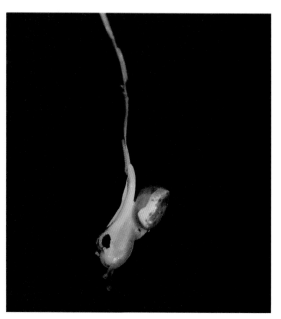

猎食马陆的坚齿螺。2019.01.05
蜗牛是自食生存的动物。小蜗牛刚孵化出来，就可以独立觅食。蜗牛口腔里有成千上万颗肉眼看不到的"齿舌"，刮食碾碎食物的能力非常强大。

蛞蝓，蜗牛的远亲

蛞蝓是外壳退化了的软体动物，外表看起来像没壳或壳很少的蜗牛，许多种类身体湿黏。没有了外壳的蛞蝓比蜗牛行动更加灵活。

大部分蛞蝓生活在温暖潮湿的枯枝落叶层，以植物为食。

高突足襞蛞蝓，肌肉的纹理和形状使它看起来像外星生物。2019.05.30

啃食树叶的高突足襞蛞蝓。2017.06.10

帝巨奥氏蛞蝓。2019.08.17
帝巨奥氏蛞蝓是半蛞蝓。与蜗牛比，半蛞蝓的壳又薄又脆，有些已经缩小到无法让半蛞蝓像蜗牛那样把身体完全缩到壳里。

无脊椎动物，
超出了人类想象的造型

◀纪录短片▶
《蜈蚣杀蛇录》

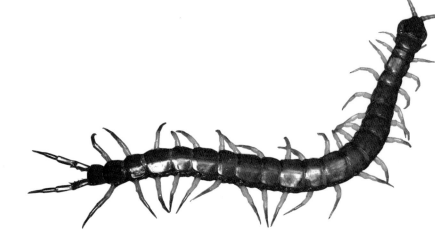

多棘蜈蚣。2018.05.06
蜈蚣身形诡异，橙红的头部、黄色的腿和深色的身躯形成鲜明的对比。

蜈蚣

学名：Scolopendromorpha

节肢动物门　唇足纲　蜈蚣目

蜈蚣是一类有毒腺的凶猛肉食动物，白天蛰伏在砖石缝隙中，藏身在成堆的枯叶、杂草或阴暗角落里，夜间出来活动猎食，食谱里有昆虫、蜘蛛、青蛙甚至蜥蜴等。

在民间文化里，蜈蚣、毒蛇、蝎子、壁虎和蟾蜍五类动物被称为"五毒"。事实上，这5类被妖魔化了的动物大部分对人并没有什么实质危害，或多或少的毒素也只是它们自我防御的手段，倒是人类用它们制药、泡酒等，左右着它们的生死存亡。

树栖的裸耳孔蜈蚣。2019.09.12
深圳有6种以上的蜈蚣，裸耳孔蜈蚣是深圳唯一的树栖型蜈蚣。

毒王大战。2020.07.25
银环蛇是深圳最毒的蛇之一，一番搏杀后，成为多棘蜈蚣的猎物。蜈蚣没有毒牙，身体最前端一对特化的毒肢尖端锋利，与毒液腺相连，一旦侦测到猎物，会紧紧钳住猎物注入毒液。

捕食毛虫的裸耳孔蜈蚣。2019.05.19
蜈蚣头部有一对弯钩是毒肢，能分泌出毒液，是捕获猎物的利器。蜈蚣视力并不好，只有两团聚集在一起的单眼，对天敌和猎物的感应主要靠气味和振动。

蚰蜓

学名：Scutigeromorpha

节肢动物门　唇足纲　蚰蜓目

蚰蜓（yóu yán）是多足动物，是蜈蚣的近亲，形状有点恐怖，是许多电影里诡异形象的灵感来源。

蚰蜓的身体一共有十五节，每节有一对足，最后一节的足特别长，看起来就好像尾巴。三十条大长腿让蚰蜓的爬行动作非常敏捷。

蚰蜓不是徒有其表，它们的确是狠辣的杀手，以小昆虫为食，会用毒颚捕捉猎物。

蚰蜓捕捉棺头蟋。2019.07.25
昆虫和蜘蛛是蚰蜓的主要食物。

大蚰蜓。2019.01.06
蚰蜓生活在阴湿的地方，昼伏夜出，白天在腐叶、朽木和石缝栖息，夜间出来活动觅食。

盲蛛

学名：Opiliones

节肢动物门　蛛形纲　盲蛛目

虽然同属蛛形纲，盲蛛和蜘蛛却大不相同，既不吐丝也不结网，长着 8 条真正的大长腿，有些盲蛛腿的长度是身体的 10 多倍。在英文里，盲蛛有一个绰号——长腿叔叔（Daddy Long-legs）。

在深圳，盲蛛的分布非常广，在阴暗潮湿的地方都可能遇到。在草木幽深、光线昏暗的地方，行走在枯枝落叶上的盲蛛，细细的长腿淹没在了昏暗的光线里，只能看见米粒大的身体在晃晃荡荡地爬动，像幽灵一样。

世界上已知的盲蛛种类已经超过了 6700 种，低调而不显眼的盲蛛有 11 种以上生活在深圳。

分泌白色臭液的丘盲蛛。2020.11.01
在受到天敌攻击时，一些种类的盲蛛会释放难闻的液体，这是盲蛛为了应对敌害形成的防御策略。

◀纪录短片▶
《盲蛛是瞎了眼的蜘蛛吗？》

菲氏赫克盲蛛在捕食马陆。
2017.09.14
上百条"腿"的马陆跑不过 8 条"腿"的盲蛛，成了盲蛛的盘中餐。盲蛛捕食小昆虫、螨虫、小贝类或取食刚死的动物尸体，也有的取食植物汁液。

吃荤又吃素的盾刺盲蛛在享用菌菇。2017.05.06
盲蛛与蜘蛛最大的不同是：蜘蛛的身体分头胸部和腹部两部分，凹凸有致；盲蛛的头胸部和腹部相连，上下合一。

马陆

学名：Diplopoda

节肢动物门　多足亚门　倍足纲

马陆是世界上脚最多的动物之一，身体由许多体节组成，除第一节与最后一节，其余每节有两对足，又叫作千足虫。

马陆大多生活在阴暗潮湿的地方，枯枝落叶、瓦砾石块都是它们的栖身处。马陆吃落叶、腐殖质，也有少数种类吃植物的幼芽嫩根，是森林生态系统中重要的分解者。

不同生长期的奇马陆。2019.04.21
马陆并不是一生下来就有这么多"脚"。初生的幼虫足较少，不断地发育与蜕皮后，体节逐渐增多，"脚"也就多了。

木球马陆。2011.03.02
所有马陆都有钙质背板，遇到危险时会将身体蜷曲，把头和身体柔软的部分藏在里面，静止不动，或顺势滚到别处，等危险过了再慢慢伸展开来。

◀纪录短片▶
《马陆的缠绵》

受惊后的香港泽圆马陆。2019.01.05

交配中的砖红厚甲马陆。2015.01.23
马陆虽然身形狰狞，但不会主动攻击人，也没有毒颚，不会蜇人，但会分泌气味难闻的液体，能灼伤人的皮肤。

霍氏绕马陆。2018.10.04
马陆行走时左右两侧的"脚"同时行动，前后足依次前进，密接成有节奏的波浪式运动。"脚"多并不意味着它走得快，马陆的行动实际上非常迟缓。

砖红厚甲马陆。2015.09.13
感受到威胁时，许多马陆会将身体蜷曲成圆环形，头围在里面，外骨骼在外侧，进入"假死状态"，间隔一段时间后，再复原。

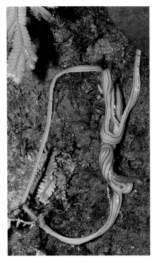

笄蛭涡虫捕食蚯蚓。2019.07.20
深圳的涡虫大多陆生，生活在阴暗潮湿的山地里，大多在夜间才出来活动。

笄蛭涡虫又称"斧头虫"，头部扁平，身体可以在大尺度间拉长和缩短。
2019.07.03

笄蛭涡虫身体收缩后的形状。2017.09.07

涡虫

学名：*Turbellaria*

扁形动物门　涡虫纲

涡虫是一种构造非常简单的软体动物，它们雌雄同体，消化管只有一个开孔，吃喝拉撒通用，无体腔，无循环系统，伸缩性很强。

涡虫可进行有性繁殖和无性繁殖。涡虫的无性繁殖很神奇，它们长到一定阶段开始"分裂"，分成两半，然后各自再发育长成完整个体。

涡虫有着惊人的再生能力。科学家将涡虫切成许多块，一块块碎裂躯体还可以长成完整的涡虫。涡虫的再生能力一直是科学家想解开的奥秘——毕竟，断肢再生是人类的一个梦想。

深圳物种档案
SHENZHEN SPECIES ARCHIVES

海蟑螂

学名：*Ligia exotica* Roux, 1820

节肢动物门　软甲纲　等足目　海蟑螂科　海蟑螂属

深圳湾的岸边常出现大量的海蟑螂，它们成群结队地聚集在海边的石头上，人一接近就四下逃散，钻进石缝，身形和动作特别像厨房里的蟑螂。

其实，海蟑螂和蟑螂风马牛不相及。蟑螂是昆虫纲蜚蠊目的昆虫，海蟑螂是软甲纲等足目的岸栖甲壳类动物。海蟑螂有七对步足和一双复眼，蟑螂只有三对步足。

海蟑螂的名字里虽然有个海，却不在海水中活动，大多寄生在岩礁的石缝里。不管我们喜不喜欢，它们都是潮间带生态系的重要成员之一。

海蟑螂喜欢吃海藻，也以生物尸体及有机碎屑为食。和蟑螂相似的是，海蟑螂也有强大的繁殖力。

深圳湾岸边的海蟑螂。2017.06.08

深圳自然博物百科

SHENZHEN NATURAL HISTORY
ENCYCLOPEDIA

第九章
CHAPTER NINE

植物与真菌

PLANTS AND FUNGI

深圳的植物

植物是深圳体量最大的生命体，它们遍布城市的每一个角落。如果把深圳所有动物和植物分别放在天平的两端，天平会毫无疑问地倾斜到植物一端——即使加上人类，深圳所有动物的重量也占不到植物重量的10%。

2010—2017年出版的《深圳植物志》（共4卷）共记录了2732种植物（仅维管植物），加上研究者近年来的新发现，深圳乡土植物和园林植物加起来接近2800种。

植物是这个城市里所有生命基础能量的提供者，是食物链中基础食物的生产者。依靠光合作用，植物将太阳光的能量转化为生命所需的能量，这些能量不仅可以满足自身所需，还养育着其他许多生命——地球上的动物大多直接或间接地以植物为生，包括我们人类。

和所有的生命一样，每一种生长在深圳的植物都是经过漫长的进化才来到我们身边的。从35亿年前的单细胞藻类开始，各种植物都在千变万化的环境下拓展生命。物竞天择，适者生存，无法应对环境变化的植物已被大自然淘汰，活下来并在深圳代代繁衍的植物，是生命的机缘。

◀纪录短片▶
《一花一食堂》

观察一株植物

常见的开花植物（又叫种子植物）由根、茎、叶、花、果实、种子六大器官组成。根、茎、叶承担植物营养的吸收，称作营养器官；花、果实和种子三种器官与植物的繁衍有关，称作生殖器官。

茎

茎是植物体中轴部分，是大多数植物可见的主干，输导营养物质和水分，支撑叶、花和果实的生长。有的茎还具有进行光合作用、贮藏营养和繁殖的功能。

叶

叶是维管植物最重要的营养器官之一。叶内含有叶绿素，是植物进行光合作用的基地，是获得二氧化碳和释放出氧气的场所。

根

根是植物最主要的营养吸收和固定器官，大部分都埋在土壤里，吸收水分和养分。

花

花是被子植物（开花植物）的繁殖器官，结合雄性精细胞与雌性卵细胞产生种子。

果实

果实是被子植物包含了果皮及种子的器官，由被子植物的雌蕊经过传粉受精后，以受精的子房为主体发育而成。

种子

种子是种子植物特有的器官，主要功能是繁殖，对延续种群起着决定性作用。

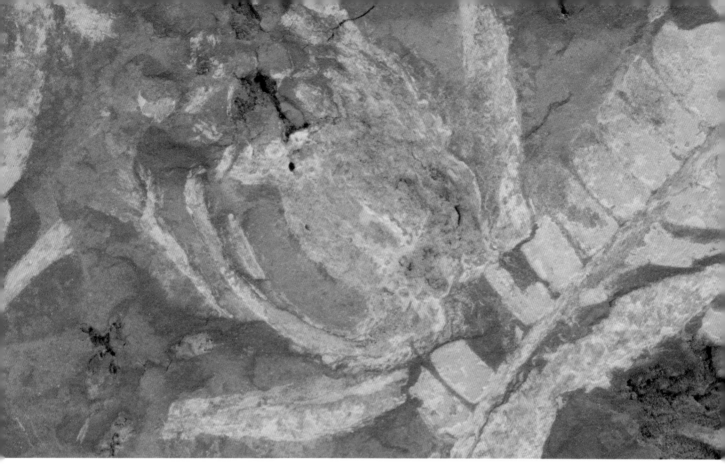

一朵盛开了 2 亿年的"花"，告诉我们什么？

2004 年，一株本内苏铁的化石在大鹏半岛被发现，繁茂的蕨叶间，有一朵栩栩如生的"球花"。这朵被定格了的"花"，盛开了 2 亿年。

2 亿年前，侏罗纪时期的深圳，是什么景象？

那时的地球还完全没有人类的踪迹，陆地上的统治者是恐龙，45 米长的地震龙是地球上出现过的最长的动物，体重接近 100 吨的超龙是陆地上最重的动物。空旷的天空中，刚刚有始祖鸟飞行；浩瀚的海洋里，生长着至今还能在大鹏湾里见到的六射珊瑚。位于华南大陆的古深圳地区，是靠近海洋边缘的丘陵沼泽地带，雨量丰沛，植物繁茂，这株本内苏铁就生长在其中。

远古的日子缓慢而寂寥，地球的变化却始终没有停息，有的生命慢慢衰落、消亡，比如恐龙；有的生命则新生、繁衍、渐渐进化，成为地球上的统治者，比如人类……这株本内苏铁，在风华正茂的时候被掩埋在了大地中，经历了数不清的地壳运动，火山喷发，时光浇铸……最终，化身为岩石，成了一朵永远不会凋谢的花。而本内苏铁的家族，在 6500 万年前的晚白垩世——

收藏在七娘山国家地质博物馆内的本内苏铁化石。2020.01.01

远远在人类诞生之前，就已经消失了。

这朵凝固了的"球花"告诉我们：在这颗蓝色的星球上，曾经有数不清的物种，没能穿越物竞天择的岁月，就彻底消亡了。今天的深圳，大到梧桐山密林里数百斤重的野猪，小到大鹏湾海水里微小的浮游生物——全部是千万年里演化的胜出者。能在此时此刻一起共同生长在这个城市里，是亿万年里的机缘。

花开深圳

花，植物的繁殖器官，是一亿多年间植物与传粉者协同进化的终极成果。

地处南亚热带的深圳，气候温润，生境多样，生长着繁盛多样的植物，一年四季都可以看到多种多样的花开放。2010—2017 年出版的《深圳植物志》（共 4 卷）收录了 2732 种植物，其中开花植物超过 2000 种。

一花一世界。其实，一朵花更像一个精心运营的公司，集设计部、广告部、营业部于一身。为了吸引传粉者，每一种花都设计出了自己的风格；用自己独有的色彩、气味、造型吸引特定的顾客；每一种花都和传粉者达成了互利互惠的交易，高效的运营只为完成一个简单而直接的目标：传宗接代。

◀纪录短片▶
《智慧与美貌的合体》

藤本植物——白花油麻藤（禾雀花）。
花是显花植物传宗接代的必要器官，其造型的多样超乎我们的想象。任何一种植物都有自己独特的形状，世界上有超过 25 万种开花植物，就有超过 25 万种的花朵式样。

观察一朵花（完全花）

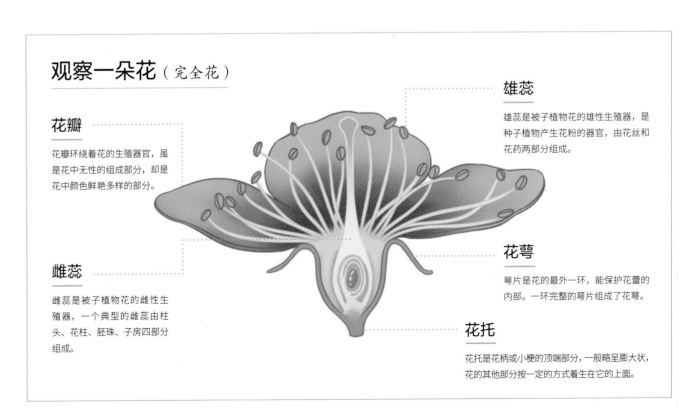

花瓣

花瓣环绕着花的生殖器官，虽是花中无性的组成部分，却是花中颜色鲜艳多样的部分。

雌蕊

雌蕊是被子植物花的雌性生殖器官，一个典型的雌蕊由柱头、花柱、胚珠、子房四部分组成。

雄蕊

雄蕊是被子植物花的雄性生殖器官，是种子植物产生花粉的器官，由花丝和花药两部分组成。

花萼

萼片是花的最外一环，能保护花蕾的内部。一环完整的萼片组成了花萼。

花托

花托是花柄或小梗的顶端部分，一般略呈膨大状，花的其他部分按一定的方式着生在它的上面。

火红的木棉花。
花瓣细胞中的色素是花色形成的根本原因。花瓣表皮细胞中色素的含量，控制着花儿赤橙黄绿青蓝紫的多彩变幻。此外，光照、土壤养分、温度、湿度也会影响花的颜色。

木本植物——海杧果。
完全的花会生有花萼、花冠和产生生殖细胞的雄蕊与雌蕊。

草本植物——红花酢浆草。
一些植物的花会散发出特有的气息，吸引昆虫，达到传粉的目的。能够被我们人类闻到，带来愉悦感受的气息，就是花香。

万千变化的调色板

植物花朵的色彩，几乎涵盖了人类视力所及的全部色谱——也就是说，人类在这个世界上肉眼所能看到的单一颜色或组合颜色，花朵基本都可以呈现。

花朵的颜色源于花色素、细胞结构和光折射。不同植物的花的颜色会不一样。有时，一棵植物不同位置开的花，一种花不同的生长时期，也会有不同的颜色。

人类赋予了花特别多的含义：爱情、敬意、怀念等。只是，花朵竭尽全力的美丽并不是为了满足人类，它们千变万化的色彩是为了吸引传粉者。花粉是植物繁殖中必不可少的成分，许多花不会自花授粉，它们需要昆虫将花粉从一朵花转移到另一朵花上，这样才能结出种子。

花朵招摇、开放和充满心机的形态，花色花香风情万种的吸引，传粉者啜吸花蜜、带走花粉的奔忙，共同编织着深圳多样而美丽的自然世界。

簕杜鹃，深圳市花的故事年表

1766—1769 年间　　　　　**1890 年前后**　　　　　**1979 年**

18 世纪 60 年代，法国植物学家康默生（Philibert Commerson）搭乘法国探险家布干维尔（Louis Antoine de Bougainville）指挥的"波尔多斯"号环球航行，在巴西里约热内卢采集到了一种花朵热烈奔放的植物，以布干维尔的名字命名，并带回欧洲大陆种植培育，这就是紫茉莉科（Nyctaginaceae）叶子花属（Bougainvillea）的光叶子花（B. spectabilis）。光叶子花也称簕杜鹃、三角梅。

晚清时期，簕杜鹃被引进中国，此后，中国培育出了上百个簕杜鹃品种。

簕杜鹃，别名三角梅。居住在厦门的诗人舒婷写下一首《日光岩下的三角梅》："是喧闹的飞瀑，披挂寂寞的石壁；最有限的营养，却献出了最丰富的自己；是华贵的亭伞，为野荒遮蔽风雨；越是生冷的地方，越显得放浪、美丽……"这首广为流传的诗歌让北方的读者第一次知道了这种盛放在南国的植物。

莲花山公园的簕杜鹃节。2018.12.04
每年一次的花展中展出的簕杜鹃超过 200 种。簕杜鹃花粉管细小，难以授粉结果，但可以扦插繁殖。取一段成熟的木质化枝条，插入疏松润湿的土壤或细沙中，就可以生根抽枝，长成新植株。簕杜鹃是深圳最常见的园林植物。养种、种植和逸生在深圳的簕杜鹃遍布城区各处。

吸食簕杜鹃花蜜的碧凤蝶。2020.04.02
簕杜鹃的花只有米粒大小，像个小漏斗。没有香味。为了吸引蜜蜂或蝴蝶来为它传花授粉，它将紧贴花瓣的苞片增大，"染"上多种艳丽的色彩。三角形的苞片大而美丽，常常被人误认为是花瓣。

落在簕杜鹃上的白头鹎。2006.04.20
在全球，把簕杜鹃作为市花的有接近 20 个城市：除了中国的深圳市、珠海市、惠州市、江门市、罗定市、厦门市、三明市、海口市、三亚市、柳州市、北海市、梧州市、西昌市、开远市和屏东市，还有日本的那霸市。

1986 年

深圳评选市花，最初在荔枝、秋枫、香樟、榕树、簕杜鹃、紫荆、紫薇、桂花、朱槿、兰花、凤凰木等植物中挑选。经市民几番投票后，簕杜鹃得票最高，成为市花，荔枝为深圳市树。

白花羊蹄甲的花朵。2021.03.13

红花羊蹄甲树和白花羊蹄甲树覆盖的林荫道。2021.03.13
羊蹄甲树树形优美，花期长，易于种植，是深港两地最常见的绿化树之一。

大历史里的红花羊蹄甲

1880 年前后，几名法国神父在香港薄扶林海边发现了一种开着红色花朵的美丽乔木，花朵手掌般大，五个花瓣中四瓣两两相对，另一瓣则翘首于上方，形如兰花。有心的神父发现这种植物只开花不结果，就用插枝法将其移植到修道院和植物园里。

中华人民共和国香港特别行政区区徽中的紫荆花图案。

随后，他将这种植物与存放在英国皇家植物园（邱园）标本馆的标本进行比较，确认是一个新种，并于 1908 年由港英政府植物及林务部的监督邓恩先生（S. T. Dunn）命名为红花羊蹄甲（Bauhinia blakeana），献给当时的港督亨利·阿瑟·卜力爵士（Henry Arthur Blake）。香港大学的植物学家 Carol P. Y. Lau 博士等人于 2005 年才阐明了红花羊蹄甲不结实的奥秘——它是来自羊蹄甲（B. purpurea）和宫粉羊蹄甲（B. variegata）的杂交种。香港人通常称它为"洋紫荆"或"紫荆花"。

1965 年，红花羊蹄甲被正式定为香港市花。1997 年，香港回归后，继续采用紫荆花的元素作为区徽、区旗、政府部门的标志以及硬币的设计图案。

红花羊蹄甲的花朵。2016.11.03
花朵雌蕊的柱头已退化，不能授粉，结不出果实。

深藏在果实里的使命

享用铁冬青果实的红耳鹎。2020.12.13

铁冬青鲜艳的果实。2021.01.30
许多果实成熟后，颜色变得鲜艳醒目，引诱大大小小的动物来取食，达到传播种子的目的。

肉果，假鹰爪的果实。2017.02.09
有些植物的果实除了有醒目鲜艳的色彩，还有香、甜的味道吸引动物食用。

干果，黄花风铃木的果实。2019.04.13
干果大多是依靠风、水和自身结构传播种子，一般也不会生长甜酸的果肉。黄花风铃木的果实成熟后会自然开裂，轻薄有翅的种子可借助风力传播。

寿命长久的果实：莲子。2016.08.01
莲子是一种小坚果，每个坚果内包含一粒种子，成熟后的莲子果皮特别坚韧，果皮的气孔道很小，可防止水分和空气的内渗和外泄，这样的结构让莲子可以长久不腐坏。

一株被子植物盛开的花朵里，雌蕊经过传粉受精后，子房开始发育，体积会增大，它和花托、萼片一起，长成了新的植物器官，这就是果实。

果实，是植物奉献给人类延续生命、缔造文明的礼物。只是，为人类提供美味而富有营养的食物并不是植物结出果实的真正目的。地球上超过 20 万种植物结果，日常为人提供营养的不足千分之一。每一颗果实真正的意义埋藏在果实里：那些大大小小形状各异的种子。

果实是孕育种子的母体，是呵护种子的铠甲，是运送种子的战车，是种子与动物协同进化的媒婆。果实与种子，是大自然里最精妙的组合，它们联合完成的使命只有一个——维持种群的繁衍生息。

洪湖公园里由古莲子培育出的莲花。2020.06.11
在低水分和低氧的条件下，一些莲子可埋在地下千百年不会损坏。等到恰当的生境到来时，古莲子还会萌芽、生根、开花。

相思子

小叶红叶藤

种子之歌

种子，是花朵里的胚珠经过传粉受精长成的繁殖体，是植物创造出来的形态最多样、结构最精密的器官。

种子，是地球上的时光穿梭机。3 亿 6000 万年前，第一粒种子的出现改变了所有生命的进程，种子让植物有了强大的传播能力，能在每一种生境里蔓延，为动物储备了丰盛的食物，为生命的繁盛提供了基础的能量。

种子，是人类文明的推进器。种子的出现，让我们的祖先从狩猎采集迈到农业种植。在 7000 多年前的深圳，正是种子的应用，让那些只能盘桓在大鹏半岛海岸边打鱼为生的先民可以走进内陆，开疆拓土，建立新的定居地。

种子，是植物制造出来的终极移动装置，是下一代的生命储存器。在亿万年的演化里，植物把种子设计得如此复杂、精妙而又完美，目的只有一个：让每一粒携带着种群基因密码的种子，在千难万险的传播旅途中活下来，发芽生根，开花结果，确保种群的延续。

种子是一株植物生命的终点，也是起点。19 世纪的英国作家萧伯纳曾经感叹：

想想橡子蕴含了多大的能量！

在泥土中埋入一颗橡子，它就会长成一棵巨大的橡树！

如果你埋的是一头羊，它只会慢慢腐烂。

小叶青冈

牛茄子

木荷

夹竹桃

紫玉盘柯

马兜铃

种子与果实的传播

植物的种子有两大使命：传播和繁衍。

大多数野生植物，从开始发芽扎根那一刻起，一生只能伫立在一个地方，不会移动。为了扩大族群的领地，避免母株和后代争抢阳光、养分和空间，植物会施展千变万化的手段，尽可能把种子送去远方。

◀纪录短片▶
《新生命的寄托》

啃食木棉果实的赤腹松鼠。2017.05.02
木棉树的种子包在果实的棉絮里。赤腹松鼠有时会把种子带到隐蔽的地方藏起来，被遗忘的种子就会有发芽的机会。

借助动物

为什么植物的果实五彩缤纷，香甜可口，营养丰富？那是它们在用色香味吸引动物把种子吃进肚子里，带着它们在天空飞翔，在大地行走。在鸟兽的肠胃里，一些种子外层的种皮有抵御消化液的本领，保证种子们安然地穿肠越肚，随着粪便排出，不仅落在新的疆土上，还附带着营养，这是一粒种子最好的结局。

通常，种子还没有成熟时，果实呈现的颜色是低调的青绿色，给食客们传递的信息：我还不能吃，不仅不可口，还又苦又涩，请耐心等一等。当种子成熟后，果实的颜色变成了鲜艳的红、黄、橙，高调招摇，传递信息：我又香又甜又有营养，快来吃，快来吃。

悬挂的土沉香。2020.07.16
土沉香果实成熟后自然破裂，分为两瓣，用一条丝线将种子悬挂在半空。散发着香气的种子在空中飘荡，吸引胡蜂扯断丝线，将种子带到远方。

黑领椋鸟享受笔管榕的馈赠。2000.01.01
鸟儿垂青的大都是肉质的果实，例如浆果、核果及隐花果。有些鸟儿啄食植物的果实后，会将种子吐出。有些种子经过消化道后被随意排泄。鸟是活动范围最大的脊椎动物，会把种子带得更远一些。

匙羹藤的种子。2014.01.12
除了菊科植物外，有些夹竹桃科、萝藦科和禾本科植物的种子，也可以御风而行。

借助风力

御风而行的种子大都有几个共同的特征：小巧，轻盈，前端扁平，紧连一丛细丝状的冠毛，像降落伞一样。这样的结构可以增加受风面积，能借助风力离开母体，飘向远方。

假臭草的花朵和种子。2019.02.01

借助黏附

有些果实的外面生有刺毛、倒钩或能分泌黏液，只要轻轻一碰，就会立即黏附到动物的毛、鸟儿的羽和人的衣服上，把种子带到远方。

蒺藜草，魔鬼般的黏附力。2016.07.13
在地面因施工裸露后，蒺藜草能很快扩充占领，果实上长满微小的倒刺，可附着在衣服、动物皮毛和物品上，四处传播。

借助水流

借助水流传播的种子都有坚硬的外壳和中空结构，可借助浮力漂在水面，随着水流和海潮漂到远方。

银叶树的果实。2018.10.05
密封的果实中有大量的空间，可漂浮在海面四处传播。

自身发力

一些植物的果实在成熟时，果皮纤维会脱水绷紧，产生一种张力，当果皮突然爆裂，种子就会弹出来。果实依靠爆炸产生的推力，把种子传播开来。

猪屎豆的花和果实。2018.03.16
果实成熟后果瓣开裂，会把种子弹出来。猪屎豆传播力和适应力都很强大，可以在建筑垃圾和贫瘠的土壤里生长。

叶，最大规模的加工厂

根、茎、叶是维管植物的三大营养器官。

遍布深圳的草木，挂满了难以计数的叶子，它们竭尽全力捕捉阳光，获得能量，汲取根部和茎输送的水和矿物质，从气孔吸纳二氧化碳，糅合在一起，生产出有机物，滋养植物。

叶，实践着人类至今永远无法实现的奇迹：在空气中做出食物。薄薄的叶进行着地球上至关重要的化学反应——光合作用，利用太阳的光能，同化二氧化碳和水，输送有机物，不计其数的叶合力释放出巨大的能量。

一片片看上去安静的叶，其实都是一个个不停运转的微型加工厂，从早忙到晚，铆足了劲为植物制造养分。和人类工厂不同的是，叶子的工作过程，全无噪声和废料。

庞大的叶子加工厂排放一种主宰地球生命的物质——氧气。

◀纪录短片▶
《冬日里的深圳红》

两面针的叶子，独一无二的造型。2020.04.06
两面针的叶柄和叶脉都生有棘刺。为了植物整体收益的最大化，每一种植物的叶都有自己独特的造型。

叶片庞大的植物：睡莲。2019.05.04
睡莲叶子直径可达半米，是深圳叶子最大的植物之一。

枫香树的新叶。2009.02.23
南亚热带的深圳，即使在秋天，许多植物的叶子也不会枯黄落掉。而每年1—4月，许多植物萌发新芽，替换老叶。常见的景象是，一场春雨后，嫩红的新叶生出，树下落满了还没有完全枯黄的旧叶。

为什么叫光棍树？2019.03.12
1992年1月22日，邓小平游览仙湖植物园，指着一棵树问："为什么叫光棍树？"植物园负责人答："因为它不长叶子。"光棍树原生非洲，那里气候炎热、干旱缺雨，叶退化为小鳞片状，不易看见，可以减少水分的流失。

每年 12 月，山乌桕的叶片开始变红，是冬日山岭里的亮色。2019.12.08

冬日里的深圳红

如果把一片叶子放大数百倍，可以看到一个个小颗粒，这就是叶绿体，内含叶绿素。如果说一片树叶是一个进行光合作用的工厂，叶绿体就是在流水线上劳作的工人，是它们把阳光转换成了植物所需的能量。

满城的绿色是叶绿素联合光线和我们的眼睛为我们营造的视觉景象。叶绿素喜好红色光和蓝色光，当光线照在叶子上，叶片完全吸收了这两种颜色，它们不肯接纳的绿色反射进了我们的眼睛，所以我们看到的叶子大多是绿色。

当冬日到来，气温一天天下降，叶子阻断了母体和树叶间水分与养分的流通，导致叶子里的叶绿素迅速崩溃分解。随着叶绿素的衰竭，平日里含量较少的叶黄素和类胡萝卜素显现了出来，叶子就变成了明亮的黄色。叶子与母体隔断后，机能并没有随之马上消亡，它们依然忠心耿耿地生产糖，平日供奉给母体的糖集聚在叶片里，操控了花青素的变化，把叶片染成了橘红色或深红色。

冬日，深圳山野里的色彩是由叶绿素、叶黄素、花青素和类胡萝卜素四种基本颜料决定的。它们用彼此的进与退、多与少、分离与融合，涂抹着一幅幅冬日风韵图。

在红叶植物里，野漆树用色猛烈，殷红如血。2010.01.09

浙江润楠的新叶和细花。与冬日红叶相同，春日红叶的颜色也来自花青素。2019.02.28

食虫植物的逆袭

植物处在食物链的底层，植物常为动物所食。只是，世事无绝对，深圳一些植物就上演着逆袭的故事——捕食昆虫补充蛋白质，成为肉食者。

茅膏菜是深圳常见的食虫植物之一，大多长在潮湿的水沼地，成片生长。茅膏菜的叶子分泌晶莹透明的液体，引诱昆虫。当昆虫触碰到，会被粘住，叶片会将昆虫消化吸收。

在深圳的观察记录里，不管食虫植物的陷阱设在空中、地面还是水里，陷阱本身都是叶子，而不是花，科幻电影里出现的食人花只是编剧或导演的想象。

◀ 纪录短片 ▶
《食虫植物的逆袭》

已经掉入陷阱的大蚊。2020.12.01

匙叶茅膏菜汤匙形状的叶片，是捕食虫子的利器。
2021.01.30

深圳的乡土植物

在深圳还是宝安县的边陲小镇时代，在深圳和香港还同属于新安县的清政府时代，甚至更早一些，在深圳还属于滨海南越部落，先民以捕鱼采集为生，极少农垦的时代，深圳这片土地上，生长着大量的乡土植物，它们是漫长的自然选择和物种演替后有着高度生态适应性的植物。

全世界有 30 多万种高等植物，其中有 3 万多种生长在中国，在广东生长的本地植物超过 7000 种。深圳位于南亚热带海洋性季风气候区，冬夏季风交替，光能充裕，雨量充沛，适宜植物生长。在深圳已发现的本土原生植物超过 2000 种。

乡土植物完全不依赖人类，自然生长，自然繁衍，自然分布，高大而长寿的乔木、低矮的灌木、缠绕的藤本、青草、苔藓、地衣，都能找到自己的落脚之处，在不同生态位共同覆盖着大地。

开花结果的野牡丹。 2016.08.01
野牡丹是适应深圳本地酸性土壤的灌木，六片花瓣组合的花朵鲜艳明媚。野牡丹不是牡丹，牡丹是芍药科芍药属的灌木，野牡丹是野牡丹科野牡丹属的灌木。

享用栀子果实的双齿多刺蚁。 2018.11.21
栀子耐旱也耐贫瘠，花朵洁白清雅，果实是鸟和昆虫的所爱。

享用小蜡花蜜的报喜斑粉蝶。 2020.03.03
小蜡叶子的表面像是被打过一层蜡，散发着莹润的光泽。花开茂盛的乡土植物小蜡已被培育种植在都市里。

◀ **纪录短片** ▶
《 滴水观音的委托 》

春日里盛开在梧桐山的毛棉杜鹃。
2021.03.16
毛棉杜鹃是深圳本地生长的高山杜鹃，每年春天成片开放，成为森林花海景观。

广泛用于城市绿化中的乡土植物海芋。 2019.03.20
海芋的花朵色泽温润，造型别致，散发着特殊的气味，吸引昆虫前来协助传粉。

鸡矢藤的花朵。2017.10.03

以鸡矢藤为食材的粑粑饼。2016.04.07

闻着臭，吃着香。2020.10.01
鸡矢藤是草质藤本植物，初闻确实有一股鸡屎味，凑近再仔细闻却有植物特有的清香。初春，鸡矢藤长得最嫩的时候，原住民会采来做粑粑饼——深圳传统的乡土美食。

留住乡土植物，就留住了什么？

都市建造与美化的进程中，植物是景观营造的产品。40年里，深圳引进了许多种世界各地的植物，被人精心种植养育的园林植物，加上不请自到的入侵植物，外来植物在城区中占据了半壁江山。

与园林植物不同的是，乡土植物在深圳本地已有漫长的生长史，早已融入了当地的生态系统，它们的机能已经完全适应了南亚热带生境里的气温、光照、降雨、土壤和水质。除去适应性，抗逆力是乡土植物最强大的特征，贫瘠土壤、酷暑烈日、台风暴雨，乡土植物都可以用自己的方式抵御。

深圳本地繁衍的乡土植物，与当地的饮食、服饰、建筑风貌、风俗习惯有着千丝万缕的联系。留下本地生长了千百万年的乡土植物，就留下了深圳自然、人文、历史的一部分内容，留下了生命不同的形态和色彩，也留下了多样植物的基因组。

木油桐。2019.04.13
木油桐又被称作千年桐，是高大的落叶乔木。春季开满层层叠叠的白色花朵，秋季结满累累的果实，果实可以榨出加工成防潮抗腐防锈的工业油漆。

穿金戴银的忍冬。
2016.07.28
忍冬最被人熟知的另一个名字叫金银花，初开的花是白色，一段时间后转为黄色。在广东，金银花是传统的凉茶和中药原料。

韩信草。2019.03.22
深圳山岭里常见的药用植物。传说汉代大将韩信曾用它来为伤兵疗伤。

四季选美：乡土植物的花朵

毛棉杜鹃。
毛棉杜鹃的伞形花朵开在枝叶的顶端，粉红色或淡红白色的花朵明艳动人。每年，数万株盛开的毛棉杜鹃是梧桐山美丽壮观的景象。

红花荷。
每年元旦后，深圳山岭里的红花荷陆续开放，高大的树木上花朵层层叠叠，在阳光映照下火红一片。

深山含笑。
深山含笑大都生长在海拔 500 米以上的山谷。平日灰褐色的树干、深绿色的叶子和山岭里的其他树木没有太大区别，一到花期，蓦然变身，碗大的花朵开满一树，花瓣洁白如玉，花香悠长。

木荷。
可在贫瘠的山地上顽强生长的木荷是深圳山岭里常见的绿化树。选择木荷作为绿化树主要是因为木荷含水量超过 40%，可作为"绿色植物阻隔法"来防火。

吊钟花。
每年春节前后，吊钟花的花芽和叶芽同时萌发，每朵花的 5 片花瓣合生，犹如一串串铃铛挂在枝头。吊钟花的英文就叫 Chinese New Year Flower（中国新年花）。

6月
June

水团花。
水团花是夏日里造型奇特、颜值特别高的野花，圆球形花冠上有丝状花柱伸出，犹如圆球上挂满水滴。

7月
July

橙黄玉凤花。
橙黄玉凤花开放在靠近溪水的山涧里，一朵朵花长长的花距拖在后面，像是振翅翱翔直冲云霄的战斗机。橙黄玉凤花还有另一个生动的名字：红唇玉凤花。

8月
August

簕欓花椒。
簕欓花椒盛开的细小花朵像绽放的烟花，散发着浓烈的气味，吸引蜜蜂蝴蝶前来吸蜜。

9月
September

野菰。
野菰是寄生在禾草根上的植物，吸食着它们的水分和养分。野菰没有绿叶，无法进行光合作用，依靠有限的营养年年绽放花朵。

10月
October

鹅掌柴。
鹅掌柴也叫鸭脚木，是深圳山岭里常见的乡土树，叶子像张开的大鸭掌。鸭脚木的花入秋后开放，持续整个秋冬，是冬日里重要的蜜源。

11月
November

厚叶铁线莲。
厚叶铁线莲是藤本植物，靠叶柄缠绕在其他植物上，花朵秀美，有"藤本花卉皇后"之称。

12月
December

大头茶。
因为在最恶劣的土质里仍能生长，大头茶成为深圳山野里最常见的乔木之一，每年10月至12月间，当北方万木萧条的时候，是它的花开得最旺盛的时候。

风水林，客家先民遗留的珍宝

以方言区分，深圳的先民来自2个支脉：一脉讲围头话——东莞、宝安一带的粤语系方言，从宋初至明末就定居在深圳一带，是地地道道的"本地人"；另一脉讲客家话，主要是清初迁海事件（1662—1669年）后从全国招募而来的移民，是讲客语方言的"客家人"。

从中原南迁的客家人，带来了建村立寨时选址的风水观念，"枕山面水，左右有靠，无树不住人"。山乃龙脉，掌管生气与活力；村有树木，意味着健康和丰足。先民们安家落户时，会保留原有的植被，还会加种各种果树、榕树、樟树、竹和其他植物，养育成风水林。在风水观念中，风水林有藏风、生气、纳水和聚财的功能。

这片土地上的先民们认为风水林和家族的命运有着重大的关联，禁止一切破坏。违背族规、村规砍伐风水林的人会被处罚。古代的深圳人虽然没有自然生态保护区的概念，但对风水林的执着，为今日的深圳留下了一个个微型生态保护区。

风水林曾是深圳2000多个村庄的标配。可惜的是，1980年后，伴随着村庄急速的消失，超过95%的风水林也消失了。

茂盛世居，都市里留存的客家围屋。2020.05.02
通常客家围屋的屋后是茂密的风水林，屋前是半月形池塘，构成"枕山环水"的布局。禾坪是当年晒谷、乘凉的地方，池塘有蓄水、养鱼、防火的功能。

王桐山村的古建筑——钟氏老屋与风水林。2018.10.05
像大多数华南的乡村一样，深圳原住民的村庄，一般都会坐北朝南。村庄正后方会培育出一片半月形的风水林，环抱村落，为村庄"挡煞气，乘生气"。

大鹏半岛芽山村的风水林。2019.01.22
记录显示，一片面积 1000 平方米的风水林里，生存的动植物物种超过 300 种。

风水林底层的乡土植物芒萁。2021.07.14

风水林底层，蕨类植物上正在交配的香港新棘蜱。
2019.06.01

"垂直成层"的生态圈

风水林是人与自然和谐相处、互利互惠的典范。村民相信林木能给他们带来好运而用心培育、崇敬呵护。茂密旺盛的风水林不辜负村民的信仰，夏日里能缓和台风的吹袭，遮挡炽热的阳光，降低村庄的温度；山泥倾泻时，粗壮的树木是天然屏障；茂盛的植被保持村庄的水土，净化水源……

深圳的风水林一般面积都不大，却是立体的植物园，不同的植物生长在不同的高度，构成了多样植物的"垂直成层现象"。

最上层的是特别高大的乔木，主要有樟树、秋枫等。它们犹如巨伞，把风水林里遮挡得昏暗阴凉。往下是稍低一些的乔木，有假苹婆、土沉香、肉实树等，树干上常常长满苔藓植物和其他攀缘植物。再低一点的就是灌木层，有九节、罗伞树等。紧贴地面的则是形形色色的蕨类和草本植物。

不同的植物层寄居着不同的动物。浓密的树冠给飞鸟提供了筑巢的遮蔽，繁茂的枝叶是昆虫的落脚点，盛开的花朵吸引着蜜蜂和蝴蝶，小小的密林中处处有生机，也处处藏玄机，组合成了一个个微型的生态系统。

灌木丛里，黑斑园蛛织好的蛛网捕到了斑点广翅蜡蝉。
2019.06.08

保护风水林的榜样。2020.01.25
深港边界的老村保留了相对完好的风水林。香港渔农自然护理署在全港做了风水林科学调查，记录了 116 个风水林的状况，建立了完整的档案。其中，重要的风水林被列为"具特殊科学价值地点"加以保护。

高大的榕树上，享受细叶榕果实的白喉红臀鹎。
2020.08.22

乡土的馈赠，深圳本地的果树

位于南亚热带的深圳，热量和光照充足，雨量充沛，高能量的光合产物可以确保果实充分发育，几乎所有热带、亚热带果树都可以在深圳生长结果。

在 1980 年正式成立经济特区前，深圳是知名的水果之乡，乡土水果是出口赚取外汇的重要商品。南山荔枝、光明龙眼、龙岗杧果、石岩沙梨、坪山金龟橘都是远近闻名的特产水果，是国家指定采购的出口换外汇商品。根据档案记载，20 世纪 60 年代，坪山出产的金龟橘每斤售价就已经是 0.28 元，而 1964 年，宝安县（后改为深圳市）农民全年平均收入也只有 56 元。金龟橘的"金贵"可见一斑。

进入 21 世纪，深圳已是现代都市，本地生长的果树发生了巨大变化，许多传统果树已无人种植，如今在深圳常见的果树有荔枝、龙眼、黄皮、番木瓜和芭蕉等。

阳桃，星星一样的水果。2019.09.10
阳桃是典型的热带和亚热带乔木，花朵艳红，果实色如蜜蜡。阳桃的果实横面切开时是一个五角星，在英语中被称为"star fruit"。

阳桃的果实

金龟橘，记忆中的乡土水果。2019.11.15
橘子是芸香科植物，生长在金龟村的橘子果实大，果肉清甜，果汁丰富，曾是深圳本地的名产。20 世纪 90 年代后，因为化学肥料的过度使用，土质退化，加上土地城市化的转变，金龟橘慢慢地退出了人们的视线。

生长迅速的番木瓜。2018.10.21
虽然有一个"番"字，这种介于水果和蔬菜之间的植物在深圳本种种植已有上百年的历史。番木瓜是热带常绿软木质小乔木，一年就可以长到 2 米以上，瓜一样的果实不只是人的美食，也是许多动物的最爱。

番木瓜的果实

龙眼的果实

龙眼。2020.07.16
历史上，光明龙眼是深圳本地的名产。龙眼和荔枝一样是无患子科的乡土果树，成熟季节枝头结满果实。土黄色表皮包裹着多汁、半透明的果肉，晒干后就成为桂圆。龙眼是长寿的果树，深圳有许多树龄超过 100 年的龙眼树。

杨梅的果实

马峦山上的野生杨梅树。2018.05.03
杨梅的果肉是果实的外果皮，由一簇一簇果肉聚合而成。在深圳，已经没有人种植这种保鲜期非常短暂的水果，但有许多野生的杨梅树散逸生长在山岭里。

黄皮的果实

黄皮。2016.07.07
黄皮是芸香科的小乔木，是典型的岭南乡土水果，已有1500 年的种植史，也许因为没有被大文人描述过，不像荔枝、龙眼那样有名。黄皮的果皮呈淡黄色，半透明的果肉呈乳白色，酸甜而有韵味。

荔枝，不辞长作深圳人

深圳种植荔枝的历史，最早有文字记录在 200 多年前。《新安县志》卷三《物产类》中记载："荔枝树高丈余或三四丈，绿叶蓬蓬，青花朱实，实大如卵，肉白如脂，甘而多汁，乃果中之最珍者。"

事实上，原住民种植荔枝的历史远远超过这个时间。深圳最老的一棵桂味荔枝树生长在小南山荔林公园，专业测定树龄已接近 350 年。另外，整个深圳树龄在 250—300 年的荔枝树超过 80 棵。

荔枝是长寿的果木，一年栽树，百年收获。1979 年，深圳开始了从农业县城向现代都市的转变。40 多年间，深圳的农业和种植业日渐式微，接近消失，只有荔枝的种植是特例，深圳许多地方保留了荔枝果园，依然有很高的产量。每年的盛夏，市民都可以享受到直接从果园里摘下来的新鲜荔枝。

在此，可借用宋代文学家苏东坡的一句感叹："日啖（dàn）荔枝三百颗，不辞长作'深圳'人。"

南山荔枝。2017.06.22
南山荔枝产自特定地域，得天独厚的土质和气候，传统的栽培方法，养育出了独特的风味，是深圳市唯一的中国国家地理标志产品，受地域专利保护。

春日里，荔枝的红色新叶和金黄色的小碎花。2021.03.07

荔枝的雄花，晶莹的花蜜吸引着西方蜜蜂。2021.03.13

荔枝的雌花。2021.03.13

荔枝三味

中国是世界上荔枝生产量最大的国家，占到全球产量的 70% 左右，种类也非常多，深圳最常见的荔枝有三种：

1. 桂味

因含有桂花香味而得名，是广东栽种的主要荔枝品种。果壳浅红色，有尖刺，肉质厚实爽脆，清甜多汁，果核占到 60% 至 70%，每年 7 月上旬成熟。

桂味的果实。
荔枝与香蕉、菠萝、龙眼一同号称"南国四大果品"。

2. 妃子笑

"一骑红尘妃子笑，无人知是荔枝来"，传说当年唐明皇为博杨贵妃一笑，千里送的荔枝就是妃子笑。妃子笑果皮青红，有刺手的尖刺，个大，肉色如白蜡，脆爽而清甜。每年 5 月底、6 月初成熟，是最早上市的荔枝之一。

妃子笑的果实。
荔枝虽味道鲜美，却不耐储藏。西汉司马相如的《上林赋》将这种水果写作"离支"，意为离开枝叶马上就会不新鲜，如果连枝割下，保鲜期会延长一些。

3. 糯米糍

糯米糍是深圳价格最高的荔枝品种，是闻名中外的广东特产果品，皮薄，果肉半透明，味甜香浓，糯而嫩滑，种子已退化到很小，是人们最追捧和喜爱的荔枝。深圳出产的大多是红皮大糯，果大，果肉厚，果汁丰富，每年 6 月中下旬成熟。

果实累累的荔枝树。2018.07.01
荔枝属无患子科，意思是结果不嫌多，从来也不用担心没有后代。

螺旋伤疤从何来？ 2019.04.13
在深圳的果园里，我们会发现许多荔枝树的树干上有螺旋状的伤疤。这是果农发明的"螺旋环剥"技术，在荔枝树皮上螺旋状剥皮，可以阻碍光合作用的养分传递，抑制根系及新梢生长，增加枝梢的养分，促进开花结果，提升荔枝果的产量。

糯米糍的果实。
荔枝"肉白如脂，甘而多汁"，果肉其实是种子的肉质假种皮。

假如用一棵古树来写深圳史

截至 2018 年 10 月，在深圳生长的古树名木总共有 1590 株，其中树龄超过 300 年的国家一级古树有 16 株。最年长的古榕树已超过 600 年——它在福田新洲村落地发芽时，是明代永乐年间。

这些古树见证了世代更迭，阅历了数不清的人来人往，也经历了无数的凶险和艰难。发芽后的幼苗要在种子储存的营养耗尽之前扎根大地；刚刚冒出地面的嫩叶没有成为动物的美食；生长中的躯干没有被藤蔓缠裹窒息；动荡的年代里逃过了山火、战乱、虫害；风调雨顺的日子里没有被人砍伐，做成房梁、家具……

一棵古树庞大的躯干和根系里，携带着漫长历史中气候、水文、土壤的信息，同时，也铭刻着这片土地上原住民和迁徙者的活动痕迹。

所以，纪伯伦说："假如用一棵树来写自传，那也会像一个民族的历史。"

已超过 500 年树龄的银叶树。2016.11.12 大鹏半岛坝光盐灶村分布着国内最完整、树龄最大的天然银叶树群落。古树名木编号：440307332。

银叶树的花。2021.04.08

福田新洲村的细叶榕。2020.10.14 估测树龄：约 620 年。古树名木编号：44030400502300011。

一棵古树的"小宇宙"

一棵百年的古树，收留了多种生命，不仅仅给它们提供栖身之所，还提供各种食物。有筑巢在树梢生儿育女的鸟儿，有悬挂在树枝上的蜂巢，有寻花吸蜜的蝴蝶，有挖洞藏身的天牛，有啃食树叶的毛毛虫，有忙忙碌碌来回搬运食物的蚂蚁，有攀附的藤蔓……

拨开古树地面上厚厚的落叶枯枝，会发现在散发着浓烈香菇味道的腐殖层里，住满了分解者，各种白蚁、马陆、蚯蚓、蟑螂……在潮湿、阴暗的生境里过日子。没有这些忙忙碌碌的分解者，地球上各种生命的尸体或许早已堆积如山，充斥着地球每个角落。

如果再深入一点探究，可以从盘踞的老树根旁抓一把褐色的泥土，摊开放在显微镜下，你会看到一个热闹的集市：菌丝、藻类、线虫、螨虫和上千种细菌都在忙碌，竭尽全力地活着。这些微小的生命，都费尽心力，经历了数千万年的进化，来到我们面前，和我们相会。

事实上，一棵老树的生态系统是整个深圳、珠江三角洲、地球生态系统的一部分，蕴含着多样生命的美妙。

光叶白颜树，亚热带森林的残留树种。2018.07.26
大鹏半岛溪冲老村背后的光叶白颜树已经有 160 多岁，是国家三级古树。光叶白颜树告诉我们，深圳曾经生长着茂密的常绿阔叶林，只是我们在不同的年代里把它们都砍伐了。

仙湖植物园的菩提树，树龄已超过 200 年。2020.05.24
"菩提"是古印度语（梵语）Bodhi 的音译，意思是觉悟、智慧。相传年轻的王子乔达摩·悉达多在菩提树下静坐了 7 天 7 夜，终于大彻大悟。

菩提树的果实是红耳鹎的美食。
2020.04.02

琉璃蛱蝶在草地上吸食菩提树的果实。
2020.04.02

游走在树干上的松丽叩甲。
2020.04.02

大数据里的深圳古树名木

依照 2018 年的调查报告，深圳共有古树名木 1590 株，有 87 个树种，其中细叶榕最多，占了 41%，其次是樟树、龙眼和荔枝，三者共占 27%。

在原生的古树中，树龄最大的是长在福田新洲村的细叶榕，树龄超过 600 年。在从外地移来的古树中，树龄最大的是仙湖植物园内的一株篦齿苏铁，估测树龄已超过 1000 年。

从地理分布上，大鹏新区有 524 棵古树名木，总数约占深圳的 1/3，是整个深圳古树树种最丰富、数量最多、分布最密集的区域。

从榕树读懂远古的深圳

博物学家大卫·爱登伯格讲解热带雨林时曾说："假如人类能够懂得榕树，那就了解了整个热带雨林。"榕树是深圳数量最多的古树，它们传递给我们的信息是，在人类踏上深圳之前，覆盖这片土地的，就是南亚热带常绿阔叶林。

榕树是深圳常见的绿化树，也是热带植物特征明显的树木。板根、支柱根发达，尤其是向下悬垂的气生根，像一把把胡子。有些榕树的气生根向下生长，进入土壤后吸收水分和养料，长成了粗壮的支柱根，粗壮的支柱根支撑着榕树不断往外伸展的树枝，使树冠不断扩大，形成独木成林的巨树。

榕树也是深圳常见的街道树，从雨林中走出来的榕树，在都市落脚。面对土地贫瘠、空气污浊、环境嘈杂，时时面临人类的砍伐、修整等恶劣条件，榕树依然用旺盛顽强的生机装扮着这个城市。

榕树的叶子和果实（花序托）。 榕树多汁的果实是鸟儿喜爱的食物。

细叶榕——榕树的理想形象。 "榕树"包含了桑科榕属中的好几种高大乔木，其中，细叶榕板根、支柱根发达，长满向下悬垂的气生根，最符合我们理解的"榕树"的形象。深圳常见的榕树还有高山榕、笔管榕和黄葛榕。

年长的古榕树。2016.08.06

南园村的古榕树，已超过 600 岁，覆盖了近 200 平方米的面积。榕树的横枝上会长出气生根。气生根初生时比较柔软，自然下垂，随风飘扬。这些气生根一旦接触地面，扎入土壤，会迅速膨大，长成坚硬粗壮的支柱根。依靠着这些新生长出来的"支点"，榕树还可以向更远的方向延伸，慢慢长成一棵遮盖范围极大的巨型树。

长命百岁的秘诀

深圳本地仅有两棵树龄超过 600 年的古树，都是榕树。在深圳，每 100 棵树龄超过 100 年的古树里，就有 41 棵榕树。

榕树为什么会成为深圳最常见的古树？除对土壤、温度有强大的适应性之外，还有一个原因：榕树既不能作为栋梁之材盖屋，又不能作为适用之材制作家具。之所以被称为榕树，是因为"常为大厦以容人，能庇风雨，又以材无所可用，为斤斧所容，故曰榕，自容亦能容乎人也"。（清代 屈大均《广东新语》）

榕树的"根墙"

榕树对生长环境的要求并不高，在水泥、柏油和岩石的缝隙里也可以萌发生长。

深圳许多道路高楼都建在山坡上，为了防止滑坡，修建了许多石墙。一些顽强的植物就在这石墙的缝隙里扎根生长，其中最强大的就是榕树。

在几乎没有任何土壤的石墙上，榕树发达的根系沿着石壁和缝隙蛇行攀缘，交叉纵横。天长日久，榕树、蕨和杂草与石墙完全融合在一起，原本毫无生机的石墙成了生机盎然的"根墙"。

沧桑的石墙，盘结的树根，翠绿的榕树不仅是这个城市里别致的景象，也是多样生命的一环。

银湖路上的"根墙"。2018.11.23

前人栽树，后鸟聚餐

邓小平在仙湖植物园种植的高山榕。2020.04.02
一棵高山榕每年要结2—3次果，被称为"慷慨的粮仓"，是许多动物的食堂。

享用高山榕果实的红嘴蓝鹊。2018.11.24
高山榕粗壮高大，松软的果实鲜艳醒目，吸引视力敏锐宽广、嗅觉不灵、没有牙齿的鸟类。

1992年1月22日，88岁的邓小平兴致勃勃地游览了仙湖植物园，并带着家人种植了一棵高山榕。

当年栽下的那棵高山榕胸径30厘米、高1.5米；20多年后，长成了胸径超过1米、高9米、冠幅10多米的大树。

高山榕生性顽强，即使在养分贫瘠的土壤里，无论播种还是移栽，都容易成活。四季常绿的高山榕，树冠舒展，树形美观，是绿化树的首选。

高山榕一年结果2—3次，成熟的果实像一颗颗明黄色的小嫩梨，挂满枝头。在长达10多天的日子里，果实累累的高山榕像在举办一场流水席，接待着一批又一批食客。

盛情的款待背后隐藏着高山榕的寄托，希望鸟儿把没有消化的种子带到远方，让下一代在尽可能远的地方落地生根，繁衍种群。事实上，这样的寄托是靠谱的，毕竟，长着翅膀的鸟儿是活动空间最为广阔的脊椎动物。

丝光椋鸟的美食。2018.11.24
榕果味道微甜，有很多籽，富含营养，为各种动物所爱。

享用高山榕果实的赤腹松鼠。2018.11.24
高山榕一年四季多次挂果，果实稠密。每当果实成熟时，鸟儿、蝴蝶、蛾、胡蜂、蚂蚁、赤腹松鼠、野猪等接踵而至，各取所需。

寄居在聚果榕里的榕小蜂。2018.05.18

榕树和榕小蜂的协同进化

榕属植物遍布深圳，却没有人见过榕树盛开的花朵。榕树虽然是有花植物，但它的花特别小，全部被包裹在完全封闭的花序托里面。看上去严实无缝的榕果有一个细微的小孔，那就是专门留给传粉者榕小蜂的入口。

榕树的雌花开放时，会散发出吸引榕小蜂的特殊香味，千辛万苦进入榕果的榕小蜂给雌花带来了花粉，成功地实现了异花授粉。

榕小蜂传粉后再也不能离开这个果，榕果为了回报榕小蜂，提供舒适、安全的子房，让榕小蜂产卵。新一代的榕小蜂长大后，在果腔内完成交配，带着花粉钻出榕果，寻找下一个榕果，继续传宗接代，完成和榕树的下一轮合作。

在漫长的进化中，植物和传粉动物建立了专一而特定的互惠关系，这就是生命演化史上的"协同进化"。数十米高的榕树，和几毫米长的榕小蜂协同进化，微妙却宏大的关系在这个地球上延续了9000万年。

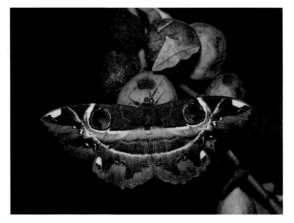

夜色降临后，魔目夜蛾吸食聚果榕的果实。2018.08.11 聚果榕果实肥大，直接挂在树干上，吸引着食果蝙蝠和蛾。落在地上的榕果是蚂蚁、非洲大蜗牛的大餐。

青果榕的果实也是丽雕马陆的食物。

发现一棵树的美

植物学家胡秀英曾经说："人嘛，处处有好人，处处也有坏人。而植物无论从正面看，侧面看，左看右看，都好看。"

一棵树的种子一旦开始在土地上生根发芽，就等于选定了一生的落脚处，终生都会守在一个地方。它用枝叶防风，遮阴，隔离噪声；它用躯体让人建房屋，做家具；它结出的累累果实，不仅是人，也是各种动物的食物；它全方位地开放身体的各个部分，让鸟儿搭巢，蝴蝶产卵，蜜蜂采蜜，蚂蚁建窝，天牛吸食液汁，蝉在枝头歌唱；它还让藤蔓植物攀附生长，苔藓和地衣依托繁衍……

一棵善良宽厚的树，从时间上见证着光阴的变迁，在空间上是好些生命寄居的社区，在大地上展示着千变万化的美。

台风"山竹"过境后，过店沙滩上的细叶榕，密实的树叶已被狂风吹走。
2018.12.31

薄纸一样的树皮。2013.02.06
白千层薄薄的树皮可以像纸一样被一张张揭起。层层叠叠的树皮是许多小型动物的居所。

树形之美

一棵树，可以像木棉、椰树、棕榈一样笔直，也可以像朴（pò）树、银叶树、樟树一样是大伞的形状，也会像罗汉松那样长成高大的圆锥形。

一棵树的体形，除了受树种的影响外，生长环境也起着重要作用。梧桐山密林中生长的鳌蒴锥，为了争取阳光和空间，一心向上，长得高大挺拔，鹤立鸡群。莲花山公园里那棵生存空间宽裕的美丽异木棉，长得丰满舒展，圆圆滚滚。东涌海岸边的露兜树，常年受海风吹拂，树干低矮歪斜，朝一个方向弯曲，看上去饱经沧桑，弯腰弓背。

树皮之美

树皮是树的防护罩，也是运送养料的管道。大部分树皮分为内外两层，内层是活的，不断生长和输送养分，外层已死亡，却紧紧包裹着树木，是至关重要的防护。

树皮各有千秋。有的树皮平滑细腻，犹如孩童的脸蛋；有的树皮粗糙不平，犹如风化了成千上万年的礁石；有的树皮布满绚丽的花纹；有的则呈现奇异的颜色。刺桐、木棉的树皮长满自我防护的瘤刺，马尾松的树皮就像鱼的鳞片，而深圳常见的绿化树白千层，叠在一起的树皮像一张张翻开的书页。

龙眼树上长出的新叶。2019.02.20
许多植物刚长出的叶子里花青素的含量比叶绿素的含量大,新叶会显红色。

树叶之美

一棵成熟的树木,有成千上万片树叶,美丽的树叶是树木的衣饰,是树木生长所需的能源的生产者。

一片树叶也算得上是一棵树的名片,辨别树叶的形状、颜色、大小、叶脉的分布、叶面和叶底的质感、排列的方式,是我们认识一棵树的途径之一。

豆梨。2021.02.17
豆梨是早春先花植物,每年春节前后开满一树清雅的白花。

花朵之美

千变万化的花儿是树的生殖器。其实,我们大部分人最开始注意一棵树,常常都是因为它盛开的花。

树木开花的时候是它最美丽,也是最易被辨认的时候。自然里本没有美与丑,花只是树木繁衍过程中的一个阶段、一种形态,或者一种手段和智慧。为了传播花粉,树木用尽了各种计谋。

菠萝蜜的果实。2021.06.25
菠萝蜜是热带植物,结出的果实是世界上最重的水果。

果实之美

形态多样的果实携带并保护着种子,遇到合适的环境,便会发芽、生根,一株新的树木就会诞生。

为了避免同种同族竞争阳光、养分和领地,树会竭尽全力把果实和种子送到尽量远的地方。除去风力、水力之外,树木主要依托的还是动物。许多树木演化出了色彩诱人、香甜可口的果实,让动物享用,随着粪便的排出散播种子。

穿行在海桑呼吸根中的黑翅长脚鹬。2020.02.19
有些海边滩涂上的红树,会向上生长根系,伸出地面,在潮涨潮落间呼吸。

树根之美

树的根,显现了生命的顽强。

树根是树木吸收养分和水分的管道,也是树木稳站地上的支撑。树根可以挤裂坚硬的水泥地、石板路,可以在岩石、墙壁上盘结。海边的红树,会长出呼吸根、板根、膝状根、升高根和榄状根,以适应潮汐的淹没、海浪的冲击。

杂草丛生的价值

　　现代都市的绿化工程中，草坪大面积种植人工引进的植物，在整齐划一的管理下，那些没有经过人工养护管理，自然破土而出，发芽生长，开花结果的植物，被认为是影响美观，要清理拔除的"杂草"。

　　这些在本土生长了千百年的"自生植物"，具有强大的适应力和繁殖力。"杂草丛生"——种类多样的野草自主生长，事实上是一个相对多样化的生境，为多样的生物提供食物和隐蔽场所，形成了复杂的生物群落。与单一齐整的草坪相比，它呈现了更具野趣的城市景观，更加多样的自然生境。

　　深圳本地的数百种乡土野草中，许多野草有着秀美的形态，多彩多样的花朵和极强的生命力。它们种植简单，易于管护，"给点阳光就灿烂"。但愿我们能更具包容性，更多地了解乡土植物，顺应和借助自然力，科学地留住"杂草"，允许不同类型草坪的共存，让它们更加丰富这个城市的植被覆盖与自然生态。

一平方米的丰富。2021.07.03
金龟村口的一片草地和土墙上，有超过 10 种草本和藤本植物。一块好的草坪可以同时生长多种不同的杂草。有学者给这些杂草取了一个友善的名字，叫"自生植物"。

镰尾露螽的若虫在一点红的花朵上。2020.01.22
昆虫从卵到成虫基本上都离不开植物，植物的繁衍也离不开昆虫，昆虫是开花植物的重要传粉媒介。多样植物的草地有益于多样动物的寄居。

草坪中的线柱兰。2020.01.22
线柱兰、绶草、美冠兰被称为"草坪三宝"，这三种兰花都是非人工种植的野生兰花。对农田来说，有强大繁殖力的杂草会降低农作物的产量。但在农业已消失了的现代都市，杂草有一定的生态价值与人文价值。

一平方米的单调。2020.06.24
形成明显对比的是村中美观齐整的人工草坪，只有一种优势种南美蟛蜞菊。事实上，维护这样的单一，不仅耗费大量的营造管理成本，还伴随着化肥、杀虫剂和除草剂的污染。

①藿香蓟　　　⑤土半夏　　　⑨少花龙葵
②薜荔的生殖枝　⑥长梗黄花稔　⑩微甘菊
③薜荔的营养枝　⑦酢浆草
④桤叶黄花稔　　⑧黄鹌菜

黄鹌菜的花与果实。2016.05.07
都市的草坪上，黄鹌菜是不请自来、生命力顽强的本土野花。姿态婀娜，花色清雅，果实覆有一层白色柔软的绒毛，会像降落伞般在风中起舞。可惜的是，在都市的草坪上，这种顽强的野花还是会被园林工人定期清除。

草丛中藏身的纯色山鹪莺。2019.06.26
足够复杂的草地可以提供遮蔽，滋养以草本植物为食的无脊椎动物，这些无脊椎动物也是小型食肉兽类和鸟类的食物。

兰花在深圳

因为迷人、优雅、秀丽的外形，兰花不仅受到人类的喜爱，也吸引着各种动物追捧。

全世界的兰科植物有2.8万多个种，700多个属。南亚热带的深圳，温暖湿润的气候适宜兰花生长。已经记录到的本土野生兰花超过90种。

深圳的2000多种野生植物中，兰科植物是种数排在前5位的大家族。但在日常生活中，我们却很少有机会见到野生兰花。它们遭遇着生境的破坏、疯狂的盗采，只留下少数野生兰花生长在人迹罕至的山岭里。

深圳生长的164种国家珍稀濒危重点保护野生植物中，兰科植物的比例最大，占到81种。全世界所有野生兰科植物均被列入《濒危野生动植物种国际贸易公约》的保护范围，占公约应保护植物的90%以上，是植物保护中的"旗舰种群"。

深圳在梧桐山脚下建立的深圳市兰科植物保护研究中心，是中国濒危兰科植物物种保育最多的基地。

石仙桃。2016.05.07
石仙桃生着椭圆形的假鳞茎，假鳞茎是兰科植物特有的变态茎，贮存养分和水分。石仙桃玉石一般的花朵和碧绿的叶片就生长在假鳞茎上。

流苏贝母兰。2017.10.01
兰科植物最醒目的特征是它开放的花，花瓣中的"唇瓣"是兰花典型的特征。唇瓣在花蕊的下方，有吸引昆虫前来的"广告"和"标识"——蜜腺，也是留给昆虫降落停留的平台。

竹叶兰。2020.12.13
叶片像细竹的兰花。梅、兰、竹、菊是中国传统文化中感物喻志的重要象征，也是咏物诗和文人画中最常见的题材。兰花被寄寓了"人不知而不愠"、不求仕途通达、不沽名钓誉的高洁品格。

生长在灌木下的广东隔距兰。2019.11.09
广东隔距兰可以存活在土壤、树木和巨大的石头上。

金线兰。2017.07.29
金线兰生长在山岭沟谷阴暗的落叶腐殖土里，暗紫色叶片上布满金红色带有绢丝光泽的网脉，因此得名"金线兰"。因为人们疯狂地偷采滥挖，在深圳已很难见到金线兰的身影。深圳的大部分野生兰花要在人迹罕至的深山密林里才能见到。

在兰花上寻食的红腹土蜂。
2020.12.13
大部分兰科植物的花朵以花蜜、花粉作为报酬供给传粉昆虫。然而，有一些兰花并不为传粉者提供回报，只是模仿有报酬的花，甚至模仿雌性昆虫，诱骗昆虫前来传粉。

绶草。2020.04.19
绶草的花姿优美独特，晶莹剔透的小花在花序轴上呈螺旋状排列，有"盘龙参"的美称。

园林植物的使命

网红绿化树——黄花风铃木。2018.03.11

黄花风铃木原产南美洲，20世纪90年代引进中国，很快风靡深圳。黄花风铃木春天枝稀叶疏，2—4月开明亮的黄花，是一种"花叶不相见"的植物，花期结束后开始长出绿茵茵的叶子。

黄花风铃木漏斗形的花朵像一串串风铃。2018.03.11

在人类涉足之前，深圳的山岭覆盖着浓密、多样、常绿的南亚热带森林。人类到来和定居后，经过一代又一代人的开垦和砍伐，原始森林已荡然无存，取而代之的是耕种植物、果林和次生林。

深圳在从边陲小镇转变为现代都市的过程中，丛林、果树、稻田随着都市的推进急速消失，人与植物的关系也在改变——人们按照自己的审美和需求，把植物当作装饰和景观营造。园林植物已不是自由生长的生命，而是城市景观的一部分。它们在人安排的空间里生长，为人遮风挡雨、提供阴凉，要长成人需要的造型，要愉悦人的视觉，要按照人的意愿在不同的季节呈现不同的色彩。

这些从世界各地引进的植物，调动着躯体内所有求生的本领，适应着这片新的土地，装点着这个城市，竭尽全力地生根、开花、结果、繁衍下一代。

◀纪录短片▶
《公园里的小蜜罐》

深南大道南山段的绿化带。
2020.03.31
城市绿化带的作用不仅仅是美化城市，同时可以分隔交通线路、为行人遮阴，粘附空气中的颗粒物，减弱机动车行驶产生的噪声。深圳的一些行道树是20世纪八九十年代种植，许多已长成参天大树，应该加以保护。

当它是一棵行道树时，它还是什么？

1. 它是降温的空调

骄阳似火的夏日，我们为什么要躲在树下纳凉？为什么只要有成片的树木，周边的温度就会降下来？因为每一棵树都有日夜运行的蒸腾作用：树根从土壤里吸取水分，抽吸到树叶里，经过叶面的微细气孔释放，水分从液体转化为气体，吸收了周边的热量。

炽热阳光的直射下，一片树叶要比一片金属的温度低 20℃。在盛夏的深圳，一棵棵树是一个个降温的空调。

2. 它是空气净化器

每棵树都通过光合作用吸收二氧化碳制造有机物并释放氧气。在呼吸吞吐间，每棵树通过树叶的气孔吸收气体污染物，净化着这个城市里的空气。

3. 它是隔音墙、防护带和蓄水池

每年，台风侵袭深圳时，林带在树高的范围内可减缓风速 50%；在车水马龙的深圳街头，每 5 米的林带可降低噪声 1—2 分贝；1 万平方米的林地比裸露的地面多储水 3000 立方米。1 万亩树林的蓄水能力相当于蓄水量 100 万立方米的水库（一亩合 666.7 平方米）。

"叶如飞凰之羽，花若丹凤之冠"。
2019.06.11
鲜红的花朵与绿色的羽状复叶让凤凰木成为美丽的绿化树种。

大鹏古城里的凤凰木。2012.06.01
凤凰木被誉为世界上色彩最鲜艳的树木之一，树冠横展而下垂，浓密而阔大，是小区、街道最常见的遮阴树木。

开满一树润白色穗状花的小叶榄仁。2020.04.03

市民中心广场种植的小叶榄仁。 2020.03.31
盛夏时，行道树是往来市民的遮阴处。小叶榄仁主干浑圆挺直，枝丫自然分层轮生，向四周水平开展，像一把倒立的半打开的雨伞，是深圳常见的行道树。

木棉花的心机

小巧的暗绿绣眼鸟，整个身子都可以埋在花朵中。2016.04.08
木棉花吸引身材娇小嗜蜜的太阳鸟、绣眼鸟，许多体形巨大的
鸦科鸟类也会来解馋。

迷恋美食的红耳鹎。2016.04.08
每朵木棉花有 5 束雄蕊与 5 片花瓣相对应。图中，雄蕊簇拥
的一根长长的雌蕊清晰可见。

赶来赴宴的红嘴蓝鹊。2016.05.02
红嘴蓝鹊食性庞杂，荤素兼容，吃昆虫、植物果实，当然也不
会放过花蜜。

身为热带和亚热带生长的落叶大乔木，木棉树每年 3—4
月开花，木棉花盛开的时节，一棵树就变身为众鸟的食堂。
这个季节正是留鸟积蓄能量、交配产卵的时候，木棉树为这
些鸟儿奉献了一份营养。

挺拔的木棉树开花后，最兴奋的不是蜜蜂和蝴蝶，而是
鸟儿。鸟的视觉远远超过味觉，为了吸引它们，木棉开放的
花朵鲜红而招摇，硕大的花体为各种身形的鸟儿留出了足够
的空间。

花是树木的生殖器官，雄蕊将花粉传授给雌蕊后才能结
出延续种群的果实。只是，木棉的雌雄花蕊并不会直接接触，
要依靠各种"媒婆"。"工于心计"的木棉设计了一套抓大
放小的戏法：盛开的木棉花每天能分泌巨量的花蜜，藏在花
朵的底部，这些花蜜只有 15% 左右的含蜜量。稀淡的花蜜
让蜜蜂、蝴蝶、蚂蚁们毫无兴趣。但对鸟儿和松鼠来说，一
朵朵木棉花，就是一杯杯既能解渴，又能充饥的上等美食。
食客们一次次地探身，都是在为木棉有效地传粉受精。

赤腹松鼠的美食。2016.04.08
一朵木棉花像一只碗，除了能自产花蜜还能接存雨水，吸引有各种需求的食客。

英雄和美人

在深圳，木棉和美丽异木棉都是人们喜爱的明星树。分类上，木棉和美丽异木棉是同属锦葵目木棉科的落叶乔木植物，但之后分道扬镳，木棉归了木棉属，美丽异木棉归了吉贝属。

这两种明星树最醒目的区别：木棉每年春天 3—4 月开花，进入夏天后果实成熟；美丽异木棉每年秋冬 10—12 月开花，来年的 5 月前果实成熟。不过，在温暖湿润的深圳，加上人们按照自己的需求培育改良，两种树的开花和结果的时间有时也有点凌乱。

木棉和美丽异木棉开的花差异极大。木棉的花朵像一团团燃烧的火，粗犷豪放，被称为"英雄花"。相比之下，美丽异木棉的花更纤细柔弱一些，被人称作"美人树"。

高大挺拔的木棉树。 2019.05.06
花开不见叶，叶出不见花。花期内，木棉花通常不长叶子，有时只在枝梢长出一些嫩叶。

有啤酒肚的美丽异木棉。 2019.05.08
美丽异木棉树干下部膨大，像一个巨大的酒瓶。

木棉的果实。 2017.04.06
在众鸟和各种食客的帮助下，授粉充足的木棉花约有 20% 能结出椭圆形的蒴（shuò）果，形状如一只小瓜。果实开裂后，木棉絮会四下飘飞，棉絮里包裹着黑色的种子。棉絮会带着种子随风传播到尽可能远的地方。

白喉红臀鹎与木棉花。 2017.05.06
木棉的硕大花朵可以容得下一些体形小的鸟。

美丽异木棉的果实。 2017.04.20
美丽异木棉的果实像一个小棒槌，里面包着棉毛，种子夹在其中。

与木棉的花朵相比，美丽异木棉的花朵相对纤细一些。 2016.04.28

415

竹，树一样的大草

毛竹。2017.08.18
毛竹是中国栽培历史最悠久、栽种面积最广、应用最多的竹子。中国是毛竹的故乡，长江以南生长着世界上 85% 以上的毛竹。毛竹最高可以长到 20 多米。

一棵香樟树长到 10 米高，至少要 20 年，而同样高的毛竹通常只需 2 年。

树的生长点在树冠，分裂的细胞让树木一点点伸向天空，竹子的生长点在每个竹节，每个生长点同时发力，让竹子迅速生长。根据植物学家的记录：毛竹一天 24 小时里长了 1.18 米——这可能是植物一天生长高度的最高纪录。

竹子旺盛的生命力还来自地下的根茎——竹鞭。竹鞭会像树根一样朝各个方向蔓延扩张。与树根不同的是，竹鞭上有许多生长点，每个生长点都会长出一个锥形的笋尖，接着长成新的竹子。竹鞭又会蔓生出新的竹鞭，发笋成竹，绵延不绝。

竹子是草本植物，能像草一样速生，一年长高十几米，又可以像树一样活十几年。竹和树的区别是，竹子不能像树那样独立成木，要成群结队地相伴生长，也不会像树一样留下年轮。

竹子，算得上是"树一样的大草"。

小叶龙竹。2020.05.17
竹子是东方的植物，除去稻米，再没有一种植物像竹子一样影响着亚洲的饮食、建筑、艺术，甚至人们的为人。在中国，修长静雅的竹子，是君子的象征和典范。

台风过后的竹林。2019.03.02
竹子身体内丰富的纤维、密实的木质化细胞、中空的竹节和密闭的节间，给予了竹子强大的韧性和硬度。粗壮的竹子会随风而动，弯腰躬身，前仰后合，用柔顺的姿态对应来自各个方向的风，反而不会轻易被吹倒。

竹子的地上与地下

竹节

竹子生长的节奏有快有慢，给竹子带来的影响是竹节的长短不一。

竹鞭

竹子的"根本"。我们在地面上看到的竹，并不是它全部的生命体，竹的"根本"埋藏在土壤中，那是大多数人都很难见到的地下茎——竹鞭。横走地下的竹鞭上有节，节的侧面生芽，有的发育成笋，生长成竹，有的发育为新鞭。一片竹林里，地上竹子分立，地下竹鞭连成一体。

生长的竹子

竹子的生长点在每个竹节，每节都同时拉长，所以生长速度很快。一旦竹节外面包裹的鞘开始脱落，竹子就停止生长了。

竹笋

竹笋是竹的幼芽，短壮嫩肥，是中国的传统美食。秋冬时，竹芽还没有长出地面，挖出来就叫冬笋。春天长出地面的竹笋就叫春笋。

生长中的勃氏甜龙竹。 2020.12.13
竹笋萌发，竹节拔高，到生长完成后，竹子虽然还是郁郁葱葱，绿意盎然，还会成活许多年，却停止了生长，不会再变高，直径也不会增加。

黄金间碧竹的主干。 2020.12.13
竹子的维管束集中在茎的外层，增强了主干的韧性，中空的竹节和密闭的节间增加了竹子的强度。

春笋优美造型的启发。 2020.05.16
竹子幼苗节节攀升的外形、蓬勃的生命力成为建筑设计师灵感的源头。

417

水生植物，花样生长

在天然的山涧、河流、湖泊、泥沼、海岸、滩涂上，在人工的水库、公园、池塘、沟渠里，依水而生的水生植物随处可见。

狭义的水生植物是指那些一生都离不开水的植物，像莲花、浮萍，它们的生长必须在水体中。广义的水生植物包括了那些生活史中有一段时间在水里的植物，有些水生植物只是生长在近水的环境或潮湿的土壤中，像芦苇和银叶树。

每一种生命在自己特有的生活环境里演化出特定的结构和功能，用来适应特有的环境。水生植物要适应的生境有水体淹没、氧气缺乏、潮湿泥泞的土壤等。依照水生植物的生活方式，可以分为 5 大类：挺水植物、漂浮植物、湿生植物、浮叶植物、沉水植物。

挺水植物

挺水型水生植物根生于泥土中，茎、叶挺出水面，花开时离开水面。根系的氧气通过茎叶内的通气组织来供应。

水烛是多年生的挺水植物，是中国传统的水景花种，被人们广为种植，可美化水面和湿地。2020.01.05

水烛开花时像是一根根粗壮的蜡烛插在枝叶上，上方的是雄花序，下方的是雌花序。2020.08.06

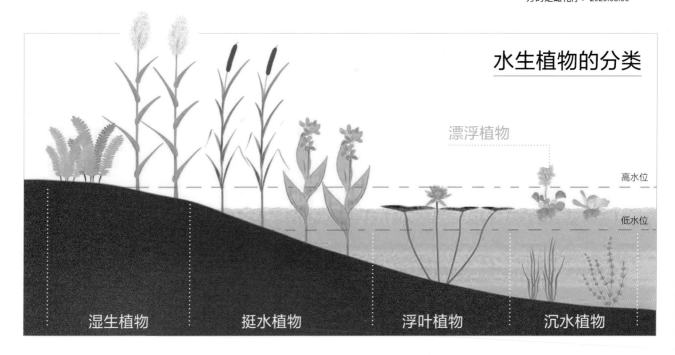

水生植物的分类

漂浮植物

高水位

低水位

湿生植物　　　挺水植物　　　浮叶植物　　　沉水植物

漂浮植物

漂浮型水生植物植株漂浮水面，随水流四处漂泊。根系没有扎根在泥土里，而是沉在水中，有些还长着特化的气囊，便于漂浮。

浮萍营造的小世界。 2017.04.08
浮萍是多年生的浮水植物。与一般的植物不同，浮萍没有明显的枝叶。叶状的躯体里布满通气组织，贮存的气体可以让浮萍漂浮在水面，一片丛生的浮萍是蝌蚪、螺和蜻蜓活动的居所。

浮叶植物

浮叶型水生植物长出阔大的浮水叶，叶片上生出蜡质和绒毛，让水滴和泥尘无法停留在叶子表面，保证气孔通畅。浮叶植物水下的根系或地下茎扎在泥土里生长。

阳光粉睡莲。 2020.04.02
睡莲是多年生浮叶型水生草本植物。在传统文化里，睡莲同莲花一样被视为洁净、美丽的象征，出淤泥而不染，是城市公园中水体净化、绿化、美化的常见植物。

湿生植物

湿生植物是河湖的岸边或浅水区的植物，生长在潮湿的土地上，从高大乔木至低矮草本植物。在深圳，最典型的湿生植物是河流入海口生长的红树。

落羽杉。 2014.01.06
落羽杉是高大的落叶乔木，这种古老的"孑遗植物"在深圳最高可以长到 20 米。其树形修长，羽毛状的叶丛入秋后会变为古铜色，给四季常青的深圳带来少见的秋冬景象。

沉水植物

沉水型水生植物整个躯体沉入水中，叶多为狭长或丝状，躯体的各部分都可吸收水分和养料，通气组织发达，在水下也可以进行气体交换。

苦草。 2018.06.28
苦草是多年生沉水草本植物，生长中可吸收水中的重金属，降解水中的有机物。水生高等植物是湿地系统的重要组成部分，重建水生植物可以改善水质和使生态修复。

莲花，一种佛系生存的植物

莲，是从水底生长出来的草本植物，不管水底的淤泥多么肮脏，不管湖中的水有多少污秽，莲叶出水时，花朵绽放时，都干干净净。

在出泥出水前，莲的叶子会对折卷成筒状，紧贴叶柄，泥巴黏附不上。花蕾也是如此，出泥前有萼片包裹，层层紧抱，阻隔了泥巴的进入。

在显微镜下，可以看到莲叶表面附着着无数个微米级的蜡质乳突，具有强大的疏水性。洒在叶面上的水会自动聚集成水珠，水珠的滚动把落叶面上的尘土污泥带走，使叶面始终保持干净，这就是"荷叶效应"。

荷叶自洁能力。 2019.07.07
荷叶上的水会自动聚集成水珠，水珠的滚动把落在叶面上的尘土污泥粘吸带离，使叶面始终保持干净。

古老的植物。 2016.08.01
莲，又名荷花、莲花，莲、荷是同一种植物的不同名称。1亿3500万年以前，莲就生长在北半球的许多水域，是冰期以前的古老植物，和水杉、银杏一样，都是"植物活化石"。

莲花的水上和水下

莲花

莲鞭上的分节，向上抽出荷叶和荷花。每节只能长一片叶子和一朵花，荷花与立叶并生，不同种类的荷花有着不同的形态和颜色。

叶柄

圆柱形的叶柄，最高能长到1—2米，粗壮、中空，是一株莲传递养分的通道，也是连接水下水上的生命线。

莲叶

莲花叶片宽大，像巨大的圆形盾牌，叶面布满肉眼不可见的细小腊质乳突，能让雨水凝成滚动的水珠。

新叶

卷折出水的莲花新叶，对折卷成双筒状，紧贴叶柄，两端尖尖，这样出泥出水时可以减少阻力，也不会粘上泥巴。

莲鞭

莲藕顶端萌发新芽后，生长成地下茎，形状像鞭子，称为莲鞭。细长的莲鞭分许多节，每节都有像胡须一样的不定根。

莲藕是莲花储藏养分的器官，是生活中的美食。当我们把莲藕折断时，会看到许多的细丝慢慢拉长也不会马上断掉，这些细丝是运输水分和无机盐的导管，和人体的血管一样，只不过莲藕的导管是螺旋形的，平常盘曲着，有一定弹性，能够伸缩，莲藕折断后，这些细丝很像被拉长后的弹簧，可以拉到一定长度，在弹性限度内不会被拉断。"妾心藕中丝，虽断犹连牵"，这就是"藕断丝连"里的藕丝。

莲藕

莲鞭在水下生长，先端膨大就形成了莲藕，横生在淤泥中，是人类已经享用了数千年的美食。莲藕的横断面有许多粗细不一的孔道，是莲藕适应水中生活形成的气腔，这样的气腔在叶柄、花梗里都有。它们相互贯通，空气从叶片的气孔进入，通过茎和叶的通气组织，进入地下茎和根部的气室。整个通气网络通过气孔交换外界的空气，保证了莲的水下部分即使长在不含氧气或氧气缺乏的污泥中，也能有足够的氧气。

莲蓬

莲蓬又称莲房，是埋藏荷花雌蕊的倒圆锥状海绵质花托，花托表面具有较多散生蜂窝状孔洞，周边围绕着一圈雄蕊，受精后逐渐膨大为莲蓬。每一孔洞内生有一枚小坚果，这就是莲子。

莲子

莲子长在莲蓬里，呈椭圆形，果皮是革质的，新鲜的时候绿色，熟透变为黑褐色。果皮剥开就是洁白的莲子。

滨海植物，面朝大海的生存本领

对大多数植物来说，"面朝大海"并不是一个诗意的生境，它们要承受海风和台风的吹袭；要忍受烈日的暴晒和高温；要经历潮涨潮落带来的浸泡和扑打；要面对礁石的坚硬，沙地的松软；要应对土壤里养分的缺乏，高盐分的威胁……

在深圳 260.5 公里长的海岸线上，每一种植物都有一套对应严酷环境的策略、本领和方法。每一种能存活到今天的滨海植物，都是自然演化进程中的胜出者。

海边的露兜树生长着暴露在空气中的气根。2018.05.10

南方碱蓬。2020.12.06
生长在海边的多肉植物，可以无性繁殖，利用不定根的茎快速蔓延生长。

多样的根系

多样的根系是滨海植物适应海岸生境必备的特征，为了更多地汲取养分，抵御风浪。有的滨海植物在枝干上长出不定根，处处扎根，既可多一些汲取水分、营养的渠道，又能更好地稳定躯体；有的长出气根，可以吸收地下的水分，又可以吸收空气中的水分；有一些高大的滨海树木长出板根，形成坚固的基座抵御台风。

坝光盐灶村里的数百年的银叶树林，长满板根。最高的板根接近两米。2013.11.06

应变的叶子与花果

咸淡交替，风来雨去，潮涨潮落，日晒雨淋，松散的沙地，坚硬的礁石……滨海的生存环境千变万化，滨海植物用多样的方式适应。有的植物长出肥厚的叶子，用来储存水分，有的叶子甚至是革质的，就像打了一层反光的蜡，可以减少水分的散失。滨海植物枝拙、叶厚、果实简朴，能在咸涩的海风中、暴烈的阳光下、营养匮乏的土壤中生长、开花、结果。

木麻黄长出松针一样的叶子，减少水分的蒸发。纤细的花朵是暗绿绣眼鸟的食物。2019.04.17

西涌海滩上绵延的木麻黄林。2019.11.13
木麻黄耐干旱也耐潮湿，能在海岸的疏松沙地上生长，是海边防风绿化的优良树种。

厚藤的花。

沙滩上的厚藤。2018.04.30
厚藤的节上会生出不定根，一边攀缘生长，一边向下扎根，厚藤开花时有点像北方的牵牛花。它不像牵牛花那样缠绕攀爬，而是伏地而生，贴着沙滩生长，把海风吹袭的影响降到了最低。

草海桐的花。

礁石上伏地而生的草海桐。2018.05.10
海面空旷无阻，即使微弱的空气流动也会放大为粗犷的海风。海岸植物要能承受强风甚至台风的吹袭。有些植物凭借低矮的躯干，甚至伏地而生，以消减海风的影响。草海桐生长在土壤稀少的礁石中间，蜡质的油亮叶子、平滑的枝干和只开一半的花，都是适应贫瘠、高盐环境的绝招。

423

再没有一种树和深圳人如此相像

在深圳 260.5 公里长的海岸线上，生长最多的植物就是红树，它是唯一在海滩上生长并可承受海潮浸润的植物。

因为选择了在大地和海洋的交接处生长，一棵红树的一生，会遇到无数的磨难：涨潮的海水会淹没低矮的幼苗，让它无法呼吸；退潮会带来"干旱"，带走养分；栖息的滩涂湿地脆弱而不稳定，扎根的土地中含有致命的高盐量……

面对生存环境的严酷和威胁，红树进化出了应对的办法：它长出密集而发达的支柱根，牢牢扎入淤泥中，形成了稳固的支架；它长出呼吸根，挣扎着伸出水面吸取空气；它将体内的盐分聚集在肥厚光亮的叶片里，形成晶体，落叶时，盐分便随树叶脱落；最奇特的是，它还会用胎生繁殖后代，增加种子的生存机会……

红树生活在大陆和海洋的交接处，聚合在一起，组成丰富的生态系统，在严酷的环境中找寻生机，在迁徙的过程中落脚生长。如果用诗意的语言表述，就是再没有一种树和深圳人如此相像。

深圳湾，退潮后的海桑。2016.12.03
海桑根部的指状呼吸根可以保证涨潮后依然可以呼吸到空气。

红树的"红色"。
2019.03.09
红树的"红"得名于红树科植物富含的单宁。单宁在空气中容易被氧化，呈现红褐色。

福田红树林自然保护区里绵延的红树林。2012.04.12
全世界有 100 多种红树植物，生长在深圳的超过 30 种。只生长在海岸潮间带的红树被称为真红树；有些红树同时能在潮间带和内陆生长，被称为半红树植物。在红树林中，还生长着草本及藤本的红树林伴生植物。

秋茄胚轴

鹗

大弹涂鱼

藤壶

红树胎生苗

支柱根

出水通气根

膝状根

黑脸琵鹭

蟹洞

弧边招潮蟹

贝类

米氏耳螺

红树，多样生命寄居的楼房。

红树茂密生长的湿地，是世界上物种最多样化的生态系统之一。每一棵红树都是多样生命寄居的楼房。树的顶层是鸟雀的落脚处，树叶和树干上栖息着蝴蝶、甲虫、蜘蛛；根部居住着螃蟹和贝类；浸泡在海水中盘结的根是鱼虾和浮游生物的庇护所。凋落的枝叶，盛开的花朵，成熟的果实是寄住者的食物，鸟、鱼、

蟹、贝类和浮游生物弱肉强食，组成了生生不息的食物链，围绕着红树，所有的生命相依相存，环环相扣。

砍掉一棵红树，犹如拆毁了一座许多生命寄住的楼房。

用叶片的泌盐孔来排盐的蜡烛果。 2020.02.29

红树生长在海边，海水和土壤富含盐分，大量的盐分侵入体内。一些红树具有"泌盐"功效，依靠体内的循环系统，将体内的盐分聚集在肥厚光亮的叶片上，形成晶体，落叶时盐分便随树叶脱落。

秋茄树胎生的胚轴。 2019.03.07

胎生是红树植物特殊的繁殖方式。一些红树植物如秋茄树、木榄、蜡烛果的果实，在离开母树前就从树上吸取养分，发育成尖锐棒状的胚轴，成熟后从母体脱落，插入软泥中发育生长。如果落在海水中，会浮在水面随潮水漂流。胚胎表皮含有单宁，不易腐坏，一旦漂到合适的泥滩，胚胎就能萌芽生根，开始生长。

蕨，朴实而古老的生命

植物最吸引人的是花朵和果实。遍布深圳的蕨类植物，既不开花，又不结果，依靠微小的孢子繁衍。所以，我们常常忽略了这些外形矮小、朴实淡静的植物。

3亿多年前，最早的蕨类登上陆地。1亿8000万年前的侏罗纪时代，陆地上的霸主恐龙，穿行在树蕨的"森林"中觅食。那个时代的蕨高大、茂密，和恐龙一起盘踞着大地。漫长的岁月里，剧烈的气候变化与地质动荡后，那些高大的树蕨被埋在了地下，在温度和压力下，绿色逐渐褪去，生成了今日的黑色财富——煤。蕨类植物是煤的源头之一。

全球现在有11300种蕨类植物，中国约有2000种，在深圳已发现184种。深圳的气候温暖湿润，蕨类植物几乎遍布每一个角落。它们是植被中草本层的重要成员，也是敏感地测试环境变化的指示植物。

先行者芒萁

芒萁是深圳最常见的蕨类植物。一片山地被大火烧过之后，地表一片焦黑，一般在10天之内，就会有点点绿意冒出来，它们大多就是芒萁。一片丛林被砍伐，土层被挖掘之后，裸露的黄土上最先长出的植被，也常常是芒萁。成片的芒萁可以覆盖在其他植物难以适应的干燥酸性土壤上。

芒萁叶子可以一生二、二生四地分枝，最多要分到八次。这种分枝最大的好处是：芒萁的每一个叶片都可以最大可能地接收到阳光。

贫瘠土壤里生长的芒萁。2017.03.02
芒萁叶子可以一生二、二生四地分枝。

孢子繁殖：古老而成功的方式

开花，授粉，结果，传播种子，是我们通常理解的植物繁衍后代的路径。只是，自然永远为你呈现着超出想象的多样性：一些植物一生都不会开花，也不会结出果实，却没有耽误繁衍大事。苔藓、蕨类和藻类植物依靠独特的孢子繁殖后代。

蕨类植物在蕨叶背面长着形状多样的孢子囊，微小的孢子孕育其中，随着流动的空气、流水散落在适宜的生境里，就可以直接发育生长。

孢子是古老而成功的繁殖方式之一，在几十亿年前的藻类植物中就已经盛行。孢子这种简单的繁殖方式蕴含着"先进性"：高效的传播，被猎食者伤害的机会减少，对环境有强大的适应力。

金毛狗蕨似虫卵样的孢子囊群。2019.02.07
一粒粒排列在叶片垭口处。孢子植物原始的繁殖方式为有花植物复杂的生殖模式提供了进化的基础。

巢蕨。2019.01.11
一片片长长的叶子围成一圈，就像筑在树上的鸟巢。叶片背后的褐色部分就是繁殖的孢子囊群。

蕨类植物的观察

蕨叶的正面

叶柄

蕨叶

蕨类植物没有花、果实、种子，以叶子为主体。和其他植物比较起来，叶子在整个躯体中占最大的面积，可以在茂密的丛林里获取更多的阳光。

嫩叶

不管在什么地方，只要看见了幼叶呈卷曲旋转的形状，就可以确定是蕨类植物。世界上再没有一种蕨类以外的植物的幼叶是卷曲旋转的形状。

蕨叶的背面

成熟的叶片背后可以看到孢子囊群。蕨类主要依靠孢子繁殖。孢子的大小和细胞差不多，肉眼无法看见。孢子一般以 64 颗为一组藏在孢子囊里。

根

地下茎

深圳物种档案

SHENZHEN SPECIES ARCHIVES

伏石蕨

学名: *Lemmaphyllum microphyllum*

水龙骨目 水龙骨科 伏石蕨属

顾名思义，伏石蕨成群结队地蔓生匍匐在树干、岩石甚至建筑物的墙壁上。

夏日里阳光暴晒，岩石和墙壁表面温度急升，伏石蕨依然郁郁葱葱，得益于其多肉植物一样的外形。伏石蕨是适应旱生生境的"高手"，细长的根茎有鳞片保护，耐得住高温。它的叶分两型：营养叶和能育叶（孢子叶）。营养叶圆胖，像多肉植物叶片，可以储存大量水分和养分，负责进行光合作用，制造养分，生长的方向和光源垂直，可最大量地吸收阳光。能育叶细长，生长的方向和光源平行，负责制造和传播孢子，承担种群繁衍的任务。因它们比营养叶高，能有效地借助风力，将孢子传播出去。

伏石蕨有二型叶，圆胖的叶子是营养叶，细长的叶子是能育叶（孢子叶）。

蕨类植物的新叶，小拳拳打动你的心

蕨类植物卷叠的新叶，被称为"拳芽"，拥有着萌美、柔情却充满科技感的造型。它们像初生婴儿握住的拳头，像少女凝神低头的侧影，像大地充满好奇的问号……

长成后的蕨叶，形状像鸟的羽毛。蕨类植物的叶是身体最重要、所占面积最大的一部分，凝聚了上亿年适应环境的智慧：在多雨潮湿、阳光炽热的深圳，宽大的叶子可提升吸收水分的能力，扩大接纳阳光的面积。而在寒冷干燥的高纬度地区，蕨类植物的叶子面积较小，常常覆盖着鳞片和绒毛，以减少水分的流失。

蕨类植物"拳芽"的螺旋结构，似乎传递着这个蓝色星球上自然力的信息：生命的永恒转动和循环不息。

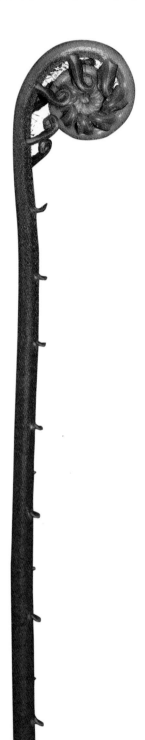

中华里白。2019.01.24

粤里白。2019.01.24

假毛蕨。2016.02.21

断线蕨。2019.01.24

大叶骨碎补。2019.01.24

紫萁。2016.02.21

　乌毛蕨。2019.01.24

福建莲座蕨。2020.05.17

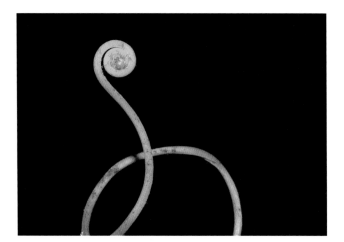

小叶海金沙。2016.01.23

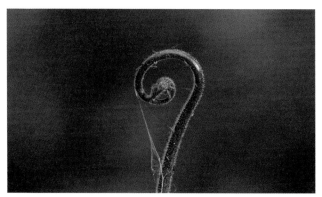

三叉蕨。2019.03.13

镰羽瘤足蕨。2016.03.27

华南毛蕨。2019.01.24

羽裂圣蕨。2019.03.20

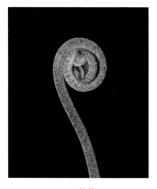

芒萁。2019.01.17

疏裂凤尾蕨。2019.03.13

亮鳞肋毛蕨。2016.02.21

如果恐龙回到深圳，会在哪里安家？

在电影《侏罗纪世界》中，体形矮胖、如装甲车一样的甲龙给大家留下了深刻印象。这类看似狰狞恐怖的家伙其实是一种性情温驯的素食性恐龙。其实甲龙曾经在华南地区也有分布，2018年命名的中国缙云甲龙，就分布在远古时期的福建、浙江一带，离深圳最近的惠州一带也发现过甲龙的化石。

如果有一天，这些生活在亿万年前的素食恐龙再回到深圳，它们会选在哪里安家？它们首先会在塘朗山、田头山、七娘山深处落脚，因为在这些人迹罕至的山谷里，依然生长着甲龙们喜欢的食物——桫椤（suō luó）。

1.8 亿年前，桫椤曾是地球上最繁盛的植物，见证过恐龙统治地球。它们是巨型食草恐龙喜爱的食物。

"孑遗植物"的藏身地。2012.08.04
位于市中心的塘朗山，人迹罕至的山谷里，遗留了一些古老的植物。走入其中，仿佛穿越到侏罗纪晚期，茂密的丛林中，有一种会与恐龙相遇的幻觉。

笔筒树。2017.11.03
笔筒树是桫椤科植物。老叶枯萎后会立即脱落，在树干上留下一个个圆形的叶痕，犹如蛇皮上的纹路，所以又被称为"蛇木"。

以植物为食的甲龙。
全身披着"铠甲"的甲龙，后肢比前肢长，身体笨重，只能用四肢在地上缓慢爬行。在临近深圳的惠州已发现甲龙的化石，说明在远古时期，甲龙也可能生活在深圳这片土地上。

像树一样的蕨。 2013.09.26
桫椤是已发现的唯一乔木状蕨类植物，体形高大，有树的外形，又被称为"树蕨"。实际上桫椤徒有木本植物的外表，没有树皮和树心。

子遗植物：山岭里的"遗老遗少"

在漫长而遥远的时代，深圳的山岭里生长着茂盛的华南热带季雨林和常绿阔叶林。由于一代又一代人的砍伐、开垦、修建，大部分原生森林植被已荡然无存，随后生长起来的次生林，也大都消失在一个接一个的工程和一次又一次的种植中。只有在人迹罕至的溪谷深处，在水源保护区的深处，零星分布着一些原生、多样、珍稀的植物。

有一些植物，种族里的亲戚都已灭绝，只能从化石去辨认。极少数种类在气候和地质剧变的浩劫中侥幸活了下来，孤独地生长在零零落落的地点，这类植物被称为"子遗植物"。这个对植物的定义有点像形容前朝的遗老遗少。深圳的"子遗植物"有国家二级保护野生植物桫椤和以深圳地名命名的国家一级保护野生植物——仙湖苏铁。

粗齿桫椤卷叠的新叶"拳芽"。 2019.03.22
桫椤对生境变化敏感，是检测环境污染的指示性植物。

苏铁蕨。 2020.05.17
苏铁蕨是国家二级保护野生植物，于数亿年前古生代泥盆纪时代出现，在地球亿万年激荡的变迁中存活了下来。

粗齿桫椤的叶片。 2016.11.27
粗齿桫椤是木本蕨类植物，是深圳本土生长的国家二级保护野生植物。古老的子遗种桫椤科植物，是探究古生态环境、恐龙兴衰、地质变迁的线索之一。

苔藓，
白日不到处，青春恰自来

苔藓，是结构最简单的高等植物，只有几厘米甚至几毫米高，不开花，不结果，用孢子把自己繁衍成了植物界里仅次于被子植物的第二大家族。

◀纪录短片▶
《苔藓：白日不到处，
青春恰自来》

苔藓，是最早在大地上繁衍的陆生植物，是世界上吸水能力最强的植物，也是分布最广、适应性最强的植物之一。另外，苔藓还是监测空气污染程度的指示植物。

全球记录到的苔藓植物约21000种，中国有3000多种，深圳有记录的苔藓植物超过250种——从梧桐山云雾缭绕的岩壁到梅林公园枝叶茂盛的树干，从大鹏半岛人迹罕至的古道到居民小区里阴暗潮湿的排污沟，苔藓都可以落脚生长，我们都可以见到它伏地而生的矮小身影。

"白日不到处，青春恰自来。苔花如米小，也学牡丹开。"（清代袁枚《苔》）细细探究这种绿地毯似的低矮植物，有着别样的美丽。

泽藓。2019.03.28
苔藓喜欢生长在半阴的环境中，但需要一定的散射光线，最适应的是潮湿环境。

粗叶白发藓。2021.10.06
苔藓是陆生高等植物中结构最简单的类群。本身没有支撑与输送营养的维管系统，但能通过毛细作用将水从地表或空气中吸入。

柔叶真藓。2016.04.03
苔藓是一种微型的绿色植物，结构简单，仅包含假茎和假叶两部分，有时只有扁平的叶状体，没有真正的根。

地钱。2016.02.23
苔藓生长在除海洋外的各种生境中。在植物的进化进程中，苔藓植物代表着从水生逐渐过渡到陆生的类型。

用情专一的合作。2020.01.25
生长在树干上的地衣。大多数情况下，地衣中的一种共生菌只与一种特定的共生藻生活，有着不可替代的专一性。

地衣，检测大气污染的指示物种

科学家们把地衣和苔藓都作为检测大气污染的指示物种，不仅因为它们几乎遍布陆地上的每一个角落，还因为它们对污染的敏感性远远超过大多数的维管植物。

在深圳生长的大部分地衣，是如此矮小，就像涂抹在岩石、树干上的油彩。全世界有 2 万多种地衣，中国生长的超过 3000 种。深圳没有对地衣的专业统计，香港记录到的地衣有 260 种。

地衣归类为真菌，却是真菌和藻类共同组成的有机体，是一个微型的生态系统。地衣内的共生藻进行光合作用，为整个地衣制造养分；地衣内的共生菌吸收水分和无机盐，让共生藻保持湿度，得到光合作用所需的养料。藻类和菌类互利互惠，相依为命，才能长成完整健康的地衣。

地衣是自然界里共生特别突出的生物类群，对环境的变化也最敏感。不同的污染物会打破地衣共生结构的平衡，导致地衣病变和死亡。

对环境变化极为敏感的地衣（左）和苔藓（右）。
2019.09.14
地衣没有通常植物拥有的根、茎、叶来整体吸收外界带来的物质。当其他高等植物对环境的反应都还没显现之时，地衣的反应已经非常强烈。

色彩斑斓的地衣。2017.06.10
地衣貌似简单，却有多样的颜色、多样的生长型和特殊的内部构造。

毒过蛇蝎，植物的化学防御

绿化植物中的毒物：海芋。2019.03.06
2019 年 3 月，深圳一家三口挖采"土淮山"回家煲汤，全家中毒。事后证实，所谓的"土淮山"是有毒的绿化植物海芋的根茎。

海芋的果实对人有毒，却是白头鹎的美食。
2019.04.17
基本的常识是，绝对不可以参照动物会不会吃来判断对人有没有毒。

有一个数字出乎意料：在深圳，野生植物给人带来的死亡数字远比野生动物高。我们常说，毒如蛇蝎，事实上，在深圳因采食有毒植物而死亡的案例，远远多于毒蛇致人死亡的案例。

植物为什么有毒？这是自我保护的策略，中文里的"植"是固着不动的意思——固定生长是植物与其他生物类群最大的不同。面对不会停歇的伤害和危险，无法奔走逃命的植物，演化出了保护自己的方法。

植物的自我保护功能有两种。一种是物理防御，利用锐利的针、刺和荆棘抵御动物的啃咬，有些植物长出细密的纤毛也是抵御昆虫的城墙。还有一种是化学防御，让身体产生某种毒素，给食用者和接触者带来苦楚、伤痛，甚至死亡，是最有效的防御武器之一。

深圳的有毒植物，除了生长在山野里的，也有人工栽培的。植物中毒最常见的方式是入食，其次是接触引起过敏。

类似事件一遍又一遍提醒我们：我们每天吃的食物是祖先长期驯化的成果，这些食物的共同特点是安全、可留种繁育，那些有毒植物经过尝试后已被排除出我们的食谱。无论是在深圳郊野行走，还是在公园小区游玩，都不要随意采摘食用任何植物，也不要捕捉猎食任何动物。这不仅是爱护野生动植物的生命，也是爱惜自己的生命。

身边的有毒植物

黄花夹竹桃。2018.05.13
市区里常见的绿化植物。大部分夹竹桃属的植物都有不同程度的毒性。

海杧果。2018.09.06
果皮光滑，外形非常像杧果，引起中毒大多是因为果实像杧果被误食。

木本曼陀罗。2020.04.09
全株有毒，果实和花剧毒。

蓖麻。2010.12.04
蓖麻全株有毒，种子毒性最大。蓖麻种仁所含的蓖麻毒素，是已知最毒的植物蛋白素之一。

钩吻的花。2014.11.30

深圳毒王：钩吻（断肠草）

钩吻，这种貌不惊人的常绿藤本植物，只有在黄色花朵开放的季节，才会显现一丝亮色。

钩吻毫无疑问是深圳最毒的植物，通常被称为断肠草，毒素遍布全身，根、茎、枝、叶、花都有毒。它体内所含的生物碱——钩吻素是效力强大的神经抑制剂，人中毒后心跳和呼吸会逐渐放缓，严重的会因为呼吸系统麻痹而死亡。

传说华夏民族的先祖神农有一副透明的肚肠，能清楚地看见自己吃到腹中的东西，他尝尽百草，为百姓发现了五谷和草药。有一天吃下了钩吻，眼看着自己的肠子断成一截一截，就这样命丧黄泉。

在广东，发生断肠草中毒的原因大都是将钩吻认作金银花而采食。这种致命植物，却是一些家畜的美食良药。在华南，钩吻又被称为猪人参，可以驱除猪肚里的蛔虫。

钩吻的果实。2016.05.01

山橙，毒果之一。2020.12.11
橙红色的果实在秋冬日的深圳山野里美丽而醒目。对人类有剧毒的山橙，却是猕猴和一些鸟类的美食。

颠茄（牛茄子）。2011.02.21
果实成熟时为橙红色，跟我们日常食用的西红柿有几分相似。颠茄未成熟的果实毒性大。

马利筋。2016.10.21
常见绿化植物，全株有毒。

羊角拗。2008.12.27
全株含毒，尤其种子毒性最强。

外来植物和入侵植物

植物学家们公认，一个地方遭遇外来植物入侵的严重程度与经济的发展水平成正比。深圳是中国经济发展速度最快的城市之一，也是受入侵植物危害最严重的城市之一。2018年出版的《中国外来入侵植物名录》记录了48科142属239种入侵植物，其中在深圳生长的接近100种。

在这个急速扩张的移民城市，40多年里从世界各地移植而来的植物超过1000种，接近本地原生乡土植物的二分之一。深圳的外来植物，大多是作为绿化与观赏植物引进，也有一些是不请自来——

借助风力、洋流自然传播到深圳。深圳是每天进出数十万人、上百万吨货物的口岸城市，外来植物也会随着游客、商品来到深圳。

外来植物中，一些强悍的种群有着强大的适应和传播能力。深圳的高温、多雨的南亚热带气候，都市化过程中对地表反复的施工，一些外来植物都可以适应，并迅速蔓延，形成摧毁原生植物、一家独大的入侵植物。

入侵植物肆意生长，会导致一些地域生态系统的崩溃。

白花鬼针草，植物里的"小强"

在深圳，从西涌海岸边干燥而缺乏养分的沙地，到云雾笼罩的梧桐山顶，从偏僻废弃的垃圾场到精心打理的小区花园，从寒凉的1月到炎热的7月，都能看到白花鬼针草那盛放的小白花。有着超强适应力的白花鬼针草是植物里的"小强"。

原产南美的白花鬼针草是近50年内迁入深圳的外来植物。一株白花鬼针草可产生3000—6000粒种子，每粒种子在3—5年内都有发芽能力，不需要休眠期的种子落地就可萌发，开始新一轮生长。白花鬼针草还可以无性繁殖，从成熟的茎秆上切下一根枝条插入土中，就可以生根形成新的植株。

白花鬼针草结出来的瘦果顶端长有倒刺状的刚毛，不管是动物还是人，只要经过，它立刻粘上去，动物和人走多远，就会把种子带到多远。超强的适应力和繁衍手段，让白花鬼针草攻城略地，遍布深圳。

东方蜜蜂在白花鬼针草中采蜜。2016.09.28 白花鬼针草黄色的部分是筒状花，看起来宛如花蕊。菊科植物这样开花是一种策略，集中开放较小的花，既可以节省能量，又可以提高结果率。

白花鬼针草长着倒刺的种子。2017.08.06 瘦果顶端长有倒刺状的刚毛，只要动物接触，它立刻粘上去，让动物携带传播。这比结出甜美多汁的果实引诱动物节省能量。

在深圳，一片地面被挖掘毁损后，首先生长出来的植物大多是白花鬼针草。2015.01.11

微甘菊，深圳危害最大的入侵植物

从名字上看，微甘菊似乎是一种微小香甜的菊科植物。事实上，它是世界上最有害的 100 种外来入侵物种之一，是深圳危害最大的入侵植物。

微甘菊原生地在南美洲和中美洲，1919 年前后在香港出现，20 世纪 80 年代初开始在深圳生长，2008 年后已广泛分布在珠江三角洲，被列入中国首批外来入侵物种。

微甘菊的英文俗名是"mile-a-minute weed"（一分钟一英里的野草），生动展示了微甘菊恐怖的蔓延速度。这种具有超强繁殖能力的藤本植物攀上灌木和乔木后，会迅速覆盖整株，阻隔阳光，而被其密密实实覆盖的植物光合作用受到破坏，直至死亡。微甘菊大面积的蔓延和"死亡缠绕"可造成植物连片的枯萎。这样倒退逆行的演替导致生物群落结构单一，生物多样性急剧下降，形成生态灾难。

在原生态丛林灌木中，微甘菊并不多见。只有人为将地表的原生植被破坏后，微甘菊才容易乘虚而入，疯狂生长。

可以无性繁殖的微甘菊。2004.11.13
微甘菊茎上的节点可以生根，伸入土壤吸取营养，长出新苗。新的节点又继续生根，延续不止。学者在内伶仃岛的观察记录：微甘菊的一个节在一年中分枝出来的总长度为 1007 米！

近乎恐怖的繁殖力和繁殖速度。2016.11.19
一株微甘菊从冒出花蕾到花朵盛开只要 5—6 天，开花后 5 天左右完成授粉，一片覆盖了一平方米的微甘菊，可开出 10 万朵以上的花。一周后，细小的种子成熟，每千粒种子都不到 0.01 克，非常容易随风传播，也会随着水流、动物和人的活动等远距离传播。

五爪金龙和牵牛花

深圳人留意到这种常见的野花时，大多会脱口而出：这不是牵牛花吗？五爪金龙确实是牵牛花的亲戚，它们是旋花科番薯属里不同种的成员。

五爪金龙原生长地在热带的非洲和亚洲，20 世纪初登陆香港，随后进入深圳。五爪金龙有一个英文名：mile-a-minute vine（日行千里藤）。张牙舞爪的中文名和日行千里的英文名都形象地表现了这种植物的特征。

在攀缘和匍匐中快速生长是五爪金龙的蔓延方式。如果没有支持物，五爪金龙在地面匍匐生长，茎节间处可长出侧根，一路生长，一路扎根，一路吸收土壤里的营养和水分。遇到可以攀爬的物体时，马上转变为攀缘生长。

五爪金龙叶片密厚，攀缘覆盖在其他植物上，导致被攀附的植物缺乏阳光，枯萎衰弱。五爪金龙已被列入第四批外来入侵物种名单。

生长迅猛的五爪金龙。2016.07.07
深圳生长的五爪金龙只开花，少结果，可以用茎干无性繁殖，快速蔓延，很容易形成优势群体，挤压周围其他植物的生存空间。

牵牛花。
2013.10.01
五爪金龙和牵牛花看起来非常相似，最明显的区别是，牵牛花的叶子只有三裂，而五爪金龙的叶子是五裂，像一个手掌。

菌菇：大地怀抱里的婴儿

蘑菇是一种真菌，真菌是和动物与植物并列的一个生物类别。学者查尔斯·科瓦奇说：蘑菇，是自然里的婴儿，柔顺地依附在大地之母身上。

菌菇的一生，没有叶子，不会开花，更不会结果，它们躲在阴暗潮湿的角落里生长，天真混沌，连性别都没有——菌菇的繁衍没有精子和卵细胞。那些比灰尘还细小的孢子，落在枯叶、老树或潮湿的地面上，会长出细微的菌丝。从这个菌丝上还会长出更多的菌丝，像一个成功的互联网络。菌丝不断蔓延，编织成了一棵棵巨大的"树"。那些钻出地面的菌菇，就是这些地下盘根错节的"树"结出的"果实"。

菌菇，虽然天真混沌，但依然是生态系统里养分和能量持续流动的一部分，也是生命互联网中的一部分。

◀纪录短片▶
《长裙仙子的使命》

◀纪录短片▶
《寄生菌，阻挡"外星人"的力量》

褶孔菌。2017.08.06
蘑菇属于腐生真菌中的一种，体内并没有叶绿素的存在，不能进行光合作用。蘑菇无叶无花无果，依靠孢子的传播繁衍种群。

深圳体形最大的菇：巨大口蘑。2020.10.04
南科大麻窝坑山丘上生长的巨大口蘑，直径24.6厘米，比篮球还大。真菌的生命周期里，大部分时间都在地下度过，当需要繁衍后代的时候才会钻出地表，萌生蘑菇。蘑菇是真菌的繁殖器官，它在很短的时间内长大、成熟并把孢子散播出去。

采食黄裙竹荪的白斑眼蝶。 2017.04.20
竹荪是一类腐生在竹子根部的菌类。圆柱状的菌柄，有一围网状裙从菌盖向下铺开。许多蘑菇，即使是毒蘑菇，也是蠕虫、线虫、蜗牛的美食。果蝇、蝴蝶这样的昆虫，很受蘑菇欢迎，它们能帮助蘑菇四下散播孢子。黄裙竹荪有毒，与之近缘的长裙竹荪却是无毒的。

深圳版的虫草——江西虫草。
2019.05.16
江西虫草因最早发现于我国江西省而得名，是真菌寄生在叩甲幼虫体内形成的。扫把头的子座上，蓝色的粉末就是虫草的孢子。

自然界里的清道夫，长在枯木上的小皮伞。 2015.07.30
真菌通过分解死去的植物获取养分。真菌在自然界里扮演着清道夫的角色，日夜进行着缓慢而持续不断的转化，将动植物的残体分解为水和二氧化碳，重新归还给大自然。

蘑菇教给我们的守则

深圳郊野里天然生长的菌菇中约 15% 是有毒的。

蘑菇的毒性源于对种群繁衍的保护。蘑菇实际上是大型真菌的子实体，通俗来讲，蘑菇是"生殖器官"，承担着孕育散播孢子、繁衍种群的责任，拥有致命的毒素可以阻止动物取食。

制造毒素的蘑菇要防范各种食客，尤其是胃口特别大的脊椎动物。而大部分脊椎动物视力很差，有许多还是色盲。蘑菇并没有采取用警戒色来吓退食客的策略，蘑菇的色彩和形状与是否有毒并没有关联。所以，用颜色鲜艳或黯淡判别蘑菇是否有毒并不科学。

在深圳，采食野生植物中毒死亡的人数，远远超过毒蛇咬伤带来的死亡人数。

蘑菇教给我们一个道理：不要去食用任何在自然里生长的动植物。人类自己豢养种植的动植物——其中也有各种各样的蘑菇，已经完全能满足我们了。

关于毒蘑菇的 5 个致命谬论

✕ 颜色鲜艳的蘑菇有毒，颜色朴素的蘑菇无毒。

✕ 动物啃食的蘑菇无毒，有毒的蘑菇动物不食。

✕ 无毒蘑菇生长在洁净的草地和树干上，有毒蘑菇生长在阴暗潮湿的肮脏地带。

✕ 毒蘑菇有鳞片、黏液，菌杆上有菌托和菌环。无毒蘑菇没有这些特征。

✕ 毒蘑菇经高温烹煮后可去毒。

剧毒的致命白毒伞。 2019.05.10
致命白毒伞又名致命鹅膏菌，含有剧毒的鹅膏肽类毒素，新鲜的菇中毒素含量最高，会严重损害人的肝、肾和中枢神经，可使人器官功能衰竭而死亡。2011 年 3 月，先后有两批人从宝安凤凰山森林公园采蘑菇食用后中毒，其中 3 人死亡。他们食用的蘑菇就是致命白毒伞。

多彩多样的菌菇

小孔菌。2017.05.21

粉瘤菌。2017.07.29

枝瑚菌。2020.08.16

白绒红蛋巢菌。2020.06.15

马勃。2016.06.16

附生在园蛛上的球束孢梗菌。2019.11.30

薄边蜂窝菌。2017.10.03

鳞盖菇。 2019.02.28

粉褶菌。 2017.09.02

发网菌。 2019.05.18

层杯菌。 2017.07.29

◀纪录短片▶

《孢子，古老而成功的
繁殖方式》

白小鬼伞。 2020.08.16

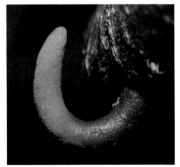

炭角菌。 2021.02.27

寄生在斑点广翅蜡蝉上的虫草。 2019.06.30

深圳自然博物百科

SHENZHEN NATURAL HISTORY
ENCYCLOPEDIA

第十章
CHAPTER TEN

沿海的生命

COASTAL CREATURES

深圳的海洋生命

肉质扁脑珊瑚群和吉氏肩鳃鳚。2011.05.18
珊瑚被称为海底森林，大量的海洋动物围绕着珊瑚群落和珊瑚礁繁衍生息。

大鹏湾中的大型藻类和疣荔枝螺。2020.10.29
浮游植物和浮游动物是深圳近海的初级生产者，是近海生态系统能量流动的基础。

每年夏季，南海海流把温暖而含盐量高的表层海水从南海带到深圳海域；冬季，黑潮海流携带同样温暖的海水，由太平洋经吕宋海峡来到深圳海域。其间，季候风还会把台湾海峡海流温和而低盐度的海水带到深圳海域。

来自各个方向的温暖海流，让深圳海域的温度常年保持在 14—26℃之间，滋养了丰富多变的热带及亚热带物种，深圳近海生长着热带北端至温带南端的大部分生命。

从西部的珠江到东部的坝光河，深圳有近百条汇入大海的河流，咸淡水交接处，也是海洋生命的聚合地。此外，珊瑚礁、滩涂、红树林，迂回曲折的岩礁、沙滩、深湾，多样的地形为多样的海洋生命提供了栖息地。

深圳近海丰盛、多样、绚丽的物种，掩藏在碧蓝的海面之下，等待着我们去探索和了解。

◀纪录短片▶
《蓝色海面下的缤纷》

在荒凉海底中游荡的烟管鱼。2012.09.27
身材修长的烟管鱼嘴极小，却长得出奇，几乎占了身体总长度的五分之一。大规模的填海，陆地污水的排入，养殖业带来的水质营养化，电鱼、炸鱼等毁灭性的捕鱼方式，导致深圳海鱼的数量急剧下降。

奶嘴海葵和小丑鱼。2012.09.11

海底的伙伴关系

一条小丑鱼长大后，会设法找到一片海葵。看上去诱人的奶嘴海葵含有毒素，小丑鱼的天敌大都对其敬而远之，小丑鱼却悠游其间，不会受到伤害。

奶嘴海葵是个好"房东"，不仅给小丑鱼提供庇护所，还提供食物，小丑鱼捡食奶嘴海葵吃剩的食物、身上脱落的皮屑甚至排泄物。小丑鱼也捕食奶嘴海葵身上的寄生虫，替奶嘴海葵清除身上的淤泥和黏液。

在弱肉强食的海底世界，生命成长的过程都充满凶险。一部分生命为了得到食物、庇护和栖身之处，相互之间会建立起伙伴关系，各自得到利益。

◀纪录短片▶
《小丑鱼的故事》

生活在螺壳里的下齿细螯寄居蟹。2020.11.07
寄居蟹虽然名字里有"蟹"，但并不是螃蟹，而是螃蟹的近亲。寄居蟹自己没有壳，需要寄居在空的螺壳里，保护自己柔软的腹部。

同居的虾虎鱼和鼓虾。

2012.07.31

虾虎鱼负责寻找食物，鼓虾负责清理、修缮洞穴。虾虎鱼时常徘徊在它们居住的洞穴口，有危险的时候，虾虎鱼的反应会警示同居的伙伴。

依附在海底植物石莼身上的海葵。2013.05.09

445

海洋中的藻类

深圳的海洋植物，有的很小，要在显微镜下才能看见；有的很长，数米长的身体随着汹涌的海水摇摇摆摆，练就了在波涛中生长，却不容易折断的本领。

◀纪录短片▶
《海底小森林》

深圳的海洋植物几乎都是藻类。我们餐桌上的紫菜、海带、石花菜、鹿角菜等都是生长在浅海的藻类植物。与陆地上的开花植物不同，它们没有真正的根、茎、叶，从不开花，也不会结果，不同的藻类用自己独有的方式繁殖后代。

尽管藻类悄然生长在我们不大容易看到的海面下，它们依然和陆地上的植物一样，靠阳光才能生存。它们迎接穿透海水的阳光，吸收海水中的养料，在光合作用下合成自己需要的有机养料。

因为阳光只能照透海水表层，对阳光的依赖让海洋植物大都生长在水深几十米内的海底。深圳近海的深度大都没有超过30米，这正是大部分海底植物的盘踞地，它们处在海洋生命食物链的最底层，为鱼、虾、蟹提供了最基础的食物，也为人类提供了有营养价值的藻类食物。

内部是空心的网球藻。2014.04.01
熟透了的网球藻会自己开裂，散播繁衍后代的孢子。

藏身在囊藻中的犁齿鳚。2014.03.01

游荡在石莼中的银汉鱼。2014.05.02
在深圳的近海，围绕着海藻植物，活跃着很多生命。

"红色幽灵" 赤潮

每年入夏后，降临深圳的赤潮就像海洋的一个噩梦，不请自来。

被称为"红色幽灵"的赤潮主要源头就是海底植物——海藻。在海藻庞大的家族中，一些非常微小的海藻会在特定环境下爆发性地繁殖，高度聚集，引起海水变色。

每逢赤潮到来，人们首先想到的是变了色的海滩能不能下去？红色的海水有没有毒？碰到皮肤后会不会过敏？赤潮中捕获的海鲜能不能吃？事实上，赤潮给海底生命带来的灾难才是致命的，有些赤潮生物会分泌出黏液，粘在鱼、虾、贝等生物的鳃上，导致其窒息死亡。赤潮生物死亡后，其尸体在被分解过程中会大量消耗海水中的氧，造成缺氧，引起海底生命的大量死亡。

赤潮的起因特别复杂，最直接的原因是人类对海水的污染。生活污水、工业废水排入海洋后，正好供给了某种藻类富足的营养，使其爆发性地生长和繁殖，形成赤潮。

色彩艳丽的白果胞藻。2014.03.01

深圳近海赤潮爆发的景象。2020.02.21
海水污染越严重，越富营养化，赤潮爆发的频率越高。

马尾藻丛中的染色蓑海牛。2013.05.09
一丛马尾藻为蓑海牛提供了食物和居所。每年的秋季后，马尾藻可以在四个月的时间里迅速生长到三米多长。马尾藻丛中聚集了许多小鱼和无脊椎动物。

被海浪冲到了沙滩上的马尾藻。
2020.10.29

浪漫背后的真相。
东部的海湾，春夏季节有时会出现美丽的"夜光潮"，场面梦幻。这是由会发荧光的夜光藻和海萤两种生物共同产生的。

潮汐，生命之网的编织者

如期而来、如期而退的潮汐，与太阳相关，与地球和月亮运动带来的引力变化相关，也与千千万万的生命有关。

千万年里的每一天，深圳沿海的潮水两涨两退，每次相隔大致 6 个小时，太阳、月亮、大地、海洋相约相行，合奏出自然的节拍。周而复始的循环，也带动了海岸边万千生命顺潮而为，调节着自己生存的韵律。

在大海之滨，生物和它周边的环境，从来不是单一的因果关系。每一个生物和它所处的世界有千丝万缕的联系，编成了一个错综复杂的生命织物。

深圳的 4 个海湾里，进进退退的潮汐像忠诚、守时、勤奋的编织者，在 1145 平方公里的湾区里，编织着一张丰盛而美丽的生命之网。

◀纪录短片▶
《随潮而动的生命》

◀纪录短片▶
《弹涂鱼的保卫战》

被潮水冲上大亚湾海岸的瘤海星。2011.04.24
瘤海星圆盘状的身体上长着 5 只触角，平时生活在砂质软泥的海底。海岸并不适合生存，它在各种环伺的危险中，等待下一次涨潮把它带回海底。

反嘴鹬，追随潮水的"吃吃吃"。2017.07.09
上涨和回落的潮水都会给反嘴鹬带来营养丰富的美食，从北方到深圳，在路途遥远的迁徙之后，反嘴鹬的体重急剧下降，它们要快速地补充能量。

退潮后滩涂上的大鳍弹涂鱼。2017.07.09
大部分鱼离开水就会缺氧窒息，弹涂鱼除了用鳃呼吸外，还可以凭借皮肤和口腔黏膜呼吸，所以离开水以后也可以活动。

米氏耳螺的漫长旅途。2019.10.15
潮水上涨前，对潮汐异常敏感的米氏耳螺以每分钟 2 厘米的速度爬上了一棵红树，它要爬到安全的高度，躲过潮水的淹没，躲过那些追随着潮水而来的天敌。

夕阳下的"餐桌"。2014.12.21
刚刚裸露出来的滩涂遍布底栖动物，成了一张大餐桌，众鸟们一路紧追推移的潮水，享受着夕阳下的美食。

潮池：海岸佩戴的珠宝

自然学者陈杨文说：当雄伟的高山遇到宽广的大海后，不得不低下头屈服。为了舒缓大海起伏的情绪，大山伸出一片温柔的掌心，这片掌心就是平缓的海岸，为了回报大山，海洋也将海中的珠宝放入这片掌心之中，这样的珠宝就是潮池。

每天，礁石嶙峋的海岸上，涨潮的海水如同千军万马奔腾而来，携带着海洋中的各种访客。数小时后，月球运转偏离，潮水逐渐退去，在岸边的低洼处，撤退的海水留下了一片片深深浅浅、大大小小的水池，也将一些生命留在了这个小世界里。有细微到肉眼几乎看不见的藻类，也有横行的螃蟹；有色彩斑斓的海螺，也有漆黑如墨的海胆；有笨拙地移动的小虾，也有一闪而过的海鱼……

潮池，是海岸边生命丰盛的领地。深圳的潮池全部集中在大鹏半岛没有被开发的海岸线和周边的岛屿上。

退潮后留在岩石间的深虾虎鱼。2020.10.29
潮池里的生命面临各种危险：下雨会稀释淡化海水；酷热的阳光会把海水加热；太浅的潮池，几乎就是海鸟猎食的盘碟……潮池里的生命，必须顽强和善变，才能在艰险的环境中存活下来。

潮水刚刚退去的潮池。2012.09.01
涨潮时，海水会涌进潮池；退潮时，残留在岩石间的潮水形成一个又一个封闭的水池。越深的潮池里，物种越丰富。

紫海胆。2020.10.29
潮池中的紫海胆躲在背光的礁石缝隙里，搜集各种藻类食物，用咀嚼器内的齿将食物磨碎后再吞咽下去。紫海胆有再生力，棘刺损伤后可以再生，壳的裂痕和断口也能很快恢复。

珊瑚，海底的丛林

◀纪录短片▶
《珊瑚产卵，
古老的繁殖仪式》

◀纪录短片▶
《珊瑚如何吃饭》

深圳的四个海湾里，深圳湾以西由于水质污染、泥沙沉积，加上珠江入海冲淡了海水，基本没有珊瑚生存。深圳的珊瑚只生长在水质相对良好的大鹏湾和大亚湾。

依照 2015 年出版的《深圳珊瑚图集》和自然观察者的记录，深圳近海记录到的珊瑚超过 70 种。

辽阔的海底犹如大地，健康完整的珊瑚群落就像陆地上的丛林，为近海生命提供了栖息的领地。深圳的海底，大部分生命不用长距离迁徙。只要珊瑚礁还在，它们就会在其中一直生活下去。

一个珊瑚群体的顶部、底部、周边甚至内部都生活着大大小小的生命：把自己用珊瑚沙埋藏起来的河鲀（tún），生长在珊瑚礁上像烟花的管虫，在珊瑚孔穴中生儿育女的螃蟹，共生在珊瑚虫体内的藻类，围绕珊瑚礁游荡的鱼……多种多样的海洋生物围绕着珊瑚找到了生存之道，在其中生生不息。

大亚湾里的单独鹿角珊瑚。 2012.09.11
在石珊瑚中，鹿角珊瑚长得最快，每年可以长 20 厘米。在繁殖季节，大部分石珊瑚会同步产卵，成千上万的卵一方面增加了受精率，另一方面减少了天敌捕食带来的损失。为了扩大领地，一些珊瑚的幼体可以经过漫长的漂游而不发育，等到了新的合适领地后再集群生长。

色彩绚丽的指形鹿角珊瑚。 2015.09.06
造礁珊瑚柔软的活体本来是无色透明的，绚丽斑斓的色彩来自共生藻。

棘穗软珊瑚。 2015.09.06
深圳近海生长的珊瑚大多是石珊瑚，但在 5 米以下的海中也生长着一些柳珊瑚和软珊瑚，它们的数量和种类都不及石珊瑚那么多。

聚集而生的海底生命。 2012.08.29
围绕珊瑚群生长着形态各异的生命：黑色的紫海胆，肉乎乎的方柱翼手参，像白色羽毛一样的刺胞动物羽螅。

没有消费，就没有伤害

珊瑚狭义上是指珊瑚虫及其组成的一簇簇群体，广义上是指由众多珊瑚虫的分泌物与骸骨构成的珊瑚礁。珊瑚礁生态系统是深圳近海最重要，也是最敏感、最脆弱的生态系统之一。

珊瑚对生长环境的要求比较严苛，海水不只要洁净，还要温暖（年平均气温20°C以上）、盐度适宜（类似大洋水，盐度在 3.4%—3.6% 之间）。珊瑚通常都生长在南北纬 30 度之间的热带、亚热带海域。

一个珊瑚群落的死亡常常不是因为衰老，而是因为外部环境的变化和人类活动的破坏。珊瑚礁的生长非常缓慢，我们在海底见到的直径超过 1 米的珊瑚礁，其年龄可能超过 100 岁。那些在深圳近海被填埋、炸毁、污染、盗采的大片珊瑚礁，有的已经存活了数百上千年。

采伐和破坏珊瑚，对海底生态是巨大的伤害。保护珊瑚，个人能做到的最基本的努力是不要购买珊瑚工艺品。因为没有买卖，就没有伤害。

产卵中的霜鹿角珊瑚。2020.05.10
有性繁殖的石珊瑚大多采用体外受精的方式繁衍后代，多个珊瑚在同个时期里释放精子和卵子，在海水中结合，形成受精卵。当成千上万颗卵子从珊瑚丛中漂浮而起时，宛如海底飘起的"雪花"。

丛生盔形珊瑚。2012.09.11
珊瑚是圆筒状刺胞动物，没有头与躯干之分，没有神经中枢，食物从口进入，残渣从口排出。活着的珊瑚虫像一朵朵柔嫩的"小花"。

白色的死亡。2012.09.27
在外部环境干扰和伤害下，给珊瑚提供营养的共生藻会大量离去或死亡，使相依为命的共生关系解体，珊瑚会因此迅速白化。白化意味着珊瑚的死亡。

被核果螺啃食的翼形蔷薇珊瑚正在白化中。2012.09.11

栖息在扁脑珊瑚上的蛇尾。2012.08.15
深圳近海海底，有些地方生境恶劣，只有抗污染、生命力强的扁脑珊瑚可以生长。

猩红筒星珊瑚。2016.06.25
色彩艳丽的猩红筒星珊瑚不制造礁石，半透明的触角随海流摇摆，过滤浮游生物。

深圳近海的鱼

俏丽的新月锦鱼。 2012.08.04
新月锦鱼的尾鳍充分展开时,一轮金黄色的"新月"就会显现。游动的新月锦鱼只靠前身的一对胸鳍划动,身体和其他鳍都不发力,就像在划龙船。在广东,人们又叫它龙船鱼。

独行侠珍鲹 (shēn)。 2014.03.16
珍鲹一般都是独来独往,不与同类结伴而行。海洋中成年的珍鲹可以长到超过一米,深圳近海,珍鲹长到如此大的概率非常低。

细刺鱼。 2014.05.27
小小的细刺鱼基因与人类基因的相似度达87%。

◀纪录短片▶
《一起去看望海底的鱼》

7000多年前,深圳一片蛮荒,丛林茂密,虎象横行。一些勇敢的人开始尝试着在这片土地上生存,他们最先选择的落脚处是深圳的海岸边。因为,在刀耕火种的年代,人们从海中获取肉类食物远远要比在岸上容易,陆地上的牲畜要比生猛海鲜珍贵得多。鱼是深圳先祖蛋白质的主要来源,养育了一代又一代深圳的原住民。

根据2015年出版的《深圳珊瑚图集》记录,大鹏半岛海域记录到的海鱼有233种。历史上,深圳的近海曾是大量海鱼集群的渔场。

目前,污染、填海和毁灭性的捕捞使深圳近海的鱼类种类大幅下降,很多鱼种已经消失或正在消失。

大亚湾海底罕见的景象。 2020.05.16
深圳的近海有海水鱼、咸淡水鱼;有近海岸的鱼,也有大陆架海域的鱼。如果能给予一定时间的保护、涵养,深圳面临枯竭的鱼类资源可以得到一定程度的恢复。

美人鱼对我们说

周星驰导演的电影《美人鱼》里，历经磨难的美人鱼们躲藏在青龙湾磨刀山断头崖，而取景地就是大鹏半岛的鹿嘴。

美人鱼的传说，有着持久的生命力，古今中外有多少个美人鱼的故事，就有多少种美人鱼的模样——现实里，到底哪一种是真实的美人鱼？

从动物的原型分析，美人鱼的传说来自儒艮，这种海洋哺乳动物可以长到人一样大小，有鼻子有眼睛，两个鳍（qí）肢就像人的胳膊。儒艮的主要食物是海底的海草，它们平时就像剪草机一样啃食海草，定时浮出海面换气，有时头上会披着海草，就成了人类描绘的"头披长发的美女"。

作为一种食草性的海兽，儒艮性情温和，生活在热带和亚热带海草丰盛的水域。历史上，海南、广东、广西都曾经有儒艮分布。只是，人类的捕杀让中国海域的儒艮已基本绝迹。

电影里，历经劫难的美人鱼对雄心勃勃的地产富豪说："如果我们呼吸不到干净的空气，喝不到干净的水，即使我们再有钱，也是死路一条！"

诚然如此。

美人鱼的原型：儒艮。

东方豹鲂鮄（fáng fú）。2016.06.19
东方豹鲂鮄俗名蜻蜓角、飞龟鱼。张开大鳍时酷似天空中飞翔的鸟类，可以震慑天敌。东方豹鲂鮄可以用特化的腹鳍在海床上行走，找寻猎物。

翱翔蓑鲉。2020.06.27
形态怪异的翱翔蓑鲉又称狮子鱼，背鳍有毒刺，可用来攻击猎物，也可用来自卫。

自带蜗居的贝和螺

深圳近海的贝和螺大约有 250 种。

贝和螺是会给自己造"房子"的软体动物，一生都会随身携带着自己精心建造的蜗居，直到生命结束。

从卵中孵出来后，贝和螺要先选择礁石和海床落脚。从身体开始生长的那一刻起，它们就开始分泌钙化物，凝结成坚硬的外壳。分泌的碳酸钙会沿着螺旋线向壳口方向延展生长，一天天变大增厚。随着身体的长大，寄居的"房子"也会逐渐变大，头、足、内脏都可以包裹在壳中。

在危机四伏的大海里，坚硬的外壳是保护自己的最好方式之一。

卵黄宝贝和阿文绶贝。2014.02.18
在没有受到外来惊扰的时候，它们喜欢把带着肉刺的外套膜吐出来，反包住自己的外壳。

草席单齿螺。2020.10.23
贝类一般不直接产生有色物质，而是分泌无色底物和激活剂，利用激活剂来促使色素形成复杂美丽的图案。

原始的贝类，日本花棘石鳖。2020.10.29
石鳖背上永远背着 8 块贝壳，眼睛就长在背部的贝壳上，头盖在贝壳的下面，这是生物身体构造在进化中逐渐适应环境的一个案例。

平轴螺。2013.09.27
平轴螺生活在岸边礁石区，繁殖能力很强，有时候一条小小的礁石缝中就密密麻麻地挤着几十只甚至上百只平轴螺。

沙井蚝。2021.07.04
沙井蚝是盛产在深圳近海的牡蛎。历史上，沙井蚝体大肉嫩，味道鲜美，是远近闻名的贝类海产。20 世纪 80 年代后，海水污染严重，沙井的养蚝业全部迁出深圳，转移到台山、阳江、潮汕一带。

帽贝。2014.01.08
帽贝的壳顶上长满了浒（hǔ）苔和其他海藻。浒苔丛中又住着一只钩虾，方寸之间，各种生命相依相存。

《天工开物》所载"没水採珠船"。
古籍中记载的采珠的方式艰辛而危险："（采珠士兵）皆令以石锤足，蹲身入海，沉水而下，有至五百尺深者。淹溺而死者，无日不有。"（清代　徐松《宋会要辑稿·食货》）

珍珠，穿越古今的深圳故事

贝类，是古代史书上记载得比较详细的深圳早期的动物。

1000 多年前的深圳地区，气候、水质、湾流适宜贝类生长，盛产珍珠。公元 917 年，南汉建都兴王府（今广州）。五任君王都酷爱珍珠，在今深圳、香港一带设置了数千人的"媚川都"，专为君王在近海捞取珠蚌。他们用采集而来的大量珍珠在宫中建了"玉堂珠殿"和常年让珍珠流滚的"珍珠渠"。

奢靡的王朝十分短命。公元 971 年，宋军南下，进逼广州，南汉大臣认为宋军是看上了宫中的珍珠，放了一把火，玉堂珠殿一夜间化为灰烬。只是宋军并没有停止攻城。同年 2 月，南汉后主刘鋹(chǎng)一身便衣，向宋军投降。

"宝气伤民气，珠胎连祸胎"，南汉王朝竭泽而渔、杀鸡取卵的采珠方式不仅加速了王朝的覆灭，也使深圳沿海的珍珠资源遭到摧毁——这是人们对深圳生态环境破坏的最早记载。

大鹏半岛 1959 年就建立了东山珍珠养殖场，是当年中国三大海水养殖基地之一。如今，都市化带来的海水变质导致珍珠养殖日渐式微。

一颗珍珠的生成

一只蚌的外套膜受到异物（砂粒、寄生虫）的侵入后，受刺激处会形成珍珠囊。珍珠囊会分泌珍珠质，将异物一层又一层包起来，日久天长，就成了晶莹温润的珍珠。

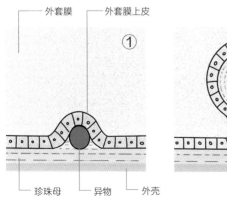
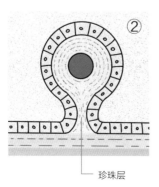
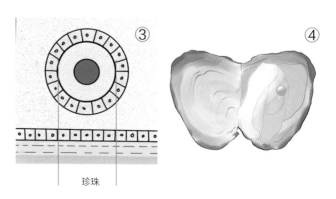

外套膜　　外套膜上皮　　珍珠母　异物　外壳　珍珠层　珍珠

期待深圳新海底

数年后，建造在大鹏半岛的深圳海洋博物馆将对公众开放。深圳人对深圳海底生命的认识又多了一个途径。

深圳是中国消费海鲜最多的城市之一，无法统计城中到底有多少海鲜餐厅，有多少种海洋生命被圈在海鲜池中等待被宰杀。深圳人对海味的迷恋，带来一个最直接的后果：深圳近海承受着毫无节制、摧毁式的捕捞。许多鱼和其他"生猛海鲜"已经灭绝或在灭绝边缘，海洋生态系统也在急剧退化。

期待有一天，如果有可能，深圳实现全海域全年禁渔。禁渔不仅是保护海底生命的举措，也是在修复深圳的海洋生态系统——事实上，在养殖业如此发达的今天，"禁渔"不会对我们的餐桌产生太大的影响。

让海洋生命舒展、自由、曼妙地和礁石、水草、珊瑚融为一体，向全世界展现一个清洁的、恢复了活力的、物种丰盛的深圳海底世界。良好水质和多样生物带动潜水与海上运动、生态旅游、自然研习，所产生的经济效益远比涸泽而渔的收入要持久和丰厚。

◀ 纪录短片 ▶
《乌头》

褐篮子鱼。2013.07.31
褐篮子鱼常常被人叫作泥鯭。泥鯭生长迅速，一般 15 个月就可以繁殖。一条野生成年泥鯭的长度应该在 18—19 厘米，差不多像一本书那么长，深圳近海能长到这样大的泥鯭已很少见。

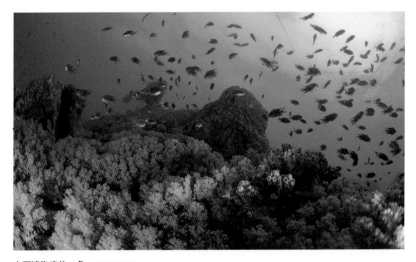

大亚湾海底的一角。2020.09.08
粉红的软珊瑚绚丽生长，色彩斑斓的海鱼游荡。对深圳来说，如果能恢复维护景象优美、物种多样的生态环境，海底旅游观光带来的经济效益远比捕鱼要大得多。

禁渔期里，偷猎者在海底炸死的青鳞鱼群。2017.06.08
电鱼、毒鱼、炸鱼是灭绝性、掠夺性的捕鱼方式，是渔业和水域生态环境的杀手，为我国渔业法、环境保护法、刑法明令禁止。

莱氏拟乌贼。2012.07.15

莱氏拟乌贼是海洋中的软体动物，但它不是乌贼，而是鱿鱼。

刺冠海胆。2011.05.21

刺冠海胆的薄壳为半球形，除了黑紫色长刺之外，体壳顶端有一颗突出的葡萄状肛门。海胆的身体和人类完全相反——排泄器官在顶部，进食的口器在底部。刺冠海胆的肛门有一个眼珠似的橙色圆环，十分醒目，常常被人误认为眼睛。

海滩上的鼓虾。2020.11.07

鼓虾长有一大一小两只螯，大螯有一个空穴，还有一个插入空穴的"活塞"，相当于带了一把高压水枪在身上，猎食和防卫时可以形成高速的水流，发出"啪嗒"的声音。

成功的伪装者，须拟鲉。2012.09.15

这条须拟鲉掩藏得天衣无缝，如果它不动弹，很不容易被发现。保护色不仅仅保护它免受天敌袭击，也可以掩护它出其不意地捕食。

求生的技能让海洋充满生机

对海底生命来说，生长的历程充满凶险。所有的生命都用尽了自己所拥有的智慧和能量活下去，一代又一代地繁衍。各种生命有着各自的生存本领。

外壳：拥有坚硬的外壳是一种常见的自我保护方式，贝、蟹、虾、海胆、海星都有坚硬的外骨骼，包在柔软肌肉的外面，让捕食者无从下嘴。

藏匿：被动的自我保护方法。有些海底生命躲藏在礁石的缝隙、珊瑚的洞穴、海底的沙石中，有的甚至会躲在其他动物中间，比如许多鱼虾会躲在有毒的海葵中间。

色彩：就像陆地上的昆虫，许多海洋生物也会用令人目眩神迷的色彩来保护和伪装自己，有的用艳丽的图案告诫猎食者：我是有毒的，我的味道并不好。有的海洋生物真的含有毒素，有的身上并没有毒，只是用艳丽的图案恐吓捕食者。

集群：集团式的聚集群居是海洋生物的又一种生存方式，遇到天敌侵害时，用小部分同类的牺牲换来整个族群的生存。

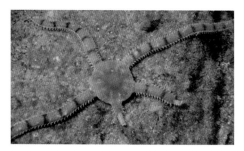

真蛇尾的再生能力。2013.08.21

无论是蟹类还是鱼类，都喜欢把真蛇尾那长长的腕当作自己的食物，一有机会就上来抢走一截，好在真蛇尾的再生能力强，失去长腕后可以再长出来。

深圳自然博物百科

SHENZHEN NATURAL HISTORY
ENCYCLOPEDIA

物种图录

深圳哺乳动物图录

臭鼩 *Suncus murinus*
Asian House Shrew
鼩形目　鼩鼱科

果树蹄蝠 *Hipposideros pomona*
Pomona Roundleaf Bat
翼手目　蹄蝠科

犬蝠 *Cynopterus sphinx*
Greater Short-nosed Fruit Bat
翼手目　狐蝠科

中菊头蝠 *Rhinolophus affinis*
Intermediate Horseshoe Bat
翼手目　菊头蝠科

倭蜂猴 *Nycticebus pygmaeus*
Pygmy Loris
灵长目　懒猴科

猕猴 *Macaca mulatta*
Rhesus Macaque
灵长目　猴科

穿山甲 *Manis pentadactyla*
Chinese Pangolin
鳞甲目　鲮鲤科

鼬獾 *Melogale moschata*
Chinese Ferret-badger
食肉目　鼬科

猪獾 *Arctonyx collaris*
Greater Hog Badger
食肉目　鼬科

黄喉貂 *Martes flavigula*
Yellow-throated Marten
食肉目　鼬科

黄腹鼬 *Mustela kathiah*
Yellow-bellied Weasel
食肉目　鼬科

欧亚水獭 *Lutra lutra*
Eurasian Otter
食肉目　鼬科

果子狸 *Paguma larvata*
Masked Palm Civet
食肉目 灵猫科

红颊獴 *Herpestes javanicus*
Javan Mongoose
食肉目 獴科

食蟹獴 *Herpestes urva*
Crab-eating Mongoose
食肉目 獴科

豹猫 *Prionailurus bengalensis*
Leopard Cat
食肉目 猫科

褐家鼠 *Rattus norvegicus*
Brown Rat
啮齿目 鼠科

豪猪 *Hystrix hodgsoni*
Himalayan Porcupine
啮齿目 豪猪科

赤腹松鼠 *Callosciurus erythraeus*
Pallas's Squirrel
啮齿目 松鼠科

倭花鼠 *Tamiops maritimus*
Maritime Striped Squirrel
啮齿目 松鼠科

赤麂 *Muntiacus muntjak*
Red Muntjac
偶蹄目 鹿科

野猪 *Sus scrofa*
Wild Boar
偶蹄目 猪科

热带点斑原海豚 *Stenella attenuata*
Pantropical Spotted Dolphin
鲸目 海豚科

中华白海豚 *Sousa chinensis*
Indo-Pacific Humpback Dolphin
鲸目 海豚科

深圳两栖动物图录

香港瘰螈 *Paramesotriton hongkongensis*
Hong Kong Newt
蝾螈科 瘰螈属

刘氏掌突蟾 *Leptobrachella laui*
Lau's Leaf-litter Toad
角蟾科 掌突蟾属

短肢角蟾 *Panophrys brachykolos*
Short-legged Toad
角蟾科 角蟾属

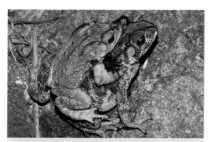

黑眶蟾蜍 *Duttaphrynus melanostictus*
Asian Black-spined Toad
蟾蜍科 头棱蟾属

华南雨蛙 *Hyla simplex*
South China Tree Toad
雨蛙科 雨蛙属

沼水蛙 *Hylarana guentheri*
Günther's Amoy Frog
蛙科 水蛙属

台北纤蛙 *Hylarana taipehensis*
Taipei Grass Frog
蛙科 水蛙属

大绿臭蛙 *Odorrana cf. graminea*
Large Odorous Frog
蛙科 臭蛙属

白刺湍蛙 *Amolops albispinus*
White-spined Cascade Frog
蛙科 湍蛙属

泽陆蛙 *Fejervarya multistriata*
Hong Kong Paddy Frog
叉舌蛙科 陆蛙属

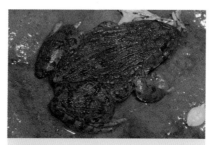

虎纹蛙 *Hoplobatrachus chinensis*
Chinese Tiger Frog
叉舌蛙科 虎纹蛙属

小棘蛙 *Quasipaa exilispinosa*
Lesser Spiny Frog
叉舌蛙科 棘胸蛙属

棘胸蛙 *Quasipaa spinosa*
Chinese Spiny Frog
叉舌蛙科 棘胸蛙属

圆舌浮蛙 *Occidozyga martensii*
Round-tongued Floating Frog
叉舌蛙科 浮蛙属

斑腿泛树蛙 *Polypedates megacephalus*
Spot-legged Tree Frog
树蛙科 泛树蛙属

花姬蛙 *Microhyla pulchra*
Marbled Pigmy Frog
姬蛙科 姬蛙属

饰纹姬蛙 *Microhyla fissipes*
Ornate Chorus Frog
姬蛙科 姬蛙属

阔褶水蛙 *Hylarana latouchii*
Broad-folded Frog
蛙科水蛙属

粗皮姬蛙 *Microhyla butleri*
Butler's Pigmy Frog
姬蛙科 姬蛙属

花狭口蛙 *Kaloula pulchra*
Banded Bullfrog
姬蛙科 狭口蛙属

花细狭口蛙 *Kalophrynus interlineatus*
Spotted Narrow-mouthed Frog
姬蛙科 细狭口蛙属

温室蟾 *Eleutherodactylus planirostris*
Greenhouse Frog
卵齿蟾科 卵齿蟾属

美洲牛蛙 *Lithobates catesbeianus*
American Bullfrog
蛙科 北美水蛙属

黑斑侧褶蛙 *Pelophylax nigromaculata*
Black-spotted Frog
蛙科 侧褶蛙属

深圳爬行动物图录

变色树蜥 *Calotes versicolor*
Oriental Garden Lizard
鬣蜥科　树蜥属

梅氏壁虎 *Gekko melli*
Mell's Gecko
壁虎科　壁虎属

中国壁虎 *Gekko chinensis*
Gray's Chinese Gecko
壁虎科　壁虎属

黑疣大壁虎 *Gekko reevesii*
Reeves's Tokay Gecko
壁虎科　壁虎属

原尾蜥虎 *Hemidactylus bowringii*
Bowring's Gecko
壁虎科　蜥虎属

锯尾蜥虎 *Hemidactylus garnotii*
Indo-Pacific Gecko
壁虎科　蜥虎属

疣尾蜥虎 *Hemidactylus frenatus*
Common House Gecko
壁虎科　蜥虎属

长尾南蜥 *Eutropis longicaudata*
Long-tailed Skink
石龙子科　南蜥属

四线石龙子 *Plestiodon quadrilineatus*
Blue-tailed Skink
石龙子科　石龙子属

中国石龙子 *Plestiodon chinensis*
Chinese Blue-tailed Skink
石龙子科　石龙子属

股鳞蜓蜥 *Sphenomorphus incognitus*
South China Forest Skink
石龙子科　蜓蜥属

铜蜓蜥 *Sphenomorphus indicus*
Indian Forest Skink
石龙子科　蜓蜥属

中国棱蜥 *Tropidophorus sinicus*
Chinese Water Skink
石龙子科　棱蜥属

南滑蜥 *Scincella reevesii*
Reeves' Smooth Skink
石龙子科　滑蜥属

光蜥 *Ateuchosaurus chinensis*
Chinese Short-limbed Skink
石龙子科　光蜥属

红耳龟 *Trachemys scripta elegans*
Red-eared Slider
泽龟科 滑龟属

平胸龟 *Platysternon megacephalum*
Big-headed Turtle
平胸龟科 平胸龟属

草龟 *Mauremys reevesii*
Chinese Pond Turtle
地龟科 拟水龟属

缅甸蟒 *Python bivittatus*
Burmese Python
蟒科 蟒属

棕脊蛇 *Achalinus rufescens*
Burrowing Rufous Snake
闪皮蛇科 脊蛇属

横纹钝头蛇 *Pareas margaritophorus*
White-spotted Slug Snake
钝头蛇科 钝头蛇属

台湾钝头蛇 *Pareas formosensis*
Formosa Slug Snake
钝头蛇科 钝头蛇属

铅色水蛇 *Hypsiscopus plumbea*
Plumbeous Water Snake
水蛇科 铅色蛇属

中国水蛇 *Myrrophis chinensis*
Chinese Water Snake
水蛇科 沼蛇属

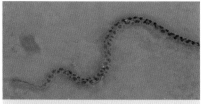

黑斑水蛇 *Myrrophis bennettii*
Mangrove Water Snake
水蛇科 沼蛇属

紫沙蛇 *Psammodynastes pulverulentus*
Common Mock Viper
屋蛇科 紫沙蛇属

草腹链蛇 *Amphiesma stolatum*
Buff Striped Keelback
游蛇科 腹链蛇属

白眉腹链蛇 *Hebius boulengeri*
Boulenger's Keelback
游蛇科 东亚腹链蛇属

繁花林蛇 *Boiga multomaculata*
Large Spotted Cat Snake
游蛇科 林蛇属

三索颌腔蛇 *Coelognathus radiatus*
Radiated Rat Snake
游蛇科 颌腔蛇属

紫灰锦蛇 *Oreocryptophis porphyraceus*
Red Bamboo Rat Snake
游蛇科 紫灰蛇属

黑眉锦蛇 *Elaphe taeniura*
Beauty Rat Snake
游蛇科 锦蛇属

福清白环蛇 *Lycodon futsingensis*
Futsing Wolf Snake
游蛇科 白环蛇属

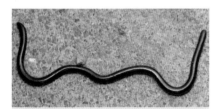

钩盲蛇 *Indotyphlops braminus*
Common Blind Snake
盲蛇科 印度盲蛇属

细白环蛇 *Lycodon subcinctus*
White-banded Wolf Snake
游蛇科 白环蛇属

赤链蛇 *Lycodon rufozonatum*
Red-banded Snake
游蛇科 白环蛇属

台湾小头蛇 *Oligodon formosanus*
Formosa Kukri Snake
游蛇科 小头蛇属

紫棕小头蛇 *Oligodon cinereus*
Golden Kukri Snake
游蛇科 小头蛇属

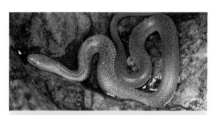

深圳后棱蛇 *Opisthotropis shenzhenensis*
Shenzhen Mountain Stream Snake
游蛇科 后棱蛇属

侧条后棱蛇 *Opisthotropis lateralis*
Bicoloured Stream Snake
游蛇科 后棱蛇属

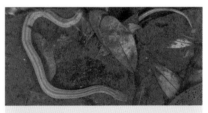

挂墩后棱蛇 *Opisthotropis kuatunensis*
Striped Stream Snake
游蛇科 后棱蛇属

香港后棱蛇 *Opisthotropis andersonii*
Anderson's Stream Snake
游蛇科 后棱蛇属

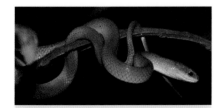

翠青蛇 *Ptyas major*
Greater Green Snake
游蛇科 鼠蛇属

灰鼠蛇 *Ptyas korro*
Chinese Rat Snake
游蛇科 鼠蛇属

滑鼠蛇 *Ptyas mucosus*
Oriental Rat Snake
游蛇科 鼠蛇属

红脖颈槽蛇 *Rhabdophis subminiatus*
Red-necked Keelback
游蛇科 颈槽蛇属

广东颈槽蛇 *Rhabdophis guangdongensis*
Guangdong Keelback
游蛇科 颈槽蛇属

黑头剑蛇 *Sibynophis chinensis*
Chinese Mountain Snake
游蛇科 剑蛇属

环纹华游蛇 *Tirimerodytes aequifasciata*
Asiatic Water Snake
游蛇科 华游蛇属

乌华游蛇 *Tirimerodytes percarinata*
Chinese Keelback Water Snake
游蛇科 华游蛇属

黄斑渔游蛇 *Xenochrophis flavipunctatus*
Yellow-spotted Keelback
游蛇科 渔游蛇属

钝尾两头蛇 *Calamaria septentrionalis*
Northern Reed Snake
游蛇科 两头蛇属

横纹斜鳞蛇 *Pseudoxenodon bambusicola*
Bamboo Snake
游蛇科 斜鳞蛇属

银环蛇 *Bungarus multicinctus*
Many-banded Krait
眼镜蛇科 环蛇属

金环蛇 *Bungarus fasciatus*
Banded Krait
眼镜蛇科 环蛇属

舟山眼镜蛇 *Naja atra*
Chinese Cobra
眼镜蛇科 眼镜蛇属

眼镜王蛇 *Ophiophagus hannah*
King Cobra
眼镜蛇科 眼镜王蛇属

中华珊瑚蛇 *Sinomicrurus macclellandi*
MacClelland's Coral Snake
眼镜蛇科 华珊瑚蛇属

越南烙铁头 *Ovophis tonkinensis*
Tonkin Mountain Pit Viper
蝰科 烙铁头属

白唇竹叶青 *Tryptelytrops albolabris*
White-lipped Pit Viper
蝰科 竹叶青属

深圳鸟类图录

白鹭 *Egretta garzetta*
Little Egret
鹈形目 鹭科 ≈ 61cm

中白鹭 *Ardea intermedia*
Intermediate Egret
鹈形目 鹭科 ≈ 70cm

牛背鹭 *Bubulcus coromandus*
Eastern Cattle Egret
鹈形目 鹭科 ≈ 51cm

大白鹭 *Ardea alba*
Great Egret
鹈形目 鹭科 ≈ 90cm

池鹭 *Ardeola bacchus*
Chinese Pond Heron
鹈形目 鹭科 ≈ 46cm

夜鹭 *Nycticorax nycticorax*
Black-crowned Night Heron
鹈形目 鹭科 ≈ 61cm

苍鹭 *Ardea cinerea*
Grey Heron
鹈形目 鹭科 ≈ 98cm

岩鹭 *Egretta sacra*
Pacific Reef Heron
鹈形目 鹭科 ≈ 58cm

草鹭 *Ardea purpurea*
Purple Heron
鹈形目 鹭科 ≈ 90cm

黄苇鳽 *Ixobrychus sinensis*
Yellow Bittern
鹈形目 鹭科 ≈ 38cm

栗苇鳽 *Ixobrychus cinnamomeus*
Cinnamon Bittern
鹈形目 鹭科 ≈ 39cm

紫背苇鳽 *Ixobrychus eurhythmus*
Von Schrenck's Bittern
鹈形目 鹭科 ≈ 40cm

黑脸琵鹭 *Platalea minor*
Black-faced Spoonbill
鹈形目 鹮科 ≈ 76cm

普通鸬鹚 *Phalacrocorax carbo*
Great Cormorant
鲣鸟目 鸬鹚科 ≈ 86cm

凤头䴙䴘 *Podiceps cristatus*
Great Crested Grebe
䴙䴘目 䴙䴘科 ≈ 50cm

小䴙䴘 *Tachybaptus ruficollis*
Little Grebe
䴙䴘目 䴙䴘科 ≈ 25cm

白胸翡翠 *Halcyon smyrnensis*
White-throated Kingfisher
佛法僧目 翠鸟科 ≈ 27cm

普通翠鸟 *Alcedo atthis*
Common Kingfisher
佛法僧目 翠鸟科 ≈ 16cm

蓝翡翠 *Halcyon pileata*
Black-capped Kingfisher
佛法僧目 翠鸟科 ≈ 28cm

斑鱼狗 *Ceryle rudis*
Pied Kingfisher
佛法僧目 翠鸟科 ≈ 25cm

白胸苦恶鸟 *Amauromis phoenicurus*
White-breasted Waterhen
鹤形目 秧鸡科 ≈ 33cm

白喉斑秧鸡 *Rallina eurizonoides*
Slaty-legged Crake
鹤形目 秧鸡科 ≈ 25cm

普通秧鸡 *Rallus indicus*
Brown-cheeked Rail
鹤形目 秧鸡科 ≈ 28cm

黑水鸡 *Gallinula chloropus*
Common Moorhen
鹤形目 秧鸡科 ≈ 38cm

骨顶鸡 *Fulica atra*
Eurasian Coot
鹤形目 秧鸡科 ≈ 39cm

白眉鸭 *Spatula querquedula*
Garganey
雁形目 鸭科 ≈ 37cm

赤颈鸭 *Mareca penelope*
Eurasian Wigeon
雁形目 鸭科 ≈ 48cm

琵嘴鸭 *Spatula clypeata*
Northern Shoveler
雁形目 鸭科 ≈ 50cm

绿翅鸭 *Anas crecca*
Eurasian Teal
雁形目 鸭科 ≈ 35cm

针尾鸭 *Anas acuta*
Northern Pintail
雁形目 鸭科 ≈ 55cm

凤头潜鸭 *Aythya fuligula*
Tufted Duck
雁形目 鸭科 ≈ 43cm

彩鹬 *Rostratula benghalensis*
Greater Painted-snipe
鸻形目 彩鹬科 ≈ 24cm

反嘴鹬 *Recurvirostra avosetta*
Pied Avocet
鸻形目 反嘴鹬科 ≈ 44cm

黑翅长脚鹬 *Himantopus himantopus*
Black-winged Stilt
鸻形目 反嘴鹬科 ≈ 37cm

黑尾塍鹬 *Limosa limosa*
Black-tailed Godwit
鸻形目 丘鹬科 ≈ 44cm

白腰杓鹬 *Numenius arquata*
Eurasian Curlew
鸻形目 鹬科 ≈ 60cm

白腰草鹬 *Tringa ochropus*
Green Sandpiper
鸻形目 鹬科 ≈ 23cm

翻石鹬 *Arenaria interpres*
Ruddy Turnstone
鸻形目 鹬科 ≈ 22cm

黑腹滨鹬 *Calidris alpina*
Dunlin
鸻形目 鹬科 ≈ 22cm

红脚鹬 *Tringa totanus*
Common Redshank
鸻形目 鹬科 ≈ 29cm

青脚鹬 *Tringa nebularia*
Common Greenshank
鸻形目 鹬科 ≈ 35cm

红颈滨鹬 *Calidris ruficollis*
Red-necked Stint
鸻形目 鹬科 ≈ 16cm

矶鹬 *Actitis hypoleucos*
Common Sandpiper
鸻形目 鹬科 ≈ 20cm

林鹬 *Tringa glareola*
Wood Sandpiper
鸻形目 鹬科 ≈ 22cm

翘嘴鹬 *Xenus cinereus*
Terek Sandpiper
鸻形目 鹬科 ≈ 23cm

弯嘴滨鹬 *Calidris ferruginea*
Curlew Sandpiper
鸻形目 鹬科 ≈ 23cm

泽鹬 *Tringa stagnatilis*
Marsh Sandpiper
鸻形目 鹬科 ≈ 26cm

长趾滨鹬 *Calidris subminuta*
Long-toed Stint
鸻形目 鹬科 ≈ 16cm

中杓鹬 *Numenius phaeopus*
Eurasian Whimbrel
鸻形目 鹬科 ≈ 46cm

扇尾沙锥 *Gallinago gallinago*
Common Snipe
鸻形目 鹬科 ≈ 27cm

红嘴鸥 *Chroicocephalus ridibundus*
Black-headed Gull
鸻形目 鸥科 ≈ 40cm

黑嘴鸥 *Chroicocephalus saundersi*
Saunders's Gull
鸻形目 鸥科 ≈ 32cm

普通燕鸥 *Sterna hirundo*
Common Tern
鸻形目 鸥科 ≈ 32cm

金斑鸻 *Pluvialis fulva*
Pacific Golden Plover
鸻形目 鸻科 ≈ 23cm

灰斑鸻 *Pluvialis squatarola*
Grey Plover
鸻形目 鸻科 ≈ 28cm

金眶鸻 *Charadrius dubius*
Little Ringed Plover
鸻形目 鸻科 ≈ 16cm

环颈鸻 *Charadrius alexandrinus*
Kentish Plover
鸻形目 鸻科 ≈ 17cm

铁嘴沙鸻 *Charadrius leschenaultii*
Greater Sand Plover
鸻形目 鸻科 ≈ 22cm

蒙古沙鸻 *Charadrius mongolus*
Lesser Sand Plover
鸻形目 鸻科 ≈ 20cm

灰头麦鸡 *Vanellus cinereus*
Grey-headed Lapwing
鸻形目 鸻科 ≈ 35cm

普通燕鸻 *Glareola maldivarum*
Oriental Pratincole
鸻形目 燕鸻科 ≈ 25cm

水雉 *Hydrophasianus chirurgus*
Pheasant-tailed Jacana
鸻形目 水雉科 ≈ 30cm

斑头鸺鹠 *Glaucidium cuculoides*
Asian Barred Owlet
鸮形目 鸱鸮科 ≈ 23cm

领角鸮 *Otus lettia*
Collared Scops Owl
鸮形目 鸱鸮科 ≈ 25cm

黑鸢 *Milvus migrans*
Black Kite
鹰形目 鹰科 ≈ 64cm

普通鵟 *Buteo japonicus*
Eastern Buzzard
鹰形目 鹰科 ≈ 54cm

凤头鹰 *Accipiter trivirgatus*
Crested Goshawk
鹰形目 鹰科 ≈ 43cm

蛇雕 *Spilornis cheela*
Crested Serpent Eagle
鹰形目 鹰科 ≈ 61cm

乌雕 *Clanga clanga*
Greater Spotted Eagle
鹰形目 鹰科 ≈ 65cm

红隼 *Falco tinnunculus*
Common Kestrel
鹰形目 隼科 ≈ 33cm

游隼 *Falco peregrinus*
Peregrine Falcon
鹰形目 隼科 ≈ 43cm

鹗 *Pandion haliaetus*
Western Osprey
鹰形目 鹗科 ≈ 57cm

灰斑鸠 *Streptopelia decaocto*
Eurasian Collared Dove
鸽形目 鸠鸽科 ≈ 30cm

绿翅金鸠 *Chalcophaps indica*
Emerald Dove
鸽形目 鸠鸽科 ≈ 25cm

山斑鸠 *Streptopelia orientalis*
Oriental Turtle Dove
鸽形目 鸠鸽科 ≈ 35cm

珠颈斑鸠 *Streptopelia chinensis*
Spotted Dove
鸽形目 鸠鸽科 ≈ 32cm

中华鹧鸪 *Francolinus pintadeanus*
Chinese Francolin
鸡形目 雉科 ≈ 34cm

八声杜鹃 *Cacomantis merulinus*
Plaintive Cuckoo
鹃形目 杜鹃科 ≈ 22cm

红翅凤头鹃 *Clamator coromandus*
Chestnut-winged Cuckoo
鹃形目 杜鹃科 ≈ 45cm

小鸦鹃 *Centropus bengalensis*
Lesser Coucal
鹃形目 杜鹃科 ≈ 35cm

鹰鹃 *Hierococcyx sparverioides*
Large Hawk-Cuckoo
鹃形目　杜鹃科　　≈40cm

噪鹃（雌） *Eudynamys scolopaceus*
Common Koel
鹃形目　杜鹃科　　≈43cm

噪鹃（雄） *Eudynamys scolopaceus*
Common Koel
鹃形目　杜鹃科　　≈43cm

褐翅鸦鹃 *Centropus sinensis*
Greater Coucal
鹃形目　杜鹃科　　≈50cm

白喉红臀鹎 *Pycnonotus aurigaster*
Sooty-headed Bulbul
雀形目　鹎科　　≈23cm

白头鹎 *Pycnonotus sinensis*
Light-vented Bulbul
雀形目　鹎科　　≈19cm

黑短脚鹎 *Hypsipetes leucocephalus*
Black Bulbul
雀形目　鹎科　　≈25cm

红耳鹎 *Pycnonotus jocosus*
Red-whiskered Bulbul
雀形目　鹎科　　≈21cm

栗背短脚鹎 *Hypsipetes castanonotus*
Chestnut Bulbul
雀形目　鹎科　　≈21cm

绿翅短脚鹎 *Ixos mcclellandii*
Mountain Bulbul
雀形目　鹎科　　≈24cm

红尾伯劳 *Lanius cristatus*
Brown Shrike
雀形目　伯劳科　　≈20cm

牛头伯劳 *Lanius bucephalus*
Bull-headed Shrike
雀形目　伯劳科　　≈20cm

棕背伯劳 *Lanius schach*
Long-tailed Shrike
雀形目　伯劳科　　≈25cm

橙头地鸫 *Geokichla citrina*
Orange-headed Thrush
雀形目　鸫科　　≈22cm

怀氏虎鸫 *Zoothera aurea*
White's Thrush
雀形目　鸫科　　≈30cm

灰背鸫 *Turdus hortulorum*
Grey-backed Thrush
雀形目　鸫科　　≈23cm

乌鸫 *Turdus mandarinus*
Chinese Blackbird
雀形目　鸫科　　≈29cm

乌灰鸫 *Turdus cardis*
Japanese Thrush
雀形目　鸫科　　≈21cm

叉尾太阳鸟（雌）
Aethopyga christinae
Fork-tailed Sunbird
雀形目　太阳鸟科　　≈9cm

叉尾太阳鸟（雄）
Aethopyga christinae
Fork-tailed Sunbird
雀形目　太阳鸟科　　≈9cm

高山短翅莺 *Locustella mandelli*
Russet Bush Warbler
雀形目　蝗莺科　　　≈ 13cm

白鹡鸰 *Motacilla alba*
White Wagtail
雀形目　鹡鸰科　　　≈ 19cm

红喉鹨 *Anthus cervinus*
Red-throated Pipit
雀形目　鹡鸰科　　　≈ 15cm

黄鹡鸰 *Motacilla tschutschensis*
Eastern Yellow Wagtail
雀形目　鹡鸰科　　　≈ 17cm

灰鹡鸰 *Motacilla cinerea*
Grey Wagtail
雀形目　鹡鸰科　　　≈ 19cm

理氏鹨 *Anthus richardi*
Richard's Pipit
雀形目　鹡鸰科　　　≈ 18cm

树鹨 *Anthus hodgsoni*
Olive-backed Pipit
雀形目　鹡鸰科　　　≈ 15cm

发冠卷尾 *Dicrurus hottentottus*
Hair-crested Drongo
雀形目　卷尾科　　　≈ 32cm

黑卷尾 *Dicrurus macrocercus*
Black Drongo
雀形目　卷尾科　　　≈ 30cm

灰卷尾 *Dicrurus leucophaeus*
Ashy Drongo
雀形目　卷尾科　　　≈ 28cm

八哥 *Acridotheres cristatellus*
Crested Myna
雀形目　椋鸟科　　　≈ 25cm

黑领椋鸟 *Gracupica nigricollis*
Black-collared Starling
雀形目　椋鸟科　　　≈ 28cm

灰背椋鸟 *Sturnia sinensis*
White-shouldered Starling
雀形目　鸫科　　　≈ 18cm

灰椋鸟 *Spodiopsar cineraceus*
White-cheeked Starling
雀形目　鸫科　　　≈ 22cm

丝光椋鸟（雌） *Spodiopsar sericeus*
Red-billed Starling
雀形目　鸫科　　　≈ 23cm

丝光椋鸟（雄） *Spodiopsar sericeus*
Red-billed Starling
雀形目　鸫科　　　≈ 23cm

小鳞胸鹪鹛 *Pnoepyga pusilla*
Pygmy Cupwing
雀形目　鳞胸鹪鹛科　　　≈ 9cm

褐柳莺 *Phylloscopus fuscatus*
Dusky Warbler
雀形目　柳莺科　　　≈ 12cm

黄眉柳莺 *Phylloscopus inornatus*
Yellow-browed Warbler
雀形目　柳莺科　　　≈ 10cm

黄腰柳莺 *Phylloscopus proregulus*
Pallas's Leaf Warbler
雀形目　柳莺科　　　≈ 10cm

白腰文鸟 *Lonchura striata*
White-rumped Munia
雀形目　梅花雀科　　≈ 11cm

斑文鸟 *Lonchura punctulata*
Scaly-breasted Munia
雀形目　梅花雀科　　≈ 12cm

红头穗鹛 *Cyanoderma ruficeps*
Rufous-capped Babbler
雀形目　鹛科　　≈ 13cm

棕颈钩嘴鹛 *Pomatorhinus ruficollis*
Streak-breasted Scimitar Babbler
雀形目　鹛科　　≈ 19cm

中华攀雀 *Remiz consobrinus*
Chinese Penduline Tit
雀形目　攀雀科　　≈ 11cm

麻雀 *Passer montanus*
Eurasian Tree Sparrow
雀形目　雀科　　≈ 14cm

淡眉雀鹛 *Alcippe hueti*
Huet's Fulvetta
雀形目　雀鹛科　　≈ 14cm

暗灰鹃鵙（jú） *Lalage melaschistos*
Black-winged Cuckooshrike
雀形目　山椒鸟科　　≈ 23cm

赤红山椒鸟（雌）
Pericrocotus speciosus
Scarlet Minivet
雀形目　山椒鸟科　　≈ 20cm

赤红山椒鸟（雄）
Pericrocotus speciosus
Scarlet Minivet
雀形目　山椒鸟科　　≈ 20cm

灰喉山椒鸟（雌）
Pericrocotus solaris
Grey-chinned Minivet
雀形目　山椒鸟科　　≈ 19cm

灰喉山椒鸟（雄）
Pericrocotus solaris
Grey-chinned Minivet
雀形目　山椒鸟科　　≈ 19cm

远东山雀 *Parus minor*
Japanese Tit
雀形目　山雀科　　≈ 14cm

纯色山鹪莺 *Prinia inornata*
Plain Prinia
雀形目　扇尾莺科　　≈ 15cm

黄腹山鹪莺 *Prinia flaviventris*
Yellow-bellied Prinia
雀形目　扇尾莺科　　≈ 12cm

长尾缝叶莺 *Orthotomus sutorius*
Common Tailorbird
雀形目　扇尾莺科　　≈ 12cm

棕扇尾莺 *Cisticola juncidis*
Zitting Cisticola
雀形目　扇尾莺科　　≈ 10cm

金头缝叶莺 *Phyllergates cucullatus*
Mountain Tailorbird
雀形目　树莺科　　≈ 12cm

强脚树莺 *Horornis fortipes*
Brownish-flanked Bush Warbler
雀形目　树莺科　　≈ 12cm

黑枕王鹟 *Hypothymis azurea*
Black-naped Monarch
雀形目　王鹟科　　≈ 17cm

紫寿带 *Terpsiphone atrocaudata*
Japanese Paradise-flycatcher
雀形目 王鹟科 ≈ 20cm

东方大苇莺 *Acrocephalus orientalis*
Oriental Reed Warbler
雀形目 苇莺科 ≈ 20cm

黑眉苇莺 *Acrocephalus bistrigiceps*
Black-browed Reed Warbler
雀形目 苇莺科 ≈ 12cm

北红尾鸲（雌） *Phoenicurus auroreus*
Daurian Redstart
雀形目 鹟科 ≈ 15cm

北红尾鸲（雄） *Phoenicurus auroreus*
Daurian Redstart
雀形目 鹟科 ≈ 15cm

北灰鹟 *Muscicapa dauurica*
Asian Brown Flycatcher
雀形目 鹟科 ≈ 13cm

东亚石鵖（雌） *Saxicola stejnegeri*
Siberian Stonechat
雀形目 鹟科 ≈ 14cm

东亚石鵖（雄） *Saxicola stejnegeri*
Siberian Stonechat
雀形目 鹟科 ≈ 14cm

海南蓝仙鹟 *Cyornis hainanus*
Hainan Blue Flycatcher
雀形目 鹟科 ≈ 15cm

红喉歌鸲（雌） *Calliope calliope*
Siberian Rubythroat
雀形目 鹟科 ≈ 15cm

红喉歌鸲（雄） *Calliope calliope*
Siberian Rubythroat
雀形目 鹟科 ≈ 15cm

红喉姬鹟 *Ficedula albicilla*
Taiga Flycatcher
雀形目 鹟科 ≈ 12cm

红尾歌鸲 *Larvivora sibilans*
Rufous-tailed Robin
雀形目 鹟科 ≈ 15cm

红尾水鸲 *Phoenicurus fuliginosus*
Plumbeous Water Redstart
雀形目 鹟科 ≈ 14cm

红胁蓝尾鸲（雌） *Tarsiger cyanurus*
Orange-flanked Bluetail
雀形目 鹟科 ≈ 15cm

红胁蓝尾鸲（雄） *Tarsiger cyanurus*
Orange-flanked Bluetail
雀形目 鹟科 ≈ 15cm

黄眉姬鹟 *Ficedula narcissina*
Narcissus Flycatcher
雀形目 鹟科 ≈ 13cm

灰背燕尾 *Enicurus schistaceus*
Slaty-backed Forktail
雀形目 鹟科 ≈ 25cm

蓝矶鸫（雌） *Monticola solitarius*
Blue Rockthrush
雀形目 鹟科 ≈ 22cm

蓝矶鸫（雄） *Monticola solitarius*
Blue Rockthrush
雀形目 鹟科 ≈ 22cm

鹊鸲（雌） *Copsychus saularis*
Oriental Magpie Robin
雀形目　鹟科　　　　　≈20cm

鹊鸲（雄） *Copsychus saularis*
Oriental Magpie Robin
雀形目　鹟科　　　　　≈20cm

铜蓝鹟 *Eumyias thalassinus*
Verditer Flycatcher
雀形目　鹟科　　　　　≈17cm

紫啸鸫 *Myophonus caeruleus*
Blue Whistling Thrush
雀形目　鹟科　　　　　≈33cm

黄胸鹀 *Emberiza aureola*
Yellow-breasted Bunting
雀形目　鹀科　　　　　≈15cm

灰头鹀 *Emberiza spodocephala*
Black-faced Bunting
雀形目　鹀科　　　　　≈15cm

暗绿绣眼鸟 *Zosterops simplex*
Swinhoe's White-eye
雀形目　绣眼鸟科　　　≈11cm

栗耳凤鹛 *Yuhina castaniceps*
Striated Yuhina
雀形目　绣眼鸟科　　　≈13cm

白颈鸦 *Corvus torquatus*
Collared Crow
雀形目　鸦科　　　　　≈54cm

大嘴乌鸦 *Corvus macrorhynchos*
Large-billed Crow
雀形目　鸦科　　　　　≈50cm

红嘴蓝鹊 *Urocissa erythroryncha*
Red-billed Blue Magpie
雀形目　鸦科　　　　　≈65cm

灰树鹊 *Dendrocitta formosae*
Grey Treepie
雀形目　鸦科　　　　　≈38cm

灰喜鹊 *Cyanopica cyanus*
Azure-winged Magpie
雀形目　鸦科　　　　　≈40cm

喜鹊 *Pica pica*
Common Magpie
雀形目　鸦科　　　　　≈45cm

家燕 *Hirundo rustica*
Barn Swallow
雀形目　燕科　　　　　≈18cm

金腰燕 *Hirundo daurica*
Red-rumped Swallow
雀形目　燕科　　　　　≈20cm

黑尾蜡嘴雀（雌） *Eophona migratoria*
Chinese Grosbeak
雀形目　燕雀科　　　　≈17cm

黑尾蜡嘴雀（雄） *Eophona migratoria*
Chinese Grosbeak
雀形目　燕雀科　　　　≈17cm

金翅雀 *Chloris sinica*
Grey-capped Greenfinch
雀形目　燕雀科　　　　≈13cm

橙腹叶鹎 *Chloropsis hardwickii*
Orange-bellied Leafbird
雀形目　叶鹎科　　　　≈20cm

方尾鹟 *Culicicapa ceylonensis*
Grey-headed Canaryflycatcher
雀形目 仙莺科 ≈ 13cm

黑喉噪鹛 *Garrulax chinensis*
Black-throated Laughingthrush
雀形目 噪鹛科 ≈ 28cm

黑脸噪鹛 *Garrulax perspicillatus*
Masked Laughingthrush
雀形目 噪鹛科 ≈ 30cm

黑领噪鹛 *Garrulax pectoralis*
Greater Necklaced Laughingthrush
雀形目 噪鹛科 ≈ 29cm

画眉 *Garrulax canorus*
Chinese Hwamei
雀形目 噪鹛科 ≈ 25cm

蓝翅希鹛 *Siva cyanouroptera*
Blue-winged Minla
雀形目 噪鹛科 ≈ 16cm

红头长尾山雀 *Aegithalos concinnus*
Black-throated Bushtit
雀形目 长尾山雀科 ≈ 10cm

红胸啄花鸟（雌） *Dicaeum ignipectus*
Fire-breasted Flowerpecker
雀形目 啄花鸟科 ≈ 9cm

红胸啄花鸟（雄） *Dicaeum ignipectus*
Fire-breasted Flowerpecker
雀形目 啄花鸟科 ≈ 9cm

朱背啄花鸟（雌） *Dicaeum cruentatum*
Scarlet-backed Flowerpecker
雀形目 啄花鸟科 ≈ 9cm

朱背啄花鸟（雄） *Dicaeum cruentatum*
Scarlet-backed Flowerpecker
雀形目 啄花鸟科 ≈ 9cm

绒额鸸 *Sitta frontalis*
Velvet-fronted Nuthatch
雀形目 鸸科 ≈ 12cm

戴胜 *Upupa epops*
Common Hoopoe
犀鸟目 戴胜科 ≈ 30cm

林夜鹰 *Caprimulgus affinis*
Savanna Nightjar
夜鹰目 夜鹰科 ≈ 22cm

普通夜鹰 *Caprimulgus jotaka*
Grey Nightjar
夜鹰目 夜鹰科 ≈ 28cm

白腰雨燕 *Apus pacificus*
Fork-tailed Swift
雨燕目 雨燕科 ≈ 18cm

小白腰雨燕 *Apus nipalensis*
House Swift
雨燕目 雨燕科 ≈ 15cm

黑眉拟啄木鸟 *Psilopogon faber*
Chinese Barbet
鴷形目 拟啄木鸟科 ≈ 20cm

斑姬啄木鸟 *Picumnus innominatus*
Speckled Piculet
鴷形目 啄木鸟科 ≈ 10cm

蚁䴕 *Jynx torquilla*
Eurasian Wryneck
鴷形目 啄木鸟科 ≈ 17cm

深圳淡水鱼类图录

唐鱼 *Tanichthys albonubes*
鲤科　唐鱼属

异鱲 *Parazacco spilurus*
鲤科　异鱲属

长鳍鱲 *Opsariichthys evolans*
鲤科　马口鱼属

南鳢 *Channa gachua*
鳢科　鳢属

斑鳢 *Channa maculata*
鳢科　鳢属

拟细鲫 *Nicholsicypris normalis*
鲤科　拟细鲫属

条纹小鲃 *Barbodes semifasciolatus*
鲤科　四须鲃属

鲤鱼 *Cyprinus carpio*
鲤科　鲤属

草鱼 *Ctenopharyngodon idella*
鲤科　草鱼属

花鲢 *Aristichthys nobilis*
鲤科　鲢属

横纹南鳅 *Schistura fasciolatus*
条鳅科　南鳅属

无斑南鳅 *Schistura incerta*
条鳅科　南鳅属

平头岭鳅 *Oreonectes platycephalus*
条鳅科　岭鳅属

美丽中条鳅 *Traccatichthys pulcher*
条鳅科　中条鳅属

宽头拟腹吸鳅 *Pseudogastromyzon laticeps*
平鳍鳅科　拟腹吸鳅属

麦氏拟腹吸鳅　*Pseudogastromyzon myersi*
平鳍鳅科　拟腹吸鳅属

糙隐鳍鲶　*Pterocryptis anomala*
鲇科　隐鳍鲶属

白线纹胸鮡　*Glyptothorax pallozonum*
鮡科　纹胸鮡属

三线拟鲿　*Pseudobagrus trilineatus*
鲿科　拟鲿属

弓背青鳉　*Oryzias curvinotus*
怪颌鳉科　青鳉属

齐氏非鲫　*Coptodon zillii*
慈鲷科　非鲫属

尖头塘鳢　*Eleotris oxycephala*
塘鳢科　塘鳢属

溪吻虾虎鱼　*Rhinogobius duospilus*
虾虎鱼科　吻虾虎鱼属

真吻虾虎鱼　*Rhinogobius similis*
虾虎鱼科　吻虾虎鱼属

紫身枝牙虾虎　*Stiphodon atropurpureus*
虾虎鱼科　枝牙虾虎属

多鳞枝牙虾虎　*Stiphodon multisquamus*
虾虎鱼科　枝牙虾虎属

明仁枝牙虾虎　*Stiphodon imperiorientis*
虾虎鱼科　枝牙虾虎属

叉尾斗鱼　*Macropodus opercularis*
丝足鲈科　斗鱼属

香港黑叉　*Macropodus hongkongensis*
丝足鲈科　斗鱼属

麦穗鱼　*Pseudorasbora parva*
鲤科　麦穗鱼属

深圳蝴蝶图录

巴黎翠凤蝶 *Papilio paris*
Paris Peacock
凤蝶科　凤蝶属

美凤蝶 *Papilio memnon*
Great Mormon
凤蝶科　凤蝶属

碧凤蝶 *Papilio bianor*
Common peacock
凤蝶科　凤蝶属

蓝凤蝶 *Papilio protenor*
Spangle
凤蝶科　凤蝶属

玉带凤蝶 *Papilio polytes*
Common Mormon
凤蝶科　凤蝶属

玉斑凤蝶 *Papilio polytes*
Red Helen
凤蝶科　凤蝶属

达摩凤蝶 *Papilio demoleus*
Chequered Swallowtail
凤蝶科　凤蝶属

柑橘凤蝶 *Papilio xuthus*
Swallowtail
凤蝶科　凤蝶属

青凤蝶 *Graphium sarpedon*
Common Bluebottle
凤蝶科　青凤蝶属

宽带青凤蝶 *Graphium cloanthus*
Glassy Bluebottle
凤蝶科　青凤蝶属

统帅青凤蝶 *Graphium agamemnon*
Tailed Jay
凤蝶科　青凤蝶属

木兰青凤蝶 *Graphium doson*
Common Jay
凤蝶科　青凤蝶属

金裳凤蝶 *Troides aeacus*
Golden Birdwing
凤蝶科　裳凤蝶属

绿凤蝶 *Pathysa antiphates*
Five Bar Swordtail
凤蝶科　绿凤蝶属

斑凤蝶 *Chilasa clytia*
Common Mime
凤蝶科　斑凤蝶属

燕凤蝶 *Lamproptera curius*
White Dragontail
凤蝶科　燕凤蝶属

橙粉蝶 *Ixias pyrene*
Yellow Orange Tip
粉蝶科　橙粉蝶属

优越斑粉蝶 *Delias hyparete*
Painted Jezebel
粉蝶科　斑粉蝶属

报喜斑粉蝶 *Delias pasithoe*
Red-base Jezebel
粉蝶科　斑粉蝶属

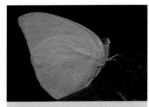

迁粉蝶 *Catopsilia pomona*
Lemon Emigrant
粉蝶科　迁粉蝶属

梨花迁粉蝶 *Catopsilia pyranthe*
Mottled Emigrant
粉蝶科　迁粉蝶属

黑脉园粉蝶 *Cepora nerissa*
Common Gull
粉蝶科　园粉蝶属

檗黄粉蝶 *Eurema blanda*
Three-spot Yellow
粉蝶科　黄粉蝶属

宽边黄粉蝶 *Eurema hecabe*
Common Grass Yellow
粉蝶科　黄粉蝶属

东方菜粉蝶 *Pieris canidia*
Indian Cabbage White
粉蝶科　菜粉蝶属

菜粉蝶 *Pieris rapae*
Small Cabbage White
粉蝶科　菜粉蝶属

金斑蝶 *Danaus chrysippus*
Plain Tiger
蛱蝶科　斑蝶属

虎斑蝶 *Danaus genutia*
Common Tiger
蛱蝶科　斑蝶属

幻紫斑蝶 *Euploea core*
Common Crow
蛱蝶科　紫斑蝶属

蓝点紫斑蝶 *Euploea midamus*
Blue-spotted Crow
蛱蝶科　紫斑蝶属

异型紫斑蝶 *Euploea mulciber*
Striped Blue Crow
蛱蝶科　紫斑蝶属

拟旖斑蝶 *Ideopsis similis*
Ceylon Blue Glassy Tiger
蛱蝶科　旖斑蝶属

青斑蝶 *Tirumala limniace*
Blue Tiger
蛱蝶科　青斑蝶属

绢斑蝶 *Parantica aglea*
Glassy Tiger
蛱蝶科　绢斑蝶属

凤眼方环蝶 *Discophora sondaica*
Common Duffer
蛱蝶科　方环蝶属

串珠环蝶 *Faunis eumeus*
Large Faun
蛱蝶科　串珠环蝶属

翠袖锯眼蝶 *Elymnias hypermnestra*
Common Palmfly
蛱蝶科　锯眼蝶属

曲纹黛眼蝶 *Lethe chandica*
Angled Red Forester
蛱蝶科　黛眼蝶属

白带黛眼蝶 *Lethe confusa*
Banded Tree Brown
蛱蝶科　黛眼蝶属

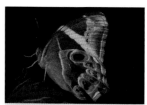

长纹黛眼蝶 *Lethe europa*
Bamboo Tree Brown
蛱蝶科　黛眼蝶属

附录一　物种图录

稻暮眼蝶 *Melanitis leda*
Common Evening Brown
蛱蝶科 暮眼蝶属

睇暮眼蝶 *Melanitis phedima*
Dark Evening Brown
蛱蝶科 暮眼蝶属

小眉眼蝶 *Mycalesis mineus*
Dark Brand Bush Brown
蛱蝶科 眉眼蝶属

平顶眉眼蝶 *Mycalesis mucianus*
South China Bush Brown
蛱蝶科 眉眼蝶属

矍眼蝶 *Ypthima baldus*
Common Five-ring
蛱蝶科 矍眼蝶属

前雾矍眼蝶 *Ypthima praenubila*
Common Four-ring
蛱蝶科 矍眼蝶属

黑脉蛱蝶 *Hestina assimilis*
Red Ring Skirt
蛱蝶科 脉蛱蝶属

幻紫斑蛱蝶 *Hypolimnas bolina*
Common Eggfly
蛱蝶科 斑蛱蝶属

斐豹蛱蝶 *Argynnis hyperbius*
Indian Fritillary
蛱蝶科 豹蛱蝶属

小豹律蛱蝶 *Lexias pardalis*
Common Archduke
蛱蝶科 律蛱蝶属

窄斑凤尾蛱蝶 *Polyura athamas*
Common Nawab
蛱蝶科 尾蛱蝶属

忘忧尾蛱蝶 *Polyura nepenthes*
Shan Nawab
蛱蝶科 尾蛱蝶属

相思带蛱蝶 *Athyma nefte*
Colour Sergeant
蛱蝶科 带蛱蝶属

新月带蛱蝶 *Athyma selenophora*
Staff Sergeant
蛱蝶科 带蛱蝶属

波纹眼蛱蝶 *Junonia atlites*
Grey Pansy
蛱蝶科 眼蛱蝶属

钩翅眼蛱蝶 *Junonia iphita*
Chocolate Pansy
蛱蝶科 眼蛱蝶属

蛇眼蛱蝶 *Junonia lemonias*
Lemon Pansy
蛱蝶科 眼蛱蝶属

美眼蛱蝶 *Junonia almana*
Peacock Pansy
蛱蝶科 眼蛱蝶属

黄裳眼蛱蝶 *Junonia hierta*
Yellow Pansy
蛱蝶科 眼蛱蝶属

波蛱蝶 *Ariadne ariadne*
Angled Castor
蛱蝶科 波蛱蝶属

红锯蛱蝶 *Cethosia biblis*
Red Lacewing
蛱蝶科 锯蛱蝶属

白带螯蛱蝶 *Charaxes bernardus*
Tawny Rajah
蛱蝶科 螯蛱蝶属

黄襟蛱蝶 *Cupha erymanthis*
Rustic
蛱蝶科 襟蛱蝶属

网丝蛱蝶 *Cyrestis thyodamas*
Common Mapwing
蛱蝶科 丝蛱蝶属

电蛱蝶 *Dichorragia nesimachus*
Constable
蛱蝶科 电蛱蝶属

尖翅翠蛱蝶 *Euthalia phemius*
White-edged Blue Baron
蛱蝶科 翠蛱蝶属

琉璃蛱蝶 *Kaniska canace*
Blue Admiral
蛱蝶科 琉璃蛱蝶属

残锷线蛱蝶 *Limenitis sulpitia*
Five-dot Sergeant
蛱蝶科 线蛱蝶属

中环蛱蝶 *Neptis hylas*
Common Sailer
蛱蝶科 环蛱蝶属

大红蛱蝶 *Vanessa indica*
Asian Admiral
蛱蝶科 红蛱蝶属

柱菲蛱蝶 *Phaedyma columella*
Short-banded Sailer
蛱蝶科 菲蛱蝶属

罗蛱蝶 *Rohana parisatis*
Black Prince
蛱蝶科 罗蛱蝶属

散纹盛蛱蝶 *Symbrenthia liaea*
Common Jester
蛱蝶科 丝蛱蝶属

苎麻珍蝶 *Acraea issoria*
Yellow Coster
蛱蝶科 珍蝶属

波蚬蝶 *Zemeros flegyas*
Punchinello
蚬蝶科 波蚬蝶属

蛇目褐蚬蝶 *Abisara echerius*
Plum Judy
蚬蝶科 褐蚬蝶属

大斑尾蚬蝶 *Dodona egeon*
Orange Punch
蚬蝶科 尾蚬蝶属

尖翅银灰蝶 *Curetis actua*
Angled Sunbeam
灰蝶科 银灰蝶属

钮灰蝶 *Acytolepis puspa*
Common Hedge Blue
灰蝶科 钮灰蝶属

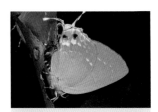
绿灰蝶 *Artipe eryx*
Green Flash
灰蝶科 绿灰蝶属

咖灰蝶 *Catochrysops strabo*
Forget-me-not
灰蝶科　咖灰蝶属

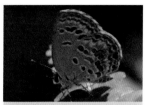

紫灰蝶 *Chilades lajus*
Lime Blue
灰蝶科　紫灰蝶属

曲纹紫灰蝶 *Chilades pandava*
Plains Cupid
灰蝶科　紫灰蝶属

棕灰蝶 *Euchrysops cnejus*
Gram Blue
灰蝶科　棕灰蝶属

麻燕灰蝶 *Rapala manea*
State Flash
灰蝶科　燕灰蝶属

彩灰蝶 *Heliophorus epicles*
Purple Sapphire
灰蝶科　彩灰蝶属

雅灰蝶 *Jamides bochus*
Dark Cerulean
灰蝶科　雅灰蝶属

亮灰蝶 *Lampides boeticus*
Long-tailed Blue
灰蝶科　亮灰蝶属

生灰蝶 *Sinthusa chandrana*
Broad Spark
灰蝶科　生灰蝶属

酢浆灰蝶 *Pseudozizeeria maha*
Pale Grass Blue
灰蝶科　酢浆灰蝶属

长腹灰蝶 *Zizula hylax*
Tiny Grass Blue
灰蝶科　长腹灰蝶属

毛眼灰蝶 *Zizina otis*
Lesser Grass Blue
灰蝶科　毛眼灰蝶属

莱灰蝶 *Remelana jangala*
Chocolate Royal
灰蝶科　莱灰蝶属

豆粒银线灰蝶 *Spindasis syama*
Club Silverline
灰蝶科　银线灰蝶属

银线灰蝶 *Spindasis lohita*
Long-banded Silverline
灰蝶科　银线灰蝶属

豹斑双尾灰蝶 *Tajuria maculata*
Spotted Royal
灰蝶科　双尾灰蝶属

沾边裙弄蝶 *Tagiades litigiosa*
Water Snow Flat
弄蝶科　裙弄蝶属

黑边裙弄蝶 *Tagiades menaka*
Dark Edged Snow Flat
弄蝶科　裙弄蝶属

黑斑伞弄蝶 *Burara oedipodea*
Orange Awlet
弄蝶科　暮弄蝶属

白伞弄蝶 *Bibasis gomata*
Pale Green Awlet
弄蝶科　伞弄蝶属

角翅弄蝶 *Odontoptilum angulatum*
Chestnut Angle
弄蝶科 角翅弄蝶属

放踵珂弄蝶 *Caltoris cahira*
Dark Swift
弄蝶科 珂弄蝶属

三斑趾弄蝶 *Hasora badra*
Common Awl
弄蝶科 趾弄蝶属

姜弄蝶 *Udaspes folus*
Grass Demon
弄蝶科 姜弄蝶属

黄斑蕉弄蝶 *Erionota torus*
Banana Skipper
弄蝶科 蕉弄蝶属

雅弄蝶 *Iambrix salsala*
Chestnut Bob
弄蝶科 雅弄蝶属

旖弄蝶 *Isoteinon lamprospilus*
Shiny-Spotted Bob
弄蝶科 旖弄蝶属

曲纹袖弄蝶 *Notocrypta curvifascia*
Restricted Demon
弄蝶科 袖弄蝶属

幺纹稻弄蝶 *Parnara bada*
Grey Swift
弄蝶科 稻弄蝶属

曲纹稻弄蝶 *Parnara ganga*
Continental Swift
弄蝶科 稻弄蝶属

直纹稻弄蝶 *Parnara guttata*
Common Straight Swift
弄蝶科 稻弄蝶属

绿弄蝶 *Choaspes benjaminii*
Indian Awl King
弄蝶科 绿弄蝶属

断纹黄室弄蝶 *Potanthus trachala*
Lesser Band Dart
弄蝶科 黄室弄蝶属

黄纹孔弄蝶 *Polytremis lubricans*
Contiguous Swift
弄蝶科 孔弄蝶属

籼弄蝶 *Borbo cinnara*
Formosan Swift
弄蝶科 籼弄蝶属

玛弄蝶 *Matapa aria*
Common Redeye
弄蝶科 玛弄蝶属

腌翅弄蝶 *Astictopterus jama*
Forest Hopper
弄蝶科 腌翅弄蝶属

侏儒锷弄蝶 *Aeromachus pygmaeus*
Pigmy Scrub Hopper
弄蝶科 锷弄蝶属

黄斑弄蝶 *Ampittia dioscorides*
Common Bush Hopper
弄蝶科 黄斑弄蝶属

素弄蝶 *Suastus gremius*
Indian Palm Bob
弄蝶科 素弄蝶属

深圳蛾类图录

豹点锦斑蛾 *Cyclosia panthona*
斑蛾科 圆斑蛾属

茶柄脉锦斑蛾 *Eterusia aedea*
斑蛾科 茶斑蛾属

红带网斑蛾 *Retina rubrivitta*
斑蛾科 网斑蛾属

绿脉白斑蛾 *Chalcosiasuffusa*
斑蛾科 白斑蛾属

网锦斑蛾 *Trypanophora semihyalina*
斑蛾科 鹿斑蛾属

广州榕蛾 *Phauda kantonensis*
榕蛾科 榕蛾属

萝藦艳青尺蛾 *Agathia carissima*
尺蛾科 艳青尺蛾属

双尾尺蛾 *Berta sp.*
尺蛾科 双尾尺蛾属

豹尺蛾 *Dysphania militaris*
尺蛾科 豹尺蛾属

橙带蓝尺蛾 *Milionia basalis*
尺蛾科 蓝尺蛾属

赤粉尺蛾 *Eumelea biflavata*
尺蛾科 粉尺蛾属

大斑豹纹尺蛾 *Epobeidid tigrata*
尺蛾科 豹纹尺蛾属

红边水青尺蛾 *Comostola pyrrhogona*
尺蛾科 四圈青尺蛾属

黄缘丸尺蛾 *Plutodes costatus*
尺蛾科 丸尺蛾属

灰绿片尺蛾 *Fascellina plagiata*
尺蛾科 片尺蛾属

锯齿青尺蛾 *Maxates coelataria*
尺蛾科 尖尾尺蛾属

绿斑姬尺蛾 *Antitrygodes divisaria*
尺蛾科 蟹尺蛾属

绿龟尺蛾 *Celenna festivaria*
尺蛾科 绿纹尺蛾属

赛彩尺蛾 *Eucyclodes semialb*
尺蛾科 彩青尺蛾属

油桐尺蛾 *Biston suppressaria*
尺蛾科 桦尺蛾属

486

乌眼尺蛾 *Problepsis vulgaris*
尺蛾科 眼尺蛾属

夹竹桃艳青尺蛾 *Agathia lycaenaria*
尺蛾科 艳青尺蛾属

紫斑带蛾 *Apha floralis*
带蛾科 带蛾属

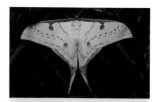
华尾天蚕蛾 *Actias sinensis*
天蚕蛾科 尾天蚕蛾属

绿尾天蚕蛾 *Actias ningpoana*
天蚕蛾科 尾天蚕蛾属

王氏樗天蚕蛾 *Samia wangi*
天蚕蛾科 樗天蚕蛾属

乌桕天蚕蛾 *Attacus atlas*
天蚕蛾科 巨天蚕蛾属

蝶灯蛾 *Nyctemera lacticinia*
裳蛾科 蝶灯蛾属

粉蝶灯蛾 *Nyctemera adversata*
裳蛾科 蝶灯蛾属

后凸蝶灯蛾 *Nyctemera carissima*
裳蛾科 蝶灯蛾属

方斑拟灯蛾 *Asota plaginota*
裳蛾科 拟灯蛾属

圆端拟灯蛾 *Asota heliconia*
裳蛾科 拟灯蛾属

优蓓苔蛾 *Barsine striata*
裳蛾科 美苔蛾属

春鹿蛾 *Eressa confinis*
裳蛾科 春鹿蛾属

多纹鹿蛾 *Amata polymita*
裳蛾科 鹿蛾属

黄体鹿蛾 *Amata grotei*
裳蛾科 鹿蛾属

伊贝鹿蛾 *Syntomoides imaon*
裳蛾科 伊贝鹿蛾属

白毒蛾 *Arctornis sp.*
裳蛾科 白毒蛾属

栎毒蛾 *Lymantria mathura*
裳蛾科 毒蛾属

榕透翅毒蛾 *Perina nuda*
裳蛾科 透翅毒蛾属

珀色毒蛾 *Aroa substrigosa*
裳蛾科 色毒蛾属

无忧花丽毒蛾 *Calliteara horsfieldi*
裳蛾科 丽毒蛾属

斑表夜蛾 *Titulcia confictella*
瘤蛾科 表夜蛾属

飞扬阿夜蛾 *Achaea janata*
裳蛾科 阿夜蛾属

变色夜蛾 *Hypopyra vespertilio*
裳蛾科　变色夜蛾属

戴夜蛾 *Lophathrum comprimens*
裳蛾科　戴夜蛾属

合夜蛾 *Sympis rufibasis*
裳蛾科　合夜蛾属

冕肖毛翅裳 *Thyas coronata*
裳蛾科　肖毛翅裳属

直壶夜蛾 *Calyptra orthograpta*
裳蛾科　壶夜蛾属

窄蓝条夜蛾 *Ischyja ferrifracta*
裳蛾科　蓝条夜蛾属

眉目夜蛾 *Erebus hieroglyphica*
裳蛾科　目夜蛾属

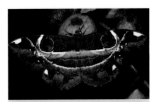
魔目夜蛾 *Erebus ephesperis*
裳蛾科　目夜蛾属

枯落叶夜蛾 *Eudocima tyrannus*
裳蛾科　落叶夜蛾属

镶落叶夜蛾 *Eudocima homaena*
裳蛾科　落叶夜蛾属

明夜蛾 *Chasmina sp.*
夜蛾科　明夜蛾属

佩夜蛾 *Oxyodes scrobiculata*
裳蛾科　佩夜蛾属

石榴巾夜蛾 *Parallelia stuposa*
裳蛾科　巾夜蛾属

斜纹贪夜蛾 *Spodotera litura*
夜蛾科　斜纹夜蛾属

四星亭夜蛾 *Tinolius quadrimaculatus*
裳蛾科　亭夜蛾属

黑带雕蛾 *Phycodes minor*
短翅蛾科　黑带雕蛾属

媚裟刺蛾 *Melinaria pseudorepanda*
刺蛾科　裟刺蛾属

珍钩蛾 *Teldenia specca*
钩蛾科　钩蛾属

大褐斑枯叶蛾 *Paralebeda plagifera*
枯叶蛾科　栎枯叶蛾属

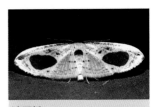
波网蛾 *Calindoea argentalis*
网蛾科　波网蛾属

殊蝉网蛾 *Glanycus insolitus*
网蛾科　蝉网蛾属

双尾蛾 *Phazaca sp.*
燕蛾科　双尾蛾属

大燕蛾 *Lyssa zampa*
燕蛾科　大燕蛾属

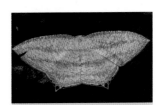
一点燕蛾 *Micronia aculeata*
燕蛾科　小燕蛾属

竹箩舟蛾 *Ceira retrofusca*
舟蛾科 箩舟蛾属

钩翅舟蛾 *Gangarides dharma*
舟蛾科 钩翅舟蛾属

康梭舟蛾
Netria viridescens continentalis
舟蛾科 梭舟蛾属

虎纹蛀野螟 *Dichocrocis tigrina*
草螟科 纹翅草螟属

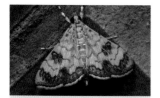

黄翅长距野螟 *Isocentris filalis*
草螟科 长距野螟属

黄野螟 *Heortia vitessoides*
草螟科 黄野螟属

蛀野螟 *Conogethes* sp.
草螟科 蛀野螟属

甜菜白带野螟 *Spoladea recurvalis*
草螟科 白带野螟属

伊锥歧角螟 *Catachena histricalis*
螟蛾科 锥歧角螟属

圆斑黄缘禾螟 *Cirrhochrista brizoalis*
草螟科 黄缘禾螟属

鬼脸天蛾 *Acherontia lachesis*
天蛾科 鬼脸天蛾属

芝麻鬼脸天蛾 *Acherontia styx*
天蛾科 鬼脸天蛾属

白眉斜纹天蛾 *Theretra suffusa*
天蛾科 斜纹天蛾属

土色斜纹天蛾 *Theretra lucasii*
天蛾科 斜纹天蛾属

青背斜纹天蛾 *Theretra nessus*
天蛾科 斜纹天蛾属

杧果天蛾 *Amplypterus panopus*
天蛾科 杧果天蛾属

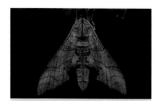

椴六点天蛾 *Marumba dyras*
天蛾科 六点天蛾属

白薯天蛾 *Agrius convolvuli*
天蛾科 白薯天蛾属

构月天蛾 *Parum colligata*
天蛾科 构月天蛾属

夹竹桃天蛾 *Daphnis nerii*
天蛾科 白腰天蛾属

豆天蛾 *Clanis bilineata bilineata*
天蛾科 豆天蛾属

霜天蛾 *Psilogramma discistriga*
天蛾科 霜天蛾属

斜绿天蛾 *Pergesa acteus*
天蛾科 斜绿天蛾属

银斑天蛾 *Rhodosoma triopus*
天蛾科 斑天蛾属

深圳蜻蜓图录

大溪螅 *Philoganga vetusta*
Ochre Titan
大溪螅科 大溪螅属

华艳色螅 *Neurobasis chinensis chinensis*
Chinese Greenwing
色螅科 艳色螅属

烟翅绿色螅 *Mnais mneme*
Indochinese Copperwing
色螅科 绿色螅属

三斑阳鼻螅 *Rhinocypha perforata*
Common Blue Jewel
鼻螅科 阳鼻螅属

方带幽螅 *Euphaea decorata*
Black-banded Gossmerwing
溪螅科 溪螅属

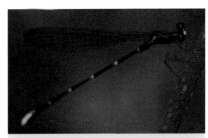

白尾野螅 *Agriomorpha fusca*
Chinese Yellowface
山螅科 野螅属

丹顶斑螅 *Pseudagrion rubriceps*
Saffron-faced Blue Dart
螅科 斑螅属

褐斑异痣螅 *Ischnura senegalensis*
Common Bluetail
螅科 异痣螅属

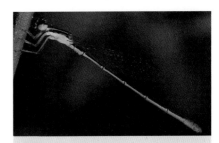

黄尾小螅 *Agriocnemis pygmaea*
Wandering Midget
螅科 小螅属

翠胸黄螅 *Ceriagrion auranticum ryukyuanum*
Orange-tailed Sprite
螅科 黄螅属

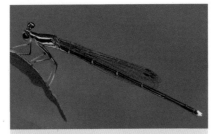

白狭扇螅 *Copera ciliata*
Black-kneed Featherlegs
扇螅科 狭扇螅属

黄狭扇螅 *Copera marginipes*
Yellow Featherlegs
扇螅科 狭扇螅属

黄纹长腹螅 *Coeliccia cyanomelas*
Blue Forest Damsel
山螅科 长腹扁螅属

白瑞原扁螅 *Protosticta taipokauensis*
White-banded Shadowdamsel
扁螅科 原扁螅属

香港镰扁螅 *Drepanosticta hongkongensis*
Blue-tailed Shadowdamsel
扁螅科 镰扁螅属

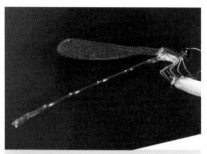

乌微桥原螅 *Prodasineura autumnalis*
Black Threadtail
原螅科 桥园螅属

碧伟蜓 *Anax parthenope*
Lesser Emperor
蜓科 伟蜓属

霸王叶春蜓 *Ictinogomphus pertinax*
Common Flangetail
春蜓科 叶春蜓属

独角曦春蜓 *Heliogomphus scorpio*
South China Grappletail
春蜓科 曦春蜓属

香港纤春蜓 *Leptogomphus hongkongensis*
Hong Kong Clubtail
春蜓科 纤春蜓属

威异伪蜻 *Idionyx victor*
Dancing Shadow-emerald
综蜻科 异伪蜻属

斑丽翅蜻 *Rhyothemis variegata arria*
Variegated Flutterer
蜻科 丽翅蜻属

三角丽翅蜻 *Rhyothemis triangularis*
Sapphire Flutterer
蜻科 丽翅蜻属

华丽宽腹蜻 *Lyriothemis elegantissima*
Forest Chaser
蜻科 宽腹蜻属

红蜻（雌） *Crocothemis servilia*
Crimson Darter
蜻科　红蜻属

红蜻（雄） *Crocothemis servilia*
Crimson Darter
蜻科　红蜻属

华斜痣蜻 *Tramea virginia*
Saddlebag Glider
蜻科　斜痣蜻属

黄翅蜻（雌） *Brachythemis contaminata*
Asian Amberwing
蜻科　黄翅蜻属

黄翅蜻（雄） *Brachythemis contaminata*
Asian Amberwing
蜻科　黄翅蜻属

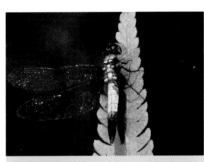

蓝额疏脉蜻 *Brachydiplax chalybea flavovittata*
Blue Dasher
蜻科　疏脉蜻属

黄蜻（雌） *Pantala flavescens*
Wandering Glider
蜻科　黄蜻属

黄蜻（雄） *Pantala flavescens*
Wandering Glider
蜻科　黄蜻属

彩虹蜻 *Zygonyx iris insignis*
Emerald Cascader
蜻科　虹蜻属

六斑曲缘蜻（雌） *Palpopleura sexmaculata*
Blue-tailed Yellow Skimmer
蜻科　曲缘蜻属

六斑曲缘蜻（雄） *Palpopleura sexmaculata*
Blue-tailed Yellow Skimmer
蜻科　曲缘蜻属

纹蓝小蜻 *Diplacodes trivialis*
Blue Percher
蜻科　蓝小蜻属

云斑蜻（雌） *Tholymis tillarga*
Evening Skimmer
蜻科 云斑蜻属

云斑蜻（雄） *Tholymis tillarga*
Evening Skimmer
蜻科 云斑蜻属

玉带蜻 *Pseudothemis zonata*
Pied Skimmer
蜻科 玉带蜻属

网脉蜻 *Neurothemis fulvia*
Russet Percher
蜻科 脉蜻属

截斑脉蜻 *Neurothemis tullia*
Pied Percher
蜻科 脉蜻属

赤褐灰蜻 *Orthetrum pruinosum neglectum*
Common Red Skimmer
蜻科 灰蜻属

黑尾灰蜻 *Orthetrum glaucum*
Common Blue Skimmer
蜻科 灰蜻属

华丽灰蜻 *Orthetrum chrysis*
Red-faced Skimmer
蜻科 灰蜻属

吕宋灰蜻 *Orthetrum luzonicum*
Marsh Skimmer
蜻科 灰蜻属

狭腹灰蜻 *Orthetrum sabina*
Green Skimmer
蜻科 灰蜻属

庆褐蜻 *Trithemis festiva*
Indigo Dropwing
蜻科 褐蜻属

晓褐蜻 *Trithemis aurora*
Crimson Dropwing
蜻科 褐蜻属

深圳鸣虫图录与音频

锤须奥蟋 *Ornebius fuscicercis*
鳞蟋科　奥蟋属

音频
锤须奥蟋的鸣叫

海南小须蟋 *Micromebius hainanensis*
鳞蟋科　小须蟋属

音频
海南小须蟋鸣声

小耳金蛉蟋 *Svistella tympanalis*
蛉蟋科　金蛉蟋属

音频
小耳金蛉蟋鸣声

红胸墨蛉 *Svistella bifasciata*
蛉蟋科　墨蛉蟋属

音频
红胸墨蛉鸣声

悠悠金蟋 *Xenogryllus ululiu*
蟋蟀科　金蟋属

音频
悠悠金蟋鸣声

尖角茨尾蟋 *Zvenella acutangulata*
蟋蟀科　茨尾蟋属

音频
尖角茨尾蟋鸣声

双色阔胫蟋 *Mnesibulus (Mnesibulus) bicolor*
蟋蟀科　阔胫蟋属

音频
双色阔胫蟋鸣声

橙柑片蟋 *Truljalia citri*
蟋蟀科　片蟋属

音频
橙柑片蟋鸣声

滨海树蟋 *Oecanthus oceanicus*
蟋蟀科　树蟋属

音频
滨海树蟋鸣声

中华树蟋 *Oecanthus sinensis*
蟋蟀科　树蟋属

音频
中华树蟋鸣声

小额蟋 *Itara (Itara) minor*
蟋蟀科　额蟋属

音频
小额蟋鸣声

香港优兰蟋 *Duolandrevus (Eulandrevus) dendrophilus*
蟋蟀科　优兰蟋属

音频
香港优兰蟋鸣声

刻点铁蟋 *Sclerogryllus punctatus*
蟋蟀科　铁蟋属

音频
刻点铁蟋鸣声

米卡斗蟋 *Velarifictorus (Velarifictorus) micado*
蟋蟀科　斗蟋属

音频
米卡斗蟋鸣声

长颚斗蟋 *Velarifictorus (Velarifictorus) aspersus*
蟋蟀科　斗蟋属

音频
长颚斗蟋鸣声

音频
短翅灶蟋的鸣叫

音频
日本松蛉蟋鸣声

音频
花生大蟋鸣声

短翅灶蟋 *Gryllodes sigillatus*
蟋蟀科　灶蟋属

日本松蛉蟋 *Comidoblemmus nipponensis*
蟋蟀科　松蛉蟋属

花生大蟋 *Tarbinskiellus portentosus*
蟋蟀科　大蟋属

音频
尖角棺头蟋鸣声

音频
黑蟋鸣声

音频
皮卡南蟋鸣声

尖角棺头蟋 *Loxoblemmus angulatus*
蟋蟀科　棺头蟋属

黑蟋 *Melanogryllus bilineatus*
蟋蟀科　黑蟋属

皮卡南蟋 *Vietacheta picea*
蟋蟀科　南蟋属

音频
双斑蟋鸣声

音频
小音蟋鸣声

音频
黑脸油葫芦鸣声

双斑蟋 *Gryllus (Gryllus) bimaculatus*
蟋蟀科　蟋蟀属

小音蟋 *Phonarellus (Phonarellus) minor*
蟋蟀科　音蟋属

黑脸油葫芦 *Teleogryllus (Brachyteleogryllus) occipitalis*
蟋蟀科　油葫芦属

音频
南方油葫芦鸣声

音频
比尔亮蟋鸣声

音频
日本钟蟋鸣声

南方油葫芦 *Teleogryllus (Macroteleogryllus) mitratus*
蟋蟀科　油葫芦属

比尔亮蟋 *Vescelia pieli*
蟋蟀科　亮蟋属

日本钟蟋 *Meloimorpha japonica*
蟋蟀科　钟蟋属

音频
平刺锥头螽鸣声

音频
长翅纺织娘鸣声

音频
素色似织螽的鸣声

平刺锥头螽 *Pyrgocorypha planispina*
蟋螽斯科　锥头螽属

长翅纺织娘 *Mecopoda elongata*
螽斯科　纺织娘属

素色似织螽 *Hexacentrus unicolor*
螽斯科　似织螽属

深圳蜘蛛图录

深圳近管蛛 *Anyphaena shenzhen*
Shenzhen Anyphaenid Sac Spider
近管蛛科 近管蛛属

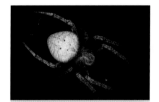

丰满新园蛛 *Neoscona punctigera*
Pointillist Neoscona
园蛛科 新园蛛属

德氏近园蛛 *Parawixia dehaani*
Abandoned-web Orb-weaver
园蛛科 近园蛛属

大腹园蛛 *Araneus ventricosus*
Orb-web Weaver
园蛛科 园蛛属

黑斑园蛛 *Araneus mitificus*
Kidney Garden Spider
园蛛科 园蛛属

好胜金蛛 *Argiope aemula*
Oval Siver-faced Spider
园蛛科 金蛛属

柱艾蛛 *Cyclosa cylindratac*
Cylinder-shaped Cyclosa
园蛛科 艾蛛属

防城曲腹蛛 *Cyrtarachne fangchengensis*
Bird-dropping Spider
园蛛科 曲腹蛛属

拖尾毛园蛛 *Eriovixia laglaizei*
Laglaise's Garden Spider
园蛛科 毛园蛛属

卡氏毛园蛛 *Eriovixia cavaleriei*
Cavalerie's Garden Spider
园蛛科 毛园蛛属

库氏棘腹蛛 *Gasteracantha kuhli*
Black-and-white Spiny Spider
园蛛科 棘腹蛛属

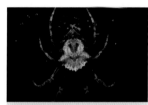

淡黑锥头蛛 *Poltys stygius*
Gloomy Tree Stump Spider
园蛛科 锥头蛛属

全色云斑蛛 *Cyrtophora unicolor*
Red Tent Spider
园蛛科 云斑蛛属

斑管巢蛛 *Clubiona reichlini*
Destructive Sac Spider
管巢蛛科 管巢蛛属

严肃心颚蛛 *Corinnomma severum*
Common Black Corinnomma
圆颚蛛科 心颚蛛属

茂兰阿纳蛛 *Anahita maolan*
Maolan Wandering Spider
栉足蛛科 阿纳蛛属

近红螯蛛
Cheiracanthium approximatum
Approximated Slender Sac Spider
红螯蛛科 红螯蛛属

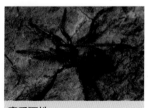

廖氏狂蛛 *Zelotes liaoi*
Liao's Ground Spider
平腹蛛科 狂蛛属

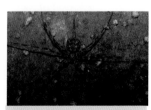

波纹长纺蛛 *Hersilia striata*
Fluted Two-tailed Spider
长纺蛛科 长纺蛛属

卡氏盖蛛 *Neriene cavaleriei*
Cavalerie's Hammock-web Spider
皿蛛科 盖蛛属

普氏膨颚蛛 *Oedignatha platnicki*
Platnick's Spiny-legged Spider
光盔蛛科　膨颚蛛属

拟环纹豹蛛 *Pardosa pseudoannulata*
Pond Wolf Spider
狼蛛科　豹蛛属

苏门答腊豹蛛 *Pardosa sumatrana*
Sumatran Wolf Spider
狼蛛科　豹蛛属

猴马蛛 *Hippasa holmerae*
Lawn Wolf Spider
狼蛛科　马蛛属

忠娲蛛 *Wadicosa fidelis*
Faithful Wadicosa
狼蛛科　娲蛛属

触形大疣蛛 *Macrothele palpator*
Long-tailed Mygalomorphs
大疣蛛科　大疣蛛属

船拟壁钱 *Oecobius navus*
Common Tiny House Dweller
拟壁钱科　拟壁钱属

类斜纹猫蛛 *Oxyopes sertatoides*
Garden Lynx Spider
猫蛛科　猫蛛属

爪哇猫蛛 *Oxyopes javanus*
Javanese Lynx Spider
猫蛛科　猫蛛属

莱氏壶腹蛛 *Crossopriza lyoni*
Common Houes Daddy-long-leg
幽灵蛛科　壶腹蛛属

柄眼瘦幽蛛
Leptopholcus podophthalmus
Daddy Long Leg
幽灵蛛科　瘦幽蛛属

苍白拟幽灵蛛 *Smeringopus pallidus*
Pale Daddy-long-leg
幽灵蛛科　拟幽灵蛛属

南氏呵叻蛛 *Khorata nani*
Nan's Daddy-long-leg
幽灵蛛科　呵叻蛛属

云隐大斑蛛 *Grandilithus yunyin*
Small Swift Spider
刺足蛛科　大斑蛛属

宋氏树盗蛛 *Dendrolycosa songi*
Song's Tree Lycan
盗蛛科　树盗蛛属

狡蛛 *Dolomedes* sp.
Fishing Spider
盗蛛科　狡蛛属

陀螺黔舌蛛 *Qianlingula turbinata*
Cone-shaped Fishing Spider
盗蛛科　黔舌蛛属

云南潮盗蛛 *Hygropoda yunnan*
Yunnan Flexi-leg
盗蛛科　潮盗蛛属

冉氏褛网蛛 *Psechrus rani*
Ran's Lace-web Weaver
褛网蛛科　褛网蛛属

波氏缅蛛 *Burmattus pococki*
Four-dotted Grass Jumper
跳蛛科　缅蛛属

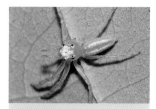

荣艾普蛛 *Epeus glorius*
Glorious Jade Jumper
跳蛛科　艾普蛛属

锯艳蛛 *Epocilla calcarata*
Painted Face Orange Jumper
跳蛛科　艳蛛属

鳞状猎蛛 *Evarcha bulbosa*
Bulbous-shaped Grass Jumper
跳蛛科　猎蛛属

花蛤沙蛛 *Hasarius adansoni*
Adanson's House Jumper
跳蛛科　蛤沙蛛属

角突翘蛛 *Irura trigonapophysis*
Three-angled Irura
跳蛛科　翘蛛属

双带扁蝇虎 *Menemerus bivittatus*
Gray Wall Jumper
跳蛛科　扁蝇虎属

吉蚁蛛 *Myrmarachne gisti*
Gist's Ant-mimicking Jumper
跳蛛科　蚁蛛属

多色类金蝉蛛 *Phintelloides versicolor*
Multi-coloured Metallice Jumper
跳蛛科　类金蝉蛛属

黑色蝇虎 *Plexippus paykulli*
Greater Housefly Catcher
跳蛛科　蝇虎属

条纹蝇虎 *Plexippus setipes*
Striped Catcher
跳蛛科　蝇虎属

昆孔蛛 *Portia quei*
Que's Portia
跳蛛科　孔蛛属

毛垛兜跳蛛 *Ptocasius strupifer*
Black-and-white Jumper
跳蛛科　兜跳蛛属

黄毛宽胸蝇虎 *Rhene flavicomans*
Wasp-mimic Jumping Spider
跳蛛科　宽胸蝇虎属

科氏翠蛛 *Siler collingwoodi*
Collingwood's Siler
跳蛛科　翠蛛属

开普纽蛛 *Telamonia caprina*
Caprine Telamonia
跳蛛科　纽蛛属

巴莫方胸蛛 *Thiania bhamoensis*
Fighting Spider
跳蛛科　方胸蛛属

花皮蛛 *Scytodes sp.*
Spitting Spider
花皮蛛科　花皮蛛属

白额巨蟹蛛 *Heteropoda venatoria*
Domestic Huntsman Spider
遁蛛科　巨蟹蛛属

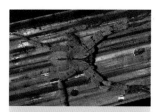

屏东巨蟹蛛 *Heteropoda pingtungensis*
Pingtung Huntsman
遁蛛科　巨蟹蛛属

离塞蛛 *Thelcticopis severa*
Serious Huntsman
遁蛛科　塞蛛属

南宁奥利蛛 *Olios nanningensis*
Nanning Huntsman
遁蛛科　奥利蛛属

方格银鳞蛛 *Leucauge tessellata*
Tesselated Silver Orb Weaver
肖蛸科　银鳞蛛属

横纹隆背蛛 *Tylorida ventralis*
Big-bellied Humpback Spider
肖蛸科　隆背蛛属

鳞纹肖蛸 *Tetragnatha squamata*
Green Long-jawed Spider
肖蛸科　肖蛸属

华丽肖蛸 *Tetragnatha nitens*
Shining Long-jawed Spider
肖蛸科　肖蛸属

黄银斑蛛 *Argyrodes flavescens*
Red-silver Food Stealer
球蛛科　银斑蛛属

简蚓腹蛛 *Ariamnes cylindrogaster*
Long-tailed Cobweb Spider
球蛛科　蚓腹蛛属

灵川丽蛛 *Chrysso lingchuanensis*
Lingchuan Translucent Spider
球蛛科　丽蛛属

温室拟肥腹蛛 *Parasteatoda tepidariorum*
Common House Spider
球蛛科　拟肥腹蛛属

半月肥腹蛛 *Steatoda cingulata*
Belted Cupboard Spider
球蛛科　肥腹蛛属

珍珠银板蛛 *Thwaitesia margaritifera*
Pearl-bearing Mirror Spider
球蛛科　银板蛛属

大头蚁蟹蛛 *Amyciaea forticeps*
Ant-mimic Crab Spider
蟹蛛科　蚁蟹蛛属

美丽顶蟹蛛 *Camaricus formosus*
Beautiful Flat-abdomen Crab Spider
蟹蛛科　顶蟹蛛属

三突伊氏蛛 *Ebrechtella tricuspidata*
Tricuspidate Crab Spider
蟹蛛科　伊氏蛛属

陷狩蛛 *Diaea subdola*
Insidious Crab Spider
蟹蛛科　狩蛛属

不丹绿蟹蛛 *Oxytate bhutanica*
Bhutanese Green Crab Spiders
蟹蛛科　绿蟹蛛属

广西蟹蛛 *Thomisus guangxicus*
Chocolate Face Crab Spider
蟹蛛科　蟹蛛属

薄片曲隐蛛 *Pandava laminata*
Laminated Rock Weaver
隐石蛛科　曲隐蛛属

广西妩蛛 *Uloborus guangxiensis*
Guangxi Feather-legged Spider
妩蛛科　妩蛛属

长圆螺蛛 *Heliconilla oblonga*
Oblong Ant-hunter
拟平腹蛛科　螺蛛属

深圳陆生无脊椎动物图录

褐云滑胚玛瑙螺 *Lissachatina fulica*
柄眼目　玛瑙螺科

同型巴蜗牛 *Bradybaena similaris*
柄眼目　坚齿螺科

皱巴坚螺 *Camaena cicatricosa*
柄眼目　坚齿螺科

格氏环肋螺 *Aegista gerlachi*
柄眼目　坚齿螺科

三凹多粒螺 *Moellendorffia trisinuata*
柄眼目　坚齿螺科

斑点环口螺 *Cyclophorus punctatus*
古扭舌目　环口螺科

帝巨奥氏蛞蝓 *Megausetenia imperator*
柄眼目　拟阿勇蛞蝓科

栗色巨楯蛞蝓 *Macrochlamys hippocastaneum*
柄眼目　拟阿勇蛞蝓科

马氏盾勇螺 *Parmarion martensi*
柄眼目　拟阿勇蛞蝓科

高突足襞蛞蝓 *Laevicaulis alte*
缩眼目　足襞蛞蝓科

双线巨篷蛞蝓 *Meghimatium bilineatum*
柄眼目　嗜黏液蛞蝓科

新几内亚扁虫 *Platydemus manokwari*
三肠目　地涡虫科

笄蛭涡虫 *Bipaliinae*
三肠目　地涡虫科

巨蚓 *Megascolecidae*
巨蚓亚目　巨蚓科

斑点树卷虫 *Dryadillo maculatus*
等足目　卷壳虫科

卷壳虫 *Armadillidae*
等足目　卷壳虫科

喜阴虫 *Philosia* sp.
等足目　喜阴虫科

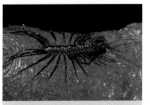

大蚰蜒 *Thereuopoda clunifera*
蚰蜒目　蚰蜒科

糙耳孔蜈蚣 *Otostigmus scaber*
蜈蚣目　蜈蚣科

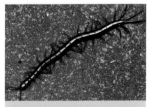

多刺耳孔蜈蚣 *Otostigmus aculeatus*
蜈蚣目　蜈蚣科

裸耳孔蜈蚣 *Otostigmus nudus*
蜈蚣目　蜈蚣科

赤蜈蚣 *Scolopendra morsitans*
蜈蚣目　蜈蚣科

多棘蜈蚣 *Scolopndra multidens*
蜈蚣目　蜈蚣科

长头地蜈蚣 *Mecistocephalus* sp.
地蜈蚣目　长头地蜈蚣科

雕背带马陆 *Epanerchodus* sp.
带马陆目　带马陆科

琉球带马陆 *Riukiaria* sp.
带马陆目　光带马陆科

丽色腹马陆 *Nedyopus picturatus*
带马陆目　奇马陆科

淡色杰克马陆 *Cawjeekelia pallida*
带马陆目　奇马陆科

金毛瘤马陆 *Chondromorpha xanthotricha*
带马陆目　奇马陆科

霍氏绕马陆 *Helicorthomorpha holstii*
带马陆目　奇马陆科

雅丽酸带马陆 *Oxidus gracilis*
带马陆目　奇马陆科

粗直形马陆 *Orthomorpha coarctata*
带马陆目　奇马陆科

长尾少纹姬马陆 *Anaulaciulus tonginus*
姬马陆目　姬马陆科

小红黑马陆 *Leptogoniulus soromus*
山蚰目　厚山蚰科

高桑马氏马陆 *Marshallbolus takakuwai*
山蚰目　厚山蚰科

砖红厚甲马陆 *Trigoniulus corallinus*
山蚰目　厚山蚰科

粗糙丽山蚰 *Litostrophus scaber*
山蚰目　厚山蚰科

丽雕马陆 *Glyphiulus formosus*
异蚰目　交翅马陆科

香港泽圆马陆 *Zephronia profuga*
圆马陆目　泽圆马陆科

柱丘盲蛛 *Plistobunus columnarius*
盲蛛目　弱盲蛛科

膝形异盲蛛 *Heterobiantes geniculatus*
盲蛛目　弱盲蛛科

近刺盲蛛 *Metapodoctis* sp.
盲蛛目　刺盲蛛科

拟陪盲蛛 *Parabeloniscus* sp.
盲蛛目　弱盲蛛科

菲氏赫克盲蛛 *Hexomma feae*
盲蛛目　硬体盲蛛科

深圳郊野植物花色图录

山菅 *Dianella ensifolia*
百合科　山菅属

赛山梅 *Styrax confusus*
安息香科　安息香属

赤杨叶 *Alniphyllum fortunei*
安息香科　赤杨叶属

大花野茉莉 *Styrax grandiflorus*
安息香科　安息香属

虎舌红 *Ardisia mamillata*
紫金牛科　紫金牛属

鲫鱼胆 *Maesa perlarius*
紫金牛科　杜茎山属

白花酸藤果 *Embelia ribes*
紫金牛科　酸藤子属

莲座紫金牛 *Ardisia primulifolia*
紫金牛科　紫金牛属

白花灯笼 *Clerodendrum fortunatum*
唇形科　大青属

木油桐 *Vernicia montana*
大戟科　油桐属

铁冬青 *Ilex rotunda*
冬青科　冬青属

秤星树 *Ilex asprella*
冬青科　冬青属

藤槐 *Bowringia callicarpa*
豆科　藤槐属

两粤黄檀 *Dalbergia benthamii*
豆科　黄檀属

白花油麻藤 *Mucuna birdwoodiana*
豆科　油麻藤属

齿缘吊钟花 *Enkianthus serrulatus*
杜鹃花科　吊钟花属

花柱草 *Stylidium uliginosum*
花柱草科　花柱草属

链珠藤 *Alyxia sinensis*
夹竹桃科　链珠藤属

石萝藦 *Pentasachme caudatum*
夹竹桃科　石萝藦属

腰骨藤 *Ichnocarpus frutescens*
夹竹桃科　腰骨藤属

海杧果 *Cerbera manghas*
夹竹桃科　海杧果属

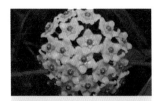

球兰 *Hoya carnosa*
夹竹桃科　球兰属

水茄 *Solanum torvum*
茄科　茄属

牛茄子 *Solanum capsicoides*
茄科　茄属

少花龙葵 *Solanum americanum*
茄科　茄属

破布叶 *Microcos paniculata*
锦葵科　破布叶属

两广梭罗 *Reevesia thyrsoidea*
锦葵科　梭罗树属

翅果菊 *Lactuca indica*
菊科　翅果菊属

白舌紫菀 *Aster baccharoides*
菊科　紫菀属

华南兔儿风 *Ainsliaea walkeri*
菊科　兔儿风属

三白草 *Saururus chinensis*
三白草科　三白草属

香港绶草 *Spiranthes hongkongensis*
兰科　绶草属

龙头兰 *Pecteilis susannae*
兰科　白蝶兰属

石仙桃 *Pholidota chinensis*
兰科　石仙桃属

细叶石仙桃 *Pholidota cantonensis*
兰科　石仙桃属

线柱兰 *Zeuxine strateumatica*
兰科　线柱兰属

火炭母 *Polygonum chinense*
蓼科　蓄属

丝铁线莲 *Clematis loureiroana*
毛茛科　铁线莲属

深山含笑 *Michelia maudiae*
木兰科　含笑属

小蜡 *Ligustrum sinense*
木犀科　女贞属

清香藤 *Jasminum lanceolaria*
木犀科　素馨属

海桑 *Sonneratia caseolaris*
千屈菜科　海桑属

香港大沙叶 *Pavetta hongkongensis*
茜草科　大沙叶属

山石榴 *Catunaregam spinosa*
茜草科　山石榴属

栀子 *Gardenia jasminoides*
茜草科　栀子属

金樱子 *Rosa laevigata*
蔷薇科　蔷薇属

粗叶悬钩子 *Rubus alceifolius*
蔷薇科　悬钩子属

锈毛莓 *Rubus reflexus*
蔷薇科　悬钩子属

豆梨 *Pyrus calleryana*
蔷薇科　梨属

光叶蔷薇 *Rosa luciae*
蔷薇科　蔷薇属

石斑木 *Rhaphiolepis indica*
蔷薇科　石斑木属

闽粤石楠 *Photinia benthamiana*
蔷薇科　石楠属

空心泡 *Rubus rosifolius*
蔷薇科　悬钩子属

白花悬钩子 *Rubus leucanthus*
蔷薇科　悬钩子属

白瑞香 *Daphne papyracea*
瑞香科　瑞香属

油茶 *Camellia oleifera*
山茶科　山茶属

大头茶 *Polyspora axillaris*
山茶科　大头茶属

山矾 *Symplocos sumuntia*
山矾科　山矾属

网脉山龙眼 *Helicia reticulata*
山龙眼科　山龙眼属

山鸡椒 *Litsea cubeba*
樟科　木姜子属

鹅肠菜 *Myosoton aquaticum*
石竹科　鹅肠菜属

鼠刺 *Itea chinensis*
鼠刺科　鼠刺属

岗松 *Baeckea frutescens*
桃金娘科　岗松属

赤楠 *Syzygium buxifolium*
桃金娘科　蒲桃属

水翁蒲桃 *Syzygium nervosum*
桃金娘科　蒲桃属

海芋 *Alocasia odora*
天南星科　海芋属

香楠 *Aidia canthioides*
茜草科　茜树属

棱果花 *Barthea barthei*
野牡丹科　棱果花属

龙珠果 *Passiflora foetida*
西番莲科　西番莲属

大屿八角 *Illicium angustisepalum*
五味子科　八角属

酒饼簕 *Atalantia buxifolia*
芸香科　酒饼簕属

天料木 *Homalium cochinchinense*
杨柳科　天料木属

白簕 *Eleutherococcus trifoliatus*
五加科　五加属

算盘子 *Glochidion puberum*
大戟科　算盘子属

余甘子 *Phyllanthus emblica*
大戟科　叶下珠属

珊瑚树 *Viburnum odoratissimum*
忍冬科　荚蒾属

三桠苦 *Melicope pteleifolia*
芸香科　蜜茱萸属

小花山小橘 *Glycosmis parviflora*
芸香科　山小橘属

浙江润楠 *Machilus chekiangensis*
樟科　润楠属

红色

杜鹃 *Rhododendron simsii*
杜鹃花科　杜鹃花属

红花荷 *Rhodoleia championii*
金缕梅科　红花荷属

黄牛木 *Cratoxylum cochinchinense*
金丝桃科　黄牛木属

吊钟花 *Enkianthus quinqueflorus*
杜鹃花科　吊钟花属

匙叶茅膏菜 *Drosera spatulata*
茅膏菜科　茅膏菜属

土人参 *Talinum paniculatum*
马齿苋科　土人参属

地桃花 *Urena lobata*
锦葵科　梵天花属

水东哥 *Saurauia tristyla*
猕猴桃科　水东哥属

尾叶那藤
Stauntonia obovatifoliola urophylla
木通科　野木瓜属

刺果藤 *Byttneria grandifolia*
锦葵科　刺果藤属

红孩儿 *Begonia palmata* var. *bowringiana*
秋海棠科　秋海棠属

黄色

酸藤子 *Embelia laeta*
紫金牛科　酸藤子属

密花树 *Myrsine seguinii*
紫金牛科　密花树属

金钱蒲 *Acorus gramineus*
菖蒲科　菖蒲属

酢浆草 *Oxalis corniculata*
酢浆草科　酢浆草属

血桐 *Macaranga tanarius var. tomentosa*
大戟科　血桐属

山乌桕 *Triadica cochinchinensis*
大戟科　乌桕属

石岩枫 *Mallotus repandus*
大戟科　野桐属

猪屎豆 *Crotalaria pallida*
豆科　猪屎豆属

华南云实 *Caesalpinia crista*
豆科　云实属

大猪屎豆 *Crotalaria assamica*
豆科　猪屎豆属

瓜馥木 *Fissistigma oldhamii*
番荔枝科　瓜馥木属

苍白秤钩风 *Diploclisia glaucescens*
防己科　秤钩风属

钩吻 *Gelsemium elegans*
钩吻科　钩吻属

光叶海桐 *Pittosporum glabratum*
海桐科　海桐属

羊角拗 *Strophanthus divaricatus*
夹竹桃科　羊角拗属

刺蒴麻 *Triumfetta rhomboidea*
锦葵科　刺蒴麻属

黄槿 *Hibiscus tiliaceus*
锦葵科　木槿属

蛇婆子 *Waltheria indica*
锦葵科　蛇婆子属

黧蒴锥 *Castanopsis fissa*
壳斗科　锥属

大头橐吾 *Ligularia japonica*
菊科　橐吾属

黄鹌菜 *Youngia japonica*
菊科　黄鹌菜属

千里光 *Senecio scandens*
菊科　千里光属

苞舌兰 *Spathoglottis pubescens*
兰科　苞舌兰属

蛇莓 *Duchesnea indica*
蔷薇科 蛇莓属

毛草龙 *Ludwigia octovalvis*
柳叶菜科 丁香蓼属

草龙 *Ludwigia hyssopifolia*
柳叶菜科 丁香蓼属

仙茅 *Curculigo orchioides*
仙茅科 仙茅属

罗浮买麻藤 *Gnetum luofuense*
买麻藤科 买麻藤属

石龙芮 *Ranunculus sceleratus*
毛茛科 毛茛属

野漆 *Toxicodendron succedaneum*
漆树科 漆属

狗骨柴 *Diplospora dubia*
茜草科 狗骨柴属

广东玉叶金花
Mussaenda kwangtungensis
茜草科 玉叶金花属

玉叶金花 *Mussaenda pubescens*
茜草科 玉叶金花属

毛八角枫 *Alangium kurzii*
山茱萸科 八角枫属

大花忍冬 *Lonicera macrantha*
忍冬科 忍冬属

华南忍冬 *Lonicera confusa*
忍冬科 忍冬属

细轴荛花 *Wikstroemia nutans*
瑞香科 荛花属

牛眼马钱 *Strychnos angustiflora*
马钱科 马钱属

锐尖山香圆 *Turpinia arguta*
省沽油科 山香圆属

马尾松 *Pinus massoniana*
松科 松属

广东隔距兰
Cleisostoma simondii var. guangdongense
兰科 隔距兰属

鹅掌柴 *Schefflera heptaphylla*
五加科 鹅掌柴属

飞龙掌血 *Toddalia asiatica*
芸香科 飞龙掌血属

黑面神 *Breynia fruticosa*
叶下珠科 黑面神属

银柴 *Aporosa dioica*
叶下珠科 银柴属

土蜜树 *Phyllanthaceae*
叶下珠科 土蜜树属

程香仔树 *Loeseneriella concinna*
卫矛科 翅子藤属

蓝色

藿香蓟 *Ageratum conyzoides*
菊科　藿香蓟属

华南龙胆 *Gentiana loureiroi*
龙胆科　龙胆属

常山 *Dichroa febrifuga*
绣球花科　常山属

大苞鸭跖草 *Commelina paludosa*
鸭跖草科　鸭跖草属

小花鸢尾 *Iris speculatrix*
鸢尾科　鸢尾属

谷木 *Memecylon ligustrifolium*
野牡丹科　谷木属

单叶蔓荆 *Vitex rotundifolia*
唇形科　牡荆属

紫色

半枝莲 *Scutellaria barbata*
唇形科　黄芩属

韩信草 *Scutellaria indica*
唇形科　黄芩属

益母草 *Leonurus japonicus*
唇形科　益母草属

凉粉草 *Mesona chinensis*
唇形科　凉粉草属

毛麝香 *Adenosma glutinosum*
车前科　毛麝香属

假地豆 *Desmodium heterocarpon*
豆科　山蚂蝗属

亮叶鸡血藤 *Callerya nitida*
豆科　鸡血藤属

毛棉杜鹃花
Rhododendron moulmainense
杜鹃花科　杜鹃花属

华凤仙 *Impatiens chinensis*
凤仙花科　凤仙花属

牛耳枫 *Daphniphyllum calycinum*
虎皮楠科　虎皮楠属

油点草 *Tricyrtis macropoda*
百合科　油点草属

柔毛堇菜 *Viola fargesii*
堇菜科　堇菜属

七星莲 *Viola diffusa*
堇菜科　堇菜属

山芝麻 *Helicteres angustifolia*
梧桐科　山芝麻属

半边莲 *Lobelia chinensis*
桔梗科　半边莲属

桔梗　*Platycodon grandiflorus*
桔梗科　桔梗属

小一点红　*Emilia prenanthoidea*
菊科　一点红属

老鼠簕　*Acanthus ilicifolius*
爵床科　老鼠簕属

四子马蓝　*Strobilanthes tetrasperma*
爵床科　马蓝属

爵床　*Justicia procumbens*
爵床科　爵床属

唇柱苣苔　*Chirita sinensis*
苦苣苔科　唇柱苣苔属

墨兰　*Cymbidium sinense*
兰科　兰属

竹叶兰　*Arundina graminifolia*
兰科　竹叶兰属

紫纹兜兰　*Paphiopedilum purpuratum*
兰科　兜兰属

愉悦蓼　*Polygonum jucundum*
蓼科　蓼属

香港双蝴蝶　*Tripterospermum nienkui*
龙胆科　双蝴蝶属

香港马兜铃　*Aristolochia westlandii*
马兜铃科　马兜铃属

尖叶唐松草　*Thalictrum acutifolium*
毛茛科　唐松草属

棱萼母草　*Lindernia oblonga*
玄参科　母草属

鸡矢藤　*Paederia foetida*
茜草科　鸡矢藤属

华南青皮木　*Schoepfia chinensis*
青皮木科　青皮木属

藤构
Broussonetia kaempferi var. australis
桑科　构属

桃金娘　*Rhodomyrtus tomentosa*
桃金娘科　桃金娘属

青葙　*Celosia argentea*
苋科　青葙属

聚花草　*Floscopa scandens*
鸭跖草科　聚花草属

金锦香　*Osbeckia chinensis*
野牡丹科　金锦香属

毛菍　*Melastoma sanguineum*
野牡丹科　野牡丹属

野牡丹　*Melastoma malabathricum*
野牡丹科　野牡丹属

大叶金牛　*Polygala latouchei*
远志科　远志属

深圳园林植物花色图录

白 色

白花洋紫荆 *Bauhinia variegata var. candida*
豆科 羊蹄甲属

光荚含羞草 *Mimosa bimucronata*
豆科 含羞草属

楹树 *Albizia chinensis*
豆科 合欢属

马占相思 *Acacia mangium*
豆科 相思树属

银合欢 *Leucaena leucocephala*
豆科 银合欢属

毛果杜英 *Elaeocarpus rugosus*
杜英科 杜英属

水石榕 *Elaeocarpus hainanensis*
杜英科 杜英属

鸡蛋花 *Plumeria rubra*
夹竹桃科 鸡蛋花属

糖胶树 *Alstonia scholaris*
夹竹桃科 鸡骨常山属

龙吐珠 *Clerodendrum thomsoniae*
唇形科 大青属

姜花 *Hedychium coronarium*
姜科 姜花属

大布尼狼尾草 *Pennisetum orientale*
禾本科 狼尾草属

瓜栗 *Pachira aquatica*
锦葵科 瓜栗属

含笑花 *Michelia figo*
木兰科 含笑属

玉兰 *Yulania denudata*
木兰科 玉兰属

白兰 *Michelia × alba*
木兰科 含笑属

无瓣海桑 *Sonneratia apetala*
千屈菜科 海桑属

葱莲 *Zephyranthes candida*
石蒜科 葱莲属

水鬼蕉 *Hymenocallis littoralis*
石蒜科 水鬼蕉属

文殊兰 *Crinum asiaticum var. sinicum*
石蒜科 文殊兰属

小叶榄仁 *Terminalia neotaliala*
使君子科 榄仁树属

齿叶睡莲 *Nymphaea lotus*
睡莲科 睡莲属

文定果 *Muntingia calabura*
文定果科 文定果属

非洲天门冬 *Asparagus densiflorus*
天门冬科 天门冬属

红果仔 *Eugenia uniflora*
桃金娘科 番樱桃属

九里香 *Murraya exotica*
芸香科 九里香属

木犀 *Osmanthus fragrans*
木犀科 木犀属

白千层 *Melaleuca cajuputi subsp. cumingiana*
桃金娘科 白千层属

互叶白千层 *Melaleuca alternifolia*
桃金娘科 白千层属

尾叶桉 *Eucalyptus urophylla*
桃金娘科 桉属

乌墨 *Syzygium cumini*
桃金娘科 蒲桃属

灰莉 *Fagraea ceilanica*
马钱科 灰莉属

阴香 *Cinnamomum burmannii*
樟科 樟属

夜香树 *Cestrum nocturnum*
茄科 夜香树属

海南菜豆树 *Radermachera hainanensis*
紫葳科 菜豆树属

橙色

金凤花 *Caesalpinia pulcherrima*
豆科 云实属

中国无忧花 *Saraca dives*
豆科 无忧花属

鹤望兰 *Strelitzia reginae*
鹤望兰科 鹤望兰属

黄冠马利筋
Asclepias curassavica 'Flaviflora'
夹竹桃科 马利筋属

射干 *Belamcanda chinensi*
鸢尾科 射干属

小百日菊 *Zinnia baageana*
菊科 百日菊属

十字爵床 *Crossandra infundibuliformis*
爵床科 十字爵床属

虾子花 *Woodfordia fruticosa*
千屈菜科 虾子花属

硬骨凌霄 *Tecoma capensis*
紫葳科 黄钟花属

炮仗花 *Pyrostegia venusta*
紫葳科 炮仗藤属

火烧花 *Mayodendron igneum*
紫葳科 火烧花属

龙船花 *Ixora chinensis*
茜草科 龙船花属

木本曼陀罗 *Brugmansia arborea*
茄科 木曼陀罗属

冬红 *Holmskioldia sanguinea*
唇形科 冬红属

朱顶红 *Hippeastrum rutilum*
石蒜科 朱顶红属

红色

朱槿 *Hibiscus rosa-sinensis*
锦葵科 木槿属

火焰树 *Spathodea campanulata*
紫葳科 火焰树属

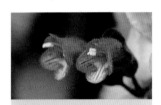

毛萼口红花 *Aeschynanthus radicans*
苦苣苔科 芒毛苣苔属

铁海棠 *Euphorbia milii*
大戟科 大戟属

四季海棠 *Begonia cucullata var. hookeri*
秋海棠科 秋海棠属

红花西番莲 *Passiflora coccinea*
西番莲科 西番莲属

木棉 *Bombax ceiba*
锦葵科 木棉属

龙牙花 *Erythrina corallodendron*
豆科 刺桐属

刺桐 *Erythrina variegata*
豆科 刺桐属

鸡冠刺桐 *Erythrina crista-galli*
豆科 刺桐属

长隔木 *Hamelia patens*
茜草科 长隔木属

鸡冠爵床 *Odontonema strictum*
爵床科 鸡冠爵床属

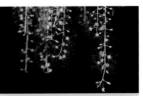

红花玉蕊 *Barringtonia acutangula*
玉蕊科 玉蕊属

垂枝红千层 *Callistemon viminalis*
桃金娘科 红千层属

戈登银桦 *Grevillea 'Robyn Gordon'*
山龙眼科 银桦属

红穗铁苋菜 *Acalypha hispida*
大戟科　铁苋菜属

凤凰木 *Delonix regia*
豆科　凤凰木属

一串红 *Salvia splendens*
唇形科　鼠尾草属

百日菊 *Zinnia elegans*
菊科　百日菊属

朱缨花 *Calliandra haematocephala*
豆科　朱缨花属

鸡冠花 *Celosia cristata*
苋科　青葙属

茶梅 *Camellia sasanqua*
山茶科　山茶属

吊灯树 *Kigelia africana*
紫葳科　吊灯树属

澳洲鸭脚木 *Schefflera macrostachya*
五加科　鹅掌柴属

爆仗竹 *Russelia equisetiformis*
车前科　爆仗竹属

宝塔姜 *Costus barbatus*
闭鞘姜科　宝塔姜属

琴叶珊瑚 *Jatropha integerrima*
大戟科　麻风树属

五星花 *Pentas lanceolata*
茜草科　五星花属

红萼龙吐珠 *Clerodendrum speciosum*
唇形科　大青属

使君子 *Quisqualis indica*
使君子科　使君子属

重瓣朱槿
Hibiscus rosa-sinensis var. rubro-plenus
锦葵科　木槿属

新几内亚凤仙花 *Impatiens hawkeri*
凤仙花科　凤仙花属

红鸡蛋花 *Plumeria rubra*
夹竹桃科　鸡蛋花属

长柄银叶树 *Heritiera angustata*
锦葵科　银叶树属

棒叶落地生 *Kalanchoe delagoensis*
景天科　伽蓝菜属

黄色

黄花风铃木 *Handroanthus chrysanthus*
紫葳科　风铃木属

黄蝎尾蕉 *Heliconia subulata*
蝎尾蕉科　蝎尾蕉属

大花五桠果 *Dillenia turbinata*
五桠果科　五桠果属

腊肠树 *Cassia fistula*
豆科　腊肠树属

紫檀 *Pterocarpus indicus*
豆科　紫檀属

银珠 *Peltophorum tonkinense*
豆科　盾柱木属

翅荚决明 *Senna alata*
豆科　决明属

黄槐决明 *Senna surattensis*
豆科　决明属

双荚决明 *Senna bicapsularis*
豆科　决明属

蔓花生 *Arachis duranensis*
豆科　落花生属

大叶相思 *Acacia auriculiformis*
豆科　相思树属

台湾相思 *Acacia confusa*
豆科　相思树属

大花软枝黄蝉
Allamanda cathartica var. hendersonii
夹竹桃科　黄蝉属

黄蝉 *Allamanda schottii*
夹竹桃科　黄蝉属

黄花夹竹桃 *Thevetia peruviana*
夹竹桃科　黄花夹竹桃属

三星果 *Tristellateia australasiae*
金虎尾科　三星果属

三色堇 *Viola tricolor*
堇菜科　堇菜属

黄帝菊 *Melampodium paludosum*
菊科　黑足菊属

南美蟛蜞菊 *Sphagneticola trilobata*
菊科　蟛蜞菊属

万寿菊 *Tagetes erecta*
菊科　万寿菊属

向日葵 *Helianthus annuus*
菊科　向日葵属

黄脉爵床 *Sanchezia nobilis*
爵床科　黄脉爵床属

大花美人蕉 *Canna x generalis*
美人蕉科　美人蕉属

地涌金莲 *Musella lasiocarpa*
芭蕉科　地涌金莲属

萍蓬草 *Nuphar pumila*
睡莲科　萍蓬草属

黄睡莲 *Nymphaea mexicana*
睡莲科　睡莲属

金蒲桃 *Xanthostemon chrysanthus*
桃金娘科　金缨木属

复羽叶栾树 *Koelreuteria bipinnata*
无患子科 栾属

麻楝 *Chukrasia tabularis*
楝科 麻楝属

人面子 *Dracontomelon duperreanum*
漆树科 人面子属

鱼木 *Crateva religiosa*
山柑科 鱼木属

金鱼草 *Antirrhinum majus*
车前科 金鱼草属

吉贝 *Ceiba pentandra*
锦葵科 吉贝属

郁金 *Curcuma aromatica*
姜科 姜黄属

花叶艳山姜 *Alpinia zerumbet 'Variegata'*
姜科 山姜属

蓝色

绣球 *Hydrangea macrophylla*
绣球花科 绣球属

凤眼蓝 *Eichhornia crassipes*
雨久花科 凤眼莲属

蓝花楹 *Jacaranda mimosifolia*
紫葳科 蓝花楹属

蓝花丹 *Plumbago auriculata*
白花丹科 白花丹属

巴西鸢尾 *Neomarica gracilis*
鸢尾科 巴西鸢尾属

变色鸢尾 *Iris versicolor*
鸢尾科 鸢尾属

蓝蝴蝶 *Rotheca myricoides*
唇形科 三对节属

蝶豆 *Clitoria ternatea*
豆科 蝶豆属

大花茄 *Solanum wrightii*
茄科 茄属

喜花草 *Eranthemum pulchellum*
爵床科 喜花草属

大鹤望兰 *Strelitzia nicolai*
鹤望兰科 鹤望兰属

紫色

蓝猪耳 *Torenia fournieri*
母草科 蝴蝶草属

假连翘 *Duranta erecta*
马鞭草科 假连翘属

蓝花鼠尾草 *Salvia farinacea*
唇形科 鼠尾草属

紫藤 *Wisteria sinensis*
豆科　紫藤属

墨西哥鼠尾草 *Salvia leucantha*
唇形科　鼠尾草属

柳叶马鞭草 *Verbena bonariensis*
马鞭草科　马鞭草属

百子莲 *Agapanthus africanus*
石蒜科　百子莲属

大花紫薇 *Lagerstroemia speciosa*
千屈菜科　紫薇属

五爪金龙 *Ipomoea cairica*
旋花科　虎掌藤属

大紫蝉 *Allamanda blanchetii*
夹竹桃科　黄蝉属

洋紫荆 *Bauhinia variegata*
豆科　羊蹄甲属

蒜香藤 *Mansoa alliacea*
紫葳科　蒜香藤属

鸳鸯茉莉 *Brunfelsia brasiliensis*
茄科　鸳鸯茉莉属

蔓马缨丹 *Lantana montevidensis*
马鞭草科　马缨丹属

彩叶草 *Coleus hybridus*
唇形科　鞘蕊花属

巴西野牡丹 *Tibouchina semidecandra*
野牡丹科　蒂牡花属

蓝花草 *Ruellia simplex*
爵床科　芦莉草属

红花羊蹄甲 *Bauhinia × blakeana*
豆科　羊蹄甲属

紫茉莉 *Mirabilis jalapa*
紫茉莉科　紫茉莉属

锦绣杜鹃 *Rhododendron × pulchrum*
杜鹃花科　杜鹃花属

钟花樱桃 *Cerasus campanulata*
蔷薇科　樱属

垂花再力花 *Thalia geniculata*
竹芋科　水竹芋属

再力花 *Thalia dealbata*
竹芋科　水竹芋属

千日红 *Gomphrena globosa*
苋科　千日红属

紫花大翼豆 *Macroptilium atropurpureum*
豆科　大翼豆属

大果油麻藤 *Mucuna macrocarpa*
豆科　油麻藤属

二乔玉兰 *Yulania × soulangeana*
木兰科　玉兰属

粉色

朱蕉 *Cordyline fruticosa*
天门冬科 朱蕉属

紫薇 *Lagerstroemia indica*
千屈菜科 紫薇属

紫花风铃木 *Tabebuia impetiginosa*
紫葳科 粉铃木属

毛地黄 *Digitalis purpurea*
车前科 毛地黄属

美丽异木棉 *Ceiba speciosa*
锦葵科 吉贝属

红花酢浆草 *Oxalis corymbosa*
酢浆草科 酢浆草属

秋英 *Cosmos bipinnatus*
菊科 秋英属

莲 *Nelumbo nucifera*
莲科 莲属

叉花草 *Strobilanthes hamiltoniana*
爵床科 叉花草属

细叶萼距花 *Cuphea hyssopifolia*
千屈菜科 萼距花属

马缨丹 *Lantana camara*
马鞭草科 马缨丹属

木芙蓉 *Hibiscus mutabilis*
锦葵科 木槿属

水黄皮 *Pongamia pinnata*
豆科 水黄皮属

非洲凌霄 *Podranea ricasoliana*
紫葳科 非洲凌霄属

粉美人蕉 *Canna glauca*
美人蕉科 美人蕉属

韭莲 *Zephyranthes carinata*
石蒜科 葱莲属

阳光粉睡莲 *Nymphaea 'Sunny Pink'*
睡莲科 睡莲属

珊瑚藤 *Antigonon leptopus*
蓼科 珊瑚藤属

夹竹桃 *Nerium oleander*
夹竹桃科 夹竹桃属

烟火树 *Clerodendrum quadriloculare*
唇形科 大青属

掌叶黄钟木 *Tabebuia rosea*
紫葳科 粉铃木属

仪树 *Lysidice rhodostegia*
豆科 仪花属

醉蝶花 *Tarenaya hassleriana*
白花菜科 醉蝶花属

深圳植物果实图录

山菅 *Dianella ensifolia*
百合科　山菅属

菝葜 *Smilax china*
百合科　菝葜属

土茯苓 *Smilax glabra*
百合科　菝葜属

肖菝葜 *Heterosmilax japonica*
百合科　肖菝葜属

落羽杉 *Taxodium distichum*
柏科　落羽杉属

侧柏 *Platycladus orientalis*
柏科　侧柏属

杉木 *Cunninghamia lanceolata*
柏科　杉木属

鲫鱼胆 *Maesa perlarius*
紫金牛科　杜茎山属

蜡烛果 *Aegiceras corniculatum*
紫金牛科　蜡烛果属

白花酸藤果 *Embelia ribes*
紫金牛科　酸藤子属

东方紫金牛 *Ardisia elliptica*
紫金牛科　紫金牛属

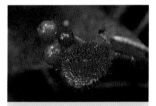
虎舌红 *Ardisia mamillata*
紫金牛科　紫金牛属

莲座紫金牛 *Ardisia primulifolia*
紫金牛科　紫金牛属

罗伞树 *Ardisia quinquegona*
紫金牛科　紫金牛属

朱砂根 *Ardisia crenata*
紫金牛科　紫金牛属

山血丹 *Ardisia lindleyana*
紫金牛科　紫金牛属

白花灯笼 *Clerodendrum fortunatum*
唇形科　大青属

赪桐 *Clerodendrum japonicum*
唇形科　大青属

大青 *Clerodendrum cyrtophyllum*
唇形科　大青属

灰毛大青 *Clerodendrum canescens*
唇形科　大青属

杜虹花 *Callicarpa formosana*
唇形科　紫珠属

猴欢喜 *Sloanea sinensis*
杜英科　猴欢喜属

白楸 *Mallotus paniculatus*
大戟科　野桐属

蓖麻 *Ricinus communis*
大戟科　蓖麻属

守宫木 *Sauropus androgynus*
大戟科　守宫木属

山乌桕 *Triadica cochinchinensis*
大戟科　乌桕属

石岩枫 *Mallotus repandus*
大戟科　野桐属

白背叶 *Mallotus apelta*
大戟科　野桐属

木油桐 *Vernicia montana*
大戟科　油桐属

铁冬青 *Ilex rotunda*
冬青科　冬青属

秤星树 *Ilex asprella*
冬青科　冬青属

亮叶冬青 *Ilex nitidissima*
冬青科　冬青属

毛冬青 *Ilex pubescens*
冬青科　冬青属

海南红豆 *Ormosia pinnata*
豆科　红豆属

软荚红豆 *Ormosia howii*
豆科　红豆属

海刀豆 *Canavalia rosea*
豆科　刀豆属

凤凰木 *Delonix regia*
豆科　凤凰木属

光荚含羞草 *Mimosa sepiaria*
豆科　含羞草属

天香藤 *Albizia corniculata*
豆科　合欢属

亮叶猴耳环 *Archidendron lucidum*
豆科　猴耳环属

腊肠树 *Cassia fistula*
豆科　腊肠树属

毛排钱树 *Phyllodium elegans*
豆科　排钱树属

假地豆 *Desmodium heterocarpon*
豆科　山蚂蝗属

水黄皮 *Pongamia pinnata*
豆科　水黄皮属

大叶相思 *Acacia auriculiformis*
豆科　相思树属

相思子 *Abrus precatorius*
豆科　相思子属

厚果崖豆藤 *Millettia pachycarpa*
豆科　崖豆藤属

洋紫荆 *Bauhinia variegata*
豆科　羊蹄甲属

银合欢 *Leucaena leucocephala*
豆科　银合欢属

白花油麻藤 *Mucuna birdwoodiana*
豆科　油麻藤属

湛油麻藤 *Mucuna championii*
豆科　油麻藤属

春云实 *Caesalpinia vernalis*
豆科　云实属

刺果苏木 *Caesalpinia bonduc*
豆科　云实属

猪屎豆 *Crotalaria pallida*
豆科　猪屎豆属

吊钟花 *Enkianthus quinqueflorus*
杜鹃花科　吊钟花属

毛棉杜鹃花
Rhododendron moulmainense
杜鹃花科　杜鹃花属

假鹰爪 *Desmos chinensis*
番荔枝科　假鹰爪属

紫玉盘 *Uvaria macrophylla*
番荔枝科　紫玉盘属

山椒子 *Uvaria grandiflora*
番荔枝科　紫玉盘属

苍白秤钩风 *Diploclisia glaucescens*
防己科　秤钩风属

粪箕笃 *Stephania longa*
防己科　千金藤属

夜花藤 *Hypserpa nitida*
防己科　夜花藤属

谷精草 *Eriocaulon buergerianum*
谷精草科　谷精草属

光叶海桐 *Pittosporum glabratum*
海桐科　海桐属

海桐 *Pittosporum tobira*
海桐科　海桐属

芦苇 *Phragmites australis*
禾本科　芦苇属

象草 *Pennisetum purpureum*
禾本科　狼尾草属

类芦 *Neyraudia reynaudiana*
禾本科　类芦属

薏苡 *Coix lacryma-jobi*
禾本科 薏苡属

白茅 *Imperata cylindrica*
禾本科 白茅属

蒺藜草 *Cenchrus echinatus*
禾木科 蒺藜草属

芦竹 *Arundo donax*
禾本科 芦竹属

鹅掌柴 *Schefflera heptaphylla*
五加科 鹅掌柴属

薄叶红厚壳
Calophyllum membranaceum
红厚壳科 红厚壳属

红木 *Bixa orellana*
红木科 红木属

木榄 *Bruguiera gymnorhiza*
红树科 木榄属

秋茄树 *Kandelia obovata*
红树科 秋茄树属

红花玉蕊 *Barringtonia acutangula*
玉蕊科 玉蕊属

茅瓜 *Solena heterophylla*
葫芦科 茅瓜属

海岛藤 *Gymnanthera oblonga*
夹竹桃科 海岛藤属

海杧果 *Cerbera manghas*
夹竹桃科 海杧果属

黄花夹竹桃 *Thevetia peruviana*
夹竹桃科 黄花夹竹桃属

鸡蛋花 *Plumeria rubra 'Acutifolia'*
夹竹桃科 鸡蛋花属

帘子藤 *Pottsia laxiflora*
夹竹桃科 帘子藤属

山橙 *Melodinus suaveolens*
夹竹桃科 山橙属

石萝藦 *Pentasachme caudatum*
夹竹桃科 石萝藦属

匙羹藤 *Gymnema sylvestre*
夹竹桃科 匙羹藤属

娃儿藤 *Tylophora ovata*
夹竹桃科 娃儿藤属

马利筋 *Stapelia prognatha*
夹竹桃科 马利筋属

羊角拗 *Strophanthus divaricatus*
夹竹桃科 羊角拗属

红丝线 *Lycianthes biflora*
茄科 红丝线属

牛茄子 *Solanum capsicoides*
茄科 茄属

水茄 *Solanum torvum*
茄科　茄属

苦蘵（zhí） *Physalis angulata*
茄科　酸浆属

闭鞘姜 *Cheilocostus speciosus*
姜科　闭鞘姜属

华山姜 *Alpinia oblongifolia*
姜科　山姜属

艳山姜 *Alpinia zerumbot*
姜科　山姜属

黄牛木 *Cratoxylum cochinchinense*
金丝桃科　黄牛木属

草珊瑚 *Sarcandra glabra*
金粟兰科　草珊瑚属

刺果藤 *Byttneria grandifolia*
锦葵科　刺果藤属

刺蒴麻 *Triumfetta rhomboidea*
锦葵科　刺蒴麻属

美丽异木棉 *Ceiba speciosa*
锦葵科　吉贝属

黄槿 *Hibiscus tiliaceus*
锦葵科　木槿属

假苹婆 *Sterculia lanceolata*
锦葵科　苹婆属

破布叶 *Microcos paniculata*
锦葵科　破布叶属

磨盘草 *Abutilon indicum*
锦葵科　苘麻属

山芝麻 *Helicteres angustifolia*
锦葵科　山芝麻属

桐棉 *Thespesia populnea*
锦葵科　桐棉属

银叶树 *Heritiera littoralis*
锦葵科　银叶树属

铜锤玉带草 *Lobelia angulata*
桔梗科　半边莲属

钩吻 *Gelsemium elegans*
马钱科　钩吻属

厚藤 *Ipomoea pes-caprae*
旋花科　虎掌藤属

老鼠簕 *Acanthus ilicifolius*
爵床科　老鼠簕属

海榄雌 *Avicennia marina*
爵床科　海榄雌属

阔苞菊 *Pluchea indica*
菊科　阔苞菊属

野茼蒿 *Crassocephalum crepidioides*
菊科　野茼蒿属

千里光 *Senecio scandens*
菊科 千里光属

夜香牛 *Vernonia cinerea*
菊科 铁鸠菊属

鬼针草 *Bidens pilosa*
菊科 鬼针草属

米槠 *Castanopsis carlesii*
壳斗科 锥属

栗 *Castanea mollissima*
壳斗科 栗属

小叶青冈 *Cyclobalanopsis myrsinifolia*
壳斗科 青冈属

黧蒴锥 *Castanopsis fissa*
壳斗科 锥属

柯 *Lithocarpus glaber*
壳斗科 柯属

莲 *Nelumbo nucifera*
莲科 莲属

楝 *Melia azedarach*
楝科 楝属

麻楝 *Chukrasia tabularis*
楝科 麻楝属

杠板归 *Polygonum perfoliatum*
蓼科 蒿蓄属

火炭母 *Polygonum chinense*
蓼科 蒿蓄属

香港双蝴蝶 *Tripterospermum nienkui*
龙胆科 双蝴蝶属

青梅 *Vatica mangachapoi*
龙脑香科 青梅属

露兜树 *Pandanus tectorius*
露兜树科 露兜树属

马缨丹 *Lantana camara*
马鞭草科 马缨丹属

假连翘 *Duranta erecta*
马鞭草科 假连翘属

罗浮买麻藤 *Gnetum luofuense*
买麻藤科 买麻藤属

丝铁线莲 *Clematis loureiroana*
毛茛科 铁线莲属

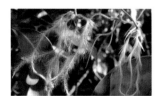

毛柱铁线莲 *Clematis meyeniana*
毛茛科 铁线莲属

木麻黄 *Casuarina equisetifolia*
木麻黄科 木麻黄属

小蜡 *Ligustrum sinense*
木犀科 女贞属

小叶红叶藤 *Rourea microphylla*
牛栓藤科 红叶藤属

异叶地锦 *Parthenocissus dalzielii*
葡萄科　地锦属

人面子 *Dracontomelon duperreanum*
漆树科　人面子属

野漆 *Toxicodendron succedaneum*
漆树科　漆树属

盐肤木 *Rhus chinensis*
漆树科　盐麸木属

无瓣海桑 *Sonneratia apotala*
千屈菜科　海桑属

海桑 *Sonneratia caseolaris*
千屈菜科　海桑属

大花紫薇 *Lagerstroemia speciosa*
千屈菜科　紫薇属

鸡眼藤 *Morinda parvifolia*
茜草科　巴戟天属

鸡矢藤 *Paederia foetida*
茜草科　鸡矢藤属

九节 *Psychotria asiatica*
茜草科　九节属

蔓九节 *Psychotria serpens*
茜草科　九节属

水团花 *Adina pilulifera*
茜草科　水团花属

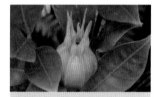

栀子 *Gardenia jasminoides*
茜草科　栀子属

白花悬钩子 *Rubus leucanthus*
蔷薇科　悬钩子属

豆梨 *Pyrus calleryana*
蔷薇科　梨属

金樱子 *Rosa laevigata*
蔷薇科　蔷薇属

蛇莓 *Duchesnea indica*
蔷薇科　蛇莓属

石斑木 *Rhaphiolepis indica*
蔷薇科　石斑木属

粗叶悬钩子 *Rubus alceifolius*
蔷薇科　悬钩子属

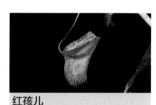

红孩儿
Begonia palmata var. bowringiana
秋海棠科　秋海棠属

细轴荛花 *Wikstroemia nutans*
瑞香科　荛花属

土沉香 *Aquilaria sinensis*
瑞香科　沉香属

广寄生 *Taxillus chinensis*
桑寄生科　钝果寄生属

红花寄生 *Scurrula parasitica*
桑寄生科　梨果寄生属

鞘花寄生 *Macrosolen cochinchinensis*
桑寄生科 鞘花属

构棘 *Maclura cochinchinensis*
桑科 橙桑属

薜荔 *Ficus pumila*
桑科 榕属

舶梨榕 *Ficus pyriformis*
桑科 榕属

垂叶榕 *Ficus benjamina*
桑科 榕属

粗叶榕 *Ficus hirta*
桑科 榕属

高山榕 *Ficus altissima*
桑科 榕属

榕树 *Ficus microcarpa*
桑科 榕属

雅榕 *Ficus concinna*
桑科 榕属

笔管榕 *Ficus subpisocarpa*
桑科 榕属

变叶榕 *Ficus variolosa*
桑科 榕属

绿黄葛树 *Ficus virens*
桑科 榕属

对叶榕 *Ficus hispida*
桑科 榕属

黑莎草 *Gahnia tristis*
莎草科 黑莎草属

大头茶 *Polyspora axillaris*
山茶科 大头茶属

大果核果茶 *Pyrenaria spectabilis*
山茶科 核果茶属

网脉山龙眼 *Helicia reticulata*
山龙眼科 山龙眼属

榄仁树 *Terminalia catappa*
使君子科 榄仁树属

多花勾儿茶 *Berchemia floribunda*
鼠李科 勾儿茶属

马尾松 *Pinus massoniana*
松科 松属

寄生藤 *Dendrotrophe varians*
檀香科 寄生藤属

水翁蒲桃 *Syzygium nervosum*
桃金娘科 蒲桃属

红果仔 *Eugenia uniflora*
桃金娘科 番樱桃属

赤楠 *Syzygium buxifolium*
桃金娘科 蒲桃属

红鳞蒲桃 *Syzygium hancei*
桃金娘科 蒲桃属

洋蒲桃 *Syzygium samarangense*
桃金娘科 蒲桃属

蒲桃 *Syzygium jambos*
桃金娘科 蒲桃属

桃金娘 *Rhodomyrtus tomentosa*
桃金娘科 桃金娘属

岭南山竹子 *Garcinia oblongifolia*
藤黄科 藤黄属

山麦冬 *Liriope spicata*
天门冬科 山麦冬属

非洲天门冬 *Asparagus densiflorus*
天门冬科 天门冬属

海芋 *Alocasia odora*
大南星科 海芋属

独子藤 *Celastrus monospermus*
卫矛科 南蛇藤属

中华卫矛 *Euonymus nitidus*
卫矛科 卫矛属

倒地铃 *Cardiospermum halicacabum*
无患子科 倒地铃属

复羽叶栾树 *Koelreuteria bipinnata*
无患子科 栾属

常绿荚蒾 *Viburnum sempervirens*
五福花科 荚蒾属

珊瑚树 *Viburnum odoratissimum*
五福花科 荚蒾属

大花五桠果 *Dillenia turbinata*
五桠果科 五桠果属

锡叶藤 *Tetracera sarmentosa*
五桠果科 锡叶藤属

水烛 *Typha angustifolia*
香蒲科 香蒲属

常山 *Dichroa febrifuga*
绣球花科 常山属

酢浆草 *Oxalis corniculata*
酢浆草科 酢浆草属

枫香树 *Liquidambar formosana*
金缕梅科 枫香树属

大苞鸭跖草 *Commelina paludosa*
鸭跖草科 鸭跖草属

广东箣柊 *Scolopia saeva*
大风子科 箣柊属

杨梅 *Myrica rubra*
杨梅科 香杨梅属

棱果花 *Barthea barthei*
野牡丹科 棱果花属

地菍 *Melastoma dodecandrum*
野牡丹科　野牡丹属

毛菍 *Melastoma sanguineum*
野牡丹科　野牡丹属

野牡丹 *Melastoma malabathricum*
野牡丹科　野牡丹属

银柴 *Aporosa dioica*
大戟科　银柴属

黑面神 *Breynia fruticosa*
大戟科　黑面神属

艾胶算盘子 *Glochidion lanceolarium*
大戟科　算盘子属

厚叶算盘子 *Glochidion hirsutum*
大戟科　算盘子属

毛果算盘子 *Glochidion eriocarpum*
大戟科　算盘子属

土蜜树 *Bridelia tomentosa*
大戟科　土蜜树属

五月茶 *Antidesma bunius*
大戟科　五月茶属

余甘子 *Phyllanthus emblica*
大戟科　叶下珠属

秋枫 *Bischofia javanica*
大戟科　秋枫属

簕榄花椒 *Zanthoxylum avicennae*
芸香科　花椒属

九里香 *Murraya exotica*
芸香科　九里香属

山油柑 *Acronychia pedunculata*
芸香科　山油柑属

豺皮樟 *Litsea rotundifolia var. oblongifolia*
樟科　木姜子属

浙江润楠 *Machilus chekiangensis*
樟科　润楠属

无根藤 *Cassytha filiformis*
樟科　无根藤属

阴香 *Cinnamomum heyneanum*
樟科　樟属

吊灯树 *Kigelia africana*
紫葳科　吊灯树属

黄花风铃木 *Handroanthus chrysanthus*
紫葳科　风铃木属

火焰树 *Spathodea campanulata*
紫葳科　火焰树属

狐尾椰子 *Wodyetia bifurcata*
棕榈科　狐尾椰子属

椰子 *Cocos nucifera*
棕榈科　椰子属

深圳自然博物百科

SHENZHEN NATURAL HISTORY
ENCYCLOPEDIA

附录二
APPENDIX TWO

编目、索引与参考文献

CATALOGUE, INDEX AND BIBLIOGRAPHY

深圳市国家重点保护野生动物编目

📖 参考 2021 年 2 月 5 日，国家林业和草原局农业农村部发布的《国家重点保护野生动物名录》。

📖 参考 2020 年王英永、郭强、李玉龙等主编的《深圳市陆域脊椎动物多样性与保护研究》。

📖 依据深圳各地观察与目击记录。

📖 数据截至 2021 年 9 月 5 日。

国家一级保护野生动物

纲	目	科	中文名	拉丁名
哺乳纲 MAMMALIA	灵长目 PRIMATES	懒猴科 Lorisidae	倭蜂猴	*Nycticebus pygmaeus*
	鳞甲目 PHOLIDOTA	鲮鲤科 Manidae	穿山甲	*Manis pentadactyla*
	食肉目 CARNIVORA	灵猫科 Viverridae	小灵猫	*Viverricula indica*
	鲸目 CETACEA	海豚科 Delphinidae	中华白海豚	*Sousa chinensis*
		抹香鲸科 Physeteridae	抹香鲸	*Physeter macrocephalus*
		须鲸科 Balaenopteridae	布氏鲸	*Balaenoptera edeni*
鸟纲 AVES	雁形目 ANSERIFORMES	鸭科 Anatidae	中华秋沙鸭	*Mergus squamatus*
	鹳形目 CICONIIFORMES	鹳科 Ciconiidae	黑鹳	*Ciconia nigra*
			东方白鹳	*Ciconia boyciana*
	鹈形目 PELECANIFORMES	鹮科 Threskiornithidae	黑头白鹮	*Threskiornis melanocephalus*
			黑脸琵鹭	*Platalea minor*
		鹭科 Ardeidae	黄嘴白鹭	*Egretta eulophotes*
		鹈鹕科 Pelecanidae	卷羽鹈鹕	*Pelecanus crispus*
	鹰形目 ACCIPITRIFORMES	鹰科 Accipitridae	乌雕	*Clanga clanga*
			白肩雕	*Aquila heliaca*
			白腹海雕	*Haliaeetus leucogaster*
	鸻形目 CHARADRIIFORMES	鹬科 Scolopacidae	勺嘴鹬	*Calidris pygmaea*
			小青脚鹬	*Tringa guttifer*
		鸥科 Laridae	黑嘴鸥	*Saundersilarus saundersi*
	雀形目 PASSERIFORMES	鹀科 Emberizidae	黄胸鹀	*Emberiza aureola*
爬行纲 REPTILIA	龟鳖目 TESTUDINES	海龟科 Cheloniidae	绿海龟	*Chelonia mydas*
			玳瑁	*Eretmochelys imbricata*

国家二级保护野生动物

纲	目	科	中文名	拉丁名
哺乳纲 MAMMALIA	灵长目 PRIMATES	猴科 Cercopithecidae	猕猴	*Macaca mulatta*
	食肉目 CARNIVORA	鼬科 Mustelidae	欧亚水獭	*Lutra lutra*
			黄喉貂	*Martes flavigula*
		猫科 Felidae	豹猫	*Prionailurus bengalensis*
	鲸目 CETACEA	鼠海豚科 Phocoenidae	印太江豚	*Neophocaena phocaenoides*
		海豚科 Delphinidae	热带点斑原海豚	*Stenella attenuata*
鸟纲 AVES	雁形目 ANSERIFORMES	鸭科 Anatidae	栗树鸭	*Dendrocygna javanica*
			小天鹅	*Cygnus columbianus*
			花脸鸭	*Sibirionetta formosa*
	䴙䴘目 PODICIPEDIFORMES	䴙䴘科 Podicipedidae	黑颈䴙䴘	*Podiceps nigricollis*
	鹈形目 PELECANIFORMES	鹮科 Threskiornithidae	白琵鹭	*Platalea leucorodia*
		鹭科 Ardeidae	黑冠鸦	*Gorsachius melanolophus*
			岩鹭	*Egretta sacra*
	鲣鸟目 SULIFORMES	军舰鸟科 Fregatidae	白斑军舰鸟	*Fregata ariel*
		鸬鹚科 Phalacrocoracidae	海鸬鹚	*Phalacrocorax pelagicus*
	鹰形目 ACCIPITRIFORMES	鹗科 Pandionidae	鹗	*Pandion haliaetus*
		鹰科 Accipitridae	黑翅鸢	*Elanus caeruleus*
			凤头蜂鹰	*Pernis ptilorhynchus*
			黑冠鹃隼	*Aviceda leuphotes*
			蛇雕	*Spilornis cheela*
			鹰雕	*Nisaetus nipalensis*
			白腹隼雕	*Aquila fasciata*
			凤头鹰	*Accipiter trivirgatus*
			赤腹鹰	*Accipiter soloensis*
			日本松雀鹰	*Accipiter gularis*
			松雀鹰	*Accipiter virgatus*
			雀鹰	*Accipiter nisus*
			苍鹰	*Accipiter gentilis*
			白腹鹞	*Circus spilonotus*

纲	目	科	中文名	拉丁名
鸟纲 AVES	鹰形目 ACCIPITRIFORMES	鹰科 Accipitridae	鹊鹞	*Circus melanoleucos*
			黑鸢	*Milvus migrans*
			灰脸𫛭鹰	*Butastur indicus*
			普通𫛭	*Buteo japonicus*
	鹤形目 GRUIFORMES	秧鸡科 Rallidae	紫水鸡	*Porphyrio porphyrio*
	鸻形目 CHARADRIIFORMES	水雉科 Jacanidae	水雉	*Hydrophasianus chirurgus*
		鹬科 Scolopacidae	小杓鹬	*Numenius minutus*
			大杓鹬	*Numenius madagascariensis*
			翻石鹬	*Arenaria interpres*
			大滨鹬	*Calidris tenuirostris*
			阔嘴鹬	*Calidris falcinellus*
			半蹼鹬	*Limnodromus semipalmatus*
			白腰杓鹬	*Numenius arquata*
		鸥科 Laridae	大凤头燕鸥	*Thalasseus bergii*
	鸽形目 COLUMBIFORMES	鸠鸽科 Columbidae	斑尾鹃鸠	*Macropygia unchall*
	鹃形目 CUCULIFORMES	杜鹃科 Cuculidae	褐翅鸦鹃	*Centropus sinensis*
			小鸦鹃	*Centropus bengalensis*
	鸮形目 STRIGIFORMES	草鸮科 Tytonidae	草鸮	*Tyto longimembris*
		鸱鸮科 Strigidae	黄嘴角鸮	*Otus spilocephalus*
			领角鸮	*Otus lettia*
			雕鸮	*Bubo bubo*
			褐渔鸮	*Ketupa zeylonensis*
			褐林鸮	*Strix leptogrammica*
			领鸺鹠	*Glaucidium brodiei*
			斑头鸺鹠	*Glaucidium cuculoides*
			鹰鸮	*Ninox scutulata*
			短耳鸮	*Asio flammeus*
	佛法僧目 CORACIIFORMES	翠鸟科 Alcedinidae	白胸翡翠	*Halcyon smyrnensis*
		蜂虎科 Meropidae	栗喉蜂虎	*Merops philippinus*
	隼形目 FALCONIFORMES	隼科 Falconidae	红隼	*Falco tinnunculus*
			红脚隼	*Falco amurensis*
			燕隼	*Falco subbuteo*
			游隼	*Falco peregrinus*
	鹦形目 PSITTACIFORMES	鹦鹉科 Psittacidae	红领绿鹦鹉	*Psittacula krameri*

纲	目	科	中文名	拉丁名
鸟纲 AVES	雀形目 PASSERIFORMES	八色鸫科 Pittidae	仙八色鸫	*Pitta nympha*
			蓝翅八色鸫	*Pitta moluccensis*
		百灵科 Alaudidae	云雀	*Alauda arvensis*
		噪鹛科 Leiothrichidae	红嘴相思鸟	*Leiothrix lutea*
			银耳相思鸟	*Leiothrix argentauris*
			画眉	*Garrulax canorus*
			黑喉噪鹛	*Garrulax chinensis*
		绣眼鸟科 Zosteropidae	红胁绣眼鸟	*Zosterops erythropleurus*
		鹟科 Muscicapidae	棕腹大仙鹟	*Niltava davidi*
			蓝喉歌鸲	*Luscinia svecica*
			红喉歌鸲	*Calliope calliope*
爬行纲 REPTILIA	龟鳖目 TESTUDINES	平胸龟科 Platysternidae	平胸龟	*Platysternon megacephalum*
		地龟科 Geoemydidae	三线闭壳龟	*Cuora trifasciata*
			草龟	*Mauremys reevesii*
			花龟	*Mauremys sinensis*
	有鳞目 SQUAMATA	壁虎科 Gekkonidae	黑疣大壁虎	*Gekko reevesii*
		蟒科 Pythonidae	缅甸蟒	*Python bivittatus*
		眼镜蛇科 Elapidae	眼镜王蛇	*Ophiophagus hannah*
		游蛇科 Colubridae	三索颌腔蛇	*Coelognathus radiatus*
两栖纲 AMPHIBIA	有尾目 CAUDATA	蝾螈科 Salamandridae	香港瘰螈	*Paramesotriton hongkongensis*
	无尾目 ANURA	叉舌蛙科 Dicroglossidae	虎纹蛙	*Hoplobatrachus chinensis*
硬骨鱼纲 OSTEICHTHYES	鳗鲡目 ANGUILLIFORMES	鳗鲡科 Anguillidae	花鳗鲡	*Anguilla marmorata*
	鲤形目 CYPRINIFORMES	鲤科 Cyprinidae	唐鱼	*Tanichthys albonubes*
	海龙鱼目 SYNGNATHIFORMES	海龙鱼科 Syngnathidae	库达海马	*Hippocampus kuda*
昆虫纲 INSECTA	鳞翅目 LEPIDOPTERA	凤蝶科 Papilionidae	金裳凤蝶	*Troides aeacus*
			裳凤蝶	*Troides helena*
珊瑚纲 ANTHOZOA	石珊瑚目 SCLERACTINIA	蜂巢珊瑚科 Faviidae	黄癣蜂巢珊瑚	*Favia favus*
			神龙岛蜂巢珊瑚	*Favia lizardensis*
			海洋蜂巢珊瑚	*Favia maritima*
			圆纹蜂巢珊瑚	*Favia pallida*
			罗图马蜂巢珊瑚	*Favia rotumana*

续表

纲	目	科	中文名	拉丁名
珊瑚纲 ANTHOZOA	石珊瑚目 SCLERACTINIA	蜂巢珊瑚科 Faviidae	标准蜂巢珊瑚	*Favia speciosa*
			美龙氏蜂巢珊瑚	*Favia veroni*
			秘密角蜂巢珊瑚	*Favites abdita*
			尖丘角蜂巢珊瑚	*Favites acuticollis*
			板叶角蜂巢珊瑚	*Favites complanata*
			多弯角蜂巢珊瑚	*Favites flexuosa*
			小五边角蜂巢珊瑚	*Favites micropentagona*
			五边角蜂巢珊瑚	*Favites pentagona*
			尖边扁脑珊瑚	*Platygyra acuta*
			肉质扁脑珊瑚	*Platygyra carnosus*
			琉球扁脑珊瑚	*Platygyra ryukyuensis*
			美伟氏扁脑珊瑚	*Platygyra verweyi*
			八重山扁脑珊瑚	*Platygyra yaeyamaensis*
			粗糙菊花珊瑚	*Goniastrea aspera*
			微黄癣菊花珊瑚	*Goniastrea favulus*
			简短圆菊珊瑚	*Montastrea curta*
			大圆菊珊瑚	*Montastrea magnistellata*
			多孔同星珊瑚	*Plesiastrea versipora*
			锯齿刺星珊瑚	*Cyphastrea serailia*
			小叶刺星珊瑚	*Cyphastrea mirophthalma*
			碓突刺星珊瑚	*Cyphastrea chalcidicum*
			日本刺星珊瑚	*Cyphastrea japonica*
			捲曲黑星珊瑚	*Oulastrea crispate*
			白斑小星珊瑚	*Leptastrea pruinosa*
			紫小星珊瑚	*Leptastrea purpurea*
		滨珊瑚科 Poritidae	亚氏滨珊瑚	*Porites aranetai*
			变形滨珊瑚	*Porites deformis*
			团块滨珊瑚	*Porites lobata*
			澄黄滨珊瑚	*Pories lutea*
			坚实滨珊瑚	*Porites solida*
			柱角孔珊瑚	*Goniopora columna*

纲	目	科	中文名	拉丁名
珊瑚纲 ANTHOZOA	石珊瑚目 SCLERACTINIA	滨珊瑚科 Poritidae	大角孔珊瑚	*Goniopora djiboutiensis*
			团块角孔珊瑚	*Goniopora lobata*
			斯氏角孔珊瑚	*Goniopora stutchburyi*
		菌珊瑚科 Agariciidae	十字牡丹珊瑚	*Povona decussata*
		石芝珊瑚科 Fungiidae	莫卡石叶珊瑚	*Lithophyllon mokai*
			波形石叶珊瑚	*Lithophyllon undulatum*
		鹿角珊瑚科 Acroporidae	指形鹿角珊瑚	*Acropora digitifera*
			霜鹿角珊瑚	*Acropora pruinosa*
			单独鹿角珊瑚	*Acropora solitaryensis*
			隆起鹿角珊瑚	*Acropora tumida*
			翼形蔷薇珊瑚	*Montpora peltiformis*
			脉状蔷薇珊瑚	*Montipora venosa*
		裸肋珊瑚科 Merulinidae	腐蚀刺柄珊瑚	*Hydnophora exesa*
		木珊瑚科 Dendrophyliidae	复叶陀螺珊瑚	*Turbinaria frondens*
			盾形陀螺珊瑚	*Tuibinaria peltata*
			肾形陀螺珊瑚	*Turbinaria reniformis*
			猩红筒星珊瑚	*Tubastraea coccinea*
		枇杷珊瑚科 Oculinidae	稀杯盔形珊瑚	*Galaxea astreata*
			丛生盔形珊瑚	*Galaxea fascicularis*
		梳状珊瑚科 Pectiniidae	粗糙刺叶珊瑚	*Echinophyllia aspera*
		铁星珊瑚科 Siderastreidae	吞蚀筛珊瑚	*Coscinaraea exesa*
			不等脊塍沙珊瑚	*Psammocora nierstraszi*
			浅薄沙珊瑚	*Psammocora superficialis*
		褶叶珊瑚科 Mussidae	微细小褶叶珊瑚	*Micromussa minuta*
			大棘星珊瑚	*Acanthastrea echinata*
			联合棘星珊瑚	*Acnthastrea hemprichii*

深圳市国家珍稀濒危重点保护野生植物编目

- 参考 2018 年廖文波、郭强、刘海军等著的《深圳市国家珍稀濒危重点保护野生植物》。
- 依据深圳各地观察与目击记录。
- 数据截至 2021 年 9 月 5 日。

备注：CR（极危）、EN（濒危）、VU（易危）、NT（近危）、LC（无危）、DD（数据缺乏）

中文名	学名	国家重点保护级别	中国红色名录	数量	深圳评定濒危级别
松叶蕨	*Psilotum nudum*		VU	< 100	濒危
粗齿紫萁	*Osmunda banksiifolia*		NT	< 100	濒危
粤紫萁	*Osmunda mildei*		CR	< 20	极危
广西长筒蕨	*Abrodictyum obscurum* var. *siamense*		NT	< 100	濒危
金毛狗	*Cibotium barometz*	二级	LC	< 60000	无危
蛇足石杉	*Huperzia serrata*	二级	EN	< 50	极危
华南马尾杉	*Phlegmariurus fordii*		NT	< 50	极危
桫椤	*Alsophila spinulosa*	二级	NT	< 2000	易危
粗齿桫椤	*Alsophila denticulata*	二级	LC	< 100	濒危
大黑桫椤	*Alsophila gigantea*	二级	LC	< 500	易危
黑桫椤	*Gymnosphaera podophylla*	二级	LC	< 1000	易危
阔片乌蕨	*Odontosoria biflora*		NT	< 1000	易危
水蕨	*Ceratopteris thalictroides*	二级	VU	< 600	易危
垫状卷柏	*Selaginella pulvinata*		NT	< 100	濒危
苏铁蕨	*Brainea insignis*	二级	VU	< 6000	易危
裂羽崇澍蕨	*Chieniopteris kempii*		VU	< 200	濒危
全缘贯众	*Cyrtomium falcatum*		VU	< 100	濒危
中华双扇蕨	*Dipteris chinensis*	二级	EN	< 600	易危
仙湖苏铁	*Cycas fairylakea*	一级	CR	< 1500	易危
短小叶罗汉松	*Podocarpus brevifolius*		EN	< 100	极危
罗汉松	*Podocarpus macrophyllus*		VU	< 100	濒危
穗花杉	*Amentotaxus argotaenia*		LC	< 200	濒危
香港木兰	*Lirianthe championii*		EN	< 100	濒危
黑老虎	*Kadsura coccinea*		VU	< 300	濒危
樟树	*Cinnamomum camphora*	二级	LC	< 2000	易危
粗脉桂	*Cinnamomum validinerve*		NT	< 400	易危
浙江润楠	*Machilus chekiangensis*		NT	< 20000	无危

中文名	学名	国家重点保护级别	中国红色名录	数量	深圳评定濒危级别
尖叶唐松草	*Thalictrum acutifolium*		NT	< 100	濒危
青牛胆	*Tinospora sagittata*		EN	< 200	濒危
通城虎	*Aristolochia fordiana*		VU	< 300	易危
香港马兜铃	*Aristolochia westlandii*		CR	< 10	极危
猪笼草	*Nepenthes mirabilis*		VU	< 300	易危
树头菜	*Crateva unilocularis*		NT	< 100	濒危
香港凤仙花	*Impatiens hongkongensis*		NT	< 200	濒危
土沉香	*Aquilaria sinensis*	二级	VU	< 10000	近危
大苞白山茶	*Camellia granthamiana*	二级	EN	< 10	极危 / 野外灭绝
普洱茶	*Camellia sinensis* var. *assamica*		VU	< 1000	易危
茶	*Camellia sinensis*	二级	DD	< 500	易危
黄毛猕猴桃	*Actinidia fulvicoma*	二级	NT	< 200	濒危
阔叶猕猴桃	*Actinidia latifolia*	二级	NT	< 300	易危
薄叶红厚壳	*Calophyllum membranaceum*		VU	< 1000	易危
银叶树	*Heritiera littoralis*		VU	< 600	易危
翻白叶树	*Pterospermum heterophyllum*		NT	< 1000	易危
粘木	*Ixonanthes reticulata*	二级	VU	< 500	易危
三宝木	*Trigonostemon chinensis*		VU	< 50	极危
广东蔷薇	*Rosa kwangtungensis*		VU	< 300	易危
南岭黄檀	*Dalbergia assamica*		NT	< 200	濒危
榼藤	*Entada phaseoloides*		EN	< 5000	易危
格木	*Erythrophleum fordii*	二级	VU	< 50	极危
华南马鞍树	*Maackia australis*		EN	< 50	极危
韧荚红豆	*Ormosia indurata*		NT	< 300	易危
密花豆	*Spatholobus suberectus*		VU	< 2000	易危
半枫荷	*Semiliquidambar cathayensis*	二级	VU	< 50	极危
钝叶假蚊母树	*Distyliopsis tutcheri*		NT	< 30000	无危
栎叶柯	*Lithocarpus quercifolius*		EN	< 50	极危
白桂木	*Artocarpus hypargyreus*		EN	< 900	易危
舌柱麻	*Archiboehmeria atrata*		VU	< 100	濒危
纤花冬青	*Ilex graciliflora*		EN	< 200	濒危
亮叶雀梅藤	*Sageretia lucida*		VU	< 200	濒危
山橘树	*Glycosmis cochinchinensis*	二级	LC	< 200	濒危
常绿臭椿	*Ailanthus fordii*		NT	< 2000	易危

中文名	学名	国家重点保护级别	中国红色名录	数量	深圳评定濒危级别
红椿	*Toona ciliata*	二级	VU	< 50	极危
野生荔枝	*Litchi chinensis var. euspontanea*	二级		< 300	濒危
龙眼	*Dimocarpus longan*	二级		< 100	濒危
滨海槭	*Acer sino-oblongum*		EN	< 100	濒危
珊瑚菜	*Glehnia littoralis*	二级	CR	< 100	极危
南岭杜鹃	*Rhododendron levinei*		NT	< 100	濒危
小果柿	*Diospyros vaccinioides*		EN	< 2000	易危
华马钱	*Strychnos cathayensis*		NT	< 1000	易危
网脉木樨	*Osmanthus reticulatus*		NT	< 50	极危
广东玉叶金花	*Mussaenda kwangtungensis*		NT	< 1000	易危
乌檀	*Nauclea officinalis*		VU	<10	极危
白鹤藤	*Argyreia acuta*		NT	< 600	易危
丁公藤	*Erycibe obtusifolia*		VU	< 300	易危
紫花短筒苣苔	*Boeica guileana*		NT	< 10000	易危
短穗刺蕊草	*Pogostemon championii*		EN	< 200	濒危
华重楼	*Paris polyphylla var. chinensis*		VU	< 100	濒危
画笔南星	*Arisaema penicillatum*		VU	< 100	濒危
柳叶薯蓣	*Dioscorea linearicordata*		EN	< 100	濒危
褐苞薯蓣	*Dioscorea persimilis*		EN	< 200	濒危
多花脆兰	*Acampe rigida*	二级	LC	< 200	濒危
小片齿唇兰	*Rhomboda abbreviata*	二级	LC	< 100	濒危
金线兰	*Anoectochilus roxburghii*	二级	EN	< 200	濒危
无叶兰	*Aphyllorchis montana*	二级	LC	< 100	濒危
多枝拟兰	*Apostasia ramifera*	二级	EN	< 100	濒危
深圳拟兰	*Apostasia shenzhenica*		EN	< 100	濒危
牛齿兰	*Appendicula cornuta*	二级	LC	< 200	濒危
竹叶兰	*Arundina graminifolia*	二级	LC	< 2000	易危
赤唇石豆兰	*Bulbophyllum affine*	二级	LC	< 500	易危
芳香石豆兰	*Bulbophyllum ambrosia*	二级	LC	< 2000	易危
二色卷瓣兰	*Bulbophyllum bicolor*	二级	CR	< 300	易危
直唇卷瓣兰	*Bulbophyllum delitescens*	二级	VU	< 300	易危
广东石豆兰	*Bulbophyllum kwangtungense*	二级	LC	< 5000	易危
密花石豆兰	*Bulbophyllum odoratissimum*	二级	LC	< 300	易危
斑唇卷瓣兰	*Bulbophyllum pecten-veneris*	二级	LC	< 500	易危

中文名	学名	国家重点保护级别	中国红色名录	数量	深圳评定濒危级别
二列叶虾脊兰	*Calanthe speciosa*	二级	LC	< 300	易危
三褶虾脊兰	*Calanthe triplicata*	二级	LC	< 300	易危
大鲁阁叉柱兰	*Cheirostylis tatewakii*	二级	NT	< 300	易危
琉球叉柱兰	*Cheirostylis liukiuensis*	二级	LC	< 100	濒危
大序隔距兰	*Cleisostoma paniculatum*	二级	LC	< 100	濒危
尖喙隔距兰	*Cleisostoma rostratum*	二级	LC	< 300	易危
广东隔距兰	*Cleisostoma simondii* var. *guangdongense*	二级	VU	> 20000	无危
流苏贝母兰	*Coelogyne fimbriata*	二级	LC	< 20000	无危
玫瑰宿苞兰	*Cryptochilus roseus*	二级	EN	< 100	濒危
建兰	*Cymbidium ensifolium*	一级	VU	< 300	易危
春兰	*Cymbidium goeringii*	一级	VU	< 300	易危
墨兰	*Cymbidium sinense*	一级	NT	< 300	易危
无耳沼兰	*Dienia ophrydis*	二级	LC	< 5000	易危
蛇舌兰	*Diploprora championii*	二级	LC	< 5000	易危
半柱毛兰	*Eria corneri*	二级	LC	< 500	易危
白绵毛兰	*Eria lasiopetala*	二级	VU	< 100	濒危
小毛兰	*Eria sinica*	二级	VU	< 100	濒危
钳唇兰	*Erythrodes blumei*		LC	< 100	濒危
美冠兰	*Eulophia graminea*	二级	LC	< 5000	易危
无叶美冠兰	*Eulophia zollingeri*	二级	LC	< 200	濒危
地宝兰	*Geodorum densiflorum*	二级	LC	< 200	濒危
多叶斑叶兰	*Goodyera foliosa*	二级	LC	< 500	易危
高斑叶兰	*Goodyera procera*	二级	LC	< 10000	无危
歌绿斑叶兰	*Goodyera seikoomontana*	二级	VU	< 200	濒危
绿花斑叶兰	*Goodyera viridiflora*	二级	LC	< 100	濒危
鹅毛玉凤花	*Habenaria dentata*	二级	LC	< 100	濒危
细裂玉凤花	*Habenaria leptoloba*	二级	LC	< 100	濒危
坡参	*Habenaria linguella*	二级	NT	< 100	濒危
橙黄玉凤花	*Habenaria rhodocheila*	二级	LC	< 500	易危
镰翅羊耳蒜	*Liparis bootanensis*	二级	LC	< 10000	近危
丛生羊耳蒜	*Liparis cespitosa*	二级	LC	< 100	濒危
见血青	*Liparis nervosa*	二级	LC	< 10000	近危
紫花羊耳蒜	*Liparis gigantea*	二级	VU	< 100	濒危
扇唇羊耳蒜	*Liparis stricklandiana*	二级	LC	< 10000	近危

续表

中文名	学名	国家重点保护级别	中国红色名录	数量	深圳评定濒危级别
长茎羊耳蒜	*Liparis viridiflora*	二级	LC	< 30000	无危
血叶兰	*Ludisia discolor*	二级	LC	< 200	濒危
二脊沼兰	*Crepidium finetii*	二级	EN	< 100	濒危
无耳沼兰	*Dienia ophrydis*	二级		< 100	濒危
阿里山全唇兰	*Myrmechis drymoglossifolia*	二级	LC	< 100	濒危
云叶兰	*Nephelaphyllum tenuiflorum*	二级	VU	< 100	濒危
麻栗坡三蕊兰	*Neuwiedia malipoensis*	二级	VU	< 100	濒危
三蕊兰	*Neuwiedia singapureana*	二级	EN	< 200	濒危
紫纹兜兰	*Paphiopedilum purpuratum*	一级	EN	< 300	易危
龙头兰	*Pecteilis susannae*	二级	LC	< 100	濒危
长须阔蕊兰	*Peristylus calcaratus*	二级	LC	< 100	濒危
台湾阔蕊兰	*Peristylus formosanus*	二级	NT	< 100	濒危
触须阔蕊兰	*Peristylus tentaculatus*	二级	LC	< 500	易危
紫花鹤顶兰	*Phaius mishmensis*	二级	VU	< 100	濒危
鹤顶兰	*Phaius tankervilleae*	二级	LC	< 5000	易危
细叶石仙桃	*Pholidota cantonensis*	二级	LC	< 200	濒危
石仙桃	*Pholidota chinensis*	二级	LC	< 20000	无危
舌唇兰	*Platanthera japonica*	二级	LC	< 200	濒危
小舌唇兰	*Platanthera minor*	二级	LC	< 500	易危
寄树兰	*Robiquetia succisa*	二级	LC	< 100	濒危
苞舌兰	*Spathoglottis pubescens*	二级	LC	< 1000	易危
香港绶草	*Spiranthes hongkongensis*			< 5000	易危
绶草	*Spiranthes sinensis*	二级	LC	< 500	易危
带唇兰	*Tainia dunnii*	二级	NT	< 200	濒危
香港带唇兰	*Tainia hongkongensis*	二级	NT	< 5000	易危
绿花带唇兰	*Tainia penangiana*	二级	NT	< 100	濒危
短穗竹茎兰	*Tropidia curculigoides*	二级	LC	< 100	濒危
深圳香荚兰	*Vanilla shenzhenica*	二级	DD	< 100	濒危
二尾兰	*Vrydagzynea nuda*	二级	LC	< 200	濒危
宽叶线柱兰	*Zeuxine affinis*	二级	LC	< 200	濒危
黄花线柱兰	*Zeuxine flava*	二级	LC	< 200	濒危
白花线柱兰	*Zeuxine parvifolia*	二级	LC	< 200	濒危
线柱兰	*Zeuxine strateumatica*	二级	LC	< 2000	易危
二花珍珠茅	*Scleria biflora*		NT	< 100	濒危
中华结缕草	*Zoysia sinica*	二级	LC	< 100	濒危

深圳市古树名木档案 （一、二级）

📖 截至 2018 年 10 月，深圳有记录的古树名木一共 1590 棵。

📖 根据深圳市市场监督管理局发布的《古树名木管养维护技术规范》定义：

古树，是指树龄在 100 年以上的树木。 古树分为国家一、二、三级，500 年以上（含 500 年）为国家一级古树树龄，300—499 年之间为国家二级古树树龄，100—299 年之间为国家三级古树树龄。

名木，是指稀有珍贵木本植物，具有历史价值、科研价值或者重要纪念意义的木本植物。国家级名木不受年龄限制，不分级。

📖 参考深圳市城市管理和综合执法局公布的《深圳市古树名木一览表（2018 年 10 月）》，此编目仅列出深圳市一级及二级古树。

区域	中文名	古树保护级别	全市统一编号	小地名
福田区	榕树	一级	02010011	新洲肉菜市场对面
	金桂	一级	02010028	莲花山公园纪念园入口
	高山榕	一级	02010029	莲花山山顶
	榕树	二级	02010043	驻港部队深圳基地
	榕树	二级	02010044	驻港部队深圳基地
	榕树	二级	02010045	驻港部队深圳基地
罗湖区	樟树	二级	02020004	莲塘七巷 74#
	篦齿苏铁	一级	02020018	仙湖植物园苏铁园
	篦齿苏铁	一级	02020019	仙湖植物园苏铁园
	樟树	一级	02020136	罗芳村 89#
	樟树	二级	02020138	污水处理厂内
	榕树	二级	02020141	光大银行前
	榕树	二级	02020142	光大银行前
	高山榕	一级	02020156	湖区草坪
	高山榕	一级	02020157	湖区草坪
	高山榕	一级	02020158	湖区草坪
	南洋杉	一级	02020160	天上人间草坪

区域	中文名	古树保护级别	全市统一编号	小地名
罗湖区	南洋杉	一级	02020161	天上人间草坪
	竹柏	一级	02020162	化石森林
	小叶榕	一级	02020163	名人林
	垂叶榕	一级	02020164	名人林
	小叶榕	一级	02020165	名人林
	南洋杉	一级	02020166	名人林
	南洋杉	一级	02020167	名人林
	南洋杉	一级	02020168	名人林
	小叶榕	一级	02020169	名人林
盐田区	樟树	一级	02030012	三村新围 128#
	樟树	二级	02030039	洪安围 98-2#
南山区	榕树	二级	02040047	丁头村 231#
	榕树	二级	02040052	—
	榕树	二级	02040054	—
	榕树	一级	02040058	—
	榕树	一级	02040063	—
	榕树	二级	02040064	—

注："—"表示数据无法获得

区域	中文名	古树保护级别	全市统一编号	小地名
宝安区	榕树	二级	02050024	河东旧村东头坊东区 67 号门前
	榕树	二级	02050025	河东旧村东头坊东区 65 号门前
	榕树	二级	02050027	林屋村 205 号门前（保健药店旁）
	樟树	一级	02050086	成人学校
龙岗区	榕树	二级	02060165	—
	榕树	二级	02060166	老屋围厂内
	秋枫	二级	02060193	下李朗中心围门口
	五月茶	二级	02060212	上畲老屋围
	榕树	二级	02060216	西湖塘富地岗老围
	樟树	二级	02060223	澳头村办公室
	木棉	二级	02060237	后园路 36 号对面
	鸡蛋花	二级	02060238	伍氏宗祠旁
光明区	杧果	二级	02070015	玉律村二区 128# 院子里
坪山区	榕树	二级	02080100	金龙湾山庄
	榕树	二级	02080104	—
	樟树	一级	02080149	—
	龙眼	一级	02080151	抢建房院内
	龙眼	一级	02080152	抢建房院内
龙华区	榕树	一级	02090026	章阁老村西区 175 号边
	樟树	二级	02090057	元二村元小村 70 号东面
	华南皂荚	二级	02090058	中国文化名人大营救纪念馆内
	米槠	一级	02090087	弓村公园
	榕树	二级	02090090	清湖老村老祠堂边
大鹏新区	白车	二级	02100001	油草棚土地庙旁

区域	中文名	古树保护级别	全市统一编号	小地名
大鹏新区	潺槁树	二级	02100018	土地庙旁
	白车	二级	02100020	高家祠堂左侧
	秋枫	二级	02100034	华侨中学对面房屋院子
	榕树	二级	02100040	黄岐塘篮球场旁
	榕树	二级	02100044	工商所院内
	榕树	二级	02100071	围仔
	榕树	一级	02100120	—
	榕树	二级	02100183	
	光叶白颜树	二级	02100204	—
	银叶树	一级	02100263	银叶树保护区内
	银叶树	二级	02100274	银叶树保护区内
	银叶树	二级	02100275	银叶树保护区内
	白车	二级	02100321	洪圣宫庙前
	秋枫	二级	02100336	村内
	榕树	二级	02100345	高尔夫球场旁
	木荷	二级	02100348	高尔夫球场旁
	秋枫	一级	02100350	半天云村 85#，半天云村口
	毛茶	二级	02100351	半天云村口
	秋枫	一级	02100353	小溪边
	五月茶	二级	02100368	鹅公村口小山头
	樟树	一级	02100373	村口篮球场边
	龙眼	一级	02100391	协天宫边
	榕树	一级	02100392	协天宫边
	龙眼	二级	02100406	后山
	秋枫	二级	02100414	碧川村后围墙边
	榕树	二级	02100419	碧川村后中心村
	榕树	二级	02100432	欧书元村后
	五月茶	二级	02100433	欧书元村后

深圳野生兰花编目

- 参考 2020 年陈建兵、王美娜、潘云云等著的《深圳野生兰花》。
- 依据深圳植物记录者王晓云老师观察与目击记录。
- 数据截至 2021 年 9 月 5 日。

科	亚科	中文名	拉丁名
兰科 Orchidaceae	拟兰亚科 Apostasioideae	多枝拟兰	*Apostasia ramifera*
		深圳拟兰	*Apostasia shenzhenica*
		三蕊兰	*Neuwiedia singapureana*
		麻栗坡三蕊兰	*Neuwiedia malipoensis*
	香荚兰亚科 Vanilloideae	深圳香荚兰	*Vanilla shenzhenica*
		全唇盂兰	*Lecanorchis nigricans*
	杓兰亚科 Cypripedioideae	紫纹兜兰	*Paphiopedilum purpuratum*
	兰亚科 Orchidoideae	多叶斑叶兰	*Goodyera foliosa*
		高斑叶兰	*Goodyera procera*
		歌绿斑叶兰	*Goodyera seikoomontana*
		绿花斑叶兰	*Goodyera viridiflora*
		血叶兰	*Ludisia discolor*
		钳唇兰	*Erythrodes blumei*
		叉柱兰	*Cheirostylis clibborndyeri*
		琉球叉柱兰	*Cheirostylis liukiuensis*
		粉红叉柱兰	*Cheirostylis jamesleungii*
		云南叉柱兰	*Cheirostylis yunnanensis*
		小片菱兰	*Rhomboda abbreviata*
		线柱兰	*Zeuxine strateumatica*
		白花线柱兰	*Zeuxine parvifolia*
		黄唇线柱兰	*Zeuxine sakagutii*
		二尾兰	*Vrydagzynea nuda*
		金线兰	*Anoectochilus roxburghii*
		腐生齿唇兰	*Odontochilus saprophyticus*
		香港绶草	*Spiranthes hongkongensis*
		绶草	*Spiranthes sinensis*
		小舌唇兰	*Platanthera minor*
		龙头兰	*Pecteilis susannae*
		长须阔蕊兰	*Peristylus calcaratus*
		台湾阔蕊兰	*Peristylus formosanus*
		撕唇阔蕊兰	*Peristylus lacertifer*

科	亚科	中文名	拉丁名
兰科 Orchidaceae	兰亚科 Orchidoideae	短裂阔蕊兰	*Peristylus lacertifer* var. *taipoensis*
		触须阔蕊兰	*Peristylus tentaculatus*
		鹅毛玉凤花	*Habenaria dentata*
		细裂玉凤花	*Habenaria leptoloba*
		坡参	*Habenaria linguella*
		橙黄玉凤花	*Habenaria rhodocheila*
	树兰亚科 Epidendroideae	无叶兰	*Aphyllorchis montana*
		竹茎兰	*Tropidia nipponica*
		短穗竹茎兰	*Tropidia curculigoides*
		北插天天麻	*Gastrodia peichatieniana*
		毛叶芋兰	*Nervilia plicata*
		竹叶兰	*Arundina graminifolia*
		流苏贝母兰	*Coelogyne fimbriata*
		细叶石仙桃	*Pholidota cantonensis*
		石仙桃	*Pholidota chinensis*
		赤唇石豆兰	*Bulbophyllum affine*
		芳香石豆兰	*Bulbophyllum ambrosia*
		二色卷瓣兰	*Bulbophyllum bicolor*
		直唇卷瓣兰	*Bulbophyllum delitescens*
		永泰卷瓣兰	*Bulbophyllum yongtaiense*
		齿瓣石豆兰	*Bulbophyllum levinei*
		瘤唇卷瓣兰	*Bulbophyllum japonicum*
		广东石豆兰	*Bulbophyllum kwangtungense*
		密花石豆兰	*Bulbophyllum odoratissimum*
		斑唇卷瓣兰	*Bulbophyllum pecten-veneris*
		镰翅羊耳蒜	*Liparis bootanensis*
		丛生羊耳蒜	*Liparis cespitosa*
		低地羊耳蒜	*Liparis formosana*
		见血青	*Liparis nervosa*
		紫花羊耳蒜	*Liparis gigantea*
		插天山羊耳蒜	*Liparis sootenzanensis*
		扇唇羊耳蒜	*Liparis stricklandiana*
		长茎羊耳蒜	*Liparis viridiflora*

科	亚科	中文名	拉丁名
兰科 Orchidaceae	树兰亚科 Epidendroideae	深裂沼兰	*Crepidium purpureum*
		无耳沼兰	*Dienia ophrydis*
		建兰	*Cymbidium ensifolium*
		寒兰	*Cymbidium kanran*
		兔耳兰	*Cymbidium ensifolium*
		墨兰	*Cymbidium sinense*
		美冠兰	*Eulophia graminea*
		无叶美冠兰	*Eulophia zollingeri*
		地宝兰	*Geodorum densiflorum*
		云叶兰	*Nephelaphyllum tenuiflorum*
		带唇兰	*Tainia dunnii*
		香港带唇兰	*Tainia hongkongensis*
		绿花带唇兰	*Tainia penangiana*
		南方带唇兰	*Tainia ruybarrettoi*
		苞舌兰	*Spathoglottis pubescens*
		黄兰	*Cephalantheropsis obcordata*
		紫花鹤顶兰	*Phaius mishmensis*
		鹤顶兰	*Phaius tancarvilleae*
		二列叶虾脊兰	*Calanthe speciosa*
		三褶虾脊兰	*Calanthe triplicata*
		棒距虾脊兰	*Calanthe clavata*
		半柱毛兰	*Eria corneri*
		蛤兰	*Conchidium pusillum*
		白绵绒兰	*Dendrolirium lasiopetalum*
		玫瑰宿苞兰	*Cryptochilus roseus*
		牛齿兰	*Appendicula cornuta*
		蛇舌兰	*Diploprora championii*
		多花脆兰	*Acampe rigida*
		大序隔距兰	*Cleisostoma paniculatum*
		尖喙隔距兰	*Cleisostoma rostratum*
		广东隔距兰	*Cleisostoma simondii* var. *guangdongense*
		寄树兰	*Robiquetia succisa*

深圳哺乳动物编目

📖 参考 2020 年王英永、郭强、李玉龙等主编的《深圳市陆域脊椎动物多样性与保护研究》。

📖 依据深圳各地观察与目击记录。

📖 数据截至 2021 年 9 月 5 日。

目	科	中文名	拉丁名
灵长目 PRIMATES	猴科 Cercopithecidae	猕猴	*Macaca mulatta*
	懒猴科 Lorisidae	倭蜂猴（外来）	*Nycticebus pygmaeus*
啮齿目 RODENTIA	松鼠科 Sciuridae	赤腹松鼠	*Callosciurus erythraeus*
		北松鼠（外来）	*Sciurus vulgaris mantchuricus*
		倭花鼠	*Tamiops maritimus*
	豪猪科 Hystricidae	豪猪	*Hystrix hodgsoni*
	鼹形鼠科 Spalacidae	银星竹鼠	*Rhizomys pruinosus*
	鼠科 Muridae	板齿鼠	*Bandicota indica*
		黑缘齿鼠	*Rattus andamanensis*
		黄毛鼠	*Rattus losea*
		褐家鼠	*Rattus norvegicus*
		黄胸鼠	*Rattus tanezumi*
		马来家鼠（外来）	*Rattus tiomanicus*
		家鼠未定种	*Rattus* sp.
		北社鼠	*Niviventer confucianus*
		针毛鼠	*Niviventer fulvescens*
		白腹巨鼠	*Leopoldamys edwardsi*
		卡氏小鼠	*Mus caroli*
		小家鼠	*Mus musculus*
鼩形目 EULIPOTYPHLA	鼩鼱科 Soricidae	臭鼩	*Suncus murinus*
		灰麝鼩	*Crocidura attenuata*
		喜马拉雅水鼩	*Chimarrogale himalayica*
	猬科 Erinaceidae	东北刺猬（外来）	*Erinaceus amurensis*
翼手目 CHIROPTERA	狐蝠科 Pteropodidae	犬蝠	*Cynopterus sphinx*
		棕果蝠	*Rousettus leschenaultii*
	菊头蝠科 Rhinolophidae	大菊头蝠	*Rhinolophus luctus*
		中菊头蝠	*Rhinolophus affinis*
		菲菊头蝠	*Rhinolophus pusillus*
		中华菊头蝠	*Rhinolophus sinicus*

目	科	中文名	拉丁名
翼手目 CHIROPTERA	蹄蝠科 Hipposideridae	大蹄蝠	*Hipposideros armiger*
		中蹄蝠	*Hipposideros larvatus*
		果树蹄蝠	*Hipposideros pomona*
		中华鼠耳蝠	*Myotis chinensis*
		毛腿鼠耳蝠	*Myotis fimbriatus*
		郝氏鼠耳蝠	*Myotis horsfieldii*
		中华水鼠耳蝠	*Myotis laniger*
		喜山鼠耳蝠	*Myotis muricola*
		灰伏翼	*Hypsugo pulveratus*
		东亚伏翼	*Pipistrellus abramus*
		普通伏翼	*Pipistrellus pipistrellus*
		侏伏翼	*Pipistrellus tenuis*
		南蝠	*Ia io*
		扁颅蝠	*Tylonycteris pachypus*
		小黄蝠	*Scotophilus kuhlii*
		大黄蝠	*Scotophilus heathi*
		中华山蝠	*Nyctalus plancyi*
		亚洲长翼蝠	*Miniopterus fuliginosus*
		南长翼蝠	*Miniopterus pusillus*
鳞甲目 PHOLIDOTA	鲮鲤科 Manidae	穿山甲	*Manis pentadactyla*
食肉目 CARNIVORA	鼬科 Mustelidae	欧亚水獭	*Lutra lutra*
		黄喉貂	*Martes flavigula*
		黄腹鼬	*Mustela kathiah*
		黄鼬	*Mustela sibirica*
		猪獾	*Arctonyx collaris*
		鼬獾	*Melogale moschata*
	灵猫科 Viverridae	小灵猫	*Viverricula indica*
		果子狸	*Paguma larvata*
	獴科 Herpestidae	红颊獴	*Herpestes javanicus*
		食蟹獴	*Herpestes urva*
	猫科 Felidae	豹猫	*Prionailurus bengalensis*
偶蹄目 ARTIODACTYLA	鹿科 Cervidae	赤麂	*Muntiacus muntjak*
	猪科 Suidae	野猪	*Sus scrofa*
鲸目 CETACEA	鼠海豚科 Phocoenidae	印太江豚（海域）	*Neophocaena phocaenoides*
	海豚科 Delphinidae	中华白海豚（海域）	*Sousa chinensis*
		热带点斑原海豚（海域）	*Stenella attenuata*
	抹香鲸科 Physeteridae	抹香鲸（海域）	*Physeter macrocephalus*
	须鲸科 Balaenopteridae	布氏鲸	*Balaenoptera edeni*

深圳鸟类编目

📋 参考深圳市观鸟协会数据库记录鸟种。

📖 数据截至 2021 年 9 月 5 日。

目	科	中文名	拉丁名	英文名
雁形目 ANSERIFORMES	鸭科 Anatidae	栗树鸭	*Dendrocygna javanica*	Lesser Whistling Duck
		小天鹅	*Cygnus columbianus*	Tundra Swan
		翘鼻麻鸭	*Tadorna tadorna*	Common Shelduck
		花脸鸭	*Sibirionetta formosa*	Baikal Teal
		白眉鸭	*Spatula querquedula*	Garganey
		琵嘴鸭	*Spatula clypeata*	Northern Shoveler
		罗纹鸭	*Mareca falcata*	Falcated Duck
		赤颈鸭	*Mareca penelope*	Eurasian Wigeon
		绿眉鸭	*Mareca americana*	American Wigeon
		斑嘴鸭	*Anas zonorhyncha*	Chinese Spot-billed Duck
		绿头鸭	*Anas platyrhynchos*	Mallard
		针尾鸭	*Anas acuta*	Northern Pintail
		绿翅鸭	*Anas crecca*	Eurasian Teal
		红头潜鸭	*Aythya ferina*	Common Pochard
		白眼潜鸭	*Aythya nyroca*	Ferruginous Pochard
		凤头潜鸭	*Aythya fuligula*	Tufted Duck
		斑背潜鸭	*Aythya marila*	Greater Scaup
		斑脸海番鸭	*Melanitta fusca*	Velvet Scoter
		长尾鸭	*Clangula hyemalis*	Long-tailed Duck
		红胸秋沙鸭	*Mergus serrator*	Red-breasted Merganser
		中华秋沙鸭	*Mergus squamatus*	Scaly-sided Merganser
鸡形目 GALLIFORMES	雉科 Phasianidae	中华鹧鸪	*Francolinus pintadeanus*	Chinese Francolin
		鹌鹑	*Coturnix japonica*	Japanese Quail
鹱形目 PROCELLARIIFORMES	鹱科 Procellariidae	短尾鹱	*Ardenna tenuirostris*	Short-tailed Shearwater
䴙䴘目 PODICIPEDIFORMES	䴙䴘科 Podicipedidae	小䴙䴘	*Tachybaptus ruficollis*	Little Grebe
		凤头䴙䴘	*Podiceps cristatus*	Great Crested Grebe
		黑颈䴙䴘	*Podiceps nigricollis*	Black-necked Grebe

目	科	中文名	拉丁名	英文名
鹳形目 CICONIIFORMES	鹳科 Ciconiidae	黑鹳	*Ciconia nigra*	Black Stork
		东方白鹳	*Ciconia boyciana*	Oriental Stork
鹈形目 PELECANIFORMES	鹮科 Threskiornithidae	黑头白鹮	*Threskiornis melanocephalus*	Black-headed Ibis
		白琵鹭	*Platalea leucorodia*	Eurasian Spoonbill
		黑脸琵鹭	*Platalea minor*	Black-faced Spoonbill
	鹭科 Ardeidae	大麻鳽	*Botaurus stellaris*	Great Bittern
		黄苇鳽	*Ixobrychus sinensis*	Yellow Bittern
		紫背苇鳽	*Ixobrychus eurhythmus*	Von Schrenck's Bittern
		栗苇鳽	*Ixobrychus cinnamomeus*	Cinnamon Bittern
		黑鳽	*Ixobrychus flavicollis*	Black Bittern
		黑冠鳽	*Gorsachius melanolophus*	Malayan Night Heron
		夜鹭	*Nycticorax nycticorax*	Black-crowned Night Heron
		绿鹭	*Butorides striata*	Striated Heron
		池鹭	*Ardeola bacchus*	Chinese Pond Heron
		牛背鹭	*Bubulcus coromandus*	Eastern Cattle Egret
		苍鹭	*Ardea cinerea*	Grey Heron
		草鹭	*Ardea purpurea*	Purple Heron
		大白鹭	*Ardea alba*	Great Egret
		中白鹭	*Ardea intermedia*	Intermediate Egret
		白鹭	*Egretta garzetta*	Little Egret
		岩鹭	*Egretta sacra*	Pacific Reef Heron
		黄嘴白鹭	*Egretta eulophotes*	Chinese Egret
	鹈鹕科 Pelecanidae	卷羽鹈鹕	*Pelecanus crispus*	Dalmatian Pelican
鲣鸟目 SULIFORMES	军舰鸟科 Fregatidae	白斑军舰鸟	*Fregata ariel*	Lesser Frigatebird
	鸬鹚科 Phalacrocoracidae	海鸬鹚	*Phalacrocorax pelagicus*	Pelagic Cormorant
		普通鸬鹚	*Phalacrocorax carbo*	Great Cormorant
鹰形目 ACCIPITRIFORMES	鹗科 Pandionidae	鹗	*Pandion haliaetus*	Western Osprey
	鹰科 Accipitridae	黑翅鸢	*Elanus caeruleus*	Black-winged Kite
		凤头蜂鹰	*Pernis ptilorhynchus*	Crested Honey-buzzard
		黑冠鹃隼	*Aviceda leuphotes*	Black Baza

目	科	中文名	拉丁名	英文名
鹰形目 ACCIPITRIFORMES	鹰科 Accipitridae	蛇雕	*Spilornis cheela*	Crested Serpent Eagle
		鹰雕	*Nisaetus nipalensis*	Mountain Hawk-Eagle
		乌雕	*Clanga clanga*	Greater Spotted Eagle
		白肩雕	*Aquila heliaca*	Eastern Imperial Eagle
		白腹隼雕	*Aquila fasciata*	Bonelli's Eagle
		凤头鹰	*Accipiter trivirgatus*	Crested Goshawk
		赤腹鹰	*Accipiter soloensis*	Chinese Sparrowhawk
		日本松雀鹰	*Accipiter gularis*	Japanese Sparrowhawk
		松雀鹰	*Accipiter virgatus*	Besra
		雀鹰	*Accipiter nisus*	Eurasian Sparrowhawk
		苍鹰	*Accipiter gentilis*	Northern Goshawk
		白腹鹞	*Circus spilonotus*	Eastern Marsh Harrier
		鹊鹞	*Circus melanoleucos*	Pied Harrier
		黑鸢	*Milvus migrans*	Black Kite
		白腹海雕	*Haliaeetus leucogaster*	White-bellied Sea Eagle
		灰脸鵟鹰	*Butastur indicus*	Grey-faced Buzzard
		普通鵟	*Buteo buteo*	Common Buzzard
鹤形目 GRUIFORMES	秧鸡科 Rallidae	西方秧鸡	*Rallus aquaticus*	Water Rail
		蓝胸秧鸡	*Lewinia striata*	Slaty-breasted Rail
		黑水鸡	*Gallinula chloropus*	Common Moorhen
		骨顶鸡	*Fulica atra*	Eurasian Coot
		紫水鸡	*Porphyrio poliocephalus*	Grey-headed Swamphen
		红脚苦恶鸟	*Zapornia akool*	Brown Crake
		小田鸡	*Zapornia pusilla*	Baillon's Crake
		红胸田鸡	*Zapornia fusca*	Ruddy-breasted Crake
		白喉斑秧鸡	*Rallina eurizonoides*	Slaty-legged Crake
		董鸡	*Gallicrex cinerea*	Watercock
		白胸苦恶鸟	*Amaurornis phoenicurus*	White-breasted Waterhen
鸻形目 CHARADRIIFORMES	三趾鹑科 Turnicidae	黄脚三趾鹑	*Turnix tanki*	Yellow-legged Buttonquail
		棕三趾鹑	*Turnix suscitator*	Barred Buttonquail

目	科	中文名	拉丁名	英文名
鸻形目 CHARADRIIFORMES	反嘴鹬科 Recurvirostridae	黑翅长脚鹬	*Himantopus himantopus*	Black-winged Stilt
		反嘴鹬	*Recurvirostra avosetta*	Pied Avocet
	鸻科 Charadriidae	凤头麦鸡	*Vanellus vanellus*	Northern Lapwing
		灰头麦鸡	*Vanellus cinereus*	Grey-headed Lapwing
		金斑鸻	*Pluvialis fulva*	Pacific Golden Plover
		灰斑鸻	*Pluvialis squatarola*	Grey Plover
		剑鸻	*Charadrius hiaticula*	Common Ringed Plover
		长嘴剑鸻	*Charadrius placidus*	Long-billed Plover
		金眶鸻	*Charadrius dubius*	Little Ringed Plover
		环颈鸻	*Charadrius alexandrinus*	Kentish Plover
		蒙古沙鸻	*Charadrius mongolus*	Lesser Sand Plover
		铁嘴沙鸻	*Charadrius leschenaultii*	Greater Sand Plover
		东方鸻	*Charadrius veredus*	Oriental Plover
	彩鹬科 Rostratulidae	彩鹬	*Rostratula benghalensis*	Greater Painted Snipe
	水雉科 Jacanidae	水雉	*Hydrophasianus chirurgus*	Pheasant-tailed Jacana
	鹬科 Scolopacidae	中杓鹬	*Numenius phaeopus*	Eurasian Whimbrel
		小杓鹬	*Numenius minutus*	Little Curlew
		大杓鹬	*Numenius madagascariensis*	Eastern Curlew
		斑尾塍鹬	*Limosa lapponica*	Bar-tailed Godwit
		黑尾塍鹬	*Limosa limosa*	Black-tailed Godwit
		翻石鹬	*Arenaria interpres*	Ruddy Turnstone
		大滨鹬	*Calidris tenuirostris*	Great Knot
		红腹滨鹬	*Calidris canutus*	Red Knot
		流苏鹬	*Calidris pugnax*	Ruff
		阔嘴鹬	*Calidris falcinellus*	Broad-billed Sandpiper
		尖尾滨鹬	*Calidris acuminata*	Sharp-tailed Sandpiper
		弯嘴滨鹬	*Calidris ferruginea*	Curlew Sandpiper
		青脚滨鹬	*Calidris temminckii*	Temminck's Stint
		长趾滨鹬	*Calidris subminuta*	Long-toed Stint
		勺嘴鹬	*Calidris pygmaea*	Spoon-billed Sandpiper

目	科	中文名	拉丁名	英文名
鸻形目 CHARADRIIFORMES	鹬科 Scolopacidae	红颈滨鹬	*Calidris ruficollis*	Red-necked Stint
		三趾滨鹬	*Calidris alba*	Sanderling
		黑腹滨鹬	*Calidris alpina*	Dunlin
		小滨鹬	*Calidris minuta*	Little Stint
		斑胸滨鹬	*Calidris melanotos*	Pectoral Sandpiper
		半蹼鹬	*Limnodromus semipalmatus*	Asian Dowitcher
		长嘴鹬	*Limnodromus scolopaceus*	Long-billed Dowitcher
		丘鹬	*Scolopax rusticola*	Eurasian Woodcock
		针尾沙锥	*Gallinago stenura*	Pin-tailed Snipe
		大沙锥	*Gallinago megala*	Swinhoe's Snipe
		扇尾沙锥	*Gallinago gallinago*	Common Snipe
		翘嘴鹬	*Xenus cinereus*	Terek Sandpiper
		红颈瓣蹼鹬	*Phalaropus lobatus*	Red-necked Phalarope
		矶鹬	*Actitis hypoleucos*	Common Sandpiper
		白腰草鹬	*Tringa ochropus*	Green Sandpiper
		灰尾漂鹬	*Tringa brevipes*	Grey-tailed Tattler
		红脚鹬	*Tringa totanus*	Common Redshank
		泽鹬	*Tringa stagnatilis*	Marsh Sandpiper
		林鹬	*Tringa glareola*	Wood Sandpiper
		鹤鹬	*Tringa erythropus*	Spotted Redshank
		青脚鹬	*Tringa nebularia*	Common Greenshank
		小青脚鹬	*Tringa guttifer*	Nordmann's Greenshank
		白腰杓鹬	*Numenius arquata*	Eurasian Curlew
	燕鸻科 Glareolidae	普通燕鸻	*Glareola maldivarum*	Oriental Pratincole
	鸥科 Laridae	细嘴鸥	*Chroicocephalus genei*	Slender-billed Gull
		棕头鸥	*Chroicocephalus brunnicephalus*	Brown-headed Gull
		红嘴鸥	*Chroicocephalus ridibundus*	Black-headed Gull
		黑嘴鸥	*Saundersukarus saundersi*	Saunders's Gull
		渔鸥	*Ichthyaetus ichthyaetus*	Pallas's Gull
		黑尾鸥	*Larus crassirostris*	Black-tailed Gull

目	科	中文名	拉丁名	英文名
鸻形目 CHARADRIIFORMES	鸥科 Laridae	海鸥	*Larus canus*	Mew Gull
		灰林银鸥	*Larus heuglini*	Heuglin's Gull
		织女银鸥	*Larus vegae*	Vega Gull
		黄脚银鸥	*Larus cachinnans*	Caspian Gull
		鸥嘴噪鸥	*Gelochelidon nilotica*	Gull-billed Tern
		红嘴巨鸥	*Hydroprogne caspia*	Caspian Tern
		大凤头燕鸥	*Thalasseus bergii*	Greater Crested Tern
		白额燕鸥	*Sternula albifrons*	Little Tern
		白腰燕鸥	*Onychoprion aleuticus*	Aleutian Tern
		褐翅燕鸥	*Onychoprion anaethetus*	Bridled Tern
		乌燕鸥	*Onychoprion fuscatus*	Sooty Tern
		粉红燕鸥	*Sterna dougallii*	Roseate Tern
		黑枕燕鸥	*Sterna sumatrana*	Black-naped Tern
		普通燕鸥	*Sterna hirundo*	Common Tern
		须浮鸥	*Chlidonias hybrida*	Whiskered Tern
		白翅浮鸥	*Chlidonias leucopterus*	White-winged Tern
	贼鸥科 Stercorariidae	短尾贼鸥	*Stercorarius parasiticus*	Parasitic Jaeger
		长尾贼鸥	*Stercorarius longicaudus*	Long-tailed Jaeger
鸽形目 COLUMBIFORMES	鸠鸽科 Columbidae	山斑鸠	*Streptopelia orientalis*	Oriental Turtle Dove
		灰斑鸠	*Streptopelia decaocto*	Eurasian Collared Dove
		火斑鸠	*Streptopelia tranquebarica*	Red Collared Dove
		珠颈斑鸠	*Spilopelia chinensis*	Spotted Dove
		斑尾鹃鸠	*Macropygia unchall*	Barred Cuckoo-Dove
		绿翅金鸠	*Chalcophaps indica*	Emerald Dove
鹃形目 CUCULIFORMES	杜鹃科 Cuculidae	褐翅鸦鹃	*Centropus sinensis*	Greater Coucal
		小鸦鹃	*Centropus bengalensis*	Lesser Coucal
		红翅凤头鹃	*Clamator coromandus*	Chestnut-winged Cuckoo
		噪鹃	*Eudynamys scolopaceus*	Asian Koel
		北鹰鹃	*Hierococcyx hyperythrus*	Northern Hawk-Cuckoo

续表

目	科	中文名	拉丁名	英文名
鹃形目 CUCULIFORMES	杜鹃科 Cuculidae	八声杜鹃	*Cacomantis merulinus*	Plaintive Cuckoo
		乌鹃	*Surniculus lugubris*	Square-tailed Drongo-Cuckoo
		鹰鹃	*Hierococcyx sparverioides*	Large Hawk-Cuckoo
		小杜鹃	*Cuculus poliocephalus*	Asian Lesser Cuckoo
		四声杜鹃	*Cuculus micropterus*	Indian Cuckoo
		中杜鹃	*Cuculus saturatus*	Himalayan Cuckoo
		大杜鹃	*Cuculus canorus*	Common Cuckoo
鸮形目 STRIGIFORMES	草鸮科 Tytonidae	草鸮	*Tyto longimembris*	Eastern Grass Owl
	鸱鸮科 Strigidae	黄嘴角鸮	*Otus spilocephalus*	Mountain Scops Owl
		领角鸮	*Otus lettia*	Collared Scops Owl
		雕鸮	*Bubo bubo*	Eurasian Eagle-Owl
		褐渔鸮	*Ketupa zeylonensis*	Brown Fish Owl
		褐林鸮	*Strix leptogrammica*	Brown Wood Owl
		领鸺鹠	*Glaucidium brodiei*	Collared Owlet
		斑头鸺鹠	*Glaucidium cuculoides*	Asian Barred Owlet
		鹰鸮	*Ninox scutulata*	Brown Hawk-Owl
		短耳鸮	*Asio flammeus*	Short-eared Owl
夜鹰目 CAPRIMULGIFORMES	夜鹰科 Caprimulgidae	普通夜鹰	*Caprimulgus jotaka*	Grey Nightjar
		林夜鹰	*Caprimulgus affinis*	Savanna Nightjar
雨燕目 APODIFORMES	雨燕科 Apodidae	短嘴金丝燕	*Aerodramus brevirostris*	Himalayan Swiftlet
		白喉针尾雨燕	*Hirundapus caudacutus*	White-throated Needletail
		白腰雨燕	*Apus pacificus*	Fork-tailed Swift
		小白腰雨燕	*Apus nipalensis*	House Swift
佛法僧目 CORACIIFORMES	佛法僧科 Coraciidae	三宝鸟	*Eurystomus orientalis*	Oriental Dollarbird
	翠鸟科 Alcedinidae	白胸翡翠	*Halcyon smyrnensis*	White-throated Kingfisher
		蓝翡翠	*Halcyon pileata*	Black-capped Kingfisher
		普通翠鸟	*Alcedo atthis*	Common Kingfisher
		斑鱼狗	*Ceryle rudis*	Pied Kingfisher
	蜂虎科 Meropidae	栗喉蜂虎	*Merops philippinus*	Blue-tailed Bee-eater
犀鸟目 BUCEROTIFORMES	戴胜科 Upupidae	戴胜	*Upupa epops*	Common Hoopoe

目	科	中文名	拉丁名	英文名
䴕形目 PICIFORMES	拟啄木鸟科 Megalaimidae	大拟啄木鸟	*Psilopogon virens*	Great Barbet
		黑眉拟啄木鸟	*Psilopogon faber*	Chinese Barbet
	啄木鸟科 Picidae	蚁䴕	*Jynx torquilla*	Eurasian Wryneck
		斑姬啄木鸟	*Picumnus innominatus*	Speckled Piculet
		黄嘴栗啄木鸟	*Blythipicus pyrrhotis*	Bay Woodpecker
隼形目 FALCONIFORMES	隼科 Falconidae	红隼	*Falco tinnunculus*	Common Kestrel
		红脚隼	*Falco amurensis*	Amur Falcon
		燕隼	*Falco subbuteo*	Eurasian Hobby
		游隼	*Falco peregrinus*	Peregrine Falcon
鹦形目 PSITTACIFORMES	鹦鹉科 Psittacidae	红领绿鹦鹉	*Psittacula krameri*	Rose-ringed Parakeet
雀形目 PASSERIFORMES	八色鸫科 Pittidae	仙八色鸫	*Pitta nympha*	Fairy Pitta
		蓝翅八色鸫	*Pitta moluccensis*	Blue-winged Pitta
	山椒鸟科 Campephagidae	赤红山椒鸟	*Pericrocotus speciosus*	Scarlet Minivet
		灰山椒鸟	*Pericrocotus divaricatus*	Ashy Minivet
		小灰山椒鸟	*Pericrocotus cantonensis*	Swinhoe's Minivet
		暗灰鹃鵙	*Lalage melaschistos*	Black-winged Cuckooshrike
	伯劳科 Laniidae	牛头伯劳	*Lanius bucephalus*	Bull-headed Shrike
		红尾伯劳	*Lanius cristatus*	Brown Shrike
		棕背伯劳	*Lanius schach*	Long-tailed Shrike
		楔尾伯劳	*Lanius sphenocercus*	Chinese Grey Shrike
	莺雀科 Vireonidae	白腹凤鹛	*Erpornis zantholeuca*	White-bellied Erpornis
	黄鹂科 Oriolidae	黑枕黄鹂	*Oriolus chinensis*	Black-naped Oriole
	卷尾科 Dicruridae	发冠卷尾	*Dicrurus hottentottus*	Hair-crested Drongo
		灰卷尾	*Dicrurus leucophaeus*	Ashy Drongo
		黑卷尾	*Dicrurus macrocercus*	Black Drongo
	王鹟科 Monarchidae	黑枕王鹟	*Hypothymis azurea*	Black-naped Monarch
		寿带	*Terpsiphone incei*	Amur Paradise Flycatcher
		紫寿带	*Terpsiphone atrocaudata*	Japanese Paradise-flycatcher
	鸦科 Corvidae	松鸦	*Garrulus glandarius*	Eurasian Jay

目	科	中文名	拉丁名	英文名
雀形目 PASSERIFORMES	鸦科 Corvidae	灰喜鹊	Cyanopica cyanus	Azure-winged Magpie
		红嘴蓝鹊	Urocissa erythroryncha	Red-billed Blue Magpie
		灰树鹊	Dendrocitta formosae	Grey Treepie
		喜鹊	Pica pica	Eurasian Magpie
		白颈鸦	Corvus torquatus	Collared Crow
		大嘴乌鸦	Corvus macrorhynchos	Large-billed Crow
	仙莺科 Stenostiridae	方尾鹟	Culicicapa ceylonensis	Grey-headed Canary Flycatcher
	山雀科 Paridae	杂色山雀	Sittiparus varius	Varied Tit
		大山雀	Parus major	Great Tit
		黄颊山雀	Machlolophus spilonotus	Yellow-cheeked Tit
	攀雀科 Remizidae	中华攀雀	Remiz consobrinus	Chinese Penduline Tit
	百灵科 Alaudidae	小云雀	Alauda gulgula	Oriental Skylark
		云雀	Alauda arvensis	Eurasian Skylark
	鹎科 Pycnonotidae	栗背短脚鹎	Hemixos castanonotus	Chestnut Bulbul
		绿翅短脚鹎	Ixos mcclellandii	Mountain Bulbul
		黑短脚鹎	Hypsipetes leucocephalus	Black Bulbul
		白头鹎	Pycnonotus sinensis	Light-vented Bulbul
		红耳鹎	Pycnonotus jocosus	Red-whiskered Bulbul
		白喉红臀鹎	Pycnonotus aurigaster	Sooty-headed Bulbul
	燕科 Hirundinidae	崖沙燕	Riparia riparia	Sand Martin
		家燕	Hirundo rustica	Barn Swallow
		烟腹毛脚燕	Delichon dasypus	Asian House Martin
		金腰燕	Cecropis daurica	Red-rumped Swallow
	鳞胸鹪鹛科 Pnoepygidae	小鳞胸鹪鹛	Pnoepyga pusilla	Pygmy Cupwing
	树莺科 Cettiidae	棕脸鹟莺	Abroscopus albogularis	Rufous-faced Warbler
		金头缝叶莺	Phyllergates cucullatus	Mountain Tailorbird
		日本树莺	Horornis diphone	Japanese Bush Warbler
		远东树莺	Horornis canturians	Manchurian Bush Warbler
		强脚树莺	Horornis fortipes	Brownish-flanked Bush Warbler
		鳞头树莺	Urosphena squameiceps	Asian Stubtail

目	科	中文名	拉丁名	英文名
雀形目 PASSERIFORMES	长尾山雀 Aegithalidae	红头长尾山雀	*Aegithalos concinnus*	Black-throated Bushtit
	柳莺科 Phylloscopidae	黄眉柳莺	*Phylloscopus inornatus*	Yellow-browed Warbler
		黄腰柳莺	*Phylloscopus proregulus*	Pallas's Leaf Warbler
		褐柳莺	*Phylloscopus fuscatus*	Dusky Warbler
		冕柳莺	*Phylloscopus coronatus*	Eastern Crowned Warbler
		双斑绿柳莺	*Phylloscopus plumbeitarsus*	Two-barred Warbler
		淡脚柳莺	*Phylloscopus tenellipes*	Pale-legged Warbler
		极北柳莺	*Phylloscopus borealis*	Arctic Warbler
		栗头鹟莺	*Phylloscopus castaniceps*	Chestnut-crowned Warbler
		冠纹柳莺	*Phylloscopus claudiae*	Claudia's Leaf Warbler
	苇莺科 Acrocephalidae	东方大苇莺	*Acrocephalus orientalis*	Oriental Reed Warbler
		黑眉苇莺	*Acrocephalus bistrigiceps*	Black-browed Reed Warbler
		厚嘴苇莺	*Arundinax aedon*	Thick-billed Warbler
	蝗莺科 Locustellidae	小蝗莺	*Helopsaltes certhiola*	Pallas's Grasshopper Warbler
		矛斑蝗莺	*Locustella lanceolata*	Lanceolated Warbler
		北短翅莺	*Locustella davidi*	Baikal Bush Warbler
		高山短翅莺	*Locustella mandelli*	Russet Bush Warbler
	扇尾莺科 Cisticolidae	棕扇尾莺	*Cisticola juncidis*	Zitting Cisticola
		金头扇尾莺	*Cisticola exilis*	Golden-headed Cisticola
		黄腹山鹪莺	*Prinia flaviventris*	Yellow-bellied Prinia
		纯色山鹪莺	*Prinia inornata*	Plain Prinia
		长尾缝叶莺	*Orthotomus sutorius*	Common Tailorbird
	鹛科 Timaliidae	红头穗鹛	*Cyanoderma ruficeps*	Rufous-capped Babbler
		棕颈钩嘴鹛	*Pomatorhinus ruficollis*	Streak-breasted Scimitar Babbler
	幽鹛科 Pellorneidae	大草莺	*Graminicola striatus*	Chinese Grassbird
	雀鹛科 Alcippeidae	淡眉雀鹛	*Alcippe davidi*	David's Fulvetta
	噪鹛科 Leiothrichidae	蓝翅希鹛	*Actinodura cyanouroptera*	Blue-winged Minla
		红嘴相思鸟	*Leiothrix lutea*	Red-billed Leiothrix
		银耳相思鸟	*Leiothrix argentauris*	Silver-eared Mesia

续表

目	科	中文名	拉丁名	英文名
雀形目 PASSERIFORMES	噪鹛科 Leiothrichidae	画眉	*Garrulax canorus*	Chinese Hwamei
		黑喉噪鹛	*Garrulax chinensis*	Black-throated Laughingthrush
		白颊噪鹛	*Pterorhinus sannio*	White-browed Laughingthrush
		黑脸噪鹛	*Pterorhinus perspicillatus*	Masked Laughingthrush
		黑领噪鹛	*Pterorhinus pectoralis*	Greater Necklaced Laughingthrush
		矛纹草鹛	*Pterorhinus lanceolatus*	Chinese Babax
	鸦雀科 Paradoxornithidae	棕头鸦雀	*Sinosuthora webbiana*	Vinous-throated Parrotbill
	绣眼鸟科 Zosteropidae	栗耳凤鹛	*Staphida castaniceps*	Striated Yuhina
		红胁绣眼鸟	*Zosterops erythropleurus*	Chestnut-flanked White-eye
		暗绿绣眼鸟	*Zosterops simplex*	Swinhoe's White-eye
	鹪鹩科 Troglodytidae	鹪鹩	*Troglodytes troglodytes*	Eurasian Wren
	䴓科 Sittidae	绒额䴓	*Sitta frontalis*	Velvet-fronted Nuthatch
	椋鸟科 Sturnidae	八哥	*Acridotheres cristatellus*	Crested Myna
	鸫科 Turdidae	家八哥	*Acridotheres tristis*	Common Myna
		丝光椋鸟	*Spodiopsar sericeus*	Red-billed Starling
		灰椋鸟	*Spodiopsar cineraceus*	White-cheeked Starling
		黑领椋鸟	*Gracupica nigricollis*	Black-collared Starling
		北椋鸟	*Agropsar sturninus*	Daurian Starling
		紫背椋鸟	*Agropsar philippensis*	Chestnut-cheeked Starling
		灰背椋鸟	*Sturnia sinensis*	White-shouldered Starling
		粉红椋鸟	*Pastor roseus*	Rosy Starling
		紫翅椋鸟	*Sturnus vulgaris*	Common Starling
		橙头地鸫	*Geokichla citrina*	Orange-headed Thrush
		白眉地鸫	*Geokichla sibirica*	Siberian Thrush
		虎斑地鸫	*Zoothera dauma*	Scaly Thrush
		灰背鸫	*Turdus hortulorum*	Grey-backed Thrush
		乌灰鸫	*Turdus cardis*	Japanese Thrush
		欧乌鸫	*Turdus merula*	Common Blackbird

目	科	中文名	拉丁名	英文名
雀形目 PASSERIFORMES	鸫科 Turdidae	白眉鸫	*Turdus obscurus*	Eyebrowed Thrush
		白腹鸫	*Turdus pallidus*	Pale Thrush
		赤胸鸫	*Turdus chrysolaus*	Brown-headed Thrush
		红尾鸫	*Turdus naumanni*	Naumann's Thrush
		宝兴歌鸫	*Turdus mupinensis*	Chinese Thrush
	鹟科 Muscicapidae	鹊鸲	*Copsychus saularis*	Oriental Magpie Robin
		灰纹鹟	*Muscicapa griseisticta*	Grey-streaked Flycatcher
		乌鹟	*Muscicapa sibirica*	Dark-sided Flycatcher
		北灰鹟	*Muscicapa dauurica*	Asian Brown Flycatcher
		褐胸鹟	*Muscicapa muttui*	Brown-breasted Flycatcher
		棕尾褐鹟	*Muscicapa ferruginea*	Ferruginous Flycatcher
		海南蓝仙鹟	*Cyornis hainanus*	Hainan Blue Flycatcher
		棕腹大仙鹟	*Niltava davidi*	Fujian Niltava
		小仙鹟	*Niltava macgrigoriae*	Small Niltava
		白腹蓝鹟	*Cyanoptila cyanomelana*	Blue-and-white Flycatcher
		铜蓝鹟	*Eumyias thalassinus*	Verditer Flycatcher
		白喉短翅鸫	*Brachypteryx leucophris*	Lesser Shortwing
		蓝歌鸲	*Larvivora cyane*	Siberian Blue Robin
		红尾歌鸲	*Larvivora sibilans*	Rufous-tailed Robin
		日本歌鸲	*Larvivora akahige*	Japanese Robin
		蓝喉歌鸲	*Luscinia svecica*	Bluethroat
		红喉歌鸲	*Calliope calliope*	Siberian Rubythroat
		白尾蓝地鸲	*Myiomela leucura*	White-tailed Robin
		红胁蓝尾鸲	*Tarsiger cyanurus*	Orange-flanked Bluetail
		灰背燕尾	*Enicurus schistaceus*	Slaty-backed Forktail
		紫啸鸫	*Myophonus caeruleus*	Blue Whistling Thrush
		绿背姬鹟	*Ficedula elisae*	Green-backed Flycatcher
		白眉姬鹟	*Ficedula zanthopygia*	Yellow-rumped Flycatcher
		黄眉姬鹟	*Ficedula narcissina*	Narcissus Flycatcher

目	科	中文名	拉丁名	英文名
雀形目 PASSERIFORMES	鹟科 Muscicapidae	鸲姬鹟	*Ficedula mugimaki*	Mugimaki Flycatcher
		红喉姬鹟	*Ficedula albicilla*	Taiga Flycatcher
		北红尾鸲	*Phoenicurus auroreus*	Daurian Redstart
		红尾水鸲	*Phoenicurus fuliginosus*	Plumbeous Water Redstart
		蓝矶鸫	*Monticola solitarius*	Blue Rock Thrush
		栗腹矶鸫	*Monticola rufiventris*	Chestnut-bellied Rock Thrush
		白喉矶鸫	*Monticola gularis*	White-throated Rock Thrush
		黑喉石䳭	*Saxicola maurus*	Siberian Stonechat
		灰林䳭	*Saxicola ferreus*	Grey Bushchat
	叶鹎科 Chloropseidae	橙腹叶鹎	*Chloropsis hardwickii*	Orange-bellied Leafbird
	啄花鸟科 Dicaeidae	纯色啄花鸟	*Dicaeum minullum*	Plain Flowerpecker
		红胸啄花鸟	*Dicaeum ignipectus*	Fire-breasted Flowerpecker
		朱背啄花鸟	*Dicaeum cruentatum*	Scarlet-backed Flowerpecker
	太阳鸟科 Nectariniidae	蓝喉太阳鸟	*Aethopyga gouldiae*	Mrs Gould's Sunbird
		叉尾太阳鸟	*Aethopyga christinae*	Fork-tailed Sunbird
	雀科 Passeridae	麻雀	*Passer montanus*	Eurasian Tree Sparrow
	梅花雀科 Estrildidae	斑文鸟	*Lonchura punctulata*	Scaly-breasted Munia
		白腰文鸟	*Lonchura striata*	White-rumped Munia
	鹡鸰科 Motacillidae	山鹡鸰	*Dendronanthus indicus*	Forest Wagtail
		黄鹡鸰	*Motacilla tschutschensis*	Eastern Yellow Wagtail
		灰鹡鸰	*Motacilla cinerea*	Grey Wagtail
		白鹡鸰	*Motacilla alba*	White Wagtail
		理氏鹨	*Anthus richardi*	Richard's Pipit
		树鹨	*Anthus hodgsoni*	Olive-backed Pipit
		红喉鹨	*Anthus cervinus*	Red-throated Pipit
		黄腹鹨	*Anthus rubescens*	Buff-bellied Pipit
		山鹨	*Anthus sylvanus*	Upland Pipit
	燕雀科 Fringillidae	燕雀	*Fringilla montifringilla*	Brambling
		黑尾蜡嘴雀	*Eophona migratoria*	Chinese Grosbeak
		普通朱雀	*Carpodacus erythrinus*	Common Rosefinch

目	科	中文名	拉丁名	英文名
雀形目 PASSERIFORMES	燕雀科 Fringillidae	金翅雀	*Chloris sinica*	Grey-capped Greenfinch
		黄雀	*Spinus spinus*	Eurasian Siskin
	鹀科 Emberizidae	凤头鹀	*Emberiza lathami*	Crested Bunting
		白眉鹀	*Emberiza tristrami*	Tristram's Bunting
		栗耳鹀	*Emberiza fucata*	Chestnut-eared Bunting
		小鹀	*Emberiza pusilla*	Little Bunting
		黄眉鹀	*Emberiza chrysophrys*	Yellow-browed Bunting
		田鹀	*Emberiza rustica*	Rustic Bunting
		黄喉鹀	*Emberiza elegans*	Yellow-throated Bunting
		黄胸鹀	*Emberiza aureola*	Yellow-breasted Bunting
		栗鹀	*Emberiza rutila*	Chestnut Bunting
		黑头鹀	*Emberiza melanocephala*	Black-headed Bunting
		硫磺鹀	*Emberiza sulphurata*	Yellow Bunting
		灰头鹀	*Emberiza spodocephala*	Black-faced Bunting
		苇鹀	*Emberiza pallasi*	Pallas's Bunting

深圳爬行动物编目

- 参考 2020 年王英永、郭强、李玉龙等主编的《深圳市陆域脊椎动物多样性与保护研究》。
- 依据深圳各地观察与目击记录。
- 数据截至 2021 年 9 月 5 日。

目	科	中文名	拉丁名
龟鳖目 TESTUDINES	鳖科 Trionychidae	中华鳖	*Peladiscus sinensis*
	平胸龟科 Platysternidae	平胸龟	*Platysternon megacephalum*
	地龟科 Geoemydidae	三线闭壳龟	*Cuora trifasciata*
		草龟	*Mauremys reevesii*
		花龟	*Mauremys sinensis*
	泽龟科 Emydidae	红耳龟（外来）	*Trachemys scripta elegans*
	鳄龟科 Chelydridae	拟鳄龟（外来）	*Chelydra serpentina*
	海龟科 Cheloniidae	绿海龟（海域）	*Chelonia mydas*
		玳瑁（海域）	*Eretmochelys imbricata*
有鳞目 SQUAMATA 蜥蜴亚目 LACERTILIA	壁虎科 Gekkonidae	中国壁虎	*Gekko chinensis*
		梅氏壁虎	*Gekko melli*
		黑疣大壁虎	*Gekko reevesii*
		原尾蜥虎	*Hemidactylus bowringii*
		疣尾蜥虎（外来）	*Hemidactylus frenatus*
		锯尾蜥虎	*Hemidactylus garnoti*
	石龙子科 Scincidae	光蜥	*Ateuchosaurus chinensis*
		长尾南蜥	*Eutropis longicaudata*
		中国石龙子	*Plestiodon chinensis*
		四线石龙子	*Plestiodon quadrilineatus*
		宁波滑蜥	*Scincella modesta*
		南滑蜥	*Scincella reevesii*
		铜蜓蜥	*Sphenomorphus indicus*
		股鳞蜓蜥	*Sphenomorphus incognitus*
		中国棱蜥	*Tropidophorus sinicus*
	蜥蜴科 Lacertidae	南草蜥	*Takydromus sexlineatus*
	鬣蜥科 Agamidae	变色树蜥	*Calotes versicolor*
有鳞目 SQUAMATA 蛇亚目 SERPENTES	盲蛇科 Typhlopidae	钩盲蛇	*Indotyphlops braminus*
	蟒科 Pythonidae	缅甸蟒	*Python bivittatus*
	闪皮蛇科 Xenodermidae	棕脊蛇	*Achalinus rufescens*
	钝头蛇科 Pareidae	台湾钝头蛇	*Pareas formosensis*
		横纹钝头蛇	*Pareas margaritophorus*
	蝰科 Viperidae	越南烙铁头蛇	*Ovophis tonkinensis*
		白唇竹叶青蛇	*Trimeresurus albolabris*

目	科	中文名	拉丁名
有鳞目 SQUAMATA 蛇亚目 SERPENTES	水蛇科 Homalopsidae	黑斑水蛇	*Myrrophis bennettii*
		中国水蛇	*Myrrophis chinensis*
		铅色水蛇	*Hypsiscopus plumbea*
	屋蛇科 Pseudaspididae	紫沙蛇	*Psammodynastes pulverulentus*
	眼镜蛇科 Elapidae	中华珊瑚蛇	*Sinomicrurus macclellandi*
		金环蛇	*Bungarus fasciatus*
		银环蛇	*Bungarus multicinctus*
		舟山眼镜蛇	*Naja atra*
		眼镜王蛇	*Ophiophagus hannah*
	游蛇科 Colubridae	无颞鳞腹链蛇	*Hebius atemporale*
		白眉腹链蛇	*Hebius boulengeri*
		草腹链蛇	*Amphiesma stolatum*
		繁花林蛇	*Boiga multomaculata*
		三索颌腔蛇	*Coelognathus radiatus*
		紫灰锦蛇	*Oreocryptophis porphyraceus nigrofasciata*
		王锦蛇（外来）	*Elaphe carinata*
		黑眉锦蛇	*Elaphe taeniura*
		白枕白环蛇	*Lycodon capucinus*
		福清白环蛇	*Lycodon futsingensis*
		赤链蛇（外来）	*Lycodon rufozonatum*
		细白环蛇	*Lycodon subcinctus*
		钝尾两头蛇	*Calamaria septentrionalis*
		台湾小头蛇	*Oligodon formosanus*
		紫棕小头蛇	*Oligodon cinereus*
		香港后棱蛇	*Opisthotropis andersonii*
		侧条后棱蛇	*Opisthotropis lateralis*
		挂墩后棱蛇	*Opisthotropis kuatunensis*
		深圳后棱蛇	*Opisthotropis shenzhenensis*
		横纹斜鳞蛇	*Pseudoxenodon bambusicola*
		灰鼠蛇	*Ptyas korros*
		翠青蛇	*Ptyas major*
		滑鼠蛇	*Ptyas mucosa*
		红脖颈槽蛇	*Rhabdophis subminiatus*
		广东颈槽蛇	*Rhabdophis guangdongensis*
		黑头剑蛇	*Sibynophis chinensis*
		环纹华游蛇	*Trimerodytes aequifasciatus*
		乌华游蛇	*Trimerodytes percarinatus*
		黄斑渔游蛇	*Xenochrophis flavipunctatus*

深圳两栖动物编目

📑 参考 2020 年王英永、郭强、李玉龙等主编的《深圳市陆域脊椎动物多样性与保护研究》。

📑 依据深圳各地观察与目击记录。

📅 数据截至 2021 年 9 月 5 日。

目	科	中文名	拉丁名
有尾目 CAUDATA	蝾螈科 Salamandridae	香港瘰螈	*Paramesotriton hongkongensis*
		肥螈（外来）	*Pachytriton* sp.
无尾目 ANURA	角蟾科 Megophryidae	刘氏掌突蟾	*Leptobrachella laui*
		短肢角蟾	*Panophrys brachykolos*
	蟾蜍科 Bufonidae	黑眶蟾蜍	*Duttaphrynus melanostictus*
	雨蛙科 Hylidae	华南雨蛙	*Hyla simplex*
	蛙科 Ranidae	沼水蛙	*Hylarana guentheri*
		台北纤蛙	*Hylarana taipehensis*
		大绿臭蛙	*Odorrana* cf. *graminea*
		白刺湍蛙	*Amolops albispinus*
		牛蛙（外来）	*Rana catesbeiana*
		黑斑侧褶蛙（外来）	*Pelophylax nigromaculatus*
		阔褶水蛙	*Hylarana latouchii*
	叉舌蛙科 Dicroglossidae	泽陆蛙	*Fejervarya multistriata*
		虎纹蛙	*Hoplobatrachus chinensis*
		小棘蛙	*Quasipaa exilispinosa*
		棘胸蛙	*Quasipaa spinosa*
		圆舌浮蛙	*Occidozyga martensii*
	姬蛙科 Microhylidae	斑腿泛树蛙	*Polypedates megacephalus*
		花姬蛙	*Microhyla pulchra*
		饰纹姬蛙	*Microhyla fissipes*
		粗皮姬蛙	*Microhyla butleri*
		花狭口蛙	*Kaloula pulchra*
		花狭细口蛙	*Kalophrynus interlineatus*
	负子蟾科 Pipidae	非洲爪蟾（外来）	*Xenopus laevis*
	卵齿蟾科 Eleutherodactylidae	温室蟾（外来）	*Eleutherodactylus planirostris*

深圳淡水鱼类编目

▤ 依据深圳各地观察与目击记录。

▦ 数据截至 2021 年 9 月 5 日。

目	科	中文名	拉丁名
鳗鲡目 ANGUILLIFORMES	鳗鲡科 Anguillidae	花鳗鲡	*Anguilla marmorata*
鲤形目 CYPRINIFORMES	鲤科 Cyprinidae	唐鱼	*Tanichthys albonubes*
		南方波鱼	*Rasbora steineri*
		异鱲	*Parazacco spilurus*
		马口	*Opsariichthys bidens*
		长鳍鱲	*Opsariichthys evolans*
		鰲	*Hemiculter leucisculus*
		赤眼鳟	*Squaliobarbus curriculus*
		青鱼	*Mylopharyngodon piceus*
		革条田中鳑	*Tanakia himantegus*
		大鳍鱊	*Acheilognathus macropterus*
		麦穗鱼	*Pseudorasbora parva*
		白鲢	*Hypophthalmichthys molitrix*
		高体鳑鲏	*Rhodeus ocellatus*
		拟细鲫	*Nicholsicypris normalis*
		条纹小鲃	*Barbodes semifasciolatus*
		鲤鱼	*Cyprinus carpio*
		鲮鱼	*Cirrhinus molitorella*
		草鱼	*Ctenopharyngodon idella*
		鲫鱼	*Carassius auratus*
		花鲢	*Aristichthys nobilis*
	条鳅科 Nemacheilidae	横纹南鳅	*Schistura fasciolatus*
		平头岭鳅	*Oreonectes platycephalus*
		美丽中条鳅	*Traccatichthys pulcher*
	鳅科 Cobitidae	海丰花鳅	*Cobitis hereromacula*
		泥鳅	*Misgurnus anguillicaudatus*
		大鳞副泥鳅	*Paramisgurnus dabryanus*
	腹吸鳅科 Gastromyzontidae	拟平鳅	*Liniparhomaloptera disparis*
	平鳍鳅科 Balitoridae	麦氏拟腹吸鳅	*Pseudogastromyzon myersi*
		宽头拟腹吸鳅	*Pseudogastromyzon laticeps*

续表

目	科	中文名	拉丁名
鲇形目 SILURIFORMES	胡子鲇科 Clariidae	胡子鲇	*Clarias fuscus*
		革胡子鲇	*Clarias gariepinus*
	鲇科 Siluridae	糙隐鳍鲇	*Pterocryptis anomala*
	鲱科 Sisoridae	白线纹胸鮡	*Glyptothorax pallozonum*
	鲿科 Bagridae	三线拟鲿	*Pseudobagrus trilineatus*
	甲鲇科 Loricariidae	多辐翼甲鲇	*Pterygoplichthys multiradiatus*
鳉形目 CYPRINODONTIFORMES	鳉鳉科 Cyprinodontidae	食蚊鱼	*Gambusia affinis*
	怪颌鳉科 Adrianichthyidae	弓背青鳉	*Oryzias curvinotus*
	花鳉科 Poeciliidae	孔雀鱼	*Poecilia reticulata*
		剑尾鱼	*Xiphophorus hellerii*
合鳃鱼目 SYNBRANCHIFORMES	合鳃鱼科 Synbranchidae	黄鳝	*Monopterus albus*
	刺鳅科 Mastacembelidae	大刺鳅	*Mastacembelus armatus*
慈鲷目 CICHLIFORMES	慈鲷科 Cichlidae	尼罗罗非鱼	*Oreochromis niloticus*
		齐氏非鲫	*Coptodon zillii*
		双斑伴丽鱼	*Hemichromis bimaculatus*
虾虎鱼目 GOBIIFORMES	沙塘鳢科 Odontobutidae	萨氏华黝鱼	*Sineleotris saccharae*
	塘鳢科 Eleotridae	中华乌塘鳢	*Bostrichthys sinensis*
		尖头塘鳢	*Eleotris oxycephala*
		刺盖塘鳢	*Eleotris acanthopoma*
	虾虎鱼科 Gobiidae	真吻虾虎鱼	*Rhinogobius similis*
		李氏吻虾虎鱼	*Rhinogobius leavelli*
		溪吻虾虎鱼	*Rhinogobius duospilus*
		紫身枝牙虾虎	*Stiphodon atropurpureus*
		多鳞枝牙虾虎	*tiphodon multisquamus*
		明仁枝牙虾虎	*Stiphodon imperiorientis*
攀鲈目 ANABANTIFORMES	丝足鲈科 Osphronemidae	叉尾斗鱼	*Macropodus opercularis*
		香港斗鱼	*Macropodus hongkongensis*
	鳢科 Channidae	月鳢	*Channa asiatica*
		乌鳢	*Channa argus*
		南鳢	*Channa gachua*
		斑鳢	*Channa maculata*
		线鳢	*Channa striata*
日鲈目 CENTRARCHIFORMES	太阳鱼科 Centrarchidae	大口黑鲈	*Micropterus salmoides*

深圳蝴蝶编目

📓 参考 2019 年深圳职业技术学院植物保护研究中心编著的《深圳蝴蝶图鉴》。

📓 依据深圳各地观察与目击记录。

📓 * 为有历史文献记录，但在深圳分布存疑的种类。

📓 数据截至 2021 年 9 月 5 日。

目	科	中文名	拉丁名
鳞翅目 LEPIDOPTERA	弄蝶科 Hesperiidae 竖翅弄蝶亚科 Coeliadinae	白伞弄蝶	*Bibasis gomata*
		黑斑伞弄蝶	*Bibasis oedipodea*
		无趾弄蝶	*Hasora anura*
		双斑趾弄蝶	*Hasora chromus*
		银针趾弄蝶	*Hasora taminata*
		绿弄蝶	*Choaspes benjaminii*
	弄蝶科 Hesperiidae 花弄蝶亚科 Pyrginae	白弄蝶	*Abraximorpha davidii*
		白角星弄蝶	*Celaenorrhimus leucocera*
		匪夷捷弄蝶	*Gerosis phisara*
		沾边裙弄蝶	*Tagiades litigiosa*
		角翅弄蝶	*Odontoptilum angulatum*
	弄蝶科 Hesperiidae 弄蝶亚科 Hesperiinae	腌翅弄蝶	*Astictopterus jama*
		雅弄蝶	*Iambrix salsala*
		曲纹袖弄蝶	*Notocrypta curvifascia*
		窄纹袖弄蝶	*Notocrypta paralysos*
		姜弄蝶	*Udaspes folus*
		黄斑蕉弄蝶	*Erionota torus*
		玛弄蝶	*Matapa aria*
		素弄蝶	*Suastus gremius*
		黄裳肿脉弄蝶	*Zographetus satwa*
		旖弄蝶	*Isoteinon lamprospilus*

目	科	中文名	拉丁名
鳞翅目 LEPIDOPTERA	弄蝶科 Hesperiidae 弄蝶亚科 Hesperiinae	双子酣弄蝶	*Halpe porus*
		黄斑弄蝶	*Ampittia dioscorides*
		孔子黄室弄蝶	*Potanthus confucius*
		竹长标弄蝶	*Telicota bambusae*
		长标弄蝶	*Telicota colon*
		黑脉长标弄蝶	*Telicota besta*
		幺纹稻弄蝶	*Parnara bada*
		籼弄蝶	*Borbo cinnara*
		曲纹稻弄蝶	*Parnara ganga*
		直纹稻弄蝶	*Parnara guttata*
		黄纹孔弄蝶	*Polytremis lubricans*
		印度谷弄蝶	*Pelopidas assamensis*
		古铜谷弄蝶	*Pelopidas conjunctus*
		南亚谷弄蝶	*Pelopidas agna*
		中华谷弄蝶	*Pelopidas sinensis*
		刺胫弄蝶	*Baoris farri*
		无纹弄蝶	*Caltoris bromus*
		放踵珂弄蝶	*Caltoris cahira*
	凤蝶科 Papilionidae 凤蝶亚科 Papilioninae	金裳凤蝶	*Troides aeacus*
		裳凤蝶	*Troides helena*
		红珠凤蝶	*Pachliopta aristolochiae*
		巴黎翠凤蝶	*Papilio paris*
		穹翠凤蝶	*Papilio dialis*
		美凤蝶	*Papilio memnon*

目	科	中文名	拉丁名
鳞翅目 LEPIDOPTERA	凤蝶科 Papilionidae 凤蝶亚科 Papilioninae	碧凤蝶	*Papilio bianor*
		蓝凤蝶	*Papilio protenor*
		玉带凤蝶	*Papilio polytes*
		玉斑凤蝶	*Papilio helemus*
		达摩凤蝶	*Papilio demoleus*
		柑橘凤蝶	*Papilio xuthus*
		斑凤蝶	*Papilio clytia*
		燕凤蝶	*Lamproptera curius*
		青凤蝶	*Graphium sarpedon*
		宽带青凤蝶	*Graphium cloanthus*
		碎斑青凤蝶 *	*Graphium chironides*
		统帅青凤蝶	*Graphium agamemnon*
		木兰青凤蝶	*Graphium doson*
		绿凤蝶	*Pathysa antiphates*
		升天剑凤蝶 *	*Pazala euroa*
	粉蝶科 Pieridae 黄粉蝶亚科 Coliadinae	檗黄粉蝶	*Eurema blanda*
		无标黄粉蝶	*Eurema brigitta*
		宽边黄粉蝶	*Eurema hecabe*
		尖角黄粉蝶	*Eurema laeta*
		檀方粉蝶	*Dercas verhuelli*
		迁粉蝶	*Catopsilia pomona*
		梨花迁粉蝶	*Catopsilia pyranthe*
	粉蝶科 Pieridae 粉蝶亚科 Pierinae	鹤顶粉蝶	*Hebomoia glaucippe*
		橙粉蝶	*Ixias pyrene*
		东方菜粉蝶	*Pieris canidia*
		菜粉蝶	*Pieris rapae*
		黑脉园粉蝶	*Cepora nerissa*
		锯粉蝶	*Prioneris thestylis*
		优越斑粉蝶	*Delias hyparete*
		报喜斑粉蝶	*Delias pasithoe*

目	科	中文名	拉丁名
鳞翅目 LEPIDOPTERA	粉蝶科 Pieridae 粉蝶亚科 Pierinae	红腋斑粉蝶	*Delias acalis*
	灰蝶科 Lycaenidae 云灰蝶亚科 Miletinae	蚜灰蝶	*Taraka hamada*
	灰蝶科 Lycaenidae 银灰蝶业科 Curetinae	尖翅银灰蝶	*Curetis acuta*
	灰蝶科 Lycaenidae 灰蝶亚科 Lycaeninae	齿翅娆灰蝶	*Arhopala rama*
		百娆灰蝶	*Arhopala bazala*
		铁木莱异灰蝶	*Iraota timoleon*
		白斑灰蝶	*Horaga albimacula*
		银线灰蝶	*Spindasis lohita*
		豆粒银线灰蝶	*Spindasis syama*
		双尾灰蝶	*Tajuria cippus*
		豹斑双尾灰蝶	*Tajuria maculata*
		莱灰蝶	*Remelana jangala*
		玳灰蝶	*Deudorix epijarbas*
		玳灰蝶属未定种	*Deudorix sp.*
		绿灰蝶	*Artipe eryx*
		麻燕灰蝶	*Rapala manea*
		彩灰蝶	*Heliophorus epicles*
		古楼娜灰蝶	*Nacaduba kurava*
		疑波灰蝶	*Prosotas dubiosa*
		波灰蝶	*Prosotas nora*
		素雅灰蝶	*Jamides alecto*
		雅灰蝶	*Jamides bochus*
		锡冷雅灰蝶	*Jamides celeno*

目	科	中文名	拉丁名
鳞翅目 LEPIDOPTERA	灰蝶科 Lycaenidae 灰蝶亚科 Lycaeninae	咖灰蝶	Catochrysops strabo
		亮灰蝶	Lampides boeticus
		酢浆灰蝶	Pseudozizeeria maha
		吉灰蝶	Zizeeria karsandra
		毛眼灰蝶	Zizina otis
		长腹灰蝶	Zizula hylax
		长尾蓝灰蝶	Everes lacturnus
		点玄灰蝶	Tongeia filicaudis
		黑丸灰蝶	Pithecops corvus
		钮灰蝶	Acytolepis puspa
		熏衣琉璃灰蝶	Celastrina lavendularis
		棕灰蝶	Euchrysops cnejus
		紫灰蝶	Chilades lajus
		曲纹紫灰蝶	Chilades pandava
	灰蝶科 Lycaenidae 蚬蝶亚科 Riodininae	蛇目褐蚬蝶	Abisara echerius
		波蚬蝶	Zemeros flegyas
		大斑尾蚬蝶	Dodona egeon
	蛱蝶科 Nymphalidae 斑蝶科 Danainae	金斑蝶	Danaus chrysippus
		虎斑蝶	Danaus genutia
		青斑蝶	Tirumala limniace
		啬青斑蝶	Tirumala septentrionis
		绢斑蝶	Parantica aglea
		黑绢斑蝶	Parantica melanea
		拟旖斑蝶	Ideopsis similis
		幻紫斑蝶	Euploea core
		蓝点紫斑蝶	Euploea midamus
		异型紫斑蝶	Euploea mulciber
	蛱蝶科 Nymphalidae 袖蝶亚科 Heliconiinae	苎麻珍蝶	Acraea issoria

目	科	中文名	拉丁名
鳞翅目 LEPIDOPTERA	蛱蝶科 Nymphalidae 袖蝶亚科 Heliconiinae	红锯蛱蝶	Cethosia biblis
		黄襟蛱蝶	Cupha erymanthis
		珐蛱蝶	Phalanta phalantha
		绿豹蛱蝶 *	Argynnis paphia
		斐豹蛱蝶	Argyreus hyperbius
		银豹蛱蝶 *	Childrena childreni
	蛱蝶科 Nymphalidae 蛱蝶科 Nymphalinae	幻紫斑蛱蝶	Hypolimnas bolina
		金斑蛱蝶	Hypolimnas missipus
		琉璃蛱蝶	Kaniska canace
		黄钩蛱蝶	Polygonia c-aureum
		小红蛱蝶	Vanessa cardui
		大红蛱蝶	Vanessa indica
		美眼蛱蝶	Junonia almana
		波纹眼蛱蝶	Junonia atlites
		黄裳眼蛱蝶	Junonia hierta
		钩翅眼蛱蝶	Junonia iphita
		蛇眼蛱蝶	Junonia lemonias
		翠蓝眼蛱蝶	Junonia orithya
		散纹盛蛱蝶	Symbrenthia lilaea
	蛱蝶科 Nymphalidae 姚蛱蝶亚科 Biblidinae	波蛱蝶	Ariadne ariadne
		红斑翠蛱蝶	Euthalia lubentina
		尖翅翠蛱蝶	Euthalia phemius
		绿裙蛱蝶	Cynitia whiteheadi
		小豹律蛱蝶	Lexias pardalis
		残锷线蛱蝶	Limenitis sulpitia
		丫纹俳蛱蝶	Parasarpa dudu
		双色带蛱蝶	Athyma cama
		相思带蛱蝶	Athyma nefte

目	科	中文名	拉丁名
鳞翅目 LEPIDOPTERA	蛱蝶科 Nymphalidae 姹蛱蝶亚科 Biblidinae	玄珠带蛱蝶	*Athyma perius*
		新月带蛱蝶	*Athyma selenophora*
		珂环蛱蝶	*Neptis clinia*
		中环蛱蝶	*Neptis hylas*
		弥环蛱蝶	*Neptis miah*
		娜环蛱蝶	*Neptis nata*
		娑环蛱蝶	*Neptis soma*
		柱菲蛱蝶	*Phaedyma columella*
		金蟠蛱蝶	*Pantoporia hordonia*
	蛱蝶科 Nymphalidae 丝蛱蝶亚科 Cyrestinae	电蛱蝶	*Dichorragia nesimachus*
		网丝蛱蝶	*Cyrestis thyodamas*
		罗蛱蝶	*Rohana parisatis*
		芒蛱蝶	*Euripus nyctelius*
		黑脉蛱蝶	*Hestina assimilis*
		窄斑凤尾蛱蝶	*Polyura athamas*
		大二尾蛱蝶 *	*Polyura eudamippus*
		二尾蛱蝶 *	*Polyura narcaea*
		忘忧尾蛱蝶 *	*Polyura nepenthes*
		白带螯蛱蝶	*Charaxes bernardus*

目	科	中文名	拉丁名
鳞翅目 LEPIDOPTERA	蛱蝶科 Nymphalidae 眼蝶亚科 Satyrinae	螯蛱蝶	*Charaxes marmax*
		凤眼方环蝶	*Discophora sondaica*
		串珠环蝶	*Faunis eumeus*
		翠袖锯眼蝶	*Elymnias hypermnestra*
		暮眼蝶	*Melanitis leda*
		睇暮眼蝶	*Melanitis phedima*
		曲纹黛眼蝶	*Lethe chandica*
		白带黛眼蝶	*Lethe confusa*
		长纹黛眼蝶	*Lethe europa*
		波纹黛眼蝶	*Lethe rohria*
		蒙链荫眼蝶	*Neope muirheadi*
		稻眉眼蝶	*Mycalesis gotama*
		小眉眼蝶	*Mycalesis mineus*
		平顶眉眼蝶	*Mycalesis mucianus*
		拟裴眉眼蝶	*Mycalesis perseoides*
		僧袈眉眼蝶	*Mycalesis sangaica*
		矍眼蝶	*Ypthima balda*
		黎桑矍眼蝶	*Ypthima lisandra*
		前雾矍眼蝶	*Ypthima praenubila*

深圳蜘蛛编目

📑 依据陆千乐老师在深圳各地观察与目击记录。

📑 * 为待发表的新种蜘蛛。

📅 数据截至 2021 年 9 月 5 日。

科	种	学名
漏斗蛛科 Agelenidae	森林漏斗蛛	*Agelena silvatica*
	异漏蛛属未定种	*Allagelena* sp.
	初叉隙蛛	*Bifidocoelotes primus*
	隙蛛属未定种	*Coelotes* sp.
	指形龙隙蛛	*Draconarius digitusiformis*
	亚隙蛛属未定种	*Iwogumoa* sp.
	隙蛛亚科未定种	Coelotinae
近管蛛科 Anyphaonidae	深圳近管蛛	*Anyphaena shenzhen*
园蛛科 Araneidae	七瘤尾园蛛	*Arachnura heptotubercula*
	黄斑园蛛	*Araneus ejusmodi*
	黑斑园蛛	*Araneus mitificus*
	五纹园蛛	*Araneus pentagrammicus*
	大腹园蛛	*Araneus ventricosus*
	浅绿园蛛	*Araneus viridiventris*
	园蛛属未定种 1	*Araneus* sp.1
	园蛛属未定种 2	*Araneus* sp.2
	好胜金蛛	*Argiope aemula*
	类高居金蛛	*Argiope aetheroides*
	小悦目金蛛	*Argiope minuta*
	目金蛛	*Argiope ocula*
	孔目金珠	*Argiope perforata*
	干贾壮头蛛	*Chorizopes khanjanes*
	银斑艾蛛	*Cyclosa argentata*
	柱艾蛛	*Cyclosa cylindrata*

科	种	学名
园蛛科 Araneidae	畸形艾蛛	*Cyclosa informis*
	日本艾蛛	*Cyclosa japonica*
	山地艾蛛	*Cyclosa monticola*
	德久艾蛛	*Cyclosa norihisai*
	长脸艾蛛	*Cyclosa omonaga*
	艾蛛属未定种	*Cyclosa* sp.
	防城曲腹蛛	*Cyrtarachne fangchengensis*
	广西云斑蛛	*Cyrtophora guangxiensis*
	摩鹿加云斑蛛	*Cyrtophora moluccensis*
	全色云斑蛛	*Cyrtophora unicolor*
	卡氏毛园蛛	*Eriovixia cavaleriei*
	高大毛园蛛	*Eriovixia excelsa*
	海南毛园蛛	*Eriovixia hainanensis*
	拖尾毛园蛛	*Eriovixia laglaizei*
	伪尖腹毛园蛛	*Eriovixia pseudocentrodes*
	毛园蛛属未定种	*Eriovixia* sp.
	库氏棘腹蛛	*Gasteracantha kuhli*
	刺佳蛛	*Gea spinipes*
	华南高亮腹蛛	*Hypsosinga alboria*
	高亮腹蛛属未定种	*Hypsosinga* sp.
	星突肥蛛	*Larinia astrigera*
	黄金拟肥蛛	*Lariniaria argiopiformis*
	丰满新园蛛	*Neoscona punctigera*
	类青新园蛛	*Neoscona scylloides*
	警戒新园蛛	*Neoscona vigilans*

科	种	学名
园蛛科 Araneidae	青新园蛛	*Neoscona scylla*
	斑络新妇	*Nephila pilipes*
	何氏瘤腹蛛	*Ordgarius hobsoni*
	德氏近园蛛	*Parawixia dehaani*
	近枯叶锥头蛛	*Poltys* cf. *idae*
	攻形驼蛛	*Cyphalonotus ssuliformis*
	淡黑锥头蛛	*Poltys stygius*
	棒毛络新妇	*Trichonephila clavata*
地蛛科 Atypidae	异囊地蛛	*Atypus heterothecus*
红螯蛛科 Cheiracanthiidae	近红螯蛛	*Cheiracanthium approximatum*
	耳状红螯蛛	*Cheiracanthium auriculatum*
	皮氏红螯蛛	*Cheiracanthium pichoni*
	钩红螯蛛	*Cheiracanthium unicum*
管巢蛛科 Clubionidae	双羽管巢蛛	*Clubiona bipinnata*
	斑管巢蛛	*Clubiona reichlini*
	亚雪山管巢蛛	*Clubiona subasrevida*
	张氏管巢蛛	*Clubiona zhangyongjingi*
	深圳跨袋蛛	*Femorbiona shenzhen*
圆颚蛛科 Corinnidae	严肃心颚蛛	*Corinnomma severu*
	深圳刺突蛛 *	*Spinirta shenzhen*
栉足蛛科 Ctenidae	茂兰阿纳蛛	*Anahita maolan*
	石垣栉足蛛	*Ctenus yaeyamensis*
妖面蛛科 Deinopidae	庄氏亚妖面蛛	*Asianopis zhuanghaoyuni*
卷叶蛛科 Dictynidae	深圳洞叶蛛 *	*Cicurina shenzhen*
管网蛛科 Filistatidae	马蹄蛛属 未定种	*Pritha* sp.

科	种	学名
平腹蛛科 Gnaphosidae	宁明枝疣蛛	*Cladothela ningmingensis*
	小枝疣蛛	*Cladothela parva*
	平腹蛛属未定种	*Gnaphosa* sp.
	廖氏狂蛛	*Zelotes liaoi*
	狂蛛属未定种	*Zelotes* sp.
栅蛛科 Hahniidae	浙江栅蛛	*Hahnia zhejiangensis*
盘腹蛛科 Halonoproctidae	红拉土蛛 *	*Latouchia rufa*
	郇氏拉土蛛	*Latouchia swinhoei*
长纺蛛科 Hersiliidae	波纹长纺蛛	*Hersilia striata*
皿蛛科 Linyphiidae	草间钻头蛛	*Hylyphantes graminicola*
	卡氏盖蛛	*Neriene cavaleriei*
光盔蛛科 Liocranidae	普氏膨颚蛛	*Oedignatha platnicki*
狼蛛科 Lycosidae	海南熊蛛	*Arctosa hainan*
	深圳熊蛛 *	*Arctosa shenzhen*
	猴马蛛	*Hippasa holmerae*
	狼蛛属未定种	*Lycosa* sp.
	矮亚狼蛛	*Lysania pygmaea*
	白环羊蛛	*Ovia alboannulata*
	拟环纹豹蛛	*Pardosa pseudoannulata*
	细豹蛛	*Pardosa pusiola*
	苏门答腊豹蛛	*Pardosa sumatrana*
	南方小水狼蛛	*Piratula meridionalis*
	类小水狼蛛	*Piratula piratoides*
	中华小水狼蛛	*Piratula sinensis*
	版纳獾蛛	*Trochosa bannaensis*
	类奇异獾蛛	*Trochosa ruricoloides*
	忠娲蛛	*Wadicosa fidelis*

科	种	学名
狼蛛科 Lycosidae	冲绳娲蛛	*Wadicosa okinawensis*
大疣蛛科 Macrothelidae	触形大疣蛛	*Macrothele palpator*
拟态蛛科 Mimetidae	深圳拟态蛛 *	*Mimetus shenzhen*
米图蛛科 Miturgidae	草栖毛丛蛛	*Prochora praticola*
类球蛛科 Nesticidae	小类球蛛属未定种	*Nesticella* sp.
拟壁钱科 Oecobiidae	船拟壁钱	*Oecobius navus*
	深圳拟壁钱 *	*Oecobius shenzhen*
卵形蛛科 Oonopidae	加马蛛属未定种	*Gamasomorpha* sp.
	具盾弱斑蛛	*Ischnothyreus peltifer*
	巨膝蛛属未定种	*Opopaea* sp.
猫蛛科 Oxyopidae	锡金钩猫蛛	*Hamadruas sikkimensis*
	唇形哈猫蛛	*Hamataliwa labialis*
	缅甸猫蛛	*Oxyopes birmanicus*
	爪哇猫蛛	*Oxyopes javanus*
	类斜纹猫蛛	*Oxyopes sertatoides*
	斜纹猫蛛	*Oxyopes sertatus*
	条纹猫蛛	*Oxyopes striagatus*
	猫蛛属未定种	*Oxyopes* sp.
逍遥蛛科 Philodromidae	逍遥蛛属未定种	*Philodromus* sp.
	深圳狼逍遥蛛	*Thanatus shenzhen*
幽灵蛛科 Pholcidae	贝尔蛛属未定种 1	*Belisana* sp.1
	贝尔蛛属未定种 2	*Belisana* sp.2
	莱氏壶腹蛛	*Crossopriza lyoni*
	南氏呵叻蛛	*Khorata nani*

科	种	学名
	柄眼瘦幽蛛	*Leptopholcus podophthalmus*
	佛若小幽灵珠	*Micropholcus fauroti*
	球状环蛛	*Physocyclus globosus*
	苍白拟幽灵蛛	*Smeringopus pallidus*
刺足蛛科 Phrurolithidae	云隐大斑蛛	*Grandilithus yunyin*
盗蛛科 Pisauridae	宋氏树盗蛛	*Dendrolycosa songi*
	日本狡蛛	*Dolomedes japonicus*
	狡蛛属未定种	*Dolomedes* sp.
	云南潮盗蛛	*ygropoda yunnan*
	草盗蛛属未定种	*Perenethis* sp.
	陀螺黔舌蛛	*Qianlingula turbinata*
褛网蛛科 Psechridae	冉氏褛网蛛	*Psechrus rani*
跳蛛科 Salticidae	非弗蛛属未定种	*Afraflacilla* sp.
	四川暗跳蛛	*Asemonea sichuanensis*
	亚蛛属未定种	*Asianellus* sp.
	棒艾图蛛	*Attulus clavator*
	斑纹菱头蛛	*Bianor balius*
	角猫跳蛛	*Carrhotus sannio*
	长触螯跳蛛	*Cheliceroides longipalpis*
	球丽跳蛛	*Chrysilla bulbus*
	荣艾普蛛	*Epeus glorius*
	布氏艳蛛	*Epocilla blairei*
	锯艳蛛	*Epocilla calcarata*
	鳞状猫蛛	*Evarcha bulbosa*
	爪格德蛛	*Gedea unguiformis*
	苦役蛛属未定种	*Hakka* sp.
	孤哈莫蛛	*Harmochirus insulanus*
	花蛤沙蛛	*Hasarius adansoni*
	双齿翘蛛	*Irura bidenticulata*

续表

科	种	学名
跳蛛科 Salticidae	长螯翘蛛	*Irura longiochelicera*
	角突翘蛛	*Irura trigonapophysis*
	双带扁蝇虎	*Menemerus bivittatus*
	短颚扁蝇虎	*Menemerus brachygnathus*
	台湾蚁蛛	*Myrmarachne formosana*
	吉蚁蛛	*Myrmarachne gisti*
	褶腹蚁蛛	*Myrmarachne kiboschensis*
	上位蝶蛛	*Nungia epigynalis*
	脊跳珠属未定种	*Ocrisiona* sp.
	波兰奥尔蛛	*Orcevia proszynskii*
	粗脚盘蛛	*Pancorius crassipes*
	盘蛛属未定种 1	*Pancorius* sp.1
	盘蛛属未定种 2	*Pancorius* sp.2
	近一心昏蛛	*Phaeacius* cf. *yixin*
	花腹金蝉蛛	*Phintella bifurcilinea*
	代比金蝉蛛	*Phintella debilis*
	桃型金蝉蛛	*Phintella perisicaria*
	苏氏金蝉蛛	*Phintella suavis*
	多色类金蝉蛛	*Phintelloides versicolor*
	黑色蝇虎	*Plexippus paykulli*
	条纹蝇虎	*Plexippus setipes*
	昆孔蛛	*Portia quei*
	毛垛兜跳蛛	*Ptocasius strupifer*
	阿贝宽胸蝇虎	*Rhene albigera*
	黄毛宽胸蝇虎	*Rhene flavicomans*
	锈宽胸蝇虎	*Rhene rubrigera*
	近毛雷尔鲁氏蛛	*Rudakius* cf. *maureri*
	科氏翠蛛	*Siler collingwoodi*

科	种	学名
跳蛛科 Salticidae	蓝翠蛛	*Siler cupreus*
	张氏散蛛	*Spartaeus zhangi*
	塔沙蛛属未定种	*Tasa* sp.
	开普纽蛛	*Telamonia caprina*
	巴莫方胸蛛	*Thiania bhamoensis*
	细齿方胸蛛	*Thiania suboppressa*
	东方莎茵蛛	*Thyene orientalis*
	颚蚁蛛	*Toxeus maxillosus*
	卡尔尾鲍蛛	*Uroballus carlei*
	尾鲍蛛属未定种	*Uroballus* sp.
	白宽胸蝇虎	*Rhene pallida*
	香港伊蛛	*Icius hongkong*
	丽跳蛛族未定种	Chrisillini
	跳蛛科未定种	Salticidae
花皮蛛科 Scytodidae	条纹代提蛛	*Dictis striatipes*
	暗花皮蛛	*Scytodes fusca*
	花皮蛛属未定种	*Scytodes* sp.
	胸蛛属未定种	*Stedocys* sp.
类石蛛科 Segestriidae	垣蛛属未定种	*Ariadna* sp.
拟扁蛛科 Selenopidae	深圳暹刺蛛 *	*Siamspinops shenzhen*
遁蛛科 Sparassidae	华丽颚突蛛	*Gnathopalystes aureolus*
	屏东巨蟹蛛	*Heteropoda pingtungensis*
	白额巨蟹蛛	*Heteropoda venatoria*
	南宁奥利蛛	*Olios nanningensis*
	盘蛛属未定种	*Pandercetes* sp.
	深圳拟遁蛛 *	*Pseudopoda shenzhen*
	离塞蛛	*Thelcticopis severa*

科	种	学名
肖蛸科 Tetragnathidae	森林桂齐蛛	*Guizygiella salta*
	方格银鳞蛛	*Leucauge tessellata*
	双孔波斑蛛	*Orsinome diporusa*
	斯里兰卡肖蛸	*Tetragnatha ceylonica*
	凯氏肖蛸	*Tetragnatha keyserlingi*
	艳丽肖蛸	*Tetragnatha lauta*
	长螯肖蛸	*Tetragnatha mandibulata*
	华丽肖蛸	*Tetragnatha nitens*
	前齿肖蛸	*Tetragnatha praedonia*
	鳞纹肖蛸	*Tetragnatha squamata*
	横纹隆背蛛	*Tylorida ventralis*
	肖蛸科未定种	Tetragnathidae
捕鸟蛛科 Theraphosidae	新平焰美蛛	*Phlogiellus xinping*
球蛛科 Theridiidae	厚粗腿蛛	*Anelosimus crassipes*
	雪银斑蛛	*Argyrodes argentatus*
	裂额银斑蛛	*Argyrodes fissifrons*
	黄银斑蛛	*Argyrodes flavescens*
	坪山银斑蛛 *	*Argyrodes pingshan*
	筒蚓腹蛛	*Ariamnes cylindrogaster*
	钟巢钟蛛	*Campanicola campanulata*
	黑色千国蛛	*Chikunia nigra*
	双突丽蛛	*Chrysso bicuspidata*
	灵川丽蛛	*Chrysso lingchuanensis*
	丽蛛属未定种	*Chrysso* sp.
	佛罗里达鞘腹蛛	*Coleosoma floridanum*
	鞘腹蛛属未定种	*Coleosoma* sp.
	塔圆腹蛛	*Dipoena turriceps*
	旋转后丘蛛	*Dipoenura cyclosoides*

科	种	学名
球蛛科 Theridiidae	塔赞埃蛛	*Emertonella taczanowskii*
	云斑丘腹蛛	*Episinus nubilus*
	斑丘腹蛛	*Episinus punctisparsus*
	漂亮美蒂蛛	*Meotipa pulcherrima*
	三棘齿腹蛛	*Molione triacantha*
	奇异短跗蛛	*Moneta mirabilis*
	红足岛蛛	*Nesticodes rufipes*
	日本公主蛛	*Nihonhimea japonica*
	环绕拟肥腹蛛	*Parasteatoda cingulata*
	温室内肥腹蛛	*Parasteatoda tepidariorum*
	横窝拟肥腹蛛	*Parasteatoda transipora*
	锥蛛属未定种	*Phoroncidia* sp.
	大岛藻蛛	*Phycosoma amamiense*
	指状藻蛛	*Phycosoma digitula*
	海南藻蛛	*Phycosoma hainanensis*
	花藻蛛	*Phycosoma hana*
	中华藻蛛	*Phycosoma sinica*
	深圳藻蛛 *	*Phycosoma shenzhen*
	藻蛛属未定种	*Phycosoma* sp.
	琼海普克蛛	*Platnickina qionghaiensis*
	普克蛛属未定种	*Platnickina* sp.
	侧绕菱球蛛	*Rhomphaea ceraosus*
	唇形菱球蛛	*Rhomphaea labiata*
	腰带肥腹蛛	*Steatoda cingulata*
	深圳肥腹蛛 *	*Steatoda shenzhen*
	斯蛛属未定种	*Stemmops* sp.
	球蛛属未定种	*Theridion* sp.
	圆尾银板蛛	*Thwaitesia glabicauda*
	珍珠银板蛛	*Thwaitesia margaritifera*
	球蛛科未定种	Theridiidae

续表

科	种	学名
球体蛛科 Theridiosomatidae	卓玛蛛属未定种	*Zoma* sp.
蟹蛛科 Thomisidae	弓蟹蛛属未定种	*Alcimochthes* sp.
	大头蚁蟹蛛	*Amyciaea forticeps*
	深圳安格蛛 *	*Angaeus shenzhen*
	江永泥蟹蛛	*Borboropactus jiangyong*
	美丽顶蟹蛛	*Camaricus formosus*
	陷狩蛛	*Diaea subdola*
	伪瓦提伊氏蛛	*Ebrechtella pseudovatia*
	三突伊氏蛛	*Ebrechtella tricuspidata*
	新界伊氏蛛	*Ebrechtella xinjie*
	微蟹蛛属未定种	*Lysiteles* sp.
	美丽块蟹蛛	*Massuria bellula*
	覆瓦乳蟹蛛	*Mastira tegularis*
	秀山微花蛛	*Micromisumenops xiushanensis*
	冲绳绿蟹蛛	*Oxytate hoshizuna*
	短须范蟹蛛	*Pharta brevipalpus*
	龚氏喜蟹蛛	*Philodamia gongi*
	似野密蟹蛛	*Pycnaxis truciformis*

科	种	学名
蟹蛛科 Thomisidae	昆虫锯足蛛	*Runcinia insecta*
	亚洲长瘤蛛	*Simorcus asiaticus*
	贵州耙蟹蛛	*Strigoplus guizhouensis*
	广西蟹蛛	*Thomisus guangxicus*
	角红蟹蛛	*Thomisus labefactus*
	勐腊峭腹蛛	*Tmarus menglae*
	花蟹蛛属未定种	*Xysticus* sp.
隐石蛛科 Titanoecidae	薄片庞蛛	*Pandava laminata*
	白斑隐蛛	*Nurscia albofasciata*
妩蛛科 Uloboridae	船喜妩蛛	*Philoponella cymbiformis*
	豆喜妩蛛	*Philoponella pisiformis*
	广西妩蛛	*Uloborus guangxiensis*
	妩蛛属未定种	*Uloborus* sp.
	结突腰妩蛛	*Zosis geniculata*
拟平腹蛛科 Zodariidae	卷曲阿斯蛛	*Asceua torquata*
	长圆螺蛛	*Heliconilla oblonga*
	马利蛛属未定种	*Mallinella* sp.

深圳珊瑚编目

📑 参考 2015 年深圳市渔业服务与水产技术推广总站编著的《深圳珊瑚图集》。

📑 依据深圳各地观察与目击记录。

📅 数据截至 2021 年 9 月 5 日。

目	科	中文名	拉丁名
石珊瑚目 SCLERACTINIA	蜂巢珊瑚科 Faviidae	黄癣蜂巢珊瑚	*Favia favus*
		神龙岛蜂巢珊瑚	*Favia lizardensis*
		海洋蜂巢珊瑚	*Favia maritima*
		圆纹蜂巢珊瑚	*Favia pallida*
		罗图马蜂巢珊瑚	*Favia rotumana*
		标准蜂巢珊瑚	*Favia speciosa*
		美龙氏蜂巢珊瑚	*Favia veroni*
		秘密角蜂巢珊瑚	*Favites abdita*
		尖丘角蜂巢珊瑚	*Favites acuticollis*
		板叶角蜂巢珊瑚	*Favites complanata*
		多弯角蜂巢珊瑚	*Favites flexuosa*
		小五边角蜂巢珊瑚	*Favites micropentagona*
		五边角蜂巢珊瑚	*Favites pentagona*
		尖边扁脑珊瑚	*Platygyra acuta*
		肉质扁脑珊瑚	*Platygyra carnosus*
		琉球扁脑珊瑚	*Platygyra ryukyuensis*
		美伟氏扁脑珊瑚	*Platygyra verweyi*
		八重山扁脑珊瑚	*Platygyra yaeyamaensis*
		粗糙菊花珊瑚	*Goniastrea aspera*
		微黄癣菊花珊瑚	*Goniastrea favulus*
		简短圆菊珊瑚	*Montastrea curta*
		大圆菊珊瑚	*Montastrea magnistellata*
		多孔同星珊瑚	*Plesiastrea versipora*
		锯齿刺星珊瑚	*Cyphastrea serailia*
		小叶刺星珊瑚	*Cyphastrea mirophthalma*

目	科	中文名	拉丁名
石珊瑚目 SCLERACTINIA	蜂巢珊瑚科 Faviidae	碓突刺星珊瑚	*Cyphastrea chalcidicum*
		日本刺星珊瑚	*Cyphastrea japonica*
		捲曲黑星珊瑚	*Oulastrea crispate*
		白斑小星珊瑚	*Leptastrea pruinosa*
		紫小星珊瑚	*Leptastrea purpurea*
	滨珊瑚科 Poritidae	亚氏滨珊瑚	*Porites aranetai*
		变形滨珊瑚	*Porites deformis*
		团块滨珊瑚	*Porites lobata*
		澄黄滨珊瑚	*Pories lutea*
		坚实滨珊瑚	*Porites solida*
		柱角孔珊瑚	*Goniopora columna*
		大角孔珊瑚	*Goniopora djiboutiensis*
		团块角孔珊瑚	*Goniopora lobata*
		斯氏角孔珊瑚	*Goniopora stutchburyi*
	菌珊瑚科 Agariciidae	十字牡丹珊瑚	*Povona decussata*
	石芝珊瑚科 Fungiidae	莫卡石叶珊瑚	*Lithophyllon mokai*
		波形石叶珊瑚	*Lithophyllon undulatum*
	鹿角珊瑚科 Acroporidae	指形鹿角珊瑚	*Acropora digitifera*
		板叶鹿角珊瑚	*Acropora glauca*
		霜鹿角珊瑚	*Acropora pruinosa*
		单独鹿角珊瑚	*Acropora solitaryensis*
		隆起鹿角珊瑚	*Acropora tumida*
		翼形蔷薇珊瑚	*Montpora peltiformis*
		脉状蔷薇珊瑚	*Montipora venosa*
	裸肋珊瑚科 Merulinidae	腐蚀刺柄珊瑚	*Hydnophora exesa*
	木珊瑚科 Dendrophyliidae	复叶陀螺珊瑚	*Turbinaria frondens*
		盾形陀螺珊瑚	*Turbinaria peltata*
		肾形陀螺珊瑚	*Turbinaria reniformis*
		猩红筒星珊瑚	*Tubastraea coccinea*

目	科	中文名	拉丁名
石珊瑚目 SCLERACTINIA	枇杷珊瑚科 Oculinidae	稀杯盔形珊瑚	*Galaxea astreata*
		丛生盔形珊瑚	*Galaxea fascicularis*
	梳状珊瑚科 Pectiniidae	粗糙刺叶珊瑚	*Echinophyllia aspera*
	铁星珊瑚科 Siderastreidae	吞蚀筛珊瑚	*Coscinaraea exesa*
		不等脊塍沙珊瑚	*Psammocora nierstraszi*
		浅薄沙珊瑚	*Psammocora superficialis*
	褶叶珊瑚科 Mussidae	微细小褶叶珊瑚	*Micromussa minuta*
		大棘星珊瑚	*Acanthastrea echinata*
		联合棘星珊瑚	*Acnthastrea hemprichii*
软珊瑚目 ALCYONACEA	棘软珊瑚科 Nephtheidae	棘穗软珊瑚	*Dendronephthya cervicornis*
	软珊瑚科 Alcyonidae	肉芝软珊瑚	*Sarcopbyton* sp.
柳珊瑚目 GORGONACEA	柳珊瑚科 Gorgoniidae	紫柳珊瑚	*Muriceopsis flavida*
	丛柳珊瑚科 Plexauridae	花刺柳珊瑚	*Echinogorgia flora*
		枝条刺柳珊瑚	*Echinogorgia lami*
		枝网刺柳珊瑚	*Echinogorgia sassapo*
		印马刺尖柳珊瑚	*Echinomuricea indomalaccensis*
		疏枝刺柳珊瑚	*Echinogorgia pseudosassapo*
	鞭柳珊瑚科 Ellsellidae	蕾二歧灯芯柳珊瑚	*Dichoectla gemmaca*
		细鞭柳珊瑚	*Ellisella grailis*
		硬鞭柳珊瑚	*Ellisella robusta*
海葵目 ACTINIARIA	海葵科 Actiniidae	奶嘴海葵	*Entacmaea quaricolor*
		多琳巨指海葵	*Macrodactyla doreensis*
		侧花海葵	*Anthopleura* sp.
	矶海葵科 Diadumenidae	纵条矶海葵	*Diadumene lineata*
SPIRULARIA (注：无正式中文名)	角海葵科 Cerianthidae	蕨形角海葵	*Cerianthus filiformis*

物种索引 （注：按拼音排序，索引范围为 1—10 章）

鱼类

昆虫

蜘蛛与盲蛛

纪录长片、纪录短片、短视频、音频、VR全景影像索引

短视频

音频

VR 全景影像

参考书目

[1] 王英永，郭强，李玉龙，等 . 深圳市陆域脊椎动物多样性与保护研究 [M]. 北京 : 科学出版社，2020.

[2] 廖文波，等 . 深圳市国家珍稀濒危重点保护野生植物 [M]. 北京 : 科学出版社，2018.

[3] 深圳市规划和自然资源局 . 深圳市地图集 [M]. 北京 : 中国地图出版社，2020.

[4] 深圳市城市管理局，深圳市林业局 . 草木深圳 : 郊野篇 [M]. 深圳 : 海天出版社，2017.

[5] 汪松，解焱 . 中国物种红色名录 : 第三卷　无脊椎动物 [M]. 北京 : 高等教育出版社，2005.

[6] 黄玉源，等 . 深圳山地植物群落结构与植物多样性 [M]. 北京 : 科学出版社，2017.

[7] 凡强，等 . 深圳市田头山自然保护区动植物资源考察及保护规划 [M]. 北京 : 中国林业出版社，2017.

[8] 蓝崇钰，等 . 广东内伶仃岛自然资源与生态研究 [M]. 北京 : 中国林业出版社，2001.

[9] 昝启杰，等 . 华侨城湿地生态修复示范与评估 [M]. 北京 : 海洋出版社，2016.

[10] 蔡立哲 . 深圳湾底栖动物生态学 [M]. 厦门 : 厦门大学出版社，2015.

[11] 深圳职业技术学院植物保护研究中心 . 深圳蝴蝶图鉴 [M]. 北京 : 科学出版社，2019.

[12] 张力，左勤，洪宝莹 . 植物王国的小矮人 : 苔藓植物 [M]. 广州 : 广东科技出版社，2015.

[13] 深圳全记录编纂委员会 . 深圳全记录 [M]. 深圳 : 海天出版社，2000.

[14] 深圳博物馆 . 深圳古代简史 [M]. 北京 : 文物出版社，1997.

[15] 深圳博物馆 . 深圳近代简史 [M]. 北京 : 文物出版社，1997.

[16] 宝安县地方志编撰委员会 . 宝安县志 [M]. 广州 : 广东人民出版社，1997.

[17] 黄镇国 . 深圳地貌 [M]. 广州 : 广东科技出版社，1983.

[18] 广州地理研究所 . 深圳市自然资源与经济开发图集 [M]. 北京 : 科学出版社，1985.

[19] 深圳市观鸟协会，深圳市野生动植物保护管理处 . 深圳野生鸟类 [M]. 成都 : 四川大学出版社，2009.

[20] 深圳市人民政府城市管理办公室，深圳市仙湖植物园，深圳市城市管理科学研究所 . 深圳特区古树名木 [M]. 北京 : 中国林业出
版社，1997.

[21] 邢福武，等 . 深圳市七娘山郊野公园植物资源与保护 [M]. 北京 : 中国林业出版社，2004.

[22] 张宏达，陈桂珠，等 . 深圳福田红树林湿地生态系统研究 [M]. 广州 : 广东科技出版社，1997.

[23] 张鹏 . 猴、猿、人——思考人性的起源 [M]. 广州 : 中山大学出版社，2012.

[24] 饶戈 . 香港昆虫图鉴 [M]. 香港 : 香港鳞翅目学会有限公司，2006.

[25] 罗益奎，许永亮 . 郊野情报蝴蝶篇 [M]. 香港 : 天地图书有限公司，2004.

[26] 香港观鸟会 . 香港鸟类图鉴 [M]. 香港 : 香港万里机构，2010.

[27] 杜德俊，高力行 . 香港生态情报 [M]. 香港 : 香港三联，2004.

[28] 石仲堂 . 香港陆上哺乳动物图鉴 [M]. 香港 : 天地图书有限公司，2006.

[29] 香港渔农自然护理署 . 郊野树踪 [M]. 香港 : 天地图书有限公司，2012.

[30] 詹志勇，李思名，冯通 . 新香港地理 : 上册 [M]. 香港 : 天地图书有限公司，2010.

[31] 侯智恒 . 香港野外图鉴 3：山坡 [M]. 香港 : 万里机构出版有限公司，2003.

[32] 杜铭章 . 蛇类大惊奇 [M]. 台北 : 远流出版事业股份有限公司，2004.

[33] 陈文山 . 岩石入门 [M]. 台北 : 远流出版事业股份有限公司，1997.

[34] 蒲洛克 . 目击者百科：生态 [M]. 台北 : 猫头鹰出版社，2006.

[35] 茂德 . 目击者百科：昆虫 [M]. 台北 : 猫头鹰出版社，2006.

[36] 周文能，张东柱 . 野菇图鉴 [M]. 台北 : 远流出版事业股份有限公司，2004.

[37] 田中达也 . 云图鉴 [M]. 黄郁婷，译 . 台中 : 晨星出版有限公司，2008.

[38] 科瓦奇 . 植物 [M]. 台北 : 旺旺出版社，2012.

[39] 弗里克 . 星空观察与四季的星座 [M]. 台北 : 汉升书屋，1998.

[40] Roger Tory Peterson,Virginia Marie Peterson.Audubon's birds of America[M].NewYork:Abbeville Press，2005.

[41] 威尔逊 . 缤纷的生命 [M]. 金恒镳，译 . 北京 : 中信出版集团，2016.

[42] 程虹 . 美国自然文学三十讲 [M]. 北京 : 外语教学与研究出版社，2013.

[43] 杜德俊 . 香港野外图鉴 2：山涧 [M]. 香港 : 万里机构出版有限公司，2003.

[44] 哈斯凯尔 . 看不见的森林：林中自然笔记 [M]. 熊姣，译 . 北京 : 商务印书馆，2014.

[45] 鲍尔 . 图案密码：大自然的艺术与科学 [M]. 李祖凰，译 . 北京 : 电子工业出版社，2017.

[46] 曼库索，维欧拉 . 植物比你想象的聪明：植物智能的探索之旅 [M]. 台北 : 商周出版社，2016.

[47] 汉森 . 羽毛：自然演化中的奇迹 [M]. 赵敏，冯骐，译 . 北京 : 商务印书馆，2017.

[48] 朱尼珀 . 大自然为我们做了些什么 [M]. 晏同阳，译 . 重庆 : 重庆大学出版社，2014.

[49] 伯恩斯 . 野生动物的性生活 [M]. 韩家权，南兆旭，译 . 桂林 : 漓江出版社，1991.

[50] 叶灵凤 . 香港方物志（彩图版）[M]. 香港 : 香港中和出版有限公司，2017.

[51] 科尔伯特 . 大灭绝时代：一部反常的自然史 [M]. 叶盛，译 . 上海 : 上海译文出版社，2015.

[52] 詹见平 . 溪流：120 种溪流生物的奥秘 [M]. 新北 : 人人出版股份有限公司，2015.

[53] 古尔德 J，古尔德 C. 动物是天才建筑师：探索动物智慧的演化之奇 [M]. 台北 : 商周出版社，2009.

[54] 艾克曼 . 鸟的天赋 [M]. 台北 : 商周出版社，2016.

[55] 蒋荣耀 . 岁月山河：百年深圳历史影像纪 [M]. 深圳 : 海天出版社，2019.

参考文献

[1] 深圳市规划和自然资源局 . 深圳国土空间总体规划（2020—2035 年）（草案）[Z]. 2021.

[2] 深圳市生态环境局 . 深圳市生物多样性白皮书 [R]. 2021.

[3] 深圳市规划和自然资源局 . 深圳市自然保护地现状调查与发展策略（征求意见稿）[Z].2020.

[4] 读创 . 深圳第四轮城市总规公示，十二大看点前瞻城市 2035 样貌 [EB/OL].2021-6-11.https://baijiahao.baidu.com/s?id=17022 56186560601821&wfr=spider&for=pc.

[5] 深圳市统计局 . 深圳市第七次全国人口普查主要数据解读 [EB/OL].http://tjj.sz.gov.cn/ztzl/zt/szsdqcqgrkpc/ggl/content/ post_8772304.html.

[6] 王炳 . 深圳海洋生物图集 [Z]. 2021.

[7] 市决策咨询委员会先行示范区生态组 . 关于加强大树保护与培育的建议 [Z].2021.

[8] 钟保磷，张小丽，梁碧玲 . 近 50 年深圳气候特点 [J]. 广东气象，2002，(2):11—14.

[9] 香港观鸟会 . 黑脸琵鹭全球同步普查 2020[R]. 2020.

[10] 蒋露 . 深圳植物区系研究 [D]. 广州 : 华南农业大学，2008.

[11] 李锋，陶青，陈柏承，等 . 广东深圳梧桐山国家森林公园哺乳动物物种资源调查 [J]. 广东农业科学，2014(3):140—144.

[12] 潘云云，张寿洲，王晓明，等 . 深圳地区野生兰科植物资源及其区系特征 [J]. 亚热带植物科学，2015，44(2):116—122.

[13] 严智勇 . 深圳市大气环境质量现状及影响因素分析 [J]. 广东化工，2014，41(13):203—204.

[14] 代迪尔 . 深圳市流动人口现状与趋势研究 [J]. 现代商贸工业，2016，37(32):17—18.

[15] 张礼标，郭强，刘奇，等 . 深圳兽类物种资源调查及其影响因素分析 [J]. 兽类学报，2017，37(3):256—265.

[16] 喻本德，叶有华，郭微，等 . 生态保护红线分区建设模式研究 ——以广东大鹏半岛为例 [J]. 生态环境学报，2014，23(6):962— 971.

[17] 江燕琼，唐思贤，丁志锋，等 . 棕背伯劳羽色多态现象探讨 [J]. 动物学研究，2008，29(1):99—102.

[18] 单之蔷 . 风水 : 中国人内心深处的秘密 [J]. 中国国家地理，2006，(5):40—41.

[19] 姜仕仁，丁平，诸葛阳，等 . 白头鹎繁殖期鸣声行为的研究 [J]. 动物学报，1996,(3):253—259.

[20] 叶嘉，焦云红 . 城市植被生态建设中野草的价值 [J]. 杂草科学，2006，(4):11—13.

[21] 刘红卫，林志凌，苏华轲，等 . 广东省外来物种入侵现状及其生态环境影响调查 [J]. 生态环境，2004，13(2):194—196.

[22] 陶青，唐跃琳，陈永锋，等 . 广东梧桐山国家级风景名胜区鸟类多样性研究 [J]. 林业资源管理，2015，(4):115—123.

[23] 徐源，秦元 . 空间资源紧约束条件下的创新之路——深圳市基本生态控制线实践与探索 [D]. 深圳 : 深圳城市规划设计研究院， 2008.

[24] 刘莎，吕召云，高欢欢，等 . 昆虫飞行能力研究进展［J］. 环境昆虫学报，2018，40(5): 995—1002.

[25] 章士美，邢健生，胡文萍，等 . 六种多食性昆虫食性的比较观察 [J]. 昆虫学报,1956，6(1):107—122.

[26] 王彦平 . 鸟类对城市化的适应性研究 [D]. 杭州 : 浙江大学，2003.

[27] 张波 . 鸟类沙浴行为研究 [J]. 同行，2016(13):330—331.

[28] 董江天 . 全国燕子调查 2020：燕和雨燕的野外识别 [R]. 2020.

[29] 阿拉善 SEE 基金会，昆明市朱雀鸟类研究所，阿拉善 SEE 任鸟飞项目 . 任鸟飞滨海月度鸟类调查技术规程手册 [Z]. 2019.

[30] 陈桂珠，王勇军，黄乔兰 . 深圳福田红树林鸟类自然保护区 生物多样性及其保护研究 [J]. 生物多样性，1997，5(2):104—111.

[31] 廖科 . 深圳市城市森林建设现状评价及生态规划研究 [D]. 长沙 : 中南林业科技大学，2006.

[32] 申皓月，梅立永，毛子龙，等 . 深圳市典型森林生态系统的碳密度和碳循环研究 [C]//2016 中国环境科学学会学术年会论文集，2016:417—423.

[33] 深圳市城市管理和综合执法局 . 深圳市田头山市级自然保护区总体规划（2014—2024）[R]. 2015.

[34] 邵志芳，赵厚本，邱少松，等 . 深圳市主要外来入侵植物调查及治理状况 [J]. 生态环境，2006，15(3):587—593.

[35] 田兴山 . 岳茂峰，冯莉，等 . 外来入侵杂草白花鬼针草的特征特性 [J]. 江苏农业科学，2010，(5)：174—175

[36] 周瑶伟，孙红斌，郭强，等 . 危害深圳林业的外来入侵物种及其防治 [C]. // 全国林业有害植物防控研讨会文集，2009.

[37] 香港环境局 . 香港生物多样性策略及行动计划 [R]. 2016.

[38] 禹海鑫，叶文丰，孙民琴，等 . 植物与植食性昆虫防御与反防御的三个层次 [J]. 生态学杂志，2015，34(1):256—262.

[39] 王丕烈，韩家波 . 中国水域中华白海豚种群分布现状与保护 [J]. 海洋环境科学，2007，26(5):484—487.

[40] 王浩 . 我国森林公园与自然保护区的关系研究 [J]. 花卉，2017,(10):41—42.

[41] 胡冬香 . 论公园的生态功能 [J]. 湖南农业大学学报 (社会科学版)，2006，7(4):97—100.

[42] 易敏，沈守云 . 浅析生态原则在城市景观设计中的运用 [J]. 大众科技，2006，(6):1—2.

[43] 祝自东 . 生态思想在城市景观设计中的应用和体现 [J]. 北京农业，2011,(6):209—210.

[44] 张国瑞，晁晨，万晓华 . 郊野公园建设对城市绿地景观系统构建与生态恢复的理论研究 [J]. 中国室内装饰装修天地，2017,(10):145—145.

[45] 李婷婷 . 郊野公园评价指标体系的研究 [D]. 上海 : 上海交通大学，2010.

[46] 魏钰，雷光春 . 从生物群落到生态系统综合保护：国家公园生态系统完整性保护的理论演变 [J]. 自然资源学报，2019，34(9):1820—1832.

[47] 深圳市人民政府 . 深圳市基本生态控制线管理规定 [Z]. 2005.

[48] 深圳市人民政府 . 深圳基本生态控制线 [Z]. 2005.

[49] 深圳市人民政府 . 深圳市基本生态控制线优化调整方案 (2013)[Z].2013.

[50] 深圳市推进中国特色社会主义先行示范区建设领导小组 . 深圳率先打造美丽中国典范规划纲要 （2020—2035 年）[Z].2021.

图书在版编目（CIP）数据

深圳自然博物百科 / 南兆旭著 . -- 深圳 : 深圳出版社，
2022.1 (2022.12 重印)

ISBN 978-7-5507-3304-6

Ⅰ . ①深… Ⅱ . ①南… Ⅲ . ①自然科学－普及读物
Ⅳ . ① N49

中国版本图书馆 CIP 数据核字 (2022) 第 227272 号

深圳自然博物百科
SHENZHEN ZIRAN BOWU BAIKE

出 品 人　聂雄前
责任编辑　邱玉鑫　何廷俊　杨华妮
责任技编　陈洁霞
装帧设计　李尚斌　王秀玲
责任校对　李　想　万妮霞　叶　果

出版发行　深圳出版社
地　　址　深圳市彩田南路海天综合大厦 7-8 层（518033）
网　　址　www.htph.com.cn
订购电话　0755-83460239（邮购、团购）
设计制作　深圳市越众文化传播有限公司
印　　刷　中华商务联合印刷（广东）有限公司
开　　本　889mm×1194mm　1/16
印　　张　39
插　　页　4
字　　数　900 千
版　　次　2022 年 1 月第 1 版
印　　次　2022 年 12 月第 3 次
定　　价　388.00 元